第六届全国高校出版社优秀畅销书一等奖

现代电气控制及 PLC 应用技术
（第 5 版）

王永华　编著

北京航空航天大学出版社

内 容 简 介

本书从实际工程应用和便于教学需要出发,介绍和讲解了继电器接触器控制系统和可编程序控制器控制系统的工作原理、设计方法和实际应用。和其他同类教材相比,本书主要有以下特点:(1)除最基本的常用低压电器外,还介绍了和电气控制技术有关的其他器件和一些新型器件;(2)对传统电气控制系统的内容进行了大幅度删减,简明扼要地讲解了其中最基础的知识,给出并讲解了作者总结提出的电气控制线路和可编程序控制器程序的"简单设计法";(3)详细讲解了变频器和人机界面 HMI 的基本原理和使用;(4)全面使用新的电气控制系统图形符号和文字符号国家标准;(5)结合大量实例讲解了 S7-200 SMART PLC 的基本指令、功能指令的用法和功能图(SFC)的使用及编程方法;(6)对 PLC 控制系统的网络通信技术以及 S7-200 SMART PLC 的通信功能进行了详细的讲解,并给出了大量实例;(7)有详尽的工程设计案例,并附有相应程序和详细讲解;(8)附有思考题、练习题、实验指导书和课程设计、毕业设计素材指导书;(9)增加了工业控制国际标准编程语言 IEC 61131-3 的讲解。

本书是在前 4 版的基础上经精心修订和编写而成的,相信它会是一本值得大家使用的教材和学习参考书,也是一本多年来的经典畅销书。

本书可作为高等院校和中职技师院校的自动化、电气工程、机电一体化及相关专业的"电气控制及可编程序控制器"或类似课程的教材,也可供有关工程技术人员参考使用,同时对于广大从事电气控制技术专业相关工作的电工和技术人员来说,本书也是一本很好的自学教材。

图书在版编目(CIP)数据

现代电气控制及 PLC 应用技术 / 王永华编著. -- 5 版
. -- 北京 : 北京航空航天大学出版社,2018.11
ISBN 978-7-5124-2609-2

Ⅰ. ①现… Ⅱ. ①王… Ⅲ. ①电气控制-高等学校-教材②PLC 技术-高等学校-教材 Ⅳ. ①TM571.2
②TM571.61

中国版本图书馆 CIP 数据核字(2018)第 204878 号

郑重声明:未经作者同意和授权,任何人不得抄袭、摘录、借用本书各章节(含附录)中的编排结构、文字内容、图、表、例题、思考题和习题、实验、设计指导书等;否则,将追究侵权者相应的责任。

现代电气控制及 PLC 应用技术(第 5 版)

王永华 编著

责任编辑 金友泉

*

北京航空航天大学出版社出版发行

北京市海淀区学院路 37 号(邮编 100191)　http://www.buaapress.com.cn
发行部电话:(010)82317024　传真:(010)82328026
读者信箱:goodtextbook@126.com　邮购电话:(010)82316936
保定市中画美凯印刷有限公司印装　各地书店经销

*

开本:787 mm×1 092 mm　1/16　印张:26.75　字数:685 千字
2019 年 1 月第 5 版　2020 年 1 月第 3 次印刷　印数:15 001～20 000册
ISBN 978-7-5124-2609-2　定价:59.00 元

若本书有倒页、脱页、缺页等印装质量问题,请与本社发行部联系调换。联系电话:(010)82317024

前　　言

　　"电气控制及可编程序控制器应用技术"是各高等院校电类和机电类专业最重要的专业基础课程之一,它包含传统的"电气控制技术"和"可编程序控制器原理及应用"两门课程的内容。随着科学技术的发展,电气控制技术已发展到了相当的高度。传统电气控制技术的内容也发生了很大变化,虽然有些已被淘汰,但其最基础的部分对任何先进的控制系统来说仍是必不可少的。

　　可编程序控制器基于继电器逻辑控制系统的原理而设计,它的出现取代了继电器接触器逻辑控制系统,成为当今工业自动化应用领域中不可替代的中心控制器件。作为重要的专业基础课,"电气控制及可编程序控制器应用技术"课程必须包括传统继电器接触器控制系统的内容,更需要精心组织、合理删节,而对于可编程序控制器的原理及应用必须重点讲解。

　　本书是最早选用 SIEMENS 公司 S7 - 200 PLC 为对象讲解"可编程序控制器原理及应用"的书籍之一。自从 2002 年第 1 版至今,被 400 余所大专院校和培训机构作为教材,截至 2018 年 9 月,共销售 40 余万册。10 多年来,我去不少学校做过和本课程相关的学术报告,也为一些教师培训班授课;更多情况下,通过电子邮件和近百位高校教师进行学术和教学业务上的交流,此外还回答了许许多多的读者通过电子邮件和电话向我提出的问题。更让我感动的是有 10 多位读者为我指出了书中的错误之处,所有这一切都为本书成为精品教材提供了保证,也使它成为被许多任课教师及广大读者喜爱的好书。

　　在这几年时间里,和本课程有关的技术和知识有了很大程度的发展和更新。在国际和国内市场上,SIEMENS 公司已逐步淘汰了 S7 - 200 PLC,推出了换代产品 S7 - 200 SMART PLC 和 S7 - 1200 PLC。虽然现在工作十分繁忙,但广大读者的厚爱和数十位同行的企盼和鼓励,使我抑制不住发自内心的责任感和使命感,要把自己所掌握的该领域最新的知识和亲身工程实践经验真诚地奉献出来,以使广大的青年学生受益,这是我编写本教材的初衷,同样也是我今天编写新版教材的动力来源。

　　在这次改版之前,我和近百位任课老师进行了交流,咨询大家该选择什么样的 PLC 为背景进行讲解,如何把新版教材编写得更好。为感谢各位老师的热心支持,在他们意见和建议的基础上,结合高校相关实验室建设情况和国内 PLC 应用情况,确定了本次编写的基调和原则。

　　本教材力求做到语言通畅、叙述清楚、讲解细致,所有的内容都为了便于实际应用和教学,并尽可能多地融进自己的工作经验和科研成果。

　　本版教材全面继承了前几版的精华。既包含全新的传统电气控制技术的内容,也包含对 PLC 精深透彻的讲解;既包含工业自动化常用设备,如变频器、HMI 和工业组态软件的详细介绍,也深度讲解了 PLC 通信联网技术。第 5 版教材继续保留大量例题和课程设计、毕业设计课题素材。

第 5 版教材的主要修订和修改之处

　　(1) 考虑到技术进步和工程实际应用情况,对第 1 章和第 2 章传统电气控制技术的内容进行了较多删减和重新编排。

(2) 删除了原版第 4 章,其相关内容合并到新版教材的第 3 章、第 4 章和第 5 章。对原版第 3 章进行了较大幅度的改编。

(3) 考虑到目前高校实验室和国内 PLC 应用的实际情况,特别是学生学习 PLC 时更容易入门的需要,本教材基于 SIEMENS S7 - 200 SMART PLC 进行可编程序控制器的讲解,这也是近 80% 被调查的老师所给出的建议。

(4) 恢复了第 3 版中的"工业控制领域国际标准编程语言 IEC 61131 - 3"一章,为需要该部分内容的老师进行教学服务,并为广大的社会读者提供方便。

(5) 由于以太网技术开始大量在工业自动化领域广泛应用,本教材对"PLC 网络通信技术应用"一章进行了较大幅度的修订,增加了与以太网技术相关的基础知识和应用技术的讲解。对 PLC 通信网络技术的深度讲解是本教材的特色之一。

(6) "编程软件的使用"不再单独成章,而是给出相关编程软件学习的相关电子资源链接,学生可以提前预习或者下载。

本书是国内第一本全面采用新的电气系统中常用文字符号的国家标准(GB/T 5094 和 GB/T 20939)的教材。新国标的采用,以及 IEC 61131 - 3 国际标准编程语言的补充,使本教材继续保持了在电气控制及 PLC 应用技术教学方面的先进性。

本书的具体结构

本书共分四大部分,总共 9 章内容和 3 个附录。

第一部分:电气控制技术基础知识

本部分包括绪论和前 2 章内容。在绪论中简单介绍了电气控制技术的发展历程和最新情况,介绍了学习本课程的主要任务。第 1 章主要介绍常用低压电器的结构、工作原理以及使用方法等有关知识,同时根据电器发展状况,介绍了一些新型电器元件;最后对一些常用的检测、执行器件进行简单的介绍。第 2 章全面讲解了电气制图最新图形符号和文字符号的国家标准,讲解了电气线路图的绘制原则,然后主要介绍广泛应用的三相笼型异步电动机的基本控制线路和一些典型控制线路,其中重点讲解变频器的使用。

根据电气应用技术的发展和多年的教学及应用实践,作者对现代电气控制线路的设计总结出一种方法——简单设计法,并对其进行详细的讲解。

第二部分:核心内容

本部分是本书的中心,主要讲解可编程序控制器的原理及其应用技术,它包括第 3 到第 8 章的 6 章内容。第 3 章介绍了可编程序控制器的产生和发展,重点讲解它的组成、工作原理和工作方式。第 4 章基于 SIEMENS S7 - 200 SMART PLC,用举例的形式讲解其基本逻辑指令系统及其使用方法,然后介绍常用典型电路及环节的编程,最后深入浅出地讲解 PLC 程序的简单设计法;本章是学习 PLC 的重点,也是本书最重要的章节。第 5 章详细讲解 S7 - 200 SMART PLC 的功能指令,重点讲解子程序、中断、高速计数和 PID 的应用,本章给出了大量的例题。第 6 章重点讲解顺序功能图(SFC)的基本概念,以及它在 S7 - 200 SMART PLC 中的具体使用方法;把 SFC 放在单独的一章讲解是本书的特色之一。第 7 章首先介绍了一些工业通信网络基础知识,重点讲解各种通信协议和网络配置,通过举例介绍了 S7 - 200 SMART PLC 通信指令的使用。第 8 章首先讲解如何设计一个 PLC 控制系统,然后讲解了 PLC 控制系统中不可或缺的设备——人机界面和变频器,以及工业自动化监控系统。本章提供了2个非常翔实的PLC控制系统的例子,通过例子大家可以更进一步了解和深入学习PLC控制系统的设计,最后讲解了实际工程项目中必须注意和遵守的安装技术和规范。

第三部分:工业控制国际标准编程语言——IEC 61131-3

本部分作为最重要的课程补充内容,可使学生和读者全面了解工业控制领域国际标准编程语言,为后续的学习和工作打下基础。

第四部分:重要附录

本部分包括3个主要的附录。附录A中列出了12个实验,这是这门应用性很强的课程所必须具备的内容;每个实验都包括实验目的、使用设备及装置、实验内容和实验报告要求等;该部分可为任课教师开设实验提供指导。附录B提供了8个可用于课程设计或毕业设计课题的素材,供任课教师选用。附录C是有关S7-200 SMART PLC的常用信息速查表。

另外,在每一章的最后都有对本章内容进行回顾和总结的"本章小结",以及丰富的"思考题与练习题"。

如何分配课时和授课内容

本书既可以作为相关专业本科生、高职高专和中职技师院校学生的教材,也可以作为电气工程师、电工等有关技术人员的参考资料和培训教材。层次不同,所需要的授课内容、课时进度和实验项目也会不同。本书既可以供少学时(如46学时)使用,也可以供多学时(如100学时)使用。两者的区别在于是对某些章节作简单介绍,还是详细讲解。另外实验的多少也有不同。下表给出一些指导性的建议,供授课教师参考。下表中一个课时为50分钟,每个实验所使用的课时数为2个,实验个数和实验内容请根据实际情况在附录A中选择,给学生布置的"思考题和练习题"也可进行适当选择。选用本教材的教师可根据自己学校的实际情况对课程设计和毕业设计的内容进行调整和安排。教师也可以根据自己的实际需要对教材中的内容进行取舍,比如以普通知识为主,则多讲一些前5章的内容;以提高为主,则多讲一些后4章的内容,当然这只是一种建议。

范　围	绪论	第1章	第2章	第3章	第4章	第5章	第6章	第7章	第8章	第9章	实验	总课时
本科院校教学	1	4	6	5	8	4	4	2	2	自学	10	46
高职高专教学	1	6	10	8	11	12	8	6	8	2	28	100
中职院校教学	2	8	14	10	14	14	8	8	10	4	28	120
技术人员培训		1	3	4	8	6	4	2	2	自学	16	46

致　谢

感谢中国机械科学研究院的郭汀研究员,2007年她给我提供了国家标准(GB/T 20939),没有她的帮助,本书电气控制线路的文字符号不可能在第2版就使用新的国家标准。

感谢数十位给我提出编写建议的高校老师! 这些意见和建议是打造精品教材的保证!

感谢我的学生吕新磊高级工程师和工作助手江豪副教授,以及课程团队的老师和科研团队的成员,还有我指导的研究生,他们提出了许多具体的修订意见,并和我一起完成了全书的校对工作。

在写作时,本书部分章节个别段落的内容参考了一些已出版的文献,这些文献已在书后的参考文献中——列出,在此向这些文献的作者表示衷心的感谢!

最后要真诚地感谢我的家人,他们所给予我的最无私的爱是我不断前行的精神力量,一想起这些,我就不敢有丝毫的懈怠,只有更加刻苦勤奋地学习和工作。

我相信,以自己深厚熟练的写作功底、对 PLC 应用及其发展前沿的深入理解和把握、以及全面的应用经验为基础而完成的新版《现代电气控制及 PLC 应用技术》(第 5 版)会是一本值得大家使用的教材和参考资料。本书还配有电子教案,限于时间和精力,该教案只向高等院校和培训机构中使用本教材的任课教师提供。

该书的修订和改版工作花费了半年多时间,虽然经过认真仔细的修改、校对,但由于作者工作繁忙,以及在学术水平上的局限性和写作过程中的疏漏,书中肯定还会有不正确、不准确的地方,不管是大错还是小错,我都希望广大的读者能给我指出来,以便再次印刷时改正。也欢迎大家来 E-mail 就高校电气控制技术、PLC 应用和现场总线技术(工业控制网络技术)实验室建设问题,以及相关课程的教学问题进行交流和探讨。

江豪、李秀芳、兑幸福、李娜、宋玉琴、赵庭兵等参加了部分章节的编写工作。

本教材的电子信息资源如下所列,诸如"视频课程资料""SMART PLC 系统手册""Micro/WIN SMART 使用手册""勘误信息"等都可以在以下相关网站找到,有些可以下载。

- 作者电子信箱:wyh@zzuli.edu.cn
- 本教材精品课程网站:dqkzplc.zzuli.edu.cn/
- 本课程在线开放课程网站:www.icourse163.org/course/ZZULI-1002123026
- 工业控制网络工程中心网站:zzictec.zzuli.edu.cn
- 郑州天启自动化系统有限公司网站:tianqiauto.com

王永华

2018 年 11 月

目　录

第 5 章　PLC 功能指令及应用

绪　　论

1. 电气控制技术的发展

说到电气控制技术,首先要明白几个概念。

电气是一个工程词汇,电子、电器和电力都属于电气工程,它是一个抽象的概念,不是具体指某个设备或器件,而是指整个系统和电子、电器和电力的范畴。

电气就是以电能、电气设备和电气技术为手段来创造、维持与改善限定空间和环境的一门科学,涵盖电能的转换、利用和研究三方面,包括基础理论、应用技术、设施设备等。

电气控制技术是一门以继电接触式控制系统、电子技术、计算机应用技术为基础,以计算机控制技术为核心,综合可编程控制技术、单片机技术、计算机网络技术,从而实现生产技术的精密化、生产设备的信息化、生产过程的自动化及机电控制系统的最佳化的专门学科。

电气控制技术是随着科学技术的不断发展及生产工艺不断提出新的要求而得到飞速发展的。在控制方法上,主要是从手动控制到自动控制;在控制功能上,是从简单的控制设备到复杂的控制系统;在操作方式上,由笨重到轻巧;在控制原理上,从有触点的继电接触式控制系统到以计算机为核心的“软”控制系统。随着新的电器元件的不断出现和计算机技术的发展,电气控制技术也在持续发展。现代电气控制技术正是综合了计算机、自动控制、电子技术和精密测量等许多先进科学技术成果,并得到飞速发展。

工业生产的各个领域,无论是过程控制系统还是电气控制系统,都有大量的开关量和模拟量信号。开关量又称为数字量,如电动机的启停、阀门的开闭、电子元件的置位与复位、按钮及位置检测开关的状态和定时器及计数器的状态等。模拟量又称为连续量,如温度、流量、压力和液位等。实现电气控制系统的各种控制功能就要按一定的逻辑规则对这些信号进行处理。

20 世纪 70 年代以前,电气自动控制的任务基本上都由继电接触式控制系统完成。该系统主要由继电器、接触器和按钮等组成,它取代了原来的手动控制方式。由于这种控制系统具有结构简单、价格低廉、抗干扰能力强等优点,所以当时使用得十分广泛,至今仍在许多简单的机械设备中应用。但这种控制系统的缺点也是非常明显的,它采用固定的硬接线方式来完成各种控制逻辑,实现系统的各种控制功能,所以灵活性差;另外,由于机械式的触点工作频率低,易损坏,因此可靠性低。

社会的发展和进步对各行各业均提出了越来越高的要求。制造业企业为了提高生产效率和市场竞争力,采用了机械化流水线作业的生产方式,对不同的产品零件分别组成自动生产线。产品不断地更新换代的同时,也要求相应的控制系统随之改变。因为硬连接方式的继电接触式控制系统成本高,设计、施工周期长,在这种情况下,就不能满足控制系统经常更新的要求了。

随着大规模集成电路和微处理器的发展和应用,在 1969 年出现了世界上第一台以软件手段来实现各种控制功能的革命性控制装置——可编程序逻辑控制器(PLC)。它把计算机的功能完备、通用性和灵活性好等优点和继电接触式控制系统的操作方便、简单易懂、价格低廉等优点结合起来,因此它是一种适应于工业环境的通用控制装置。后来的可编程序控制器陆续增加和完善了算术运算、数据转换、过程控制、数据通信等功能,可以完成大型而且复杂的控制任务。可编程序控制器作为工业自动化的技术支柱之一,在工业自动控制领域占有十分重要的地位。

学习现代电气控制技术,还需要学习在工业自动化控制系统普遍使用的其他控制装置,如变频器和人机界面等。变频器在运动控制和调速系统中发挥出不可替代的作用,而人机界面 HMI 在 PLC 控制系统中的参数设定和实时显示方面扮演着重要角色。

现在电气控制系统中越来越多地融入了过程控制的内容,如压力、流量、温度、物位等模拟量参数,以及 PID 控制等参数也经常出现,有的还占有相当大的比例,所以学习电气控制技术,还要结合一些过程控制的知识。

数控技术也是电气自动控制的一个重要分支。它综合了计算机、自动控制、伺服驱动系统、精密检测与新型机械结构等多方面的最新技术成就。机电一体化、机电光仪一体化等交叉学科的发展,使得数控技术也得到了飞速的发展。因此,在机械制造、电气控制及自动控制领域内相继出现了直接数字(DDC)系统、柔性制造系统(FMS)、计算机集成制造系统(SIMS)、综合运用计算机辅助设计(CAD)、计算机辅助制造(CAM)、集散控制系统(DCS)、智能机器人和智能制造等高新技术。这些高新技术把整个自动控制和自动制造技术推到了更高的水平。

说到自动控制技术的发展,必须提及现场总线控制系统(Fieldbus Control System,FCS)。FCS 是在计算机网络技术、通信技术和微电子技术飞速发展的基础上,与自动控制技术相结合的产物。它是继集散控制系统(DCS)之后的新一代控制系统,也是现代工业自动化技术的研究开发和应用热点之一。现场总线是用于现场仪表、设备之间以及现场与控制系统之间的一种全数字、双向串行、多节点的通信系统。它把具有数字计算和通信能力的现场仪表和执行器件连接成网络系统,按公开、规范的通信协议,在现场与上位机或网络之间实现数据传输和信息交换,FCS 适应了工业自动控制系统向分散化、智能化和网络化发展的方向,它的出现导致了传统的自动化仪表和控制系统在结构和功能上的重大变革。电气控制系统作为 FCS 中底层网络的重要组成部分,要求新型的检测器件、执行器件和智能控制器(如 PLC)必须具备和现场总线通信的能力。FCS 的发展和越来越多的应用宣告了工业自动控制系统一个革命性时代的到来。

最后,还想给大家介绍一下在工业自动化技术发展历程中的一项重要成果 IEC 61131-3/IEC 61944。

我们知道不同公司的 PLC,甚至是同一家公司不同系列的 PLC,它们的编程语言、编程方法和规定都存在着这样或那样的区别,这给广大技术人员和一般的操作者带来了极大的不便,同时也为 PLC 在使用上的开放性、互换性设置了障碍。IEC 61131-3 标准最开始是为规范 PLC 的编程方法而制定的,但现在其作用和意义已远远超出了这个范围。它现在还全面地指导着其他的可编程工业控制设备,如回路调节器、DCS 和现场总线控制系统。PLCopen 这个国际组织负责 IEC 61131-3 的推广等工作。

IEC 61131-3 标准的目的在于使 PLC 编程标准化、简单化,减轻用户重复学习的负担,同时也能更好地把 PLC 和 DCS 融合到一起。现场总线的程序设计和标准程序功能块都是用 IEC 61131-3 来实现的。为了适应向网络化、分布式控制系统发展的编程需要,IEC 制定 IEC 61499 标准作为 IEC 61131-3 的补充。IEC 61499 标准对系统分层的模型是"系统-设备-资源-应用-功能块",它可以完成以图形方式显示程序的拓扑分布、程序的总体结构以及与分布式自动化项目中其他部分的互连等任务。

关于现场总线技术及应用方面的知识，请参考作者的另外一本力作《现场总线技术及应用教程》（第 3 版）。

2. 本课程的性质、内容和任务

（1）本课程的性质

① 是一门实用性很强的课程；

② 是电气工程师的基础课程；

③ 是连接未来自动控制技术的基础课程。

电气控制技术在生产过程、科学研究和其他各个领域的应用十分广泛。本课程的主要内容是以电动机或其他执行电器为控制对象，讲解继电接触式控制系统和可编程序控制器控制系统的工作原理、设计方法和实际应用。

学好 PLC 非常重要，因为它是现代电气控制技术的基础，掌握了最基础的东西，其他相关知识也就容易学习了。另外学好 PLC 也可以为学习现场总线技术、实时以太网技术打下坚实基础。

本课程的重点是可编程序控制器，但这并不意味着继电接触式控制系统就不重要了。这是因为：首先，继电接触式控制在简单的电气系统中还普遍使用，而且它是组成电气控制系统的基础；其次，尽管可编程序控制器取代了继电器，但它取代的主要是逻辑控制部分，而电气控制系统中的信号采集和输出驱动部分仍然要由电气元器件及控制电路来完成。所以对继电接触式控制系统的学习是非常必要的。

该课程的目标是让学生掌握一门非常实用的技术，培养和提高学生的实际应用和动手能力。在国家日益重视"工程师"培养的今天，本课程显得更为重要。

（2）学习本课程的具体要求

① 熟悉常用控制电器的工作原理和用途，达到正确使用和选用的目的，同时要了解一些新型元器件的用途。

② 熟练掌握电气控制线路的基本环节，掌握电气控制线路的简单设计法并具备阅读和分析电气控制线路的能力，使之能设计简单的电气控制线路，熟悉电气设备及常用器件的图形符号和文字符号的新国家标准。

③ 熟悉可编程序控制器的基本概况，深刻领会可编程序控制器的工作原理。

④ 熟练掌握可编程序控制器的基本指令系统和典型电路的编程，掌握可编程序控制器的程序设计方法；熟练掌握功能图的编程方法。熟悉可编程序控制器功能指令的使用。

⑤ 掌握和了解可编程序控制器的网络和通信原理，会编制简单的通信程序。

⑥ 掌握 HMI 和变频器的使用。

⑦ 了解可编程序控制器的实际应用程序的设计步骤和方法。

第1章　电气控制系统常用器件

本章重点

● 电器基本知识、电磁机构工作原理
● 常用低压电器（接触器、继电器、断路器、主令电器等）工作原理
● 常用执行电器和检测仪表

低压电器、传感器和执行器件是工业电气控制系统的基本组成元件。本章主要介绍常用低压电器的结构、工作原理以及使用方法等有关知识；同时根据电器发展状况，介绍一些新型电器元件；最后对一些常用的检测、执行器件进行简单的介绍，使大家对工业电气自动化系统先建立起一个感性的认识，以便后续章节的学习。不管电气控制系统发展到什么水平，本章所讲解和介绍的内容都是其最基础的必不可少的组成部分。

1.1　电器的基本知识

1.1.1　电器的定义和分类

电器就是根据外界施加的信号和要求，能手动或自动地断开或接通电路，断续或连续地改变电路参数，以实现对电或非电对象的切换、控制、检测、保护、变换和调节的电工器械。低压电器通常指工作在交流电压 1 200 V 以下、直流电压 1 500 V 以下的电器。采用电磁原理完成上述功能的低压电器称做电磁式低压电器。

电器的种类很多，分类方法也很多。常见的分类方法如图 1-1 所示。

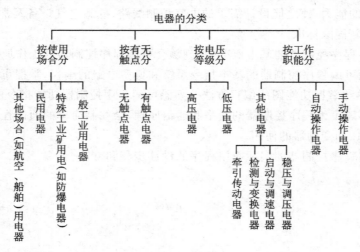

图 1-1　电器的分类

常用低压电器的分类如图 1-2 所示。

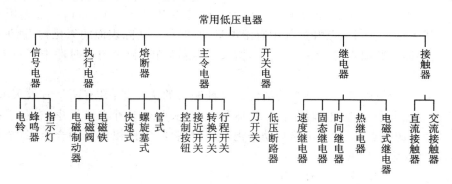

图 1-2　常用低压电器分类

1.1.2　电磁式低压电器的基本结构和工作原理

电磁式低压电器在电气控制线路中使用量最大,其类型也很多,各类电磁式低压电器在工作原理和构造上亦基本相同。在最常用的低压电器中,接触器、中间继电器、断路器等就属于电磁式的低压电器。就其结构而言,大都由三个主要部分组成,即触头、灭弧装置和电磁机构。

1. 触　头

触头是一切有触点电器的执行部件。这些电器通过触头的动作来接通或断开被控制电路。触头通常由动、静触点组合而成。

（1）触点的接触形式

触点的接触形式有点接触（如球面对球面、球面对平面等）、线接触（如圆柱对平面、圆柱对圆柱等）和面接触（如平面对平面）三种,如图 1-3 所示。

三种接触形式中,点接触形式的触点只能用于小电流的电器中,如接触器的辅助触点和继电器的触点;面接触形式的触点允许通过较大的电流,一般在接触表面上镶有合金,以减小触点接触电阻和提高耐磨性,多用于较大容量接触器的主触点;线接触形式的触点接触区域是一条直线,其触点在通断过程中有滚动动作,如图 1-3(d)所示。开始接触时,动静触点在 A 点接触,靠弹簧的压力经 B 点滚到 C 点,断开时做相反运动,这样可以清除触点表面的氧化膜。同时长期工作的位置是在 C 点而不是在易烧灼的 A 点,从而保证了触点的良好接触。这种滚动接触多用于中等容量的触点,如接触器的主触点。

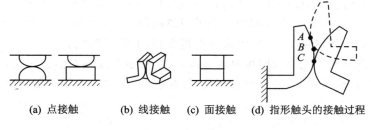

(a) 点接触　　(b) 线接触　　(c) 面接触　　(d) 指形触头的接触过程

图 1-3　触点的接触形式

（2）触头的结构形式

在常用的继电器和接触器中,触头的结构形式主要有单断点指形触头和双断点桥式触头两种。

图 1-3(b) 所示为单断点指形触头。该触头的特点是只有一个断口,一般多用于接触器的主触点。其优点为:闭合、断开过程中有滚滑运动,能自动清除表面的氧化物;触头接触压力大,电动稳定性高。其缺点是:触头开距大,增大了电器体积;触头闭合时冲击能量大,影响机械寿命。

图 1-4 所示为双断点桥式触头的结构。这种触头的优点是:具有两个有效灭弧区域,灭弧效果很好;触点开距小,使电器结构紧凑、体积小;触头闭合时冲击能量小,有利于提高机械寿命。这种触头的缺点是:触头不能自动净化,触头材料必须用银或银的合金;每个触点的接触压力小,电动稳定性较低。

(3) 触点的初压力、终压力和超程

为了减小接触电阻及减弱触头接触点的震动,需要在触点间加一定的压力。此压力一般由弹簧产生。当动触点与静触点刚接触时,由于安装时动触点的弹簧已经被预先压缩了一段,因而产生了一个初压力 F_c,如图 1-4(b) 所示。初压力的作用是削弱接触振动,它可以通过调节触点弹簧预压缩量来增减。触点闭合后,弹簧在运动机构的作用下被进一步压缩,运动机构运动终止时,弹簧产生的压力为终压力 F_z,如图 1-4(c) 所示。终压力的作用是减小接触电阻。弹簧被进一步压缩的距离 L 称做触点的超程,超程越大终压力亦越大。

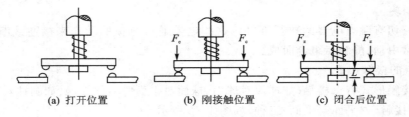

　　　(a) 打开位置　　　　　　(b) 刚接触位置　　　　　　(c) 闭合后位置

图 1-4　双断点桥式触头的结构

2. 电弧的产生和灭弧方法

电弧实际上是一种气体放电现象。所谓气体放电,就是气体中有大量的带电质点做定向运动。当动、静触点于通电状态下脱离接触的瞬间,动、静触点的间隙很小,电路电压几乎全部降落在触点之间,在触点间形成很高的电场强度,以致发生场致发射。发射的自由电子在电场作用下向阳极加速运动,高速运动的电子撞击气体原子时产生撞击电离。电离出的电子在向阳极运动的过程中又将撞击其他原子,使其他原子电离。撞击电离的正离子则向阴极加速运动,撞在阴极上会使阴极温度逐渐升高,到达一定温度时,会发生热电子发射。热发射的电子又参与撞击电离。这样,在触头间隙中形成了炽热的电子流(电弧)。显然,电压越高,电流越大,电弧功率也越大;弧区温度越高,游离程度越激烈,电弧亦越强。

电弧的存在既妨碍了电路及时可靠地分断,又会使触头受到损伤。为此,必须采取适当且有效的措施,以保护触头系统,降低它的损伤,提高它的分断能力,从而保证整个电器的工作安全可靠。

下面介绍一些常用的灭弧方法。

(1) 多断点灭弧

在交流继电器和接触器中常采用桥式触头(见图 1-4)。这种触头有两个断点。交流电压在过零后,若一对断点处电弧重燃需要 150~250 V 电压,则两对断点就需要 300~500 V 电压。若断点电压达不到此值,则电弧因不能重燃而熄灭。一般交流继电器和小电流接触器采用桥式触点灭弧,而不再加设其他灭弧装置。

（2）磁吹式灭弧

这种灭弧的原理是使电弧处于磁场中间,电磁场力"吹"长电弧,使其进入冷却装置,加速电弧冷却,促使电弧迅速熄灭。

图 1-5 所示是磁吹式灭弧的原理图。其磁场由与触点电路串联的吹弧线圈 1 产生,当电流逆时针流经吹弧线圈时,其产生的磁通经铁芯 3 和导磁夹板 5 引向触点周围。触点周围的磁通方向为由纸面流入,如图中"×"符号所示。由左手定则可知,电弧在吹弧线圈磁场中受一向上方向的力 F 的作用,电弧向上运动,被拉长并被吹入灭弧罩 6 中。引弧角 4 和静触点 8 相连接,引导电弧向上运动,将热量传递给灭弧罩壁,促使电弧熄灭。

这种灭弧装置是利用电弧电流本身灭弧,电弧电流越大,吹弧能力越强,且不受电路电流方向影响（当电流方向改变时,磁场方向随之改变,结果电磁力方向不变）,因此它广泛地应用于直流接触器中。

（3）灭弧栅

灭弧栅的原理如图 1-6 所示。灭弧栅片 1 是由镀铜薄钢片组成,灭弧栅是由许多灭弧栅片组成,片间距离为 2～3 mm,安放在触点上方的灭弧罩内（图中未画出灭弧罩）。一旦产生电弧,电弧周围产生磁场,导磁的钢片将电弧吸入栅片,电弧被栅片分割成许多串联的短电弧。当交流电压过零时,电弧自然熄灭。若电弧要重燃,两栅片间必须有 150～250 V 电弧压降。这样,一方面电源电压不足以维持电弧,同时由于栅片的散热作用,电弧自然熄灭后很难重燃。这是一种常用的交流灭弧装置。

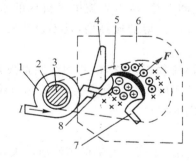

图 1-5　磁吹式灭弧原理图

1—吹弧线圈；2—绝缘套；3—铁芯；4—引弧角
5—导磁夹板；6—灭弧罩；7—动触点；8—静触点

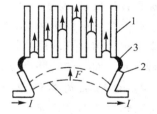

图 1-6　栅片灭弧原理图

1—灭弧栅片；2—触点；3—电弧

（4）灭弧罩

上面提到的磁吹式灭弧和灭弧栅灭弧都带有灭弧罩,它通常用耐弧陶土、石棉水泥或耐弧塑料制成。其作用一是分隔各路电弧,以防止发生短路;二是使电弧与灭弧罩的绝缘壁接触,使电弧迅速冷却而熄灭。

3.　电磁机构

电磁机构是电磁式低压电器的感测部件,它的作用是将电磁能量转换成机械能量,带动触头动作使之闭合或断开,从而实现电路的接通或分断。

电磁机构由磁路和激磁线圈两部分组成。磁路主要包括铁芯、衔铁和空气隙。激磁线圈通以电流后激励磁场,通过气隙把电能转换为机械能,带动衔铁运动以完成触点的闭合或断开。

如图1-7所示,常用的磁路结构可分为三种形式。图1-7(a)所示为衔铁沿棱角转动的拍合式铁芯,这种形式广泛应用于直流电器中。图1-7(b)所示为衔铁沿轴转动的拍合式铁芯,其铁芯形状有E形和U形两种,此种结构多用于触点容量较大的交流电器中。图1-7(c)所示为衔铁直线运动的双E形直动式铁芯,它多用于交流接触器、继电器中。磁路结构实物图片如图1-7(d)所示。

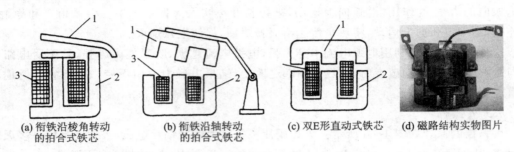

(a) 衔铁沿棱角转动　　(b) 衔铁沿轴转动　　(c) 双E形直动式铁芯　　(d) 磁路结构实物图片
　　的拍合式铁芯　　　　的拍合式铁芯

图1-7　常用磁路结构
1—衔铁;2—铁芯;3—吸引线圈

激磁线圈的作用是将电能转换成磁场能量。按通入激磁线圈电流种类的不同,可分为直流线圈和交流线圈,与之对应的有直流电磁机构和交流电磁机构。

对于直流电磁机构,因其铁芯不发热,只有线圈发热,所以直流电磁机构的铁芯通常是用整块钢材或工程纯铁制成,而且它的激磁线圈制成高而薄的瘦高型,且不设线圈骨架,使线圈与铁芯直接接触,易于散热。

对于交流电磁机构,由于其铁芯存在磁滞和涡流损耗,这样铁芯和线圈都发热,所以通常交流电磁机构的铁芯用硅钢片叠铆而成,而且它的激磁线圈设有骨架,使铁芯与线圈隔离并将线圈制成短而厚的矮胖型,这样有利于铁芯和线圈的散热。

4. 电磁机构工作原理

电磁机构的工作原理常用吸力特性和反力特性来表征。电磁机构使衔铁吸合的力与气隙长度的关系曲线称做吸力特性;电磁机构使衔铁释放(复位)的力与气隙长度的关系曲线称做反力特性。

(1) 反力特性

电磁机构使衔铁释放的力主要是弹簧的反力(忽略衔铁自身质量),弹簧的反力与其形变的位移 x 成正比,其反力特性可写成

$$F_{反} = K_1 x \tag{1-1}$$

考虑到常开触点闭合时超行程机构的弹力作用,上述反力特性如图1-8的曲线3所示,其中 δ_1 为电磁机构气隙的初始值;δ_2 为动、静触头开始接触时的气隙长度。由于超程机构的弹力作用,反力特性在 δ_2 处有一突变。

(2) 吸力特性

电磁机构的电磁吸力可以按下式求得

$$F = \frac{10^7}{8\pi} B^2 S \qquad (1-2)$$

式中：F 为电磁吸力（N），B 为气隙中磁感应强度
（T），S 为磁极截面积（m^2）。当截面积 S 为常数
时，吸力 F 与磁密强度 B^2 成正比，也可以认为 F 与
磁通 Φ^2 成正比，即

$$F \propto \Phi^2 \qquad (1-3)$$

电磁机构的吸力特性反映的是其电磁吸力与气
隙长短的关系。由于激磁电流的种类对吸力特性的
影响很大，所以要对交、直流电磁机构的吸力特性分
别进行讨论。

① 交流电磁机构的吸力特性　交流电磁机构
激磁线圈的阻抗主要取决于线圈的电抗（电阻相对
很小），则

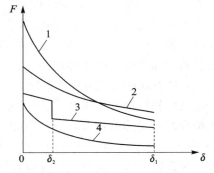

图 1-8　吸力特性和反力特性
1—直流电磁机构吸力特性；
2—交流电磁机构吸力特性；
3—反力特性；
4—剩磁吸力特性

$$U \approx E = 4.44\,f\Phi N \qquad (1-4)$$
$$\Phi = U/4.44fN \qquad (1-5)$$

式中：U 为线圈电压（V），E 为线圈感应电势（V），f 为线圈外加电压的频率（Hz），Φ 为气隙磁
通（Wb），N 为线圈匝数。

当频率 f、匝数 N 和外加电压 U 都为常数时，由式（1-5）可知磁通 Φ 也为常数。由
式（1-3）可知，此时电磁吸力 F 为常数（因为交流激磁时，电压、磁通都随时间作周期性变化，
其电磁吸力也作周期变化，此处 F 为常数是指电磁吸力的幅值不变）。由于线圈外加电压 U
与气隙 δ 的变化无关，所以其吸力 F 也与气隙 δ 的大小无关。实际上，考虑到漏磁通的影响，
吸力 F 随气隙 δ 的减小略有增加。其吸力特性如图 1-8 的曲线 2 所示，可以看出特性曲线比
较平坦。

虽然交流电磁机构的气隙磁通 Φ 近似不变，但气隙磁阻 R_m 随气隙 δ 而变化。根据磁路
定律

$$\Phi = IN/R_m = IN/(\delta/\mu_0 S) = (IN) \times (\mu_0 S)/\delta \qquad (1-6)$$

可知，交流激磁线圈的电流 I 与气隙 δ 成正比。一般 E 形交流电磁机构，激磁线圈通电而衔
铁尚未动作时，δ 最大，其电流可达到吸合后额定电流的 10～15 倍。如果衔铁卡住不能吸合
或者频繁动作，交流线圈很可能烧毁，所以在可靠性要求高或操作频繁的场合，一般不采用交
流电磁机构。

② 直流电磁机构的吸力特性　直流电磁机构由直流电流激磁，稳态时，磁路对电路无影
响，所以可认为其激磁电路不受气隙变化的影响，即其磁势 IN 不受气隙变化的影响，电路在
恒磁势下工作。由式（1-3）和式（1-6）可知，此时

$$F \propto \Phi^2 \propto (1/\delta)^2 \qquad (1-7)$$

即直流电磁机构的吸力 F 与气隙 δ 的平方成反比，其吸力特性如图 1-8 的曲线 1 所示。可以
看出特性曲线比较陡峭，表明衔铁闭合前后吸力变化很大，气隙越小则吸力越大。

由于衔铁闭合前后激磁线圈的电流不变，所以直流电磁机构适用于动作频繁的场合，且吸
合后电磁吸力大，工作可靠性高。

需要指出的是,当直流电磁机构的激磁线圈断电时,磁势就由IN急速接近于零。电磁机构的磁通也发生相应的急剧变化,这会在激磁线圈中感生很大的反电势。此反电势可达线圈额定电压的10～20倍,易使线圈因过压而损坏。为此必须增加线圈放电回路,一般采用反并联二极管并加限流电阻来实现。

（3）吸力特性与反力特性的配合

电磁机构欲使衔铁吸合,在整个吸合过程中,吸力都必须大于反力。但也不能过大,否则衔铁吸合时运动速度过大,会产生很大的冲击力,使衔铁与铁芯柱端面造成严重的机械磨损。此外,过大的冲击力有可能使触点产生弹跳现象,导致触点的熔焊或磨损,降低触点的使用寿命。反映在特性图上就是要保持吸力特性在反力特性的上方且彼此靠近,如图1-8所示。对于直流电磁机构,当切断激磁电流以释放衔铁时,其反力特性必须大于剩磁吸力,才能保证衔铁可靠释放。

（4）单相交流电磁机构短路环的作用

对于单相交流电磁机构,电磁吸力是一个两倍于电源频率的周期性变量。电磁机构在工作中,衔铁始终受到反力F_r的作用。由于交流磁通过零时吸力也为零,吸合后的衔铁在反力F_r作用下被拉开。磁通过零后吸力增大,当吸力大于反力时衔铁又被吸合。这样,在交流电每周期内衔铁吸力要两次过零,如此周而复始,使衔铁产生强烈的振动并发出噪声,甚至使铁芯松散。因此必须采取有效措施予以克服。

具体办法是在铁芯端部开一个槽,槽内嵌入被称做短路环(或称分磁环)的铜环,如图1-9所示。短路环把铁芯中的磁通分为两部分,即不穿过短路环的Φ_1和穿过短路环的Φ_2。Φ_2为原磁通与短路环中感生电流产生的磁通的叠加,且相位上Φ_2滞后于Φ_1,电磁机构的吸力F为它们产生的吸力F_1、F_2的合力,如图1-10所示。此合力始终大于反力,所以衔铁的振动和噪声就消除了。

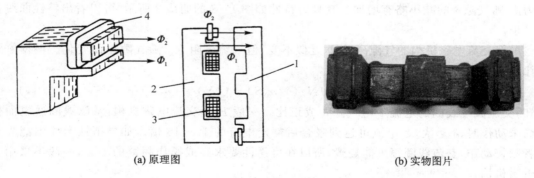

(a) 原理图　　　　　　　　　　　　　　(b) 实物图片

图 1-9　交流电磁铁的短路环

1—衔铁;2—铁芯;3—线圈;4—短路环

短路环通常包围三分之二的铁芯截面,它一般用铜、康铜或镍铬合金等材料制成。

（5）电磁机构的输入/输出特性

电磁机构激磁线圈的电压(或电流)为其输入量,衔铁的位置为其输出量,衔铁的位置与激磁线圈的电压(或电流)的关系称做输入/输出特性。

若用y代表电磁机构的输出量,并将衔铁处于吸合位置记作$y=1$,把衔铁处于释放位置记作$y=0$;若用x表示电磁机构的输入量,使吸力特性处于反力特性上方的最小输入量以$x_。$

表示,一般称做电磁机构的动作值;使吸力特性处于反力特性下方的最大输入量以 x_f 表示,一般称做电磁机构的返回值。

电磁机构的输入/输出特性如图 1 - 11 所示。当输入量 x 由零增至 x_0 以前,输出量 y 为零。当输入量 x 增至 x_0 时,衔铁吸合,输出量 y 为 1。如 x 再增大,y 值保持不变。当 x 减小到 x_f 时,衔铁释放,输出量 y 降到零,x 再减小,y 值均为零。因此,欲使衔铁吸合,输入量必须大于等于 x_0;欲使衔铁释放,输入量必须小于等于 x_f。

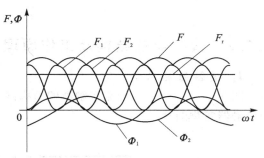

图 1 - 10　加短路环后的电磁吸力

可见,电磁机构的输入/输出特性为一矩形曲线,此类矩形特性曲线也称做继电器特性。

5. 电磁式电器工作原理的实质

电磁式电器的工作原理可以用图 1 - 12 来说明。图中虚线部分所示为一个交流电磁机构,合上开关 SF 后,线圈通电,其衔铁吸合,从而带动其常开触点动作,使得指示灯 PG 通电点亮;打开开关 SF 后,线圈断电,在反力作用下,衔铁释放,其常开触点打开,指示灯 PG 断电熄灭。所有的电磁式电器基本上都是按这样的工作原理进行工作的。

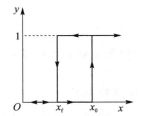

图 1 - 11　电磁机构的输入/输出特性

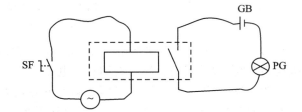

图 1 - 12　电磁式电器工作原理的实质

1.2　接触器

接触器是用来接通或分断电动机主电路或其他负载电路的控制电器,用它可以实现频繁的远距离自动控制。由于它体积小、价格低、寿命长、维护方便,因而用途十分广泛。

1.2.1　接触器的用途及分类

接触器在电力拖动控制系统中最主要的用途是控制电动机的启停、正反转、制动和调速等,因此它是最重要也是最常用的控制电器之一。它具有低电压释放保护功能,具有比工作电流大数倍乃至十几倍的接通和分断能力,但不能分断短路电流。它是一种执行电器,即使在可编程控制器控制系统和现场总线控制系统中,也不能被取代。

接触器种类很多,按驱动力大小的不同可分为电磁式、气动式和液压式,其中以电磁式应用最为广泛。按接触器主触点控制电路中电流种类不同可分为交流接触器和直流接触器两种。按其主触点的极数(主触点的对数)来分,有单极、双极、三极、四极和五极等多种。本节介绍电磁式接触器。

1.2.2　接触器的结构及工作原理

1. 接触器的结构

图 1－13(a)所示为交流接触器的结构剖面示意图,它由五个部分组成。图 1－13(b)所示为接触器实物图片。

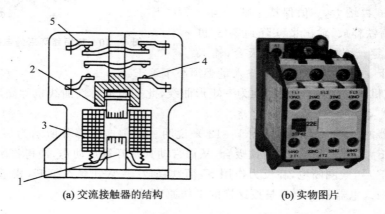

(a) 交流接触器的结构　　　　　　　　(b) 实物图片

图 1－13　交流接触器的结构

1—铁芯;2—衔铁;3—线圈;4—常开触点;5—常闭触点

① 电磁机构　电磁机构由线圈、铁芯和衔铁组成。铁芯一般都是双 E 形衔铁直动式电磁机构,有的衔铁采用绕轴转动的拍合式电磁机构。

② 主触点和灭弧系统　根据主触点的容量大小,有桥式触点和指形触点两种结构形式。直流接触器和电流在 20 A 以上的交流接触器均装有灭弧罩,有的还带有栅片或磁吹灭弧装置。

③ 辅助触点　有常开和常闭辅助触点,在结构上均为桥式双断点形式,其容量较小。接触器安装辅助触点的目的是使其在控制电路中起联动作用,用于和接触器相关的逻辑控制。辅助触点不设灭弧装置,所以不能用来分合主电路。

④ 反力装置　该装置由释放弹簧和触点弹簧组成,均不能进行弹簧松紧的调节。

⑤ 支架和底座　用于接触器的固定和安装。

2. 接触器的工作原理

当交流接触器线圈通电后,在铁芯中产生磁通,由此在衔铁气隙处产生吸力,使衔铁产生闭合动作,主触点在衔铁的带动下闭合,于是接通了主电路。同时衔铁还带动辅助触点动作,使原来断开的辅助触点闭合,而原来闭合的辅助触点断开。当线圈断电或电压显著降低时,吸力消失或减弱(小于反力),衔铁在释放弹簧作用下打开,主、辅触点又恢复到原来状态。这就是接触器的工作原理。

直流接触器的结构和工作原理与交流接触器基本相同,仅在电磁机构方面有所不同,这在1.1 节中有关部分已有阐述,这里不再赘述。

3. 接触器的图形符号和文字符号

接触器在电路图中的图形符号如图 1－14 所示,文字符号为 QA。

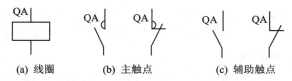

(a) 线圈　　　　(b) 主触点　　　　(c) 辅助触点

图 1 - 14　接触器的图形和文字符号

1.2.3　接触器的技术参数

① 额定电压　指主触点的额定电压,在接触器铭牌上标注。常见的有:交流 220 V、380 V 和 660 V;直流 110 V、220 V 和 440 V。

② 额定电流　指主触点的额定电流,在接触器铭牌上标注。它是在一定的条件(额定电压、使用类别和操作频率等)下规定的,常用的电流等级有 10～800 A。

③ 线圈的额定电压　指加在线圈上的电压。常用的线圈电压有:交流 220 V 和 380 V;直流 24 V 和 220 V。

④ 接通和分断能力　指主触点在规定条件下能可靠地接通和分断的电流值。在此电流值下,接通电路时主触点不应发生熔焊,分断电路时主触点不应发生长时间燃弧。

接触器的使用类别不同对主触点的接通和分断能力的要求也不一样,而不同使用类别的接触器可根据其不同控制对象(负载)的控制方式而定。接触器的使用类别代号通常标注在产品的铭牌上。根据低压电器基本标准的规定,其使用类别比较多。但在电力拖动控制系统中,常见的接触器使用类别及其典型用途如表 1-1 所列。

表 1 - 1　常见接触器使用类别及其典型用途表

电流种类	使用类别	典型用途	主触点达到的接通和分断能力
交流 (AC)	AC1	无感或微感负载、电阻炉	允许接通和分断额定电流
	AC2	绕线式电动机的启动和分断	允许接通和分断 4 倍的额定电流
	AC3	笼型电动机的启动和分断	允许接通 6 倍的额定电流和分断额定电流
	AC4	笼型电动机的启动、反接制动、反向和点动	允许接通和分断 6 倍的额定电流
直流 (DC)	DC1	无感或微感负载、电阻炉	允许接通和分断额定电流
	DC3	并励电动机的启动、反接制动、反向和点动	允许接通和分断 4 倍的额定电流
	DC5	串励电动机的启动、反接制动、反向和点动	允许接通和分断 4 倍的额定电流

⑤ 额定操作频率　指接触器每小时的操作次数。交流接触器最高为 600 次/h,而直流接触器最高为 1 200 次/h。操作频率直接影响接触器的使用寿命,对于交流接触器还影响线圈的温升。

1.2.4　接触器的选择

接触器使用广泛,其额定工作电流或额定控制功率随使用条件不同而不同,只有根据不同的使用条件正确选用,才能保证接触器可靠运行。一般来说,选用接触器时交流负载选用交流接触器,直流负载选用直流接触器。接触器选用主要依据以下几个方面。

1. 接触器使用类别的选择

可根据所控制负载的工作任务选择相应使用类别的接触器。生产中广泛使用中小容量的笼型电动机,其中大部分负载是一般任务,相当于 AC3 使用类别。对于控制机床电动机的接触器,其负载情况比较复杂,既有 AC3 类的也有 AC4 类的,还有 AC1 类和 AC4 类混合的负载,这些都属于重任务范畴。如果负载明显属于重任务类,则应选用 AC4 类接触器。如果负载为一般任务与重任务混合的情况,则应根据实际情况选用 AC3 或 AC4 类接触器。若确定选用 AC3 类接触器,它的容量应降低一级使用,即使这样,其寿命仍有不同程度的降低。

适用于 AC2 类的接触器,一般也不宜用来控制 AC3 及 AC4 类的负载,因为它的接通能力较低,在频繁接通这类负载时容易发生触点熔焊现象。

2. 接触器主触点电流等级的选择

根据电动机(或其他负载)的功率和操作情况来确定接触器主触点的电流等级。当接触器的使用类别与所控制负载的工作任务相对应时,一般应使主触点的电流等级与所控制的负载相当,或稍大一些。若不对应,例如用 AC3 类的接触器控制 AC3 与 AC4 混合类负载时,则须降低电流等级使用。

3. 接触器线圈电压等级的选择

接触器的线圈电压和额定电压是两个不同的概念,线圈电压应和控制电路的电压类型和等级相同。

4. 接触器选择小技巧

最后,再介绍一种在实际工作中选择接触器的简单方法。接触器是电气控制系统中不可缺少的执行器件,而三相笼型电动机也是最常用的被控对象。对额定电压为 AC380 V 的接触器,如果知道了电动机的额定功率,则相应的接触器其额定电流的数值也基本可以确定。对于5.5 kW 以下的电动机,其控制接触器的额定电流约为电动机额定功率数值的 2～3 倍;对于5.5～11 kW 的电动机,其控制接触器的额定电流约为电动机额定功率数值的 2 倍;对于11 kW 以上的电动机,其控制接触器的额定电流约为电动机额定功率数值的 1.5～2 倍。记住这些关系,对在实际工作中迅速选择接触器非常有用。

1.3　继电器

继电器是根据某种输入信号来接通或断开小电流控制电路,以实现远距离控制和保护的自动控制电器。其输入量可以是电流、电压等电量,也可以是温度、时间、速度、压力等非电量,而输出量则是触头的动作或者是电路参数的变化。继电器一般由输入感测机构和输出执行机构两部分组成。前者用于反映输入量的变化,后者完成触点分合动作(对有触点继电器)或半导体元件的通断(对无触点继电器)。

继电器的种类很多,按输入信号的性质分为:电压继电器、电流继电器、时间继电器、温度继电器、速度继电器、压力继电器等。按工作原理分为:电磁式继电器、感应式继电器、电动式继电器、热继电器和电子式继电器等。按输出形式分为:有触点和无触点两类。按用途分为:

控制用和保护用继电器等。有不少用于检测功能的继电器(如温度、压力、电流、电压等继电器)现在已经很少使用,本节只介绍几种常用的继电器。

1.3.1　电磁式继电器

电磁式继电器结构简单、价格低廉、使用维护方便,被广泛应用于控制系统中。

电磁式继电器的结构和工作原理与电磁式接触器相似,也是由电磁机构和触点系统组成。两者的主要区别在于继电器可对多种输入量的变化做出反应,而接触器只有在一定的电压信号作用下动作;继电器用于切换小电流的控制电路和保护电路,而接触器用来控制大电流电路;继电器没有灭弧装置,也无主辅触点之分等。

用于检测电流的电流继电器和检测电压的电压继电器都属于电磁式继电器,现在已经很少使用。最常用的电磁式继电器是中间继电器。

在控制电路中起信号传递、放大、切换和逻辑控制等作用的继电器称做中间继电器。它属于电压继电器的一种,主要用于扩展触点数量,实现逻辑控制。中间继电器也有交、直流之分,可分别用于交流控制电路和直流控制电路。中间继电器的图形符号和文字符号如图 1-15 所示,文字符号为 KF,实物图片如图 1-16 所示。

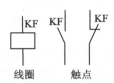

图 1-15　中间继电器的图形和文字符号

图 1-16　中间继电器实物图片

中间继电器的主要技术参数有额定电压、额定电流、触点对数以及线圈电压种类和规格等。选用时要注意线圈的电压种类和电压等级应与控制电路一致。另外,要根据控制电路的需求来确定触点的形式和数量。当一个中间继电器的触点数量不够用时,也可以将两个中间继电器并联使用,以增加触点的数量。

新型中间继电器触点在闭合过程中,其动、静触点间有一段滑擦、滚压过程。该过程可以有效地清除触点表面的各种生成膜及尘埃、减小接触电阻、提高接触的可靠性。有的中间继电器还安装了防尘罩或采用密封结构,进一步提高可靠性。有些中间继电器安装在插座上,插座有多种型号可供选择;有些中间继电器可直接安装在导轨上,安装和拆卸均很方便。

1.3.2　热继电器

1. 热继电器的作用和分类

在电力拖动控制系统中,当三相交流电动机出现长期带负荷欠电压运行、长期过载运行以及长期单相运行等不正常情况时,会导致电动机绕组严重过热乃至烧坏。为了充分发挥电动机的过载能力,保证电动机的正常启动和运转,而当电动机一旦出现长时间过载时又能自动切断电路,从而出现了能随过载程度而改变动作时间的电器,这就是热继电器。热继电器利用电流的热效应原理以及发热元件的热膨胀原理设计,实现三相交流电动机的过载保护。但须指出的是,由于热继电器中发热元件有热惯性,在电路中不能做瞬时过载保护,更不能做短路保护,因此,它不同于过电流继电器和熔断器。

按极数来分,热继电器有单极、两极和三极式共三种类型,每种类型按发热元件的额定电流的不同又有不同的规格和型号。三极式热继电器常用于三相交流电动机做过载保护。按功能来分,三极式热继电器又有不带断相保护和带断相保护两种类型。

2. 电动机的过载特性和热继电器的保护特性

由于热继电器的触点动作时间与被保护的电动机过载程度有关,所以在分析热继电器工作原理之前,首先要明确电动机在不超过允许温升的条件下,电动机的过载电流与电动机通电时间的关系,即电动机的过载特性。

当电动机运行中出现过载电流时,必将引起绕组发热。根据热平衡关系,不难得出在允许温升条件下,电动机通电时间与其过载电流的平方成反比的结论。根据这个结论,可以得知电动机的过载特性具有反时限特性,如图 1-17 中的曲线 1 所示。

为了适应电动机的过载特性而又起到过载保护作用,要求热继电器也应具有如同电动机过载特性那样的反时限特性。为此,热继电器中必须具有电阻性发热元件,利用过载电流流过电阻发热元件时产生的热效应使感测元件动作,从而带动触点动

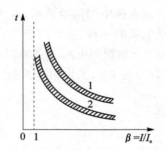

图 1-17 电动机的过载特性和热继电器的保护特性及其配合

作来实现保护作用。热继电器中通过的过载电流与其触点动作时间之间的关系,称作热继电器的保护特性,如图 1-17 中的曲线 2 所示。考虑到各种误差的影响,电动机的过载特性和热继电器的保护特性都不是一条曲线,而是一条带子。显然误差越大,带子越宽;误差越小,带子越窄。

由图 1-17 中的曲线 1 可知,电动机出现过载时,工作在曲线 1 的下方是安全的。因此,热继电器的保护特性应在电动机过载特性的邻近下方。这样,如果发生过载,热继电器就会在电动机未达到其允许的过载极限之前动作切断电动机电源,使之免遭损坏。

3. 热继电器工作原理

热继电器主要由热元件、双金属片、触头系统等组成。双金属片是热继电器的感测元件,由两种不同线膨胀系数的金属片经机械碾压而成。线膨胀系数大的称做主动层,小的称做被动层。图 1-18(a)所示为热继电器的结构原理图。热元件 3 串接在电动机的定子绕组中,电动机定子绕组电流即为流过热元件的电流。当电动机正常运行时,热元件产生的热量虽能使双金属片 2 弯曲,但还不足以使继电器动作。当电动机过载时,热元件产生的热量增大,使双金属片弯曲位移增大,经过一定时间后,双金属片弯曲到推动导板 4,并通过补偿双金属片 5 与推杆 14 将触点 9 和 6 分开,触点 9 和 6 为热继电器串于接触器线圈回路的常闭触点,断开后使接触器线圈失电,接触器的主触点断开电动机的电源以保护电动机。图 1-18(b)所示为热继电器的实物图片。

调节旋钮 11 是一个偏心轮,它与支撑件 12 构成一个杠杆,13 是一个压簧,转动偏心轮,

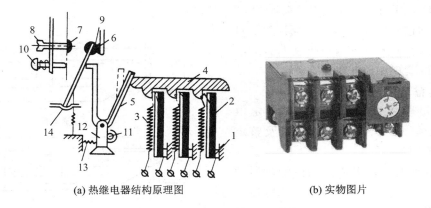

(a) 热继电器结构原理图　　　　　(b) 实物图片

图 1-18　热继电器的结构原理图

1—支撑件；2—金属片；3—热元件；4—推动导板；5—补偿双金属片；6、7、9—触点；8—复位螺钉；
10—按钮；11—调节旋钮；12—支撑件；13—压簧；14—推杆

改变它的半径即可改变补偿双金属片 5 与导板 4 的接触距离，从而达到调节整定热继电器动作电流的目的。此外，靠调节复位螺钉 8 来改变常开触点 7 的位置使热继电器能工作在手动复位和自动复位两种工作状态。调试手动复位时，在故障排除后要按下按钮 10 才能使动触点恢复与静触点 6 相接触的位置。

在电气原理图中，热继电器的热元件、触点的图形符号和文字符号如图 1-19 所示。

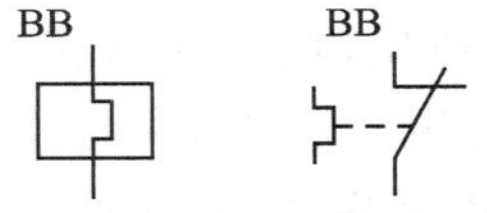

图 1-19　热继电器的图形和文字符号

(a) 热元件　　(b) 常闭触点

4. 带断相保护的热继电器

三相电动机的一相接线松开或一相熔丝熔断，是造成三相异步电动机烧坏的主要原因之一。如果热继电器所保护的电动机为 Y 形接法，当线路发生一相断电时，另外两相电流便增大很多。由于线电流等于相电流，流过电动机绕组的电流和流过热继电器的电流增加的比例相同，因此普通的两相或三相热继电器可以对此做出保护。

如果电动机是△形接法，发生断相时，由于电动机的相电流与线电流不等，流过电动机绕组的电流和流过热继电器的电流增加比例不相同，而热元件又串联在电动机的电源进线中，按电动机的额定电流即线电流来整定，整定值较大。当故障线电流达到额定电流时，在电动机绕组内部，电流较大的那一相绕组的故障电流将超过额定相电流，便有过热烧毁的危险。所以，三角形接法必须采用带断相保护的热继电器。

带断相保护的热继电器是在普通热继电器的基础上增加一个差动机构，对三个电流进行比较。差动式断相保护装置结构原理如图 1-20 所示。热继电器的导板改为差动机构，由上导板 1、下导板 2 及杠杆 5 组成，它们之间都用转轴连接。图 1-20(a) 所示为通电前机构各部件的位置。图 1-20(b) 所示为正常通电时的位置，此时三相双金属片都受热向左弯曲，但弯曲的挠度不够，所以下导板向左移动一小段距离，继电器不动作。图 1-20(c) 所示为三相同时过载时的情况，三相双金属片同时向左弯曲，推动下导板 2 向左移动，通过杠杆 5 使常闭触点立即打开。图 1-20(d) 所示为 C 相断线的情况，这时 C 相双金属片逐渐冷却降温，端部向右移动推动上导板 1 向右移。而另外两相双金属片温度上升，端部向左弯曲，推动下导板 2 继续向左移动。由于上、下导板一左一右移动,产生了差动作用,通过杠杆放大作用,使常闭触点打开。由于差动作用,使热继电器在断相故障时加速动作,实现保护电动机的目的。

5. 热继电器的技术参数

热继电器的主要技术参数有额定电压、额定电流、相数、热元件编号以及整定电流调节范围等。

热继电器的整定电流是指热继电器的热元件允许长期通过又不致引起继电器动作的电流值。对于某一热元件,可通过调节电流旋钮,在一定范围内调节其整定电流。

安装方式上有独立安装式(通过螺钉固定)、导轨安装式(在标准导轨上安装)和接插安装式(直接挂接在其配套的接触器上)。接插安装式的热继电器和相应的接触器配套使用,使用时直接插入接触器的出线端,方便了电气线路的连接。

6. 热继电器的选用

热继电器选用是否得当,直接影响着对电动机进行过载保护的可靠性。通常选用时应按电动机形式、工作环境、启动情况及负荷情况等几方面综合加以考虑。

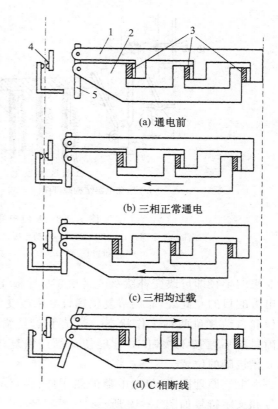

图 1-20　热继电器差动式断相保护机构动作原理图
1—上导板;2—下导板;3—双金属片;4—常闭触点;5—杠杆

(1) 原则上热继电器的额定电流应按电动机的额定电流选择

对于过载能力较差的电动机,其配用的热继电器(主要是发热元件)的额定电流可适当小些。通常,选取热继电器的额定电流(实际上是选取发热元件的额定电流)为电动机额定电流的 60%～80%。

(2) 在不频繁启动场合,要保证热继电器在电动机的启动过程中不产生误动作

通常,当电动机启动电流为其额定电流 6 倍以及启动时间不超过 6 s 且很少连续启动时,就可按电动机的额定电流选取热继电器。

(3) 当电动机为重复且短时工作制时,要注意确定热继电器的允许操作频率

因为热继电器的操作频率是很有限的,如果用它保护操作频率较高的电动机,效果很不理想,有时甚至不能使用。

对于可逆运行和频繁通断的电动机,不宜采用热继电器保护,必要时可以选用装入电动机内部的温度继电器。

1.3.3　时间继电器

从得到输入信号(线圈的通电或断电)开始,经过一定的延时后才输出信号(触点的闭合或断开)的继电器,称做时间继电器,俗称定时器。在工业自动化控制系统中,基于时间原则的控

制要求非常常见,所以时间继电器是一种最常用的低压控制器件之一。

时间继电器的延时方式有两种,即通电延时和断电延时。

通电延时:接受输入信号后延迟一定的时间,输出信号才发生变化;当输入信号消失后,输出瞬时复原。

断电延时:接受输入信号时,瞬时产生相应的输出信号;当输入信号消失后,延迟一定的时间,输出才复原。时间继电器的图形符号和文字符号如图 1 - 21 所示,文字符号为 KF。图 1 - 22 所示为时间继电器的实物图片。

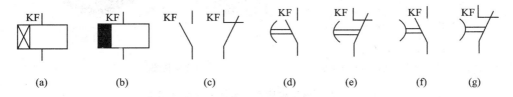

图 1 - 21　时间继电器的图形和文字符号

(a) 通电延时线圈;(b) 断电延时线圈;(c) 瞬动触点;(d) 通电延时闭合常开触点;
(e) 通电延时断开常闭触点;(f) 断电延时断开常开触点;(g) 断电延时闭合常闭触点

时间继电器按工作原理分类,有电磁式、电动式、电子式等。其中,电子式时间继电器最为常用,而其他形式的时间继电器已被淘汰。

电子式的时间继电器除执行器件继电器外,均由电子元件组成;没有机械部件,因而具有寿命长、精度高、体积小、延时范围大、控制功率小等优点,已得到广泛应用。

电子式时间继电器的品种和类型很多,主要有通电延时型、断电延时型、带瞬动触点的通电延时型等类型。有些电子式时间继电器采用拨码开关整定延时时间,采用显示器件直接显示定时时间和工作状态,具有直观、准确、使用方便等特点。

图 1 - 22　时间继电器实物图片

数字式时间继电器具有延时范围大、调节精度高、功耗小和体积更小的特点,适用于各种需要精确延时的场合以及各种自动控制电路中。这类时间继电器功能特别强,有通电延时、断电延时、定时吸合、循环延时等多种延时形式和多种延时范围供用户选择。

1.3.4　速度继电器

按速度原则动作的继电器,称做速度继电器。它主要应用于三相笼型异步电动机的反接制动中,因此又称做反接制动控制器。

感应式速度继电器主要由定子、转子和触点三部分组成。转子是一个圆柱形永久磁铁,定子是一个笼型空心圆环,由硅钢片叠制而成,并装有笼型绕组。

图 1 - 23(a)所示为感应式速度继电器原理示意图。其转子的轴与被控电动机的轴相连接,当电动机转动时,速度继电器的转子随之转动,到达一定转速时,定子在感应电流和力矩的作用下跟随转动;到达一定角度时,装在定子轴上的摆锤推动簧片(动触点)动作,使常闭触点打开,常开触点闭合;当电动机转速低于某一数值时,定子产生的转矩减小,触点在簧片作用下返回原来位置,使对应的触点恢复原来状态。

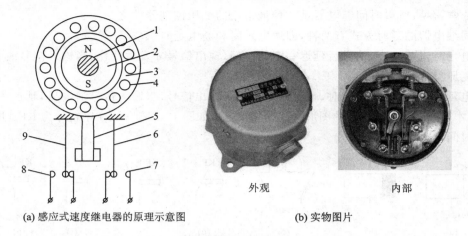

(a) 感应式速度继电器的原理示意图　　　　　　(b) 实物图片

图 1 - 23　感应式速度继电器的原理示意图
1—转轴；2—转子；3—定子；4—绕组；5—摆锤；6、9—簧片；7、8—静触点

　　一般感应式速度继电器转轴在 120 r/min 左右时触点动作，在 100 r/min 以下时触点复位。

　　图 1 - 23(b)所示为速度继电器的实物图片，速度继电器的图形及文字符号如图 1 - 24 所示。

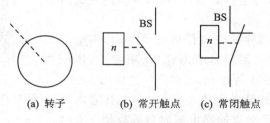

(a) 转子　　　　(b) 常开触点　　　　(c) 常闭触点

图 1 - 24　速度继电器的图形和文字符号

1.3.5　固态继电器

1. 概　述

　　固态继电器(SSR，Solid State Relay)是采用固体半导体元件组装而成的一种无触点开关。它利用电子元器件的电、磁和光特性来完成输入与输出的可靠隔离，利用大功率三极管、功率场效应管、单向可控硅和双向可控硅等器件的开关特性达到无触点、无火花地接通和断开被控电路。与电磁式继电器相比，固态继电器是一种没有机械运动，不含运动零件的继电器，但它具有与电磁式继电器本质上相同的功能。由于固态继电器的接通和断开没有机械接触部件，因而具有控制功率小、开关速度快、工作频率高、使用寿命长、抗干扰能力强和动作可靠等一系列特点。固态继电器在许多自动控制装置中得到了广泛应用。

　　图 1 - 25(c)所示为一款典型的固态继电器，固态继电器驱动器件以及其触点的图形符号和文字符号如图 1 - 25(a)和(b)所示。

2. 固态继电器的种类

　　固态继电器是四端器件，其中两端为输入端，两端为输出端，中间采用隔离器件，以实现输入与输出之间的隔离。

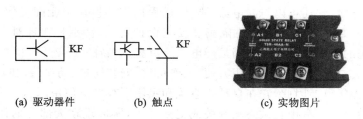

(a) 驱动器件　　　　(b) 触点　　　　(c) 实物图片

图 1－25　固态继电器及其表示符号

① 按切换负载性质分,有直流固态继电器和交流固态继电器。

② 按输入与输出之间的隔离分,有光电隔离固态继电器和磁隔离固态继电器。

③ 按控制触发信号方式分,有过零型和非过零型、有源触发型和无源触发型。

3. 固态继电器的优点和缺点

固态继电器的主要优点是:

① 高寿命,高可靠　SSR 没有机械零部件,由固体器件完成触点功能。由于没有运动的零部件,因此能在高冲击与振动的环境下工作。由于组成固态继电器的元器件的固有特性,决定了固态继电器的寿命长,可靠性高。

② 灵敏度高,控制功率小,电磁兼容性好　固态继电器的输入电压范围较宽,驱动功率低,可与大多数逻辑集成电路兼容,而不需加缓冲器或驱动器。

③ 转换速度快　固态继电器因为采用固体器件,所以切换速度可从几毫秒至几微秒。

④ 电磁干扰小　固态继电器没有输入"线圈",没有触点燃弧和回跳,因而减少了电磁干扰。大多数交流输出固态继电器是一个零电压开关,在零电压处导通,零电流处关断,减少了电流波形的突然中断,从而减少了开关瞬态效应。

尽管固态继电器有众多优点,但与传统的继电器相比,仍有不足之处,如漏电流大、接触电压大、触点单一、使用温度范围窄、过载能力差及价格偏高等。

4. 固态继电器使用注意事项

① 固态继电器的选择应根据负载的类型(阻性、感性)来确定,并要采用有效的过压保护。

② 输出端要采用阻容浪涌吸收回路或非线性压敏电阻吸收瞬变电压。

③ 过流保护应采用专门保护半导体器件的熔断器或用动作时间小于 10 ms 的自动开关。

④ 安装时采用散热器,要求接触良好,且对地绝缘。

⑤ 切忌负载侧两端短路,以免固态继电器损坏。

1.4　低压断路器

开关电器广泛用于配电系统和电力拖动控制系统,用作电源的隔离、电气设备的保护和控制。过去常用的闸刀开关是一种结构最简单、价格低廉的手动电器,主要用于接通和切断长期工作设备的电源及不经常启动及制动、容量小于 7.5 kW 的异步电动机。现在大部分开关电器的使用场合基本上都被断路器所占领。

低压断路器也称做自动开关或空气开关,是低压配电网络和电力拖动系统中非常重要的开关电器和保护电器,它集控制和多种保护功能于一身。除了能完成接通和分断电路外,还能对电路或电气设备发生的短路、严重过载及欠电压等进行保护,也可以用于不频繁地启动电动机。在保护功能方面,它还可以与漏电器、测量、远程操作等模块单元配合使用完成更高级的保护和控制。现在的断路器还能提供隔离和安全保护功能,特别是在针对人身安全、设备安全,以及配电系统的可靠性方面都能满足配电系统更高、更新的要求。

自动空气开关具有操作安全、使用方便、工作可靠、安装简单、动作后(如短路故障排除后)不需要更换元件等优点。因此,它在自动化系统和民用中被广泛使用。

在低压配电系统中,常用它做终端开关或支路开关,所以现在大部分的使用场合,断路器取代了过去常用的闸刀开关和熔断器的组合。

1. 低压断路器的结构及工作原理

低压断路器主要由三个基本部分组成:触头、灭弧系统和各种脱扣器。脱扣器包括过电流脱扣器、失压(欠电压)脱扣器、热脱扣器、分励脱扣器和自由脱扣器。图1-26(a)所示为低压断路器工作原理示意图。开关是靠操作机构手动或电动合闸的,触头闭合后,自由脱扣器机构将触头锁在合闸位置上。当电路发生故障时,通过各自的脱扣器使自由脱扣机构动作,自动跳闸实现保护作用。图1-26(b)所示为断路器实物图片。

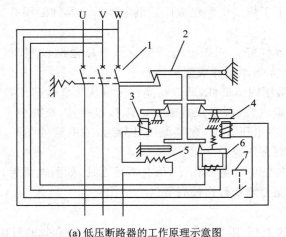
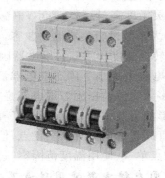

(a) 低压断路器的工作原理示意图　　　　(b) 实物图片

图1-26　低压断路器的工作原理示意图

1—主触头;2—自由脱扣机构;3—过电流脱扣器;4—分励脱扣器;5—热脱扣器;6—失压脱扣器;7—按钮

① 过电流脱扣器　当流过断路器的电流在整定值以内时,过电流脱扣器3所产生的吸力不足以吸动衔铁。当电流超过整定值时,强磁场的吸力克服弹簧的拉力拉动衔铁,使自由脱扣机构动作,断路器跳闸,实现过流保护。

② 失压脱扣器　失压脱扣器6的工作过程与过流脱扣器恰恰相反。当电源电压在额定电压时,失压脱扣器产生的磁力足以将衔铁吸合,使断路器保持在合闸状态。当电源电压下降到低于整定值或降为零时,在弹簧的作用下衔铁释放,自由脱扣机构动作而切断电源。

③ 热脱扣器　热脱扣器5的作用和工作原理与前面介绍的热继电器相同。

④ 分励脱扣器　分励脱扣器4用于远距离操作。在正常工作时,其线圈是断电的;在需要远程操作时,按动按钮使线圈通电,其电磁机构使自由脱扣机构动作,断路器跳闸。

说明:以上介绍的是自动开关可以实现的功能,但并不是说在每一个自动开关中都全部具有这些功能。比如有的自动开关没有分励脱扣器,一些没有热保护等。但大部分自动开关都具备过电流(短路)保护和失压保护等功能。

低压断路器的图形符号和文字符号如图 1-27 所示。

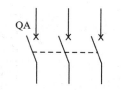

图 1-27　低压断路器的图形
　　　　　和文字符号

2. 低压断路器的主要参数

低压断路器的主要参数如下:

① 额定电压　是指断路器在长期工作时的允许电压,通常等于或大于电路的额定电压。

② 额定电流　是指断路器在长期工作时的允许持续电流。

③ 通断能力　是指断路器在规定的电压、频率以及规定的线路参数(交流电路为功率因数,直流电路为时间常数)下,所能接通和分断的短路电流值。

④ 分断时间　是指断路器切断故障电流所需的时间。

3. 低压断路器的主要类型

低压断路器的分类有多种:

① 按极数分:有单极、两极和三极和四极。

② 按保护形式分:有电磁脱扣器式、热脱扣器式、复合脱扣器式(常用)和无脱扣器式。

③ 按分断时间分:有一般和快速式(先于脱扣机构动作,脱扣时间在 0.02 s 以内)。

④ 按结构形式分:有塑壳式、框架式、模块式等。

电力拖动与自动控制线路中常用的自动空气开关为塑壳式。塑壳式低压断路器又称做装置式低压断路器,具有用模压绝缘材料制成的封闭型外壳,该外壳将所有构件组装在一起。塑壳式低压断路器用做配电网络的保护和电动机、照明电路及电热器等的控制开关。

模块化小型断路器由操作机构、热脱扣器、电磁脱扣器、触头系统、灭弧室等部件组成,所有部件都置于一个绝缘壳中。在结构上具有外形尺寸模块化(9 mm 的倍数)和安装导轨化的特点,即单极断路器的模块宽度为 18 mm,凸颈高度为 45 mm。它安装在标准的 35 mm 电器安装轨上,利用断路器后面的安装槽及带弹簧的夹紧卡子定位,拆卸方便。该系列断路器可作为线路和交流电动机等的电源控制开关及过载、短路等保护用,广泛应用于工矿企业、建筑及家庭等场所。

传统断路器的保护功能是利用了热效应或电磁效应原理,通过机械系统的动作来实现的。智能化断路器的特征是采用了以微处理器或单片机为核心的智能控制器(智能脱扣器),它不仅具备普通断路器的各种保护功能,同时还具备实时显示电路中的各种电气参数(电流、电压、功率因数等),对电路进行在线监视、测量、试验、自诊断和通信等功能,还能够对各种保护功能的动作参数进行显示、设定和修改,将电路动作时的故障参数存储在非易失存储器中以便查询。智能化断路器原理框图如图 1-28 所示。

智能化断路器有框架式和塑料外壳式两种。框架式智能化断路器主要用于智能化自动配电系统中的主断路器。塑料外壳式智能化断路器主要用在配电网络中分配电能和作为线路及电源设备的控制与保护,也可用做三相笼型异步电动机的控制。

4. 低压断路器的选择

① 额定电流和额定电压应大于或等于线路、设备的正常工作电压和工作电流。

② 热脱扣器的整定电流应与所控制负载(比如电动机)的额定电流一致。

③ 欠电压脱扣器的额定电压等于线路的额定电压。

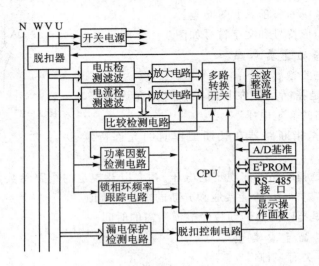

图 1 - 28　智能化断路器原理框图

④ 过电流脱扣器的额定电流 I_z 大于或等于线路的最大负载电流。对于单台电动机来说，可按下式计算

$$I_z \geqslant kI_q \tag{1-8}$$

式中，k 为安全系数，可取 $1.5 \sim 1.7$；I_q 为电动机的启动电流。

对于多台电动机来说，可按下式计算

$$I_z \geqslant KI_{q,max} + \sum I_{er} \tag{1-9}$$

式中，K 也可取 $1.5 \sim 1.7$；$I_{q,max}$ 为最大一台电动机的启动电流；$\sum I_{er}$ 为其他电动机的额定电流之和。

1.5　熔　断　器

熔断器基于电流热效应原理和发热元件热熔断原理设计，具有一定的瞬动特性，用于电路的短路保护和严重过载保护。使用时，熔断器串接于被保护的电路中，当电路发生短路故障时，熔断器中的熔体被瞬时熔断而分断电路，起到保护作用。它具有结构简单、体积小、使用维护方便、分断能力较强、限流性能良好、价格低廉等特点。

1.5.1　熔断器的结构和分类

1. 熔断器的结构

熔断器在结构上主要由熔断管（或盖、座）、熔体及导电部件等元器件组成。其中熔体是主要部分，它既是感测元件又是执行元件。熔断管一般由硬质纤维或瓷质绝缘材料制成半封闭式或封闭式管状外壳，熔体则装于壳内。熔断管的作用是便于安装熔体和有利于熔体熔断时熄灭电弧。熔体（又称做熔件）是由不同金属材料（铅锡合金、锌、铜或银）制成丝状、带状、片状或笼状，它串接于被保护电路。熔断器的作用是当电路发生短路时，通过熔体的电流使其发热，当达到熔化温度时熔体自行熔断，从而分断故障电路。

在电气原理图中熔断器的图形和文字表示符号如图 1-29(a)所示，实物图如图 1-29(b)所示。

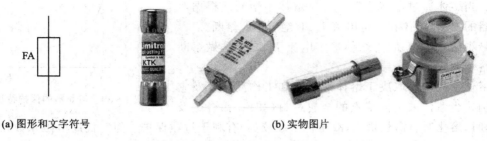

(a) 图形和文字符号　　　　　　　　　　　　　　　　(b) 实物图片

图 1-29　熔断器的图形和文字符号

2. 熔断器的分类

熔断器的种类很多。按结构来分有半封闭插入式、螺旋式、无填料密封管式和有填料密封管式。按用途来分有一般工业用熔断器、半导体器件保护用快速熔断器和特殊熔断器（如具有两段保护特性的快慢动作熔断器、自复式熔断器等）。

(1) 插入式熔断器

主要用于低压分支电路的短路保护，由于其分断能力较小，一般多用于民用和照明电路中。

(2) 螺旋式熔断器

该系列产品的熔管内装有石英砂或惰性气体，用于熄灭电弧，具有较高的分断能力，并带熔断指示器。当熔体熔断时指示器自动弹出。

(3) 封闭管式熔断器

该种熔断器分为无填料、有填料和快速三种。无填料熔断器在低压电力网络成套配电设备中做短路保护和连续过载保护。其特点是可拆卸，即当熔体熔断后，用户可以按要求自行拆开，重新装入新的熔体。有填料熔断器具有较大的分断能力，用于较大电流的电力输配电系统中，还可以用于熔断器式隔离器、开关熔断器等电器中。

(4) 自复式熔断器

自复式熔断器是一种新型熔断器。它利用金属钠做熔体，在常温下，钠的电阻很小，允许通过正常的工作电流。当电路发生短路时，短路电流产生高温使钠迅速气化；气态钠电阻变得很高，从而限制了短路电流。当故障消除后，温度下降，金属钠重新固化，恢复其良好的导电性；其优点是能重复使用，不必更换熔体。它在线路中只能限制故障电流，而不能切断故障电路。

(5) 快速熔断器

它主要用于半导体整流元件或整流装置的短路保护。由于半导体元件的过载能力很低，只能在极短的时间内承受较大的过载电流，因此要求短路保护具有快速熔断的能力。快速熔断器的结构和有填料封闭式熔断器基本相同，但熔体材料和形状不同。

1.5.2　熔断器的保护特性

熔断器的保护特性亦称熔化特性（或称安秒特性），是指熔体的熔化电流与熔化时间之间的关系。它和热继电器的保护特性一样，也具有反时限特性，如图 1-30 所示。在保护特性中有一熔体熔断与不熔断的分界线,与此相应的电流就是最小熔化电流 I_r。当熔体通过电流等于或大于 I_r 时,熔体熔断。当熔体通过电流小于 I_r 时,熔体不熔断。根据对熔断器的要求,熔体在额定电流 I_{re} 时绝对不应熔断。

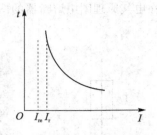

图 1-30　熔断器的保护特性

最小熔化电流 I_r 与熔体额定电流 I_{re} 之比称做熔断器的熔化系数,即 $K_r = I_r / I_{re}$。

熔化系数主要取决于熔体的材料和工作温度以及它的结构。当熔体采用低熔点的金属材料(如铅、锡合金及锌等)时,熔化时所需热量小,故熔化系数较小,有利于过载保护。但它们的电阻系数较大,熔体截面积较大,熔断时产生的金属蒸气较多,不利于灭弧,故分断能力较低。当熔体采用高熔点的金属材料(如铝、铜和银等)时,熔化时所需热量大,故熔化系数大,不利于过载保护,而且可能使熔断器过热;然而,它们的电阻系数低,熔体截面积较小,有利于灭弧,故分断能力较强。由此看来,不同熔体材料的熔断器在电路中起保护作用的侧重点是不同的。

1.5.3　熔断器的技术参数

1. 额定电压

指熔断器长期工作时和分断后能承受的电压,其值一般等于或大于电气设备的额定电压。

2. 额定电流

指熔断器长期工作时,温升不超过规定值时所能承受的电流。为了减少熔断管的规格,熔断管的额定电流等级比较少,而熔体的额定电流等级比较多,即在一个额定电流等级的熔断管内可以分几个额定电流等级的熔体,但熔体的额定电流最大不能超过熔断管的额定电流。

3. 极限分断能力

熔断器在规定的额定电压和功率因数(或时间常数)条件下,能分断的最大电流值为极限分断能力。而在电路中出现的最大电流值一般是指短路电流值。所以,极限分断能力也反映了熔断器分断短路电流的能力。

1.5.4　熔断器的选择

熔断器的选择包括熔断器类型的选择和熔体额定电流的选择两部分。

1. 熔断器类型的选择

选择熔断器类型时,主要依据负载的保护特性和短路电流的大小。例如,用于保护照明和电动机的熔断器,一般是考虑它们的过载保护,这时,希望熔断器的熔化系数适当小些。所以容量较小的照明线路或电动机宜采用熔体为铅锌合金熔断器,而大容量的照明线路或电动机,除过载保护外,还应考虑短路时分断短路电流的能力。若短路电流较小时,可采用熔体为锡质的或熔体为锌质的熔断器。用于车间低压供电线路的保护熔断器,一般是考虑短路时的分断能力。当短路电流较大时,宜采用具有高分断能力的熔断器;当短路电流相当大时,宜采用有限流作用的熔断器。

2. 熔体额定电流的选择

① 用于保护照明或电热设备的熔断器,因负载电流比较稳定,熔体的额定电流一般应等

于或稍大于负载的额定电流,即

$$I_{re} \geqslant I_e \qquad\qquad (1-10)$$

式中:I_{re} 为熔体的额定电流,I_e 为负载的额定电流。

②　用于保护单台长期工作的电动机(供电支线)的熔断器,考虑电动机启动时不应熔断,即

$$I_{re} \geqslant (1.5 \sim 2.5)I_e \qquad\qquad (1-11)$$

轻载启动或启动时间比较短时,系数可取近似 1.5。带重载启动或启动时间比较长时,系数可取近似 2.5。

③　用于保护频繁启动电动机(供电支线)的熔断器,考虑频繁启动时发热而熔断器也不应熔断,即

$$I_{re} \geqslant (3 \sim 3.5)I_e \qquad\qquad (1-12)$$

式中:I_{re} 为熔体的额定电流,I_e 为电动机的额定电流。

④　用于保护多台电动机(供电干线)的熔断器,在出现尖峰电流时不应熔断。通常将其中容量最大的一台电动机启动,而其余电动机正常运行时出现的电流作为其尖峰电流。为此,熔体的额定电流应满足下述关系

$$I_{re} \geqslant (1.5 \sim 2.5)I_{e,max} + \sum I_e \qquad\qquad (1-13)$$

式中,$I_{e,max}$ 为多台电动机中容量最大的一台电动机额定电流,$\sum I_e$ 为其余电动机额定电流之和。

⑤　为防止发生越级熔断,上、下级(供电干、支线)熔断器间应有良好的协调配合。为此,应使上一级(供电干线)熔断器的熔体额定电流比下一级(供电支线)大 1~2 个级差。

⑥　熔断器额定电压的选择应等于或大于所在电路的额定电压。

1.6　主令电器

主令电器是自动控制系统中用于发送和转换控制命令的电器。主令电器用于控制电路,不能直接分合主电路。主令电器应用十分广泛,种类较多,本节介绍几种常用的主令电器。

1.6.1　控制按钮

控制按钮简称按钮,是一种结构简单且使用广泛的手动电器,在控制电路中用于手动发出控制信号以控制接触器、继电器等。图 1-31(b)所示为控制按钮实物图。

控制按钮一般由按钮帽、复位弹簧、触点和外壳等部分组成,其结构如图 1-31(a)所示。按钮中触点的形式和数量根据需要可以装配成 1 常开 1 常闭到 6 常开 6 常闭的形式。接线时,也可以只接常开或常闭触点。当按下按钮时,先断开常闭触点,而后接通常开触点。按钮释放后,在复位弹簧作用下触点复位。

控制按钮在结构上有按钮式、自锁式、紧急式、钥匙式、旋钮式和保护式等。有些按钮还带有指示灯,可根据使用场合和具体用途来选用。旋钮式和钥匙式的按钮也称做选择开关,有双位选择开关,也有多位选择开关。选择开关和一般按钮的最大区别就是不能自动复位。其中钥匙式的开关具有安全保护功能,没有钥匙的人不能操作该开关,只有把钥匙插入后,旋钮才可被旋转。按钮和选择开关的图形符号和文字符号如图 1-32 所示。

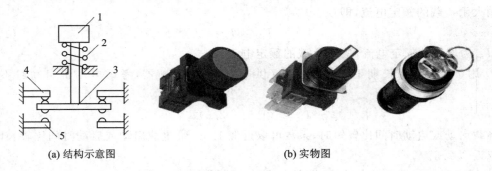

(a) 结构示意图　　　　　　　　　　　　　　(b) 实物图

图 1－31　控制按钮结构示意图

1—按钮帽；2—复位弹簧；3—动触点；4—常闭触点；5—常开触点

(a) 常开触点　　(b) 常闭触点　　(c) 复合按钮　　(d) 选择开关　　(e) 钥匙开关

图 1－32　控制按钮的图形及文字符号

　　控制按钮的主要参数有外观形式及安装孔尺寸、触头数量及触头的电流容量,可在使用时查阅具体的产品说明书。

　　为便于识别各个按钮的作用,避免误操作,通常将按钮帽制成不同颜色以示区别,其颜色有红、绿、黄、蓝、白等。如红色表示停止按钮,绿色表示启动按钮等,如表 1－2 所列。另外还有形象化符号可供选用,如图 1－33 所示。

表 1－2　控制按钮颜色及其含义

颜　色	含　义	典型应用
红　色	危险情况下的操作	紧急停止
	停止或分断	停止一台或多台电动机,停止一台机器的一部分,使电器元件失电
黄　色	应急或干预	抑制不正常情况或中断不理想的工作周期
绿　色	启动或接通	启动一台或多台电动机,启动一台机器的一部分,使电器元件得电
蓝　色	上述几种颜色未包括的任一种功能	—
黑色、灰色、白色	无专门指定功能	可用于停止和分断上述以外的任何情况

1.6.2　转换开关

　　转换开关是一种多挡式、控制多回路的主令电器,广泛应用于各种配电装置的电源隔离、电路转换、电动机远距离控制等,也常作为电压表、电流表的换相开关,还可用于控制小容量的电动机。

启动；闭合　　停止；断开　　点动　　启动/停止共用　　直线运动　　自动循环

泵　　冷却泵　　液压泵　　润滑泵　　转动　　半自动循环

图 1-33　控制按钮的形象化符号

目前常用的转换开关主要有两大类，即万能转换开关和组合开关。两者的结构和工作原理基本相似，在某些应用场合可以相互替代。转换开关按结构可分为普通型、开启型和防护组合型等；按用途又分为主令控制和控制电动机两种。

转换开关一般采用组合式结构设计，由操作结构、定位系统、限位系统、接触系统、面板及手柄等组成。接触系统采用双断点桥式结构，并由各自的凸轮控制其通断。定位系统采用棘轮棘爪式结构，不同的棘轮和凸轮可组成不同的定位模式，从而得到不同的开关状态，即手柄在不同的转换角度时，触头的状态是不同的。

转换开关是由多组相同结构的触点组件叠装而成的，图 1-34(a)所示为转换开关某一层的结构原理图。图 1-34(b)所示为转换开关的实物图片。转换开关由操作结构、面板、手柄和数个触头等主要部件组成，用螺栓组成一个整体。触头底座由 1~12 层组成，其中每层底座最多可装 4 对触头，并由底座中间的凸轮进行控制。由于每层凸轮可做成不同的形状，因此，当手柄转到不同位置时，通过凸轮的作用，可使各对触头按所需要的规律接通和分断。

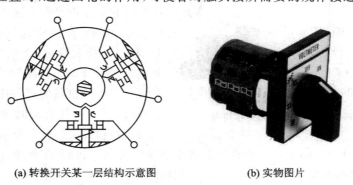

(a) 转换开关某一层结构示意图　　　　(b) 实物图片

图 1-34　转换开关

转换开关手柄的操作位置是以角度来表示的，不同型号的转换开关，其手柄有不同的操作位置。这可从电气设备手册中万能转换开关的"定位特征表"中查找到。

转换开关的触点在电路图中的图形符号如图 1-35 所示。由于其触点的分合状态与操作手柄的位置有关，因此在电路图中除画出触点圆形符号之外，还应有操作手柄位置与触点分合状态的表示方法。其表示方法有两种，一种是在电路图中画虚线和画"·"的方法，如图 1-35(a) 所示，即用虚线表示操作手柄的位置，用有无"·"表示触点的闭合和断开状态。

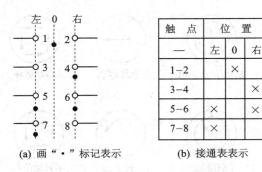

触　点	位　置		
—	左	0	右
1—2		×	
3—4			×
5—6	×		×
7—8	×		

(a) 画"·"标记表示　　　　(b) 接通表表示

图 1 – 35　转换开关的图形符号

比如，在触点图形符号下方的虚线位置上画"·"，则表示当操作手柄处于该位置时，该触点处于闭合状态；若在虚线位置上未画"·"，则表示该触点处于断开状态。另一种方法是，在电路图中既不画虚线也不画"·"，而是在触点图形符号上标出触点编号，再用接通表表示操作手柄于不同位置时的触点分合状态，如图 1 – 35(b)所示。在接通表中用有无"×"来表示操作手柄不同位置时触点的闭合和断开状态。转换开关的文字符号用 SF 表示。

转换开关的主要参数有型号、手柄类型、操作图形式、工作电压、触头数量及电流容量等，使用时请参考产品说明书中的详细说明。

1.6.3　行程开关

行程开关又称做限位开关，是一种利用生产机械某些运动部件的碰撞来发出控制命令的主令电器，用于控制生产机械的运动方向、速度、行程大小或位置。

行程开关广泛应用于各类机床、起重机械以及轻工机械的行程控制。当生产机械运动到某一预定位置时，行程开关通过机械可动部分的动作，将机械信号转换为电信号，以实现对生产机械的控制，限制它们的动作和位置，借此对生产机械给以必要的保护。

行程开关按其结构可分为直动式、滚轮式和微动式。

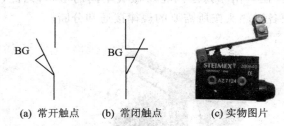

(a) 常开触点　　(b) 常闭触点　　　(c) 实物图片

图 1 – 36　行程开关的图形和文字符号

直动式行程开关的动作原理与按钮相同。但它的缺点是分合速度取决于生产机械的移动速度；当移动速度低于 0.4 m/min 时，触点分断太慢，易受电弧烧损。此时，应采用有盘形弹簧机构瞬时动作的滚轮式行程开关。当生产机械的行程比较小且作用力也很小时，可采用具有瞬时动作和微小行程的微动式行程开关。行程开关的图形符号和文字符号如图 1 – 36(a)、(b)所示。行程开关的主要参数有动作行程、工作电压及触头的电流容量等，在产品说明书中都有详细说明。图 1 – 36(c)所示为其实物图片。

1.6.4　接近开关

随着电子技术的发展，出现了非接触式的行程开关，即接近开关。接近开关又称做无触点行程开关。当某种物体与之接近到一定距离时就发出动作信号，它不像机械行程开关那样需要施加机械力，而是通过其感辨头与被测物体间介质能量的变化来获取信号。接近开关的应用已远超出一般行程控制和限位保护的范畴，例如用于高速计数、测速、液面控制、检测金属体的存在、零件尺寸以及无触点按钮等。即使用于一般行程控制，其定位精度、操作频率、使用寿命和对恶劣环境的适应能力，更优于一般机械式行程开关。

接近开关按工作原理可以分为高频振荡型、电容型、霍耳型等几种类型。

高频振荡型接近开关基于金属触发原理,主要由高频振荡器、集成电路(或晶体管放大电路)和输出电路三部分组成。其基本工作原理是:振荡器的线圈在开关的作用表面产生一个交变磁场,当金属检测体接近此作用表面时,金属检测体中将产生涡流;由于涡流的去磁作用使感辨头的等效参数发生变化,由此改变振荡回路的谐振阻抗和谐振频率,使振荡停止。振荡器的振荡和停振这两个信号,经整形放大后转换成开关信号输出。

电容型接近开关主要由电容式振荡器及电子电路组成。它的电容位于传感器表面,当物体接近时,因改变了其耦合电容值,从而产生振荡和停振,使输出信号发生跳变。

霍耳型接近开关由霍耳元件组成,是将磁信号转换为电信号输出,内部的磁敏元件仅对垂直于传感器端面的磁场敏感;当磁极 S 正对接近开关时,接近开关的输出产生正跳变,输出为高电平。若磁极 N 正对接近开关,输出产生负跳变,输出为低电平。

接近开关的图形和文字符号如图 1 - 37(a)、(b)所示,实物图片如图 1 - 37(c)所示。

接近开关的工作电压有交流和直流两种,输出形式有两线、三线和四线三种,有一对常开、常闭触点;晶体管输出类型有 NPN、PNP 两种;外形有方形、圆形、槽形和分离型等多种。接近开关的主要参数有动作行程、工作电压、动作频率、响应时间、输出形式以及触点电流容量等,在产品说明书中有详细说明。

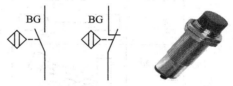

(a) 常开触点　　(b) 常闭触点　　(c) 实物图片

图 1 - 37　接近开关的图形和文字符号

1.6.5　光电开关

光电开关除克服了接触式行程开关存在的诸多不足外,还克服了接近开关的作用距离短、不能直接检测非金属材料等缺点。它具有体积小、功能多、寿命长、精度高、响应速度快、检测距离远以及抗电磁干扰能力强等优点,还可非接触、无损伤地检测和控制各种固体、液体、透明体、柔软体和烟雾等物质的状态和动作。目前,光电开关已被用做物位检测、液位控制、产品计数、宽度判别、速度检测、定长剪切、孔洞识别、信号延时、自动门传感、色标检出以及安全防护等诸多领域。

光电开关按检测方式可分为反射式、对射式和镜面反射式三种类型。表 1 - 3 列出了光电开关的检测分类及特点说明。

图 1 - 38(a)所示为反射式光电开关的工作原理框图。图中,由振荡回路产生的调制脉冲经反射电路后,由发光管 PG 辐射出光脉冲。当被测物体进入受光器作用范围时,被反射回来的光脉冲进入光敏三极管 KF,并在接收电路中将光脉冲解调为电脉冲信号,再经放大器放大和同步选通整形,然后用数字积分或阻容积分方式排除干扰,最后经延时(或不延时)触发驱动输出光电开关控制信号。光电开关的图形符号和文字符号如图 1 - 38(b)所示,图 1 - 38(c)所示为其实物图片。

光电开关一般都具有良好的回差特性,即使被检测物在小范围内晃动也不会影响驱动器的输出状态,从而可使其保持在稳定工作区。同时,自诊断系统还可以显示受光状态和稳定工作区,随时监视光电开关的工作。

光电开关外形有方形、圆形等几种,主要参数有动作行程、工作电压、输出形式等,在产品说明书中有详细说明。光电开关的产品种类十分丰富,应用也非常广泛。

表 1 - 3　光电开关的检测分类及特点

检测方式		光　路	特　点
对射式	扩　散		检测距离远,也可检测半透明物体的密度(透过率)
	狭　角		光束发散角小,抗邻组干扰能力强
	细　束		擅长检查出细微的孔径、线型和条状物
	槽　形		光轴固定不需调节,工作位置精度高
	光　纤		适宜空间狭小、电磁干扰大、温差大、需防爆的危险环境
反射式	限　距		工作距离限定在光束交点附近,可避免背景影响
	狭　角		无限距型,可检测透明物后面的物体
	标　志		颜色标记和孔隙、液滴、气泡检出,测电表、水表转速
	扩　散		检测距离远,可检出所有物体,通用性强
	光　纤		适宜空间狭小、电磁干扰大、温差大、需防爆的危险环境
镜面反射式			反射距离远,适宜远距检出,还可检出透明、半透明物体

(注:"对射式"行对应"检测不透明体";"反射式"行对应"检测透明体和不透明体")

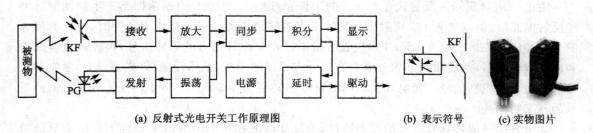

(a) 反射式光电开关工作原理图　　　　　(b) 表示符号　　(c) 实物图片

图 1 - 38　光电开关

1.7　信号电器

信号电器主要用来对电气控制系统中的某些信号的状态、报警信息等进行指示。典型产品主要有信号灯（指示灯）、灯柱、电铃和蜂鸣器等。

指示灯在各类电器设备及电气线路中做电源指示及指挥信号、预告信号、运行信号、故障信号及其他信号的指示。指示灯主要由壳体、发光体、灯罩等组成。指示灯的外形结构多种多样，发光体主要有白炽灯、氖灯和半导体三种。发光颜色有黄、绿、红、白、蓝五种，使用时按国标规定的用途选用，见表 1 - 4。指示灯的主要参数有安装孔尺寸、工作电压及颜色等。指示灯的图形和文字符号以及实物图如图 1 - 39(a)所示。

表 1 - 4　指示灯的颜色及其含义

颜　色	含　义	解　释	典型应用
红　色	异常或警报	对可能出现危险和需要立即处理的情况进行报警	参数超过规定限制，切断被保护电器，电源指示
黄　色	警　告	状态改变或变量接近其极限值	参数偏离正常值
绿　色	准备、安全	安全运行条件指示或机械准备启动	设备正常运转
蓝　色	特殊指示	上述几种颜色未包括的任意一种功能	—
白　色	一般信号	上述几种颜色未包括的各种功能	—

信号灯柱是一种尺寸较大的、由几种颜色的环形指示灯叠压在一起组成的指示灯。它可以根据不同的控制信号使不同的灯点亮。由于体积比较大，所以远处的操作人员也可看见信号。灯柱在生产流水线上用做不同的信号指示。

电铃和蜂鸣器都属于声响类的指示器件。在警报发生时，不仅需要指示灯指示出具体的故障点，还需要声响器件报警，以便告知在现场的所有操作人员。蜂鸣器一般用在控制设备上，而电铃主要用在较大场合的报警系统。电铃和蜂鸣器的图形符号和文字符号以及实物图片如图 1 - 39(b)和(c)所示。

(a) 指示灯　　　　(b) 电铃　　　　(c) 蜂鸣器

图 1 - 39　信号器件

1.8　常用执行器件

能够根据控制系统的输出控制逻辑要求执行动作命令的器件称做执行电器。比如在 1.2 节中介绍的接触器就是典型的执行电器。除此之外，常用的执行电器还有电磁阀、控制电动机等。随着科学技术的发展，一些逻辑器件在自动控制系统中会被智能化器件所取代，但执行器件就像执行大脑命令的人的四肢,不管怎么先进的控制系统都要使用它们。

1.8.1　电磁执行器件

电磁执行电器都是基于电磁机构的工作原理进行工作的。

1. 电磁铁

电磁铁主要由励磁线圈、铁芯和衔铁三部分组成,其结构图和图 1-7 类似。当励磁线圈通电后便产生磁场和电磁力,衔铁被吸合,把电磁能转换为机械能,带动机械装置完成一定的动作。

根据励磁电流的不同,电磁铁分为直流电磁铁和交流电磁铁。电磁铁的主要技术数据有:额定行程、额定吸力、额定电压等。选用电磁铁时应该考虑这些技术数据,即额定行程应满足实际所需机械行程的要求;额定吸力必须大于机械装置所需的启动吸力。

电磁铁的表示符号及实物图片如图 1-40(a)所示。

2. 电磁阀

电磁阀用来控制流体的自动化基础元件,属于执行器,用于工业控制系统中调整介质的方向、流量、速度和其他的参数。线圈通电后,靠电磁吸力的作用把阀芯吸起,从而使管路接通;反之管路被阻断。

电磁阀有多种形式,但从结构和工作原理上来分主要有三大类:直动式、分步直动式和先导式。

(1) 直动式电磁阀

工作原理:通电时,电磁线圈产生电磁力把关闭件从阀座上提起,阀门打开;断电时,电磁力消失,弹簧力把关闭件压在阀座上,阀门关闭。

特点:在真空、负压、零压时能正常工作,但一般直径不超过 25 mm。

(2) 先导式电磁阀

工作原理:通电时,电磁力把先导孔打开,上腔室压力迅速下降,在关闭件周围形成上低下高的压差,推动关闭件向上移动,阀门打开;断电时,弹簧力把先导孔关闭,入口压力通过旁通孔迅速进入上腔室在关阀件周围形成下低上高的压差,推动关闭件向下移动,关闭阀门。直径 15 mm 以上的,压力 0.1 MPa 以上时,电磁阀采用先导式,即先打开较小的先导阀口,利用压差打开主阀口。一般 0.8 MPa 以下,主阀口是橡胶膜片结构,0.8 MPa 以上是金属活塞结构。

特点:流体压力范围上限很高,但必须满足流体压差条件。

(3) 分步直动式电磁阀

工作原理:采用直动式和先导式相结合的原理,当入口与出口压差≤0.05 MPa,通电时,电磁力直接把先导小阀和主阀关闭件依次向上提起,阀门打开;当入口与出口压差＞0.05 MPa,通电时,电磁力先打开先导小阀,主阀下腔压力上升,上腔压力下降,从而利用压差把主阀向上推开;断电时,先导阀和主阀利用弹簧力或介质压力推动关闭件,向下移动,使阀门关闭。

分步直动式电磁阀细究起来也是先导式,只不过解决了先导式零压无法启动的问题。一般情况下,先导式是常用的。

特点:在零压差或真空、高压时亦能可靠工作;但功率较大,要求竖直安装。

电磁阀的表示符号及实物图片如图 1-40(b)所示。

3. 电磁制动器

电磁制动器的作用是使旋转的运动迅速停止，即电磁刹车或电磁抱闸。电磁制动器有盘式制动器和块式制动器，一般都由制动器、电磁铁、摩擦片或闸瓦等组成。这些制动器都是利用电磁力把高速旋转的轴抱死，实现快速停车。其特点是制动力矩大、反应速度极快、安装简单、价格低廉，但容易使旋转的设备损坏。所以一般在扭矩不大、制动不频繁的场合使用。

电磁制动器的表示符号如图 1 - 40(c)所示。

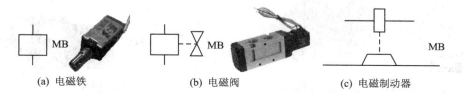

(a) 电磁铁　　　　(b) 电磁阀　　　　(c) 电磁制动器

图 1 - 40　电磁驱动器件表示符号

1.8.2　常用驱动设备

最常用的驱动设备是三相笼型异步电动机，由于在第 2 章还要重点讲解其控制电路，所以这里只简要介绍另外两种常用驱动设备。

1. 伺服电动机

伺服电动机又称执行电动机，在自动控制系统中用做执行元件，把所收到的电信号转换成电动机轴上的角位移或角速度输出。伺服电动机分交流伺服电动机和直流伺服电动机。

交流伺服电动机内部的转子是永磁铁，驱动器控制的 U/V/W 三相电形成电磁场，转子在此磁场的作用下转动，同时电动机自带的编码器反馈信号给驱动器，驱动器根据反馈值与目标值进行比较，调整转子转动的角度。伺服电动机的精度决定于编码器的精度（线数）。

现在交流伺服系统已成为当代伺服系统的主要发展方向，高性能的伺服系统大多采用永磁同步型交流伺服电动机，控制驱动器多采用快速、准确定位的全数字位置伺服系统。永磁交流伺服电动机的主要优点有：

① 无电刷和换向器，因此工作可靠，对维护和保养要求低；

② 定子绕组散热比较方便；

③ 惯量小，易于提高系统的快速性；

④ 适用于高速且大力矩工作状态；

⑤ 和直流伺服电动机相比，同功率下有较小的体积和质量。

三相永磁同步交流伺服电动机的图形和文字符号一般表示及实物图片如图 1 - 41(a)所示。

2. 步进电动机

步进电动机是一种将电脉冲转化为角位移的执行机构。当步进驱动器接收到一个脉冲信号，它就驱动步进电动机按设定的方向转动一个固定的角度（步进角）。可以通过控制脉冲个数来控制角位移量，来达到准确定位的目的，同时可以通过控制脉冲频率来控制电动机转动的速度和加速度，进行调速。

步进电动机是将电脉冲信号转变为角位移或线位移的开环控制元件。在非超载的情况下，电动机的转速、停止的位置只取决于脉冲信号的频率和脉冲数，而不受负载变化的影响，即给电动机加一个脉冲信号，电动机则转过一个步距角。这一线性关系的存在，加上步进电动机只有周期性的误差而无累积误差等特点，使得在速度、位置等控制领域用步进电动机控制变得非常简单。步进电动机必须配合驱动控制器一起使用，驱动器用于给步进电动机分配环形脉冲，并提供驱动能力。

步进电动机的图形和文字一般表示符号及实物图如图1-41(b)所示。

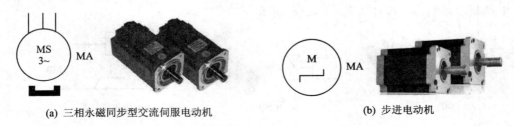

(a) 三相永磁同步型交流伺服电动机　　　　　　　　(b) 步进电动机

图1-41　伺服电动机和步进电动机表示符号及实物图

1.9　常用检测仪表

单位时间里连续变化的信号称做模拟量信号，如流量、压力、温度等。用于检测模拟量信号的仪器仪表一般在过程控制系统中使用，但在电气控制系统中也少不了这些器件和设备，只不过不像在过程控制系统中那样大量地集中使用罢了。在本书的后半部分主要讲解可编程序控制器的原理及应用，其中要用到模拟量的输入和输出信号，所以在这里简单对这些器件进行一下介绍，其详细内容参见其他有关课程。

1. 变送器

几乎所有的能输出标准信号（1～5 V 或 4～20 mA）的测量仪器都是由传感器加上变送器组成的。传感器用来直接检测各种具体的物理量的信号，变送器则把这些形形色色的工艺变量（如温度、流量、压力、物位等）信号变换成控制器或控制系统能够使用的统一标准的电压或电流信号。变送器基于负反馈原理设计，它包括测量部分、放大器和反馈部分，其构成原理如图1-42(a)所示。

测量部分用以检测被测变量 x，并将其转换成能被放大器接收的输入信号 z_i（电压、电流、位移、作用力或力矩等信号）。反馈部分则把变送器的输出信号 y 转换成反馈信号 z_f，再回送到输入端。z_i 与调零信号 z_0 的代数和与反馈信号 z_f 进行比较，其差值送入放大器进行放大，并转换成标准输出信号 y。由图1-42(a)可以求得变送器输出与输入之间的关系为

$$y = \frac{K}{1+KF}(Cx + z_0) \tag{1-14}$$

式中：K 为放大器的放大系数；F 为反馈部分的反馈系数；C 为测量部分的转换系数。

从式(1-14)中可以看出，在满足深度负反馈 $KF \gg 1$ 的条件下，变送器输出与输入之间的关系取决于测量部分和反馈部分的特性，而与放大器的特性几乎无关。如果转换系数 C 和反馈系数 F 为常数，则变送器的输出与输入之间将保持良好的线性关系。如图1-42(b)所示，x_{max} 和 x_{min} 分别为被测变量的上限值和下限值，y_{max} 和 y_{min} 分别为输出信号的上限值和下限值，它们与统一标准信号的上限值和下限值相对应。

现在的变送器还可以提供各种通信协议的接口,如 RS-485、PROFIBUS PA、FF 等。

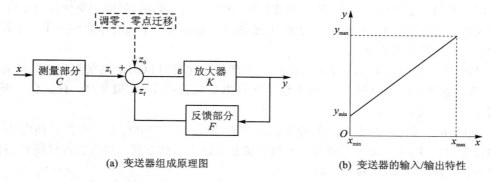

(a) 变送器组成原理图　　　　　　　　(b) 变送器的输入/输出特性

图 1 - 42　变送器的组成原理图和输入/输出特性

2. 常用检测仪表

(1) 压力检测及变送器

根据测量原理不同,有不同的检测压力的方法。常用的压力传感器有:应变片压力传感器、陶瓷压力传感器、扩散硅压力传感器和压电压力传感器等。其中陶瓷压力传感器、扩散硅压力传感器在工业上最为常用。

压力变送器可以把压力信号变换成标准的电压或电流信号。图 1 - 43(a)所示为输出信号是电压信号的压力变送器通用符号。输出若为电流信号,可把图中文字改为 p/I,可在图中方框中文字下部的空白处增加小图标表示传感器的类型。压力变送器文字符号为 BP。

(2) 流量检测及流量计

流量计用于工业领域中对蒸气、气体和液体的流量进行测量。流量计中包含检测传感部分和变送器,其输出信号为标准电压或电流信号,一些高精度的流量计可以输出频率信号。根据不同的检测原理,有不同的流量计,它们适用于不同的场合。主要的流量计有:

① 电磁流量计　用于高量程比高精度液体流量测量,可用于严格的卫生场合。

② 科氏力质量流量计　用于液体和气体的质量流量测量,介质质量的控制和监测,密度测量。它不受环境振动影响,免维护。

③ 涡街流量计　用来测量气体、蒸气和液体的流量。安装成本低,压损小,长时间稳定性及宽动态测量范围。

④ 超声波流量计　外部安装,非接触测量,安装简便,不影响工艺过程;适用于腐蚀性介质,高压、卫生场合。

图 1 - 43(b)所示是输出信号是电流信号的流量计通用符号。输出若为电压信号,可把图中文字改为 f/U,图中 P 的线段表示管线,可在图中方框下部的空白处增加小图标表示传感器的类型。流量计文字符号为 BF。

(3) 温度检测及变送器

各种测温方法大都是利用物体的某些物理化学性质(如物体的膨胀率、电阻率、热电势、辐射强度和颜色等)与温度具有一定关系的原理。测出这些参量的变化,就可知道被测物体的温度。测温方法可分为接触式与非接触式两大类。接触式测温可使用液体膨胀式温度计、热电偶、热电阻等。非接触式测温可使用光学高温计、辐射高温计、红外探测器测温等。接触式测温简单、可靠、测量精度高,但由于达到热平衡需要一定时间,因而会产生测温的滞后现象。此外,感温元件往往会破坏被测对象的温度场,并有可能受到被测介质的腐蚀。非接触式测温是通过热辐射来测量温度的,感温速度一般比较快,多用于测量高温,但由于受物体的发射率、热辐射传递空间的距离、烟尘和水蒸气的影响,故测量误差较大。下面简单介绍一下工业控制系统中常用的热电阻和热电偶。

① 热电阻　利用金属和半导体的电阻随温度的变化也可以用来测量温度。其特点是准确度高,在低温下(500 ℃)测量时,输出信号比热电偶要大得多,灵敏度高,它适合的温度测量范围是－200～500 ℃。

② 热电偶　当在两种不同种类的导线的接头(节点)上加热时,会产生温差热电势,这是金属和合金的特性,这两种不同种类的导线连接起来就成为热电偶。热电偶价格便宜、制作容易、结构简单、测温范围广、准确度高。

温度变送器接受温度传感器信号并将其转换成标准信号输出。图 1－43(c)所示为输出信号为电压信号的热电偶型温度变送器。输出若为电流信号,可把图中文字改为 θ/I。其他类型的变送器可更改图中方框下部的小图标。温度变送器文字符号为 BT。

(4) 物位检测及变送器

物位测量对象有液位也有料位等,有几十米高的大容器,也有几毫米的微型容器,介质的特性更是千差万别。物位测量方法很多,以适应各种不同的测量要求。

物位测量的特点是敏感元件接收到的信号一般与被测介质的某一特性参数有关。例如,静压式和浮力式液位计与介质的密度有关,因为静止介质内某一点的静压力与介质上方自由空间压力之差,与该点上方的介质高度成正比,因此可利用差压来检测液位;电容式物位计与介质的介电常数有关,把敏感元件做成一定形状的电极置于被测介质中,根据电极之间的电气参数(如电阻、电容等)随物位变化的改变来对物位进行检测;超声波物位计与声波在介质中的传播速度有关,利用其传播速度及在不同相界面之间的反射特性可实现物位测量;而射线式物位计与介质对射线的线性吸收系数有关,由于射线的可穿透性,所以该方法常被用于情况特殊或环境恶劣的场合实现有关参数的非接触式测量。

静压式液位变送器(电流信号输出)的图形符号和文字符号如图 1－43(d)所示。

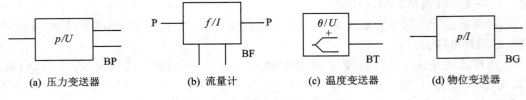

　　　(a) 压力变送器　　　　　(b) 流量计　　　　　(c) 温度变送器　　　　(d) 物位变送器

图 1－43　变送器表示符号

1.10　常用电气安装附件

安装附件是电气控制系统的电气控制柜或配电箱中必不可少的物品。该类产品的品种很多,主要用于控制柜中元器件和导线的固定和安装。常用的安装附件有:

① 走线槽　由锯齿形的塑料槽和盖组成,有宽有窄等多种规格,用于导线和电缆的走线,可以使柜内走线美观、整洁,如图 1－44(a)所示。

② 扎线带和固定盘　尼龙扎线带可以把一束导线扎紧到一起,根据长短和粗细有多种型号,如图 1-44(b)所示。固定盘上面有小孔,背面有粘胶,它可以粘到其他平面物体上,用来配合扎线带的使用,图 1-44(c)所示为固定盘。

③ 波纹管、缠绕管　用于控制柜中裸露出来的导线部分的缠绕或作为外套,保护导线。一般由 PVC 软质塑料制成,如图 1-44(d)、(e)所示。

④ 号码管、配线标志管　空白号码管由 PVC 软质塑料制成,管、线上面可用专门的打号机打印上各种需要的符号,套在导线的接头端,用来标记导线。配线标志管则已经把各种数字或字母印在了塑料管上面,并分割成为小段,使用时可随意组合,图 1-44(f)所示为配线标志管。

⑤ 接线插、接线端子　接线插俗称线鼻子,用来连接导线,并使导线方便、可靠地连接到端子排或接线座上。它有各种型号和规格,图 1-44(g)所示为其中的几种。接线端子为两段分断的导线提供连接。接线插可以方便地连接到它的上面,现在新型的接线端子技术含量很高,接线更加方便快捷,导线直接可以连接到接线端子的插孔中,图 1-44(h)所示为接线端子。

⑥ 安装导轨　用来安装各种有标准卡槽的元器件,用合金或铝材制成。工业上最常用的是 35 mm 的 U 形导轨,如图 1-44(i)所示。

⑦ 热收缩管　遇热后能够收缩的特种塑料管,用来包裹导线或导体的裸露部分,起绝缘保护作用。热缩管有各种颜色和粗细不一,如图 1-44(j)所示。

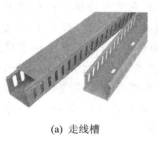

(a) 走线槽

(b) 扎线带

(c) 固定盘

(d) 缠绕管

(e) 波纹管

(f) 配线标志管

(g) 接线插

(h) 接线端子

(i) 安装导轨

(j) 热缩管

图 1-44　常用安装附件

本章小结

(1) 低压电器的种类繁多，有几种分类方法。本章主要介绍了接触器、继电器、开关电器、熔断器、主令电器等常用低压电器的用途、基本结构、工作原理及其主要技术参数和图形符号，为其正确使用打下了基础。

(2) 在常用的低压电器中，基于电磁机构工作原理的电器占有相当大的比例，如接触器、电磁式继电器、断路器等。它们大都由三个主要部分组成，即触头、灭弧装置和电磁机构。电磁机构是电磁式低压电器的感测部件，其工作原理常用吸力特性和反力特性来表征。

(3) 每一种电器都有一定的使用范围，要根据使用的具体条件正确选用，其技术参数是最主要的依据。保护电器（如热继电器、熔断器、断路器等）及某些控制电器（如时间继电器等）的使用，除了要根据保护要求、控制要求正确选用电器的类型外，还要根据被保护、被控制电路的具体条件，进行必要的调整，整定动作值，同时还要考虑各保护电器之间的配合特性的要求。

(4) 控制系统中的信号分开关量信号和模拟量信号。开关量信号只有"1"（ON）和"0"（OFF）两种状态；模拟量信号是连续变化的变量，如温度、流量、压力、液位、物位等。主令电器是自动控制系统中用于发送和转换控制命令的电器，它为控制系统提供开关量的输入信号，常用的主令电器有控制按钮、各种开关器件等；执行电器能够根据控制系统的输出控制逻辑要求（0 或 1）执行动作命令，常用的执行器件有接触器、电磁铁、电磁阀和电动机等；信号电器也能根据系统的控制要求进行输出动作，常用的信号器件有指示灯和蜂鸣器等；能够产生标准模拟量信号的电器设备或装置有压力变送器、温度变送器、流量计、液位变送器、物位变送器等。在高精度的位置控制系统中，伺服电动机、步进电动机和旋转编码器等都是最常用的设备。

(5) 安装附件主要用于控制柜中元器件和导线的固定和安装。该类产品的品种很多，除书中介绍的一些常用的产品外，在实际工作中还会遇到更多此类产品。

思考题与练习题

1. 电磁式电器主要由哪几部分组成？各部分的作用是什么？

2. 何谓电磁机构的吸力特性与反力特性？吸力特性与反力特性之间应满足怎样的配合关系？

3. 单相交流电磁铁的短路环断裂或脱落后，在工作中会出现什么现象？为什么？

4. 常用的灭弧方法有哪些？

5. 接触器的作用是什么？根据结构特征如何区分交、直流接触器？

6. 交流接触器在衔铁吸合前的瞬间，为什么会在线圈中产生很大的电流冲击？直流接触器会不会出现这种现象？为什么？

7. 交流电磁线圈误接入直流电源，直流电磁线圈误接入交流电源，会发生什么问题？为什么？

8. 热继电器在电路中的作用是什么？带断相保护和不带断相保护的三相式热继电器各用在什么场合？

9. 说明热继电器和熔断器保护功能的不同之处。

10. 当出现通风不良或环境温度过高而使电动机过热时，能否采用热继电器进行保护？为什么？

11. 中间继电器与接触器有何异同？

12. 感应式速度继电器是怎样实现动作的？用于什么场合？

13. 简述固态继电器优缺点及使用时的注意事项。

14. 熔断器的额定电流、熔体的额定电流和熔体的极限分断电流三者有何区别？

15. 控制按钮、转换开关、行程开关、接近开关、光电开关在电路中各起什么作用？

16. 电磁阀分几大类？各自的工作原理是什么？

17. 一般来说，检测仪表提供的是什么性质的信号？最后的标准信号是如何产生的？

18. 常用的安装附件有哪些？它们的主要作用是什么？

第 2 章 电气控制线路基础

本章重点

- 电气原理图概念、绘制原则
- 电气图形符号和文字符号的国家标准
- 三相笼型异步电动机基本控制线路
- 变频调速原理及变频器的使用
- 简单设计法原理及使用
- 电气控制线路的分析方法及使用

在各行各业广泛使用的电气设备和生产机械中,自动控制线路大多以各类电动机或其他执行电器为被控对象。根据一定的控制方式用导线把继电器、接触器、按钮、行程开关、保护元件等器件连接起来组成的自动控制线路,通常称做电气控制线路。其作用是对被控对象实现自动控制,以满足生产工艺的要求和实现生产过程自动化。

生产工艺和生产过程不同,对控制线路的要求也不同。但是,无论哪一种控制线路,都是由一些基本的控制环节组合而成的。因此,只要掌握控制线路的基本环节以及一些典型线路的工作原理、分析方法和设计方法,就很容易掌握复杂电气控制线路的分析方法和设计方法。结合其具体的生产工艺要求,通过基本环节的组合,可设计出复杂的电气控制线路。

本章主要介绍广泛应用的三相笼型异步电动机的基本控制线路和一些典型控制线路,其中重点讲解变频器的使用。根据电气应用技术的发展,作者对现代电气控制线路的设计总结出一种方法——简单设计法,本章对其进行详细讲解。最后举例讲解有关电气控制线路分析的基础知识。

2.1 电气控制系统图的图形、文字符号及绘制原则

电气控制线路是用导线将电动机、电器、仪表等元器件按一定的要求连接起来,并实现某种特定控制要求的电路。为了表达生产机械电气控制系统的结构、原理等设计意图,便于电气系统的安装、调试、使用和维修,将电气控制系统中各电器元件及其连接线路用一定的图形表达出来,这就是电气控制系统图。

电气控制系统图一般有三种:电气原理图、电器布置图和电气安装接线图。在图上可以用不同的图形符号来表示各种电器元件,用不同的文字符号来说明图形符号所代表的电器元件的基本名称、用途、主要特征及编号等。按电气元器件的布置位置和实际接线,用规定的图形符号绘制的图形称做安装图。安装图便于安装、检修和调试。根据电路工作原理用规定的图形符号绘制的图形称做原理图。原理图能够清楚地表明电路功能,便于分析系统的工作原理。由于电气原理图具有结构简单、层次分明,适合应用于分析、研究电路的工作原理等优点,所以

无论在设计部门还是生产现场都得到了广泛的应用。各种图有其不同的用途和规定画法,应根据简明易懂的原则,采用国家标准统一规定的图形符号、文字符号和标准画法来绘制。本节先简要介绍新国标中规定的有关电气技术方面常用的文字符号和图形符号,然后重点介绍电气原理图的绘制原则。

2.1.1　常用电气图形符号和文字符号

电气原理图中电气元件的图形符号和文字符号必须符合国家标准规定。国家标准化管理委员会是负责组织国家标准的制定、修订和管理的组织,一般来说,国家标准是在参照国际电工委员会(IEC)和国际标准化组织(ISO)所颁布标准的基础上制定的。近几年来,有关电气图形符号和文字符号的国家标准变化较大。GB 4728—1984《电气简图用图形符号》内容更改较大,而 GB 7159—1987《电气技术中的文字符号制定通则》早已废止。

(1) 和电气制图有关的国家标准

① GB/T 4728—2005～2008:《电气简图用图形符号》;

② GB/T 5465—2008～2009:《电气设备用图形符号》;

③ GB/T 20063:《简图用图形符号》;

④ GB/T 5094—2003～2005:《工业系统、装置与设备以及工业产品——结构原则与参照代号》;

⑤ GB/T 20939—2007:《技术产品及技术产品文件结构原则字母代码——按项目用途和任务划分的主类和子类》;

⑥ GB/T 6988:《电气技术用文件的编制》。

(2)《电气简图用图形符号》(GB/T 4728)的具体内容

① GB/T 4728.1—2005 第 1 部分:一般要求;

② GB/T 4728.2—2005 第 2 部分:符号要素、限定符号和其他常用符号;

③ GB/T 4728.3—2005 第 3 部分:导体和连接件;

④ GB/T 4728.4—2005 第 4 部分:基本无源元件;

⑤ GB/T 4728.5—2005 第 5 部分:半导体管和电子管;

⑥ GB/T 4728.6—2000 第 6 部分:电能的发生与转换;

⑦ GB/T 4728.7—2000 第 7 部分:开关、控制和保护器件;

⑧ GB/T 4728.8—2000 第 8 部分:测量仪表、灯和信号器件;

⑨ GB/T 4728.9—1999 第 9 部分:电信:交换和外围设备;

⑩ GB/T 4728.10—1999 第 10 部分:电信:传输;

⑪ GB/T 4728.11—2000 第 11 部分:建筑安装平面布置图;

⑫ GB/T 4728.12—1996 第 12 部分:二进制逻辑元件;

⑬ GB/T 4728.13—1996 第 13 部分:模拟元件。

(3)《电气设备用图形符号》(GB/T 5465)的具体内容

① GB/T 5465.1—2007 第 1 部分:原形符号的生成;

② GB/T 5465.2—1996 第 2 部分:电气设备用图形符号。

(4) 本书还参考了《简图用图形符号》(GB/T 20063),和本书有关的部分有

① GB/T 20063.2—2006 第 2 部分:符号的一般应用;

② GB/T 20063.4—2006 第 4 部分:调节器及其相关设备;

③ GB/T 20063.5—2006 第 5 部分:测量与控制装置;

④ GB/T 20063.6—2006 第 6 部分:测量与控制功能;

⑤ GB/T 20063.7—2006 第 7 部分:基本机械构件;

⑥ GB/T 20063.8—2006 第 8 部分:阀与阻尼器。

　　电气元器件的文字符号一般由 2 个字母组成。第一个字母在《工业系统、装置与设备以及工业产品——结构原则与参照代号》(GB/T5094.2—2003)中的"项目的分类与分类码"中给出;而第二个字母在《技术产品及技术产品文件结构原则　字母代码——按项目用途和任务划分的主类和子类》(GB/T20939—2007)中给出。本书采用最新的文字符号来标注各电气元器件。由于某些元器件的文字符号存在多个选择,若有关行业在国家标准的基础上制定一些行规,则在以后的使用中表 2-3 中的文字表示符号可能还会发生一些改变。

　　需要指出的是,技术的发展使得专业领域的界限趋于模糊化,机电结合越来越密切。(GB/T5094.2—2003 和 GB/T20939—2007)中给出的文字符号也适用于机械、液压、气动等领域。

　　电气元器件的第一个字母,即 GB/T5094.2—2003 的"项目的分类与分类码"如表 2-1 所列。

表 2-1　GB/T5094.2—2003 中项目的字母代码(主类)

代　码	项目的用途或任务
A	两种或两种以上的用途或任务
B	把某一输入变量(物理性质、条件或事件)转换为供进一步处理的信号
C	材料、能量或信息的存储
D	为将来标准化备用
E	提供辐射能或热能
F	直接防止(自动)能量流、信息流、人身或设备发生危险的或意外的情况,包括用于防护的系统和设备
G	启动能量流或材料流,产生用做信息载体或参考源的信号
H	产生新类型材料或产品
J	为将来标准化备用
K	处理(接收、加工和提供)信号或信息(用于保护目的的项目除外,见 F 类)
L	为将来标准化备用
M	提供用于驱动的机械能量(旋转或线性机械运动)
N	为将来标准化备用
P	信息表述
Q	受控切换或改变能量流、信号流或材料流(对于控制电路中的开/关信号,见 K 类或 S 类)
R	限制或稳定能量、信息或材料的运动或流动
S	把手动操作转变为进一步处理的特定信号
T	保持能量性质不变的能量变换,已建立的信号保持信息内容不变的变换,材料形态或形状的变换
U	保持物体在指定位置
V	材料或产品的处理(包括预处理和后处理)
W	从一地到另一地导引或输送能量、信号、材料或产品

续表 2-1

代　码	项目的用途或任务
X	连接物
Y	为将来标准化备用
Z	为将来标准化备用

电气元器件的第二个字母,即 GB/T 20939—2007 中子类字母的代码如表 2-2 所列。表 2-1 中定义的主类在表 2-2 中被细分成子类。

注意:其中字母代码 B 的主类的子类字母代码是按 ISO 3511-1 定义的。从表 2-2 可以看出和电气元器件关系密切的子类字母是 A～K。

表 2-2　子类字母代码的应用领域

子类字母代码	项目、任务基于	子类字母代码	项目、任务基于
A B C D E	电　能	L M N P Q R S T U V W X Y	机械工程 结构工程 (非电工程)
F G H J K	信息、信号	Z	组合任务

电气控制线路中的图形和文字符号必须符合最新的国家标准。在综合几个最新的国家标准的基础上,经过筛选后,在表 2-3 中列出了一些常用的电气图形符号和文字符号。

表 2-3　电气控制线路中常用图形符号和文字符号

名　　称	图形符号	文字符号		说　明
		新国标 (GB/T 5094—2003 GB/T 20939—2007)	旧国标 (GB 7159—87)	
1. 电源				
正　极	+	—	—	正　极
负　极	—	—	—	负　极
中性(中性线)	N			中性(中性线)
中间线	M			中间线
直流系统 电源线	L+ L−			直流系统正电源线 直流系统负电源线

名　称	图形符号	文字符号		说　明
		新国标 (GB/T 5094—2003 GB/T 20939—2007)	旧国标 (GB 7159—87)	
交流电源三相	L1 L2 L3	—	—	交流系统电源第一相 交流系统电源第二相 交流系统电源第三相
交流设备三相	U V W	—	—	交流系统设备端第一相 交流系统设备端第二相 交流系统设备端第三相
2. 接地和接机壳、等电位				
接　地		XE	PE	一般接地符号
				保护接地
				外壳接地
				屏蔽层接地
				接机壳、接底板
3. 导体和连接器件				
导　线	3	WD	W	连线、连接、连线组: 示例:导线、电缆、电线、传输通路, 如用单线表示一组导线时,导线的 数目可标以相应数量的短斜线或 一个短斜线后加导线的数字 示例:三根导线
				屏蔽导线
				绞合导线
端　子	•	XD	X	连接、连接点
	O			端子
	水平画法			装置端子
	垂直法			
				连接孔端子

名　称	图形符号	文字符号		说　明
		新 国 标 （GB/T 5094—2003 GB/T 20939—2007）	旧 国 标 （GB 7159—87）	
4. 基本无源元件				
电　阻		RA	R	电阻器一般符号
				可调电阻器
				带滑动触点的电位器
				光敏电阻
电　感			L	电感器、线圈、绕组、扼流圈
电　容		CA	C	电容器一般符号
5. 半导体器件				
二极管		RA	V	半导体二极管一般符号
光电二极管				光电二极管
发光二极管		PG	VL	发光二极管一般符号
三极晶体闸流管		QA	VR	反向阻断三极晶体闸流管，P 型控制极（阴极侧受控）
				反向导通三极晶体闸流管，N 型控制极（阳极侧受控）
				反向导通三极晶体闸流管，P 型控制极（阴极侧受控）
				双向三极晶体闸流管
三极管		KF	VT	PNP 半导体管
				NPN 半导体管
光敏三极管				光敏三极管（PNP 型）
光耦合器			V	光耦合器 光隔离器

名　称	图形符号	文字符号		说　明
		新 国 标 (GB/T 5094—2003 GB/T 20939—2007)	旧 国 标 (GB 7159—87)	
6. 电能的发生和转换				
电动机	(*)	MA 电动机	M	电动机的一般符号: 符号内的星号"＊"用下述字母之一代替;C—旋转变流机;G—发电机;GS—同步发电机;M—电动机;MG—能作为发电机或电动机使用的电动机;MS—同步电动机
		GA 发电机	G	
	M 3~	MA	MA	三相鼠笼式异步电动机
	M		M	步进电动机
	MS 3~		MV	三相永磁同步交流电动机
双绕组变压器	样式 1	TA	T	双绕组变压器 画出铁芯
	样式 2			双绕组变压器
自耦变压器	样式 1		TA	自耦变压器
	样式 2			
电抗器		RA	L	扼流圈 电抗器
电流互感器	样式 1	BE	TA	电流互感器 脉冲变压器
	样式 2			
电压互感器	样式 1		TV	电压互感器
	样式 2			

名　称	图形符号	文字符号		说　明
		新 国 标 (GB/T 5094—2003 GB/T 20939—2007)	旧 国 标 (GB 7159—87)	
6. 电能的发生和转换				
发生器	G	GF	GS	电能发生器一般符号 信号发生器一般符号 波形发生器一般符号
	G 凵			脉冲发生器
蓄电池	⊣⊢	GB	GB	原电池、蓄电池、原电池或蓄电池组,长线代表阳极,短线代表阴极
				光电池
变换器			B	变换器一般符号
整流器		TB		整流器
			U	桥式全波整流器
变频器	f_1 / f_2	TA	—	变频器 频率由 f_1 变到 f_2,f_1 和 f_2 可用输入和输出频率数值代替
7. 触 点				
触 点			KA KM KT KI KV 等	动合(常开)触点 本符号也可用做开关的一般符号
				动断(常闭)触点
延时动作触点		KF		当操作器件被吸合时延时闭合的动合触点
			KT	当操作器件被释放时延时断开的动合触点
				当操作器件被吸合时延时断开的动断触点
				当操作器件被释放时延时闭合的动断触点

名　称	图形符号	文字符号		说　明
		新 国 标 (GB/T 5094—2003 GB/T 20939—2007)	旧国标 (GB 7159—87)	
8. 开关及开关部件				
单极开关		SF	S	手动操作开关一般符号
			SB	具有动合触点且自动复位的按钮
				具有动断触点且自动复位的按钮
			SA	具有动合触点但无自动复位的拉拔开关
				具有动合触点但无自动复位的旋转开关
				钥匙动合开关
				钥匙动断开关
位置开关		BG	SQ	位置开关、动合触点
				位置开关、动断触点
电力开关器件		QA	KM	接触器的主动合触点 (在非动作位置触点断开)
				接触器的主动断触点 (在非动作位置触点闭合)
			QF	断路器
		QB	QS	隔离开关
				三极隔离开关
				负荷开关 负荷隔离开关
				具有由内装的量度继电器或脱扣器触发的自动释放功能的负荷开关

名　　称	图形符号	文字符号		说　明
		新国标 (GB/T 5094—2003 GB/T 20939—2007)	旧国标 (GB 7159—87)	
9. 检测传感器类开关				
开关及触点		BG	SQ	接近开关
			SL	液位开关
		BS	KS	速度继电器触点
		BB	FR	热继电器常闭触点
		BT	ST	热敏自动开关(例如双金属片)
				温度控制开关(当温度低于设定值时动作),把符号"<"改为">"后,温度开关就表示当温度高于设定值时动作
		BP	SP	压力控制开关(当压力大于设定值时动作)
		KF	SSR	固态继电器触点
			SP	光电开关

名　称	图形符号	文字符号		说　明
		新国标 （GB/T 5094—2003 GB/T 20939—2007）	旧国标 （GB 7159—87）	
10. 继电器操作				
线　圈		QA	KM	接触器线圈
		MB	YA	电磁铁线圈
			K	电磁继电器线圈一般符号
		KF	KT	延时释放继电器的线圈
				延时吸合继电器的线圈
	U<		KV	欠压继电器线圈,把符号"＜"改为"＞"表示过压继电器线圈
	▷		KI	过流继电器线圈,把符号"＞"改为"＜"表示欠电流继电器线圈
			SSR	固态继电器驱动器件
		BB	FR	热继电器驱动器件
		MB	YV	电磁阀
			YB	电磁制动器(处于未开动状态)
11. 熔断器和熔断器式开关				
熔断器		FA	FU	熔断器一般符号
熔断器式开关		QA	QKF	熔断器式开关
				熔断器式隔离开关
12. 指示仪表				
指示仪表	V	PG	PV	电压表
	↑		PA	检流计

名　称	图形符号	文字符号		说　明
		新国标 (GB/T 5094—2003 GB/T 20939—2007)	旧国标 (GB 7159—87)	
13. 灯和信号器件				
灯信号、器件	 ⊗	EA 照明灯	EL	灯一般符号,信号灯一般符号
		PG 指示灯	HL	
	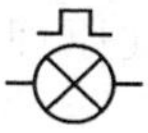 ⊗	PG	HL	闪光信号灯
		PB	HA	电　铃
			HZ	蜂鸣器
14. 测量传感器及变送器				
传感器	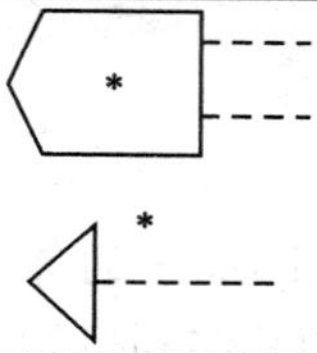 或	B	—	星号可用字母代替,前者还可以用图形符号代替。尖端表示感应或进入端
变送器	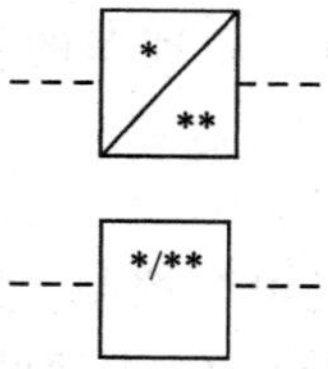 或	TF	—	星号可用字母代替,前者还可以用图形符号代替,后者用图形符号时放在下边空白处。双星号用输出量字母代替
压力变送器	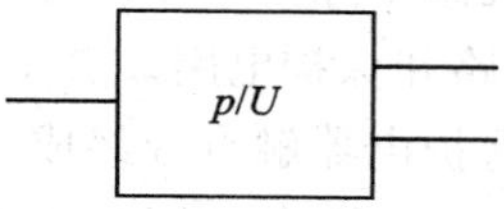 p/U	BP	SP	输出为电压信号的压力变送器通用符号。输出若为电流信号,可把图中文字改为 p/I。可在图中方框下部的空白处增加小图标表示传感器的类型
流量计	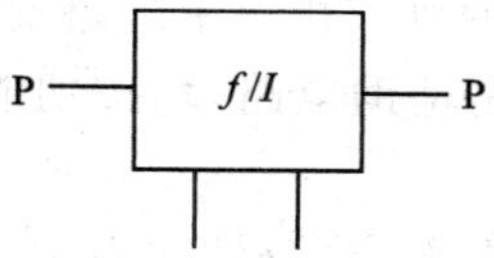 P f/I P	BF	F	输出为电流信号的流量计通用符号。输出若为电压信号,可把图中文字改为 f/U。图中 P 的线段表示管线。可在图中方框下部的空白处增加小图标表示传感器的类型
温度变送器	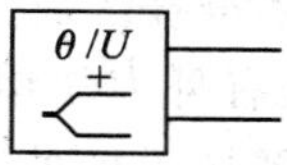 θ/U	BT	ST	输出为电压信号的热电偶型温度变送器。输出若为电流信号,可把图中文字改为 θ/I。其他类型变送器可更改图中方框下部的小图标

2.1.2 电气控制系统图的绘制原则

电气控制系统图一般有三种:电气原理图、电器布置图和电气安装接线图。本节重点介绍电气原理图及其绘制原则。

1. 电气原理图

(1) 电气原理图及其绘制原则

电气原理图的目的是便于阅读和分析控制线路,应根据结构简单、层次分明清晰的原则,采用电器元件展开形式绘制。它包括所有电器元件的导电部件和接线端子,但并不按照电器元件的实际布置位置来绘制,也不反映电器元件的实际大小。电气原理图是电气控制系统设计的核心。

电气原理图、电气安装接线图和电气元件布置图的绘制应遵循的相关国家标准是 GB/T 6988《电气技术用文件的编制》。其具体内容包括:

① GB/T 6988.1—1997 第 1 部分:一般要求;

② GB/T 6988.2—1997 第 2 部分:功能性简图;

③ GB/T 6988.3—1997 第 3 部分:接线图和接线表;

④ GB/T 6988.4—2002 第 4 部分:位置文件与安装文件;

⑤ GB/T 6988.6—2002 第 5 部分:索引;

⑥ GB/T 6988.7—1993 控制系统功能表图的绘制。

这些是最新的修订后的有关电气制图的国家标准。在 GB/T 6988 的各个分标准中,详细规定了各种电气图的绘制原则,本章只对这些原则进行概括性的总结和应用。

下面以图 2-1(a)所示的某机床电气原理图为例来说明电气原理图的规定画法和注意事项。

绘制电气原理图时应遵循的主要原则如下:

① 电气原理图一般分主电路和辅助电路两部分。主电路是电气控制线路中大电流通过的部分,包括从电源到电动机之间相连的电器元件,一般由组合开关、主熔断器、接触器主触点、热继电器的热元件和电动机等组成。辅助电路是控制线路中除主电路以外的电路,其流过的电流比较小。辅助电路包括控制电路、照明电路、信号电路和保护电路。其中控制电路是由按钮、接触器和继电器的线圈及辅助触点、热继电器触点、保护电器触点等组成。

② 电气原理图中所有电器元件都应采用国家标准中统一规定的图形符号和文字符号表示。

③ 电气原理图中电器元件的布局,应根据便于阅读的原则安排。主电路安排在图面左侧或上方,辅助电路安排在图面右侧或下方。无论主电路还是辅助电路,均按功能布置,尽可能按动作顺序从上到下、从左到右排列。

④ 电气原理图中,当同一电器元件的不同部件(如线圈、触点)分散在不同位置时,为了表示是同一元件,要在电器元件的不同部件处标注统一的文字符号。对于同类器件,要在其文字符号后加数字序号来区别。如两个接触器,可用 QA1、QA2 文字符号区别。

⑤ 电气原理图中,所有电器的可动部分均按没有通电或没有外力作用时的状态画出;对于继电器、接触器的触点,按其线圈不通电时的状态画出;控制器按手柄处于零位时的状态画出;对于按钮、行程开关等触点,按未受外力作用时的状态画出。

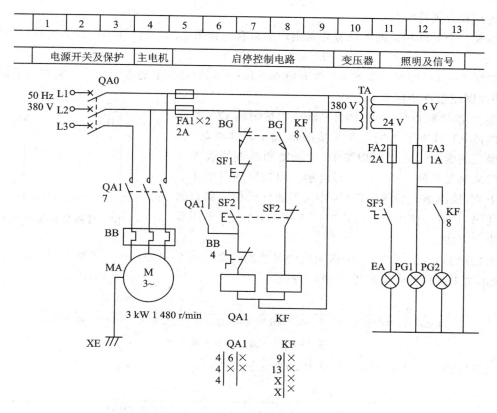

1	2	3	4	5	6	7	8	9	10	11	12	13

电源开关及保护	主电机	启停控制电路	变压器	照明及信号

图 2 - 1(a)　某机床电气原理图

⑥ 电气原理图中,应尽量减少和避免线条交叉。各导线之间有电联系时,对"T"形连接点,在导线交点处可以画实心圆点,也可以不画;对"+"形连接点,必须画实心圆点。根据图面布置需要,可以将图形符号旋转绘制,一般逆时针方向旋转 90°,但文字符号不可倒置。

(2)图面区域的划分

图纸上方的 1,2,3…等数字是图区的编号,是为了便于检索电气线路、方便阅读分析、避免遗漏而设置的。图区编号也可设置在图的下方。图幅大时可以在图纸左方加入 a、b、c…字母图区编号。

图区编号下方的文字表明它对应的下方元件或电路的功能,使读者能清楚地知道某个元件或某部分电路的功能,以利于理解全部电路的工作原理。

(3)符号位置和元器件触点的索引

① 符号位置的索引:当控制系统电气原理图比较复杂,由多张图图纸组成时,符号位置的索引使用图号/页次和图区编号的组合索引法,索引代号的组成如下:

图号/页次 · 图区编号

图号是指当某设备的电气原理图按功能多册装订时,每册的编号,一般用数字表示。

当某一个元件相关的各符号元素出现在不同图号的图纸上,而当每个图号仅有一页图纸时,索引代号中可省略"页次"及分隔符"·"。

当某一个元件相关的各符号元素出现在同一图号的图纸上,而该图号有几张图纸时,可省略"图号"和分隔符"/"。

当某一个元件相关的各符号元素出现在只有一张图纸的不同图区时,索引代号只用"图区号"表示。

如图2-1(a)图区9中的KF常开触点下面的"8"为最简单的索引代号。它指出了继电器KF的线圈位置在图区8。

② 元器件触点的索引:图2-1(a)中接触器QA线圈及继电器KF线圈下方的文字是接触器QA和继电器KF相应触点的索引。电气原理图中,接触器和继电器线圈与触点的从属关系使用图2-1(b)表示。即在原理图中相应线圈下方,给出触点的图形符号,并在下面标明相应触点的索引代码,且对未使用的触点用"×"表明,有时也可采用省略的表示方法。

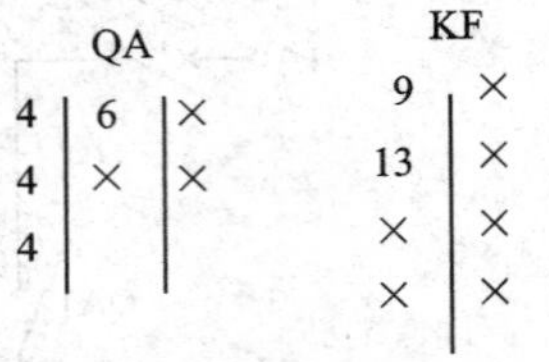

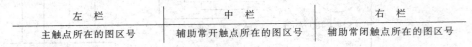

QA			KF	
4	6	×	9	×
4	×	×	13	×
4			×	×
4			×	×

图2-1(b)　线圈与触点的从属关系

对接触器来说,图2-1(b)表示法中各栏的含义如图2-1(c)所示;对继电器来说,图2-1(b)表示法中各栏的含义如图2-1(d)所示。

左　栏	中　栏	右　栏
主触点所在的图区号	辅助常开触点所在的图区号	辅助常闭触点所在的图区号

图2-1(c)　接触器触点的索引

对继电器KF,上述表示法中各栏的含义如下所示:

左　栏	右　栏
辅助常开触点所在的图区号	辅助常闭触点所在的图区号

图2-1(d)　继电器触点的索引

2. 电气安装接线图

电气安装接线图用于电气设备和电器元件的安装、配线、维护和检修电器故障。图中标示出各元器件之间的关系、接线情况以及安装和敷设的位置等。对某些较为复杂的电气控制系统或设备,当电气控制柜中或电气安装板上的元器件较多时,还应该画出各端子排的接线图。一般情况下,电气安装图和原理图需配合起来使用。

绘制电气安装图应遵循的主要原则如下:

① 必须遵循相关国家标准绘制电气安装接线图。

② 各电器元器件的位置、文字符号必须和电气原理图中的标注一致,同一个电器元件的各部件(如同一个接触器的触点、线圈等)必须画在一起,各电器元件的位置应与实际安装位置一致。

③ 不在同一安装板或电气柜上的电器元件或信号的电气连接一般应通过端子排连接,并按照电气原理图中的接线编号连接。

④ 走向相同、功能相同的多根导线可用单线或线束表示。画连接线时,应标明导线的规格、型号、颜色、根数和穿线管的尺寸。

3. 电器元件布置图

电器元件布置图主要用来表明电气设备或系统中所有电器元器件的实际位置,为制造、安装、维护提供必要的资料。电器元器件布置图可按电气设备或系统的复杂程度集中绘制或单独绘制。元器件轮廓线用细实线或点画线表示，如有需要，也可以用粗实线绘制简单的外形轮廓。

电器元器件布置图的设计应遵循以下原则：

① 必须遵循相关国家标准设计和绘制电器元件布置图。

② 相同类型的电器元件布置时，应把体积较大和较重的安装在控制柜或面板的下方。

③ 发热的元器件应该安装在控制柜或面板的上方或后方，但热继电器一般安装在接触器的下面，以方便与电动机和接触器连接。

④ 需要经常维护、整定和检修的电器元件、操作开关、监视仪器仪表，其安装位置应高低适宜，以便工作人员操作。

⑤ 强电、弱电应该分开走线，注意屏蔽层的连接，防止干扰的窜入。

⑥ 电器元器件的布置应考虑安装间隙，并尽可能做到整齐、美观。

有关电气安装接线图和元件布置图更丰富的知识需要大家在以后的实践中继续学习，使理论（规则、原理等）和实际相结合，不断提高电气控制系统的设计水平。

2.2　三相笼型异步电动机基本控制线路

三相笼型异步电动机由于结构简单、价格便宜、坚固耐用等优点获得了广泛的应用。本章主要讲解三相笼型异步电动机的控制线路。三相笼型异步电动机的控制线路大都由继电器、接触器和按钮等有触点的电器组成。本节介绍其基本控制线路。

2.2.1　全压启动控制线路

图 2-2 所示为三相笼型异步电动机单向全压启动控制线路。主电路由自动开关 QA0、接触器 QA1 的主触点、热继电器 BB 的热元件和电动机 MA 构成。控制线路由热继电器 BB 的常闭触点、停止按钮 SF1、启动按钮 SF2、接触器 QA1 常开触点以及它的线圈组成。这是最基本的电动机控制线路。

1. 控制线路工作原理

启动时，合上自动开关 QA0，主电路引入三相电源。按下启动按钮 SF2，接触器 QA1 线圈通电，其常开主触点闭合，电动机接通电源开始全压启动，同时接触器 QA1 的辅助常开触点闭合，使接触器线圈有两条通电路径。这样当松开启动按钮 SF2 后，接触器线圈仍能通过其辅助触点通电并保持吸合状态。这种依靠接触器本身辅助触点使其线圈保持通电的现象称做自锁。起自锁作用的触点称做自锁触点。

要使电动机停止运转，按停止按钮 SF1，接触器线圈失电，其主触点断开，从而切断电动机三

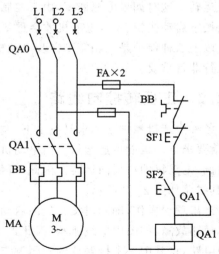

图 2-2　单向全压启动控制线路

相电源，电动机自动停车，同时接触器自锁触点也断开，控制回路解除自锁。松开停止按钮

SF1 后,控制电路又回到启动前的状态。

2. 控制线路的保护环节

（1）短路保护

当控制线路发生短路故障时,控制线路应能迅速切除电源,自动开关可以完成主电路的短路保护任务,熔断器 FA 完成控制线路的短路保护任务。

（2）过载保护

电动机长期超载运行会造成电动机绕组温升超过其允许值而损坏,通常要采取过载保护。过载保护的特点是:负载电流越大,保护动作时间越短,但不能受电动机启动电流影响而动作。

过载保护由热继电器 BB 完成。一般来说,热继电器发热元件的额定电流按电动机额定电流来选取。由于热继电器热惯性很大,即使热元件流过几倍的额定电流,热继电器也不会立即动作。因此在电动机启动时间不长的情况下,热继电器是不会动作的。只有过载时间比较长时,热继电器动作,常闭触点 BB 断开,接触器 QA1 线圈失电,其主触点 QA1 断开主电路,电动机停止运转,实现了电动机的过载保护。

（3）欠压和失压保护

在电动机正常运行时,如果因为电源电压的消失而使电动机停转,那么在电源电压恢复时电动机就可能自行启动。电动机的自启动可能会造成人身事故或设备事故。防止电源电压恢复时电动机自启动的保护也叫零电压保护。

在电动机正常运行时,电源电压过分降低会引起电动机转速下降和转矩降低。若负载转矩不变,使电流过大,而造成电动机停转和损坏电动机。由于电源电压过分降低可能会引起一些电器释放,造成电路不正常工作,可能会产生事故,因此,需要在电源电压下降达到最小允许的电压值时将电动机电源切除,这样的保护称做欠电压保护。

在图 2-2 所示电路中,依靠接触器本身实现欠压和失压保护。当电源电压低到一定程度或失电时,接触器 QA1 的电磁吸力小于反力,电磁机构会释放,主触点把主电源断开,电动机停止运转。这时如果电源恢复,由于控制电路失去自锁,电动机不会自行启动。只有操作人员再次按下启动按钮 SF2,电动机才会重新启动。

以上三种保护是三相笼型异步电动机常用的保护环节,它对保证三相笼型异步电动机安全运行非常重要。

2.2.2　正反转控制线路

各种生产机械常常要求具有上下、左右、前后等相反方向的运动,如机床工作台的往复运动,就要求电动机能可逆运行。由电动机原理可知,三相异步电动机的三相电源进线中任意两相对调,电动机即可反向运转。因此,可借助接触器改变定子绕组相序来实现正反向的切换工作,其线路如图 2-3 所示。

当出现误操作,即同时按正反向启动按钮 SF2 和 SF3 时,若采用图 2-3(a)所示线路,将造成短路故障,如图中虚线所示,因此正反向间需要有一种联锁关系。通常采用图 2-3(b)所示的电路,将其中一个接触器的常闭触点串入另一个接触器线圈电路中,则任一接触器线圈先带电后,即使按下相反方向按钮,另一接触器也无法得电。这种联锁通常称做互锁,即两者存在相互制约的关系。工程上通常还使用带有机械互锁的可逆接触器,进一步保证两者不能同时通电,提高可靠性。

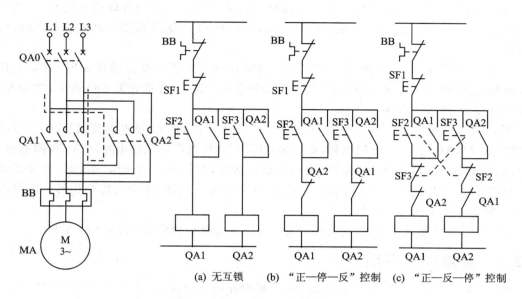

(a) 无互锁　(b) "正—停—反" 控制　(c) "正—反—停" 控制

图 2 - 3　正反向工作的控制线路

图 2 - 3(b)所示的电路要实现反转运行,必须先停止正转运行,再按反向启动按钮才行,反之亦然。所以这个电路称做"正—停—反"控制。图 2 - 3(c)所示的电路可以实现不按停止按钮,直接按反向按钮就能使电动机反向工作,所以这个电路称做"正—反—停"控制。

2.2.3　点动控制线路

在生产实践中,有的生产机械需要点动控制,有的生产机械既需要按常规工作,又需要点动控制。图 2 - 4 所示为能实现点动的几种控制线路。

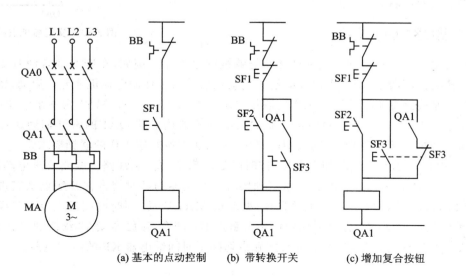

(a) 基本的点动控制　(b) 带转换开关　(c) 增加复合按钮

图 2 - 4　几种点动控制线路

图 2-4(a)所示是最基本的点动控制线路。启动按钮 SF1 没有并联接触器 QA1 的自锁触点,按下 SF1,QA1 线圈通电,电动机启动运行;松开 SF1,QA1 线圈又断电释放,电动机停止运转。

图 2-4(b)所示是带转换开关 SF3 的点动控制线路。当需要点动控制时,只要把开关 SF3 断开,由按钮 SF2 来进行点动控制;当需要正常运行时,只要把开关 SF3 合上,将 QA1 的自锁触点接入,即可实现连续控制。

图 2-4(c)中增加了一个复合按钮 SF3 来实现点动控制。需要点动控制时,按下点动按钮 SF3,其常闭触点先断开自锁电路,常开触点后闭合,接通启动控制电路,QA1 线圈通电,衔铁被吸合,主触点闭合接通三相电源,电动机启动运转;当松开点动按钮 SF3 时,其常开触点先断开,常闭触点后闭合,QA1 线圈断电释放,主触点断开电源,电动机停止运转。图中由按钮 SF2 和 SF1 来实现连续控制。

在读电气控制原理图时,一定要注意复合按钮常开触点和常闭触点的动作顺序。

2.2.4　多点控制系统

有些机械和生产设备,由于种种原因,经常要在两地或两个以上的地点进行操作。例如:重型龙门刨床,有时在固定的操作台上控制,有时需要站在机床四周用悬挂按钮控制;有些场合,为了便于集中管理,由中央控制台进行控制,但每台设备调整检修时,又需要就地进行机旁控制。

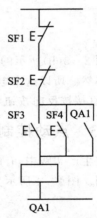

要在两地进行控制,就应该有两组按钮,而且这两组按钮的连接原则必须是:接通电路使用的常开按钮要并联,即逻辑"或"的关系;断开电路使用的常闭按钮应串联,即逻辑"与非"的关系。图 2-5 所示为实现两地控制的控制电路。这一原则也适用于三地或更多地点的控制。

图 2-5　实现多地点控制线路

2.2.5　顺序控制线路

生产实践中常要求各种运动部件之间能够按顺序工作。例如,车床主轴转动时要求油泵先给齿轮箱提供润滑油,即要求保证润滑泵电动机启动后主拖动电动机才允许启动,也就是控制对象对控制线路提出了按顺序工作的联锁要求。如图 2-6 所示,MA1 为油泵电动机,MA2 为主拖动电动机。在图 2-6(a)中将控制油泵电动机的接触器 QA1 的常开辅助触点串入控制主拖动电动机的接触器 QA2 的线圈电路中,可以实现按顺序工作的联锁要求。

图 2-6(b)所示是采用时间继电器,按时间顺序启动的控制线路。线路要求电动机 MA1 启动 t 秒后,电动机 MA2 自动启动,这可利用时间继电器的延时闭合常开触点来实现。按启动按钮 SF2,接触器 QA1 线圈通电并自锁,电动机 MA1 启动,同时时间继电器 KF 线圈也通电。定时 t 秒到,时间继电器延时闭合的常开触点 KF 闭合,接触器 QA2 线圈通电并自锁,电动机 MA2 启动,同时接触器 QA2 的常闭触点切断了时间继电器 KF 的线圈电源。

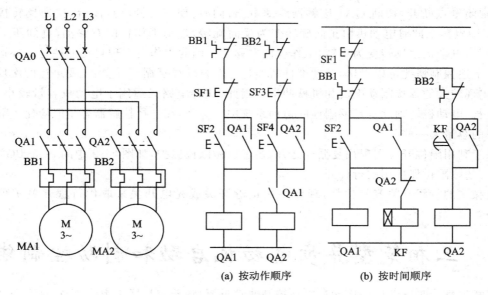

(a) 按动作顺序　　　　(b) 按时间顺序

图 2 − 6　顺序控制线路

2.2.6　自动循环控制线路

在生产实践中,有些生产机械的工作台需要自动往复运动,如龙门刨床、导轨磨床等。图 2 − 7 所示为最基本的自动往复循环控制线路,它是利用行程开关实现往复运动控制的,这通常称做行程控制。

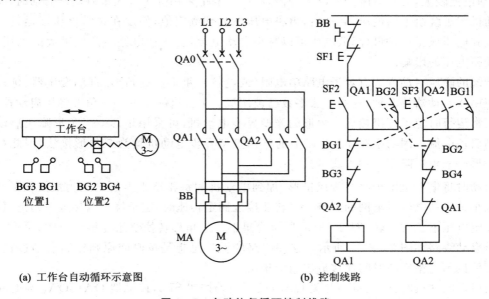

(a) 工作台自动循环示意图　　　　(b) 控制线路

图 2 − 7　自动往复循环控制线路

限位开关 BG1 放在左端需要反向的位置,而 BG2 放在右端需要反向的位置,机械挡铁装在运动部件上。启动时,利用正向或反向启动按钮,如按正转按钮 SF2,接触器 QA1 通电吸合并自锁,电动机作正向旋转并带动工作台左移。当工作台移至左端并碰到 BG1 时,将 BG1 压下,其常闭触点断开,切断 QA1 接触器线圈电路;同时,使其常开触点闭合,接通反转接触器 QA2 线圈电路。此时电动机由正向旋转变为反向旋转,带动工作台向右移动,直到压下 BG2 限位开关,电动机由反转变为正转,工作台向左移动。因此工作台实现自动的往复循环运动。

由上述控制情况可以看出,运动部件每经过一个自动往复循环,电动机要进行两次反接制动,会出现较大的反接制动电流和机械冲击。因此,这种电路只适用于电动机容量较小、循环周期较长、电动机转轴具有足够刚性的拖动系统中。另外,在选择接触器容量时应比一般情况下选择的容量大一些。

除了利用限位开关实现往复循环之外,还可以做限位保护,如图 2-7 中的 BG3、BG4 分别为左、右超限限位保护用的行程开关。

机械式的行程开关容易损坏,现在多用接近开关或光电开关来取代行程开关实现行程控制。

2.3　三相笼型异步电动机启动和制动控制线路

三相笼型异步电动机的启动和制动控制非常重要,随着变频器应用的普及,这两个环节的任务基本上都由变频器来完成了,但传统控制方式中启动和制动控制线路的基础知识仍然需要学习。本节对传统电气控制中的相应内容进行了精简,对一些重要知识点进行讲解。

2.3.1　星形—三角形降压启动控制线路

较大容量的笼型异步电动机(大于 10 kW)直接启动时,电流为其标称额定电流的 4～8 倍,启动电流较大,会对电网产生巨大冲击,所以一般都采用降压方式来启动。启动时,降低加在电动机定子绕组上的电压,启动后,再将电压恢复到额定值,使之在正常电压下运行。因电枢电流和电压成正比,所以降低电压可以减小启动电流,防止在电路中产生过大的电压降,减少对线路电压的影响。

传统的降压启动方式有定子电路串电阻(或电抗)、星形—三角形、自耦变压器、延边三角形和使用软启动器等多种,这些方法多数已被淘汰。本节讲解星形—三角形降压启动控制。

正常运行时定子绕组接成三角形的笼型异步电动机,可采用星形—三角形降压启动方式来限制启动电流。因功率在 4 kW 以上的三相笼型异步电动机均为三角形接法,因此都可以采用星形—三角形降压启动方式。

启动时将电动机定子绕组接成星形,加到电动机的每相绕组上的电压为额定值的 $1/\sqrt{3}$,从而减小了启动电流对电网的影响。当转速接近额定转速时,定子绕组改接成三角形,使电动机在额定电压下正常运转,图 2-8(a)所示为星形—三角形转换绕组连接示意图,星形—三角形降压启动线路如图 2-8(b)所示。这一线路的设计思想是按时间原则控制启动过程,待启动结束后按预先整定的时间换接成三角形接法。

当启动电动机时,合上自动开关 QA0,按下启动按钮 SF2,接触器 QA1、QAY 与时间继电器 KF 的线圈同时得电,接触器 QAY 的主触点将电动机接成星形并经过 QA1 的主触点接至电源,电动机降压启动。当 KF 的延时时间到,QAY 线圈失电,QA△ 线圈得电,电动机主回路换接成三角形接法,电动机投入正常运转。

星形—三角形启动的优点是星形启动电流降为原来三角形接法直接启动时的 1/3,启动

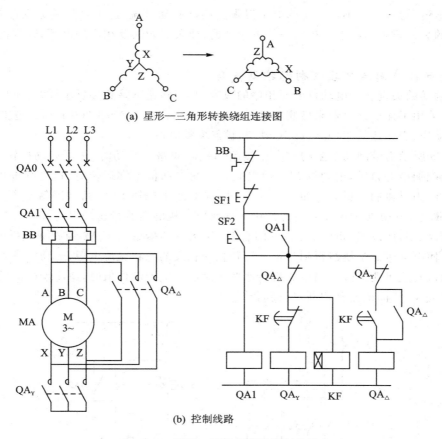

(a) 星形—三角形转换绕组连接图

(b) 控制线路

图 2 - 8　星形—三角形启动控制线路

电流为电动机额定电流的 2 倍左右,启动电流特性好、结构简单、价格低。缺点是启动转矩也相应下降为原来三角形直接启动时的 1/3,转矩特性差。因而本线路适用于电动机空载或轻载启动的场合。

工程上通常还可采用星形—三角形启动器来替代上述电路,其启动过程与上述原理相同。

2.3.2　反接制动控制线路

三相异步电动机从切除电源到完全停止旋转,由于惯性的作用,总要经过一段时间,这往往不能满足某些机械工艺的要求。无论是从提高生产效率,还是从安全及准确定位等方面考虑,都要求能迅速停车,因此要求对电动机进行制动控制。制动控制方法一般有两大类:机械制动和电气制动。机械制动是用机械装置来强迫电动机迅速停车;电气制动实质上是当电动机停车时,给电动机加上一个与原来旋转方向相反的制动转矩,迫使电动机转速迅速下降。电气制动控制包括反接制动和能耗制动两种方法,本书仅对传统的反接制动控制进行讲解。

反接制动是利用改变电动机电源的相序,使定子绕组产生相反方向的旋转磁场,因而产生制动转矩的一种制动方法。由于反接制动时,转子与旋转磁场的相对速度接近于两倍的同步转速,所以定子绕组中流过的反接制动电流相当于全电压直接启动时电流的两倍,因此反接制动特点之一是制动迅速,效果好,但冲击大,通常仅适用于 10 kW 以下的小容量电动机。为了减小冲击电流，通常要求串接一定的电阻以限制反接制动电流，这个电阻称为反接制动电阻。反接制动的另一要求是在电动机转速接近于零时，要及时切断反相序的电源，以防止电动机反向再启动。

1. 电动机单向运行反接制动控制线路

反接制动的关键在于电动机电源相序的改变，且当转速下降到接近于零时，能自动将电源切除，为此采用了速度继电器来检测电动机的速度变化。在 120～3 000 r/min 范围内速度继电器触点动作，当转速低于 100 r/min 时，其触点恢复原位。

图 2-9 所示为带制动电阻的单向反接制动控制线路。启动时，按下启动按钮 SF2，接触器 QA1 线圈通电并自锁，电动机 MA 通电旋转。在电动机正常运转时，速度继电器 BS 的常开触点闭合，为反接制动做好了准备。停车时，按下停止按钮 SF1，其常闭触点断开，接触器 QA1 线圈断电，电动机 MA 脱离电源。由于此时电动机的惯性转速还很高，BS 的常开触点仍然处于闭合状态，所以当 SF1 常开触点闭合时，反接制动接触器 QA2 线圈通电并自锁，其主触点闭合，使电动机定子绕组得到与正常运转相序相反的三相交流电源，电动机进入反接制动状态，电动机转速迅速下降。当电动机转速低于速度继电器动作值时，速度继电器常开触点复位，接触器 QA2 线圈电路被切断，反接制动结束。

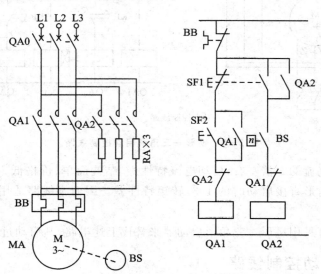

图 2-9　单向反接制动的控制线路

2. 具有反接制动电阻的可逆运行反接制动控制线路

图 2-10 所示为具有反接制动电阻的可逆运行反接制动控制线路。图中电阻 RA 是反接制动电阻，同时也具有限制启动电流的作用。BS1 和 BS2 分别为速度继电器 BS 的正转和反转常开触点。

该电路工作原理如下：按下正转启动按钮 SF2，中间继电器 KF3 线圈通电并自锁，其常闭触点打开，互锁中间继电器 KF4 线圈电路，KF3 常开触点闭合，使接触器 QA1 线圈通电，QA1 主触点闭合使定子绕组经 3 个电阻 RA 接通正序三相电源，电动机 MA 开始降压启动。当电动机转速上升到一定值时，速度继电器的正转使常开触点 BS1 闭合，使中间继电器 KF1 通电并自锁，这时由于 KF1、KF3 的常开触点闭合，接触器 QA3 线圈通电，于是 3 个电阻 RA 被短

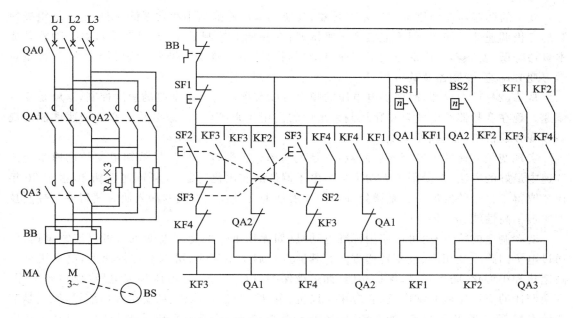

图 2 - 10　具有反接制动电阻的可逆运行反接制动的控制线路

接,定子绕组直接加以额定电压,电动机转速上升到稳定工作转速。在电动机正常运转过程中,若按下停止按钮 SF1,则 KF3、QA1、QA3 三个线圈相继断电。由于此时电动机转子的惯性转速仍然很高,使速度继电器的正转常开触点 BS1 尚未复原,中间继电器 KF1 仍处于工作状态,所以在接触器 QA1 常闭触点复位后,接触器 QA2 线圈便通电,其常开触点闭合,使定子绕组经 3 个电阻 RA 获得反相序三相交流电源,对电动机进行反接制动,电动机转速迅速下降。当电动机转速低于速度继电器动作值时,速度继电器常开触点复位,KF1 线圈断电,接触器 QA2 释放,反接制动过程结束。

电动机反向启动和制动停车过程与正转时相同,此处不再赘述。

2.4　变频器及其使用

在很多领域中,要求三相笼型异步电动机的速度可调,其目的是实现自动控制,完成工艺要求和节能降耗,提高产品质量和生产效率。如钢铁行业的轧钢机、鼓风机,机床行业中的车床、机械加工中心等,都要求三相笼型异步电动机可调速。

2.4.1　调速基本概念

三相笼型异步电动机的转速公式为

$$n = n_0(1-s) = \frac{60f}{p}(1-s) \tag{2-1}$$

式中,n_0 为电动机同步转速,p 为极对数,s 为转差率,f 为供电电源频率。

从式(2-1)可以看出,三相笼型异步电动机调速的方法有三种:改变极对数 p 的变极调速、改变转差率 s 的降压调速和改变电动机供电电源频率 f 的变频调速。

变 s 的调速需要使用电磁转差离合器,其缺点是调速范围小和效率低;变更定子绕组极对数的变极调速非常简单,但不能实现无级调速;变频调速控制最复杂,但性能最好。随着其成本日益降低,变频器已广泛应用于工业自动控制领域中。前两种调速方法已经淘汰,下面重点学习变频调速、变频器及其应用。

从式(2-1)中得知,改变供电电压的频率可以实现对交流电动机的速度控制,这就是变频调速。现在变频器在电气自动化控制系统中的使用越来越广泛,这得益于变频调速性能的提高和变频器价格的大幅度降低。

实现变频调速的关键因素有两点:一是大功率开关器件。虽然早就知道变频调速是交流调速中最好的方法,但受限于大功率电力电子器件的实用化问题,变频调速直到 20 世纪 80 年代才取得了长足的发展。二是微处理器的发展加上变频控制方式的深入研究使得变频控制技术实现了高性能、高可靠性。

变频调速的特点有:可以使用标准电动机(如无须维护的笼型电动机),可以连续调速,可通过电子回路改变相序、改变转速方向。其优点是启动电流小,可调节加减速度,电动机可以高速化和小型化,防爆容易,保护功能(如过载保护、短路保护、过电压和欠电压保护)齐全等。变频调速的应用领域非常广泛,它应用于风机、泵、搅拌机、挤压机、精纺机和压缩机,原因是节能效果显著;它应用于机床,如车床、机械加工中心、钻床、铣床、磨床,主要目的是提高生产率和质量;它也广泛应用于其他领域,如各种传送带的多台电动机同步、调速和起重机械等。

2.4.2　变频器的类型

变频调速的实现必须使用变频器,变频器的类型有多种,其分类方法也有多种。

1. 根据变流环节分类

(1) 交-直-交变频器

先把恒压恒频的交流电"整流"成直流电,再把直流电"逆变"成电压和频率均可调的三相交流电。由于把直流电逆变成交流电的环节比较容易控制,所以该方法在频率的调节范围和改善变频后电动机的特性方面都具有明显的优势。大多数变频器都属于交-直-交型。

(2) 交-交变频器

把恒压恒频的交流电直接变换成电压和频率均可调的交流电,通常由三相反并联晶闸管可逆桥式变流器组成。它具有过载能量强、效率高、输出波形好等优点;但同时存在着输出频率低(最高频率小于电网频率的1/2)、使用功率器件多、功率因数低等缺点。该类变频器只在低转速、大容量的系统(如轧钢机、水泥回转窑)中使用。

2. 根据直流电路的滤波方式分类

(1) 电压型变频器

在逆变器前使用大电容来缓冲无功功率,直流电压波形比较平直,相当于一个理想情况下内阻抗为零的恒压源。对负载电动机来说,变频器是一个交流电源,在不超过容量的情况下,可以驱动多台电动机并联运行。

(2) 电流型变频器

在逆变器前使用大电感来缓冲无功功率,直流电流波形比较平直,对负载电动机来说,变频器是一个交流电源。其突出特点是容易实现回馈制动,调速系统动态响应快,适用于频繁急加减速的大容量电动机的传动系统。

3. 根据控制方式分类

（1）V/F 控制

异步电动机的转速由电源频率和极对数决定，所以改变频率就可以对电动机进行调速。但是频率改变时电动机内部阻抗也改变，仅改变频率，将会产生由弱励磁引起的转矩不足或由过励磁引起的磁饱和现象，使电动机功率因数和效率显著下降。

V/F 控制是这样一种控制方式，即改变频率的同时控制变频器输出电压，使电动机的磁通保持一定，在较广泛的范围内调速运转时，电动机的功率因数和效率不下降。这就是控制电压与频率之比，所以称做 V/F 控制。作为变频器调速控制方式，V/F 控制方式属于转速开环控制，不需要速度传感器，控制电路简单，比较经济，但开环方式下不能达到较高的控制性能。V/F 控制方式多用于通用变频器（如风机和泵类机械的节能运行、生产流水线的传送控制和空调等家用电器）中。

V/F 控制方式变频器的特点是：

① 它是最简单的一种控制方式，不用选择电动机，通用性优良。

② 与其他控制方式相比，在低速区内电压调整困难，故调速范围窄，通常在 1：10 左右的调速范围内使用。

③ 急加速、减速或负载过大时，抑制过电流能力有限。

④ 不能精密控制电动机实际速度，不适合用于同步运转场合。

（2）矢量控制

直流电动机构成的传动系统，其调速和控制性能非常优良。矢量控制按照直流电动机电枢电流控制思想，在交流异步电动机上实现该控制方法，并且达到与直流电动机相同的控制性能。

矢量控制是这样的一种控制方式，即将供给异步电动机的定子电流在理论上分成两部分：产生磁场的电流分量（磁场电流）和与磁场相垂直、产生转矩的电流分量（转矩电流）。该磁场电流、转矩电流与直流电动机的磁场电流、电枢电流相当。在直流电动机中，利用整流子和电刷机械换向，使两者保持垂直，并且可分别供电。对异步电动机来讲，其定子电流在电动机内部，利用电磁感应作用，可在电气上分解为磁场电流和垂直的转矩电流。

矢量控制就是根据交流电动机的动态数学模型，采用坐标变换的方法，将交流电动机的定子电流分解成磁场分量电流和转矩分量电流，并加以控制。两者合成后，决定定子电流大小，然后供给异步电动机，从而达到控制电动机转矩的目的。其实质是模仿直流电动机的控制方式对电动机的磁场和转矩分别进行控制，以此获得类似于直流电动机调速系统的较高的动态性能。矢量控制方式使交流异步电动机具有与直流电动机相同的控制性能，目前采用这种控制方式的变频器已广泛应用于生产实际中。

矢量控制变频器的特点是：

① 需要使用电动机参数，一般用做专用变频器。

② 调速范围在 1：100 以上。

③ 速度响应性极高，适合于急加速、减速运转和连续 4 象限运转，能适用于任何场合。

4. 根据输出电压调制方式分类

（1）PAM 方式

脉冲幅值调制（Pulse Amplitude Modulation，PAM）方式通过改变直流电压的幅值来实现调压,逆变器负责调节输出频率。采用直流斩波器调压时,供电电源的功率因数在不考虑谐波影响时,可以达到 $\cos \phi \approx 1$。

（2）PWM 方式

脉冲宽度调制(Pulse Width Modulation,PWM)方式在改变输出频率的同时也改变了电压脉冲的占空比。PWM 方式只需控制逆变电路即可实现。通过改变脉冲宽度来改变电压幅值,通过改变调制周期可以控制其输出频率。

5. 根据输入电源的相数分类

① 单相变频器　变频器输入端为单相交流电,输出端为三相交流电。适用于家用电器和小容量的场合。

② 三相变频器　变频器输入端和输出端均为三相交流电。绝大多数变频器都是三进/三出型。

2.4.3　变频器的组成

变频器的电路一般由主电路、控制电路和保护电路等部分组成。主电路用来完成电能的转换(整流和逆变);控制电路用以实现信息的采集、变换、传送和系统控制;保护电路除用于防止因变频器主电路的过压、过流引起的损坏外,还应保护异步电动机及传动系统等。

变频器的内部结构框图和主要外部端口组成如图 2-11 所示。

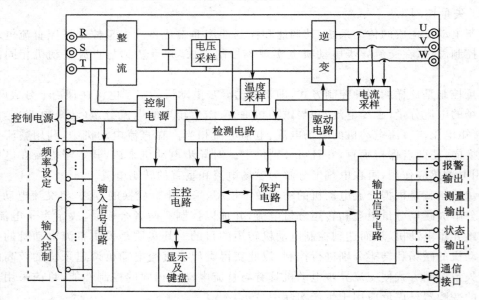

图 2-11　变频器的内部结构框图和主要外部端口组成

1. 主电路

图 2-11 中最上部流过大电流的部分为变频器的主电路,它进行电力变换,为电动机提供调频调压电源。主电路由三部分组成:将交流工频电源变换为直流电的"变流器部分"、吸收在变流器部分和逆变器部分产生的电压脉冲的"平滑回路部分"和将直流电重新变换为交流电的"逆变器部分"。

主电路的外部接口分别是连接外部电源的标准电源输入端(可以是三相或单相),以及为电动机提供变频变压电源的输出端(三相)。

2. 控制电路

给主电路提供控制信号的电路称做控制电路。其核心是由一个高性能的主控制器组成的主控电路,它通过接口电路接收检测电路和外部接口电路传送来的各种检测信号和参数设定值,根据其内部事先编制的程序进行相应的判断和计算,为变频器其他部分提供各种控制信息和显示信号。采样检测电路完成变频器在运行过程中的各部分的电压、电流、温度等参数的采集任务。键盘/显示部分是变频器自带的人机界面,完成参数设置、命令信号的发出,以及显示各种信息和数据。控制电源为控制电路提供稳定的高可靠性的直流电源。

(1)输入信号接口端的类型

输入/输出接口部分也属于控制电路部分,是变频器的主要外部联系通道。输入信号接口主要有:

① 频率信号设定端　给定电压或电流信号,来设置频率。

② 输入控制信号端　不同性能、不同厂家的变频器,控制信号的配置可能稍有不同。该类信号主要用来控制电动机的运行、停止、正转、反转和点动等,也用来进行频率的分段控制。其他的控制信号还有紧急停车、复位、外接保护等。

(2)输出信号接口端的类型

① 状态信号端　一般为晶体管输出。状态信号主要是变频器运行信号和频率达到信号等。

② 报警信号端　一般为继电器输出。当变频器发生故障时,继电器动作,输出触点接通。

③ 测量信号端　供外部显示仪表测量、显示频率信号和电流信号等。

3. 保护电路

当变频器发生故障时,保护电路完成事先设定的各种保护。

2.4.4　变频器的主要技术参数

1. 输入侧主要额定数据

① 额定电压　国内中小容量变频器的额定电压为三相 380 V 交流电,单相交流电则为 220 V。

② 额定频率　国内为 50 Hz。

2. 输出侧主要额定数据

① 额定电压　因为变频器的输出电压是随频率而变的,所以其额定输出规定为输出电压中的最大值。一般情况下,它总是和输入侧的额定电压相等。

② 额定电流　允许长时间通过的最大电流,是用户在选择变频器容量的主要依据。

③ 额定容量　由额定输出电压和额定输出电流的乘积决定。

④ 配用电动机容量　指在带动连续不变负载的情况下,能够配用的最大电动机容量。

⑤ 输出频率范围　即输出频率的最大调节范围,通常以最大输出频率和最小输出频率来表示。

3. 对变频器设置和调试时的主要参数

对变频器进行设置和调试时,主要考虑的参数有:

① 控制方式　主要是指选择 V/F 控制方式,还是选择矢量控制方式。

② 频率给定方式　对变频器获取频率信号的方法进行选择,即面板给定方式、外部端子给定方式、键盘给定方式等。

③ 加减速时间　加速时间是输出频率从 0 上升到最大频率所需时间,减速时间是指从最大频率下降到 0 所需时间。通常用频率设定信号上升、下降来确定加减速时间。在电动机加速时须限制频率设定的上升率以防止过电流,减速时则限制下降率以防止过电压。

④ 频率上下限　即变频器输出频率的上、下限幅值。频率限制是为防止误操作或外接频率设定信号源出故障,而引起输出频率的过高或过低,以防损坏设备的一种保护功能。在应用中按实际情况设定即可。此功能还可做限速使用。

2.4.5　变频器的选择

变频器的选择主要包括种类选择和容量选择两大方面。

1. 种类选择

目前市场上的变频器,大致可分为三类:

通用型变频器　通常指配备一般 V/F 控制方式的变频器,也称简易变频器。该类变频器成本较低,使用较为广泛。

高性能变频器　通常指配备矢量控制功能的变频器。该类变频器使得自适应功能更加完善,用于对调速性能要求较高的场合。

专用变频器　专门针对某种类型的机械而设计的变频器,如泵、风机用变频器,电梯专用变频器,起重机械专用变频器,张力控制专用变频器等。用户应根据生产机械的具体情况进行选择。

2. 容量选择

变频器容量的选择归根到底是选择其额定电流,总的原则是变频器的额定电流一定要大于拖动系统在运行过程中的最大电流。

在选择变频器容量时,有以下情况需要考虑:

① 变频器驱动的是单一电动机,还是驱动多个电动机。

② 电动机是直接在额定电压、额定频率下直接启动,还是软启动。

③ 驱动多个电动机时,是同时启动,还是分别启动。

大多数情况下是使用变频器驱动单一的电动机,并且是软启动。这时候变频器额定电流选择为电动机的额定电流的 1.05~1.1 倍。

当一台变频器驱动多台电动机时,多数情况下也是分别单独进行软启动。这时候变频器额定电流的选择为多个电动机中最大电动机额定电流的 1.05~1.1 倍。

更详细的有关变频器的容量选择,请参考变频器使用手册或其他文献。

2.4.6　变频器的主要功能

随着计算机控制技术和功率器件的发展,变频器的功能也日趋强大。现在变频器的主要功能有:频率给定功能、升速、降速和制动控制、控制功能和保护功能。

1. 频率给定功能

有三种方式可以完成变频器的频率设定:

① 面板设定方式　通过面板上的按键完成频率给定。

② 外接给定方式　通过控制外部的模拟量或数字量端口,将外部的频率设定信号送给变频器。外接数字量信号接口可用来设定电动机的旋转方向,以及完成分段频率的控制。外接模拟量控制信号时,电压信号一般有:0～5 V、0～10 V 等,外接电流信号一般有:0～20 mA 或 4～20 mA。

由模拟量进行频率设定时,给定频率与对应的给定信号 X(电压或电流)之间的关系曲线 $f_x = f(X)$,称做频率给定线。可以使用频率给定线进行频率信号的控制。

③ 通信接口方式　可以通过通信接口,如 RS-485、PROFIBUS 等,来进行远程的频率给定。

2. 升速、降速和制动控制

(1)升速和降速功能

可以通过预置升/降速时间和升/降速方式等参数来控制电动机的升/降速,利用变频器的升速控制可以很好地实现电动机的软启动。升/降速有线性方式、S 形方式和半 S 形方式,如图 2 - 12 所示。

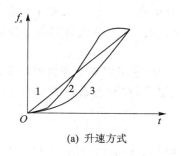　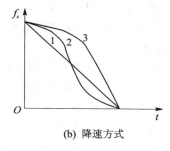

(a) 升速方式　　　　　　　　(b) 降速方式

图 2 - 12　升/降速方式

线性方式:在升/降速过程中,频率与时间成线性关系,如图 2 - 12 曲线 1 所示。多数负载可预置为线性方式。

S 形方式:在开始和结束阶段,升/降速过程较缓慢,在中间阶段按线性方式升/降速,如图 2 - 12 曲线 2 所示。

半 S 形方式:在开始阶段,升/降速过程较缓慢,在中间和结束阶段按线性方式升/降速,如图 2 - 12 曲线 3 所示。

(2)制动控制功能

一般有两种方式控制电动机的停车。

一种是变频器由工作频率按照用户设定的下降曲线下降到 0 使电动机停车,这种方式也称做斜坡制动。

有些场合因为有较大的惯性存在,为防止"爬行"现象出现,要求进行直流制动,即传统的能耗制动,这是另一种制动控制。在变频器中使用直流制动时,要进行直流制动电压、直流制动时间和直流制动起始频率的设定。

3. 控制功能

变频器可以由外部的控制信号或可编程序控制器等控制系统进行控制,也可以完全由自身按预先设置好的程序完成控制。大部分场合变频器需要和可编程序控制器一起组成控制系统,只有在比较简单的调速控制场合才单独使用。详细的变频器和可编程序控制器的配合使用讲解见第 8 章。

4．保护功能

变频器实现的保护功能主要有：过电流保护、过电压保护、欠电压保护、变频器过载保护、防止失速保护、主器件自保护和外部报警输入保护等。

2.4.7　变频器的操作方式

一台变频器应有可供用户方便操作的操作器和显示变频器运行状况及参数设定的显示器。用户通过操作器对变频器进行设定及运行方式的控制。通用变频器的操作方式一般有三种，即数字操作器、远程操作器和端子操作等方式。变频器的操作指令可以由此三处发出。

1．数字操作器和数字显示器

新型变频器几乎均采用数字控制，使用数字操作器可以对变频器进行设定操作，如设定电动机的运行频率、运转方式、V/F 类型、加减速时间等。数字操作器有若干个操作键，不同厂商生产的变频器的操作器有很大的区别，但 4 个按键是必不可少的，即运行键、停止键、上升键和下降键。运行键控制电动机的启动，停止键控制电动机的停止，上升或下降键可以检索设定功能及改变功能的设定值。数字操作器作为人机对话接口，使得变频器参数设定与显示直观清晰，操作简单方便。

在数字操作器上，通常配有 6 位或 4 位数字显示器，它可以显示变频器的功能代码及各功能代码的设定值。在变频器运行前显示变频器的设定值，在运行过程中显示电动机的某一参数的运行状态，如电流、频率、转速等。

2．远程操作

远程操作是一个独立的操作单元，它利用计算机的串行通信功能，不仅可以完成数字操作器所具有的功能，而且可以实现数字操作器不能实现的一些功能。特别是在系统调试时，利用远程操作器可以对各种参数进行监视和调整，比数字操作器功能强，而且更方便。

变频器的日益普及，使用场地相对分散，远距离集中控制是变频器应用的趋势，现在的变频器一般都具有标准的通信接口，用户可以利用通信接口在远处（如中央控制室）对变频器进行集中控制，如进行参数设定、启动/停止控制、速度设定和状态读取等。

3．端子操作

变频器的端子包括电源接线端子和控制端子两大类。电源接线端子包括三相电源输入端子，三相电源输出端子，直流侧外接制动电阻用端子以及接地端子。控制端子包括频率指令模拟设定端子、运行控制操作输入端子、报警端子和监视端子等。

2.4.8　变频器应用举例

如图 2-13 所示为使用西门子 MM440 变频器举例，此线路实现电动机的正反向运行、调速和点动功能。根据功能要求，首先要对变频器编程并修改参数。根据控制要求选择合适的运行方式，如线性 V/F 控制、无传感器矢量控制等，频率设定值信号源选择模拟输入。选择控制端子的功能，将变频器 DIN1、DIN2、DIN3 和 DIN4 端子分别设置为正转运行、反转运行、正向点动和反向点动功能。除此以外还要设置如斜坡上升时间、斜坡下降时间等参数。对变频器应用更详细的讲解可参见相关变频器的使用手册，以及本书第 8 章。

在图 2-13 中，SF2、SF3 为正、反向运行控制按钮，运行频率由电位器 RA 给定，SF4、SF5

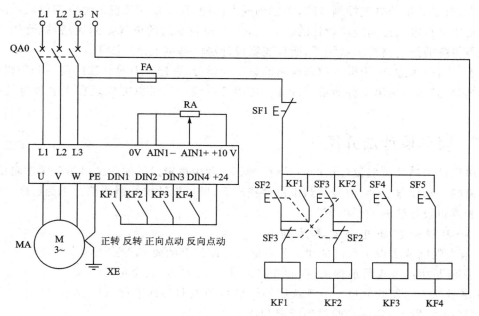

图 2-13　使用变频器的异步电动机可逆调速系统控制线路

为正、反向点动运行控制按钮,点动运行频率可由变频器内部设置,按钮 SF1 为总停止控制
按钮。

2.5　电气控制线路的简单设计法

2.5.1　概　述

电气控制系统的设计一般包括确定拖动方案、选择电动机容量和设计电气控制线路。电
气控制线路的设计又分为主电路设计和控制电路设计。一般情况下,我们所说的电气控制线
路设计主要指的是控制电路的设计。过去电气控制线路的设计通常有两种方法,即一般设计
法和逻辑设计法。

一般设计法又称做经验设计法。它主要是根据生产工艺要求,利用各种典型的线路环节
直接设计控制电路。这种方法比较简单,但要求设计人员必须熟悉大量的控制线路,掌握多种
典型线路的设计资料,同时具有丰富的经验。在设计过程中往往还要经过多次反复修改和试
验才能使线路符合设计的要求。即使这样,设计出来的线路可能还不是最简单的,所用的电气
触点不一定最少,所得出的方案也不一定是最佳方案。

逻辑设计法是根据生产工艺的要求,利用逻辑代数来分析、设计控制线路。用这种方法设
计出来的线路比较合理,特别适合完成较复杂的生产工艺所要求的控制线路设计。但是相对
而言,逻辑设计法难度较大,不易掌握,所设计出来的电路不太直观。

随着 PLC 的出现和 PLC 技术的飞速发展,其功能越来越强大,价格也越来越低。在电气
控制技术领域,PLC 基本上全面取代了继电接触式控制系统,所以对传统的电气控制线路的
设计方法也要进行适当地改进。这主要依据下面两点:

　　首先,对于简单的电气控制线路,考虑到成本问题,还要使用传统的继电器组成控制系统,所以还是要进行电气控制线路设计的。其次,对于稍微复杂的电气控制线路,就要用PLC而不会再用传统的继电器控制系统了,所以逻辑设计法已基本上被淘汰了。

　　基于上面的考虑,对于电气控制线路的设计和学习,可把一般设计法的简单和逻辑设计法的严谨结合起来,归纳出一种简单设计法。使用简单设计法可以完成现在大多数电气控制线路的设计。

2.5.2　简单设计法介绍

　　简单设计法遵从一般设计法的主要设计原则,利用逻辑设计法中继电器开关逻辑函数,把控制对象的启动信号、关断信号及约束条件找出后,即可设计出控制线路。下面回顾一下一般设计法和逻辑设计法的主要内容。

1. 一般设计法的几个主要原则

1) 最大限度地实现生产机械和工艺对电气控制线路的要求。

2) 在满足生产要求的前提下,控制线路力求简单、经济、安全可靠。

① 尽量减少电器的数量　尽量选用相同型号的电器和标准件,以减少备品量;尽量选用标准的、常用的或经过实际考验过的线路和环节。

② 尽量减少控制线路中电源的种类　尽可能直接采用电网电压,以省去控制变压器。

③ 尽量缩短连接导线的长度和数量　设计控制线路时,应考虑各个元件之间的实际接线。如图 2-14 所示,图 2-14(a)接线是不合理的,因为按钮在操作台或面板上,而接触器在电气柜内,这样接线就需要由电气柜二次引出接到操作台的按钮上。改为图 2-14(b)后,可减少一些引出线。

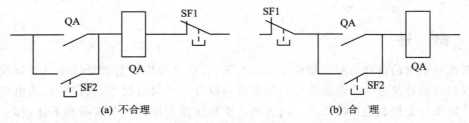

(a) 不合理　　　　　　　　　　(b) 合 理

图 2-14　电器连接图

　　④ 正确连接触点　在控制线路中,应尽量将所有触点接在线圈的左端或上端,线圈的右端或下端直接接到电源的另一根母线上(左右端和上下端是针对控制电路水平绘制或垂直绘制而言的)。这样可以减少线路内产生虚假回路的可能性,还可以简化电气柜的出线。

　　⑤ 正确连接电器的线圈　在交流控制线路中不能串联两个电器的线圈,如图 2-15(a)所示。因为每一个线圈上所分到的电压与线圈阻抗成正比,两个电器动作总是有先有后,不可能同时吸合。例如交流接触器 QA2 吸合,由于 QA2 的磁路闭合,线圈的电感显著增加,因而在该线圈上的电压

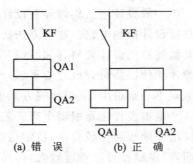

(a) 错 误　　(b) 正 确

图 2-15　线圈的连接

降也显著增大,从而使另一接触器 QA1 的线圈电压达不到动作电压。因此两个电器需要同时

动作时,其线圈应该并联起来,如图 2-15(b)所示。

⑥ 要注意电器之间的联锁和其他安全保护环节。

在实际工作中,一般设计法还有一些要注意的地方,本书不再赘述。

2. 逻辑设计法中的继电器开关逻辑函数

逻辑设计法主要依据逻辑代数运算法则的化简办法求出控制对象的逻辑方程,然后由逻辑方程画出电气控制原理图。其中电器开关的逻辑函数以执行元件作为逻辑函数的输出变量,而以检测信号中间单元及输出逻辑变量的反馈触点作为逻辑变量,按一定规律列出其逻辑函数表达式。继电器是电气控制对象的典型代表。图 2-16 所示为它的开关逻辑函数(启—保—停电路)。

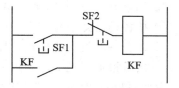

图 2-16　继电器开关逻辑函数

线路中 SF1 为启动信号按钮,SF2 为关断信号按钮,KF 的常开触点为自保持信号。它的逻辑函数为

$$F_{KF} = (SF1 + KF) \cdot \overline{SF2} \qquad (2-2)$$

若把 KF 替换成一般控制对象 K,启动/关断信号换成一般形式 X,则式(2-2)的开关逻辑函数的一般形式为

$$F_K = (X_{开} + K) \cdot \overline{X}_{关} \qquad (2-3)$$

扩展到一般控制对象:

$X_{开}$ 为控制对象的开启信号,应选取在开启边界线上发生状态改变的逻辑变量;$X_{关}$ 为控制对象的关断信号,应选取在控制对象关闭边界线上发生状态改变的逻辑变量。在线路图中使用的触点 K 为输出对象本身的常开触点,属于控制对象的内部反馈逻辑变量,起自锁作用,以维持控制对象得电后的吸合状态。

$X_{开}$ 和 $X_{关}$ 一般要选短信号,这样可以有效防止启/停信号波动的影响,保证了系统的可靠性,波形如图 2-17 所示。

在某些实际应用中,为进一步增加系统的可靠性和安全性,$X_{开}$ 和 $X_{关}$ 往往带有约束条件,如图 2-18 所示。

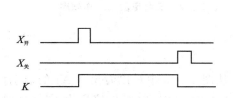

图 2-17　典型开关逻辑函数波形

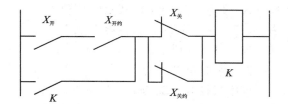

图 2-18　带约束条件的控制对象开关逻辑电路

其逻辑函数为

$$F_K = (X_{开} \cdot X_{开约} + K) \cdot (\overline{X}_{关} + \overline{X}_{关约}) \qquad (2-4)$$

式(2-4)基本上全面代表了控制对象的输出逻辑函数。由式(2-4)可以看出,对开启信号来说,开启的主令信号不止一个,还需要具备其他条件才能开启;对关断信号来说,关断的主令信号也不只一个,还需要具备其他的关断条件才能关断。这样就增加了系统的可靠性和安全性。当然 $X_{开约}$ 和 $X_{关约}$ 也不一定同时存在,有时 $X_{开约}$ 或 $X_{关约}$ 也可能不只一个,关键是要

具体问题具体分析。

3. 简单设计法

一般设计法中的重要设计原则和逻辑设计法中的控制对象的开关逻辑函数就组成了简单设计法。简单设计法要求在设计控制线路时做到以下几点：

① 找出控制对象的开启信号、关断信号；

② 如果有约束条件，则找出相应的开启约束条件和关断约束条件；

③ 把各种已知信号带入式(2-4)中，写出控制对象的逻辑函数(熟练后可省去该步)；

④ 结合一般设计法的设计原则和逻辑函数，画出该控制对象的电气线路图；

⑤ 最后根据工艺要求做进一步的检查工作。

由此可以看出，简单设计法的核心内容是找出控制对象的开启条件(短信号)和关断条件(短信号)，然后所有的设计问题就很简单了。当然一些控制对象的开启条件和关断条件的短信号不容易找出来，这时就要采取一些其他技巧和措施配合使用才能解决问题。

需要指出的是，简单设计法设计出来的线路不一定是最合理的。稍复杂的线路已经被PLC取代了，所以现在对简单的线路进行最优化设计已不是最主要的问题，重要的是要理解电气控制线路设计的实质，力求用简单的方法设计出简单电控系统的控制线路。

2.5.3　简单设计法应用举例

1. 题　目

现有三台电动机 MA1、MA2、MA3，要求启动顺序为：先启动 MA1，经 T1 后启动 MA2，再经 T2 后启动 MA3；停车时要求：先停 MA3，经 T3 后再停 MA2，再经 T4 后停 MA1。三台电动机使用的接触器分别为 QA1、QA2 和 QA3。试设计三台电动机的启/停控制线路。

2. 题目分析

该系统要使用三个交流接触器 QA1、QA2、QA3 来控制三台电动机启停。有一个启动按钮 SF1 和一个停止按钮 SF2，另外要用四个时间继电器 KF1、KF2、KF3 和 KF4，其定时值依次为 T1、T2、T3 和 T4。三台电动机工作顺序如图 2-19 所示。

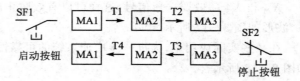

图 2-19　三台电动机工作顺序

3. 解题分析

该电气控制系统的主电路如图 2-20(a)所示。从图 2-20 中可以看出 MA1 的启动信号为 SF1，停止信号为 KF4 计时到；MA2 的启动信号为 KF1 计时到，停止信号为 KF3 计时到；MA3 的启动信号为 KF2 计时到，停止信号为 SF2。

在设计时，考虑到启/停信号要用短信号，所以要注意对定时器及时复位。

该系统的电气控制线路原理图如图 2-20(b)所示。

图 2-20(b)中的 KF1、KF2 线圈上方串联了接触器 QA2 和 QA3 的常闭触点，这是为了得到启动短信号而采取的措施；KF2、KF1 线圈上的常闭触点 KF3 和 KF4 的作用是为了防止 QA3 和 QA2 断电后，KF2 和 KF1 的线圈重新得电而采取的措施。因为若 T2<T3 或 T1<T4 时，有可能造成 QA3 和 QA2 重新启动。设计中的难点是找出 KF3、KF4 开始工作的条

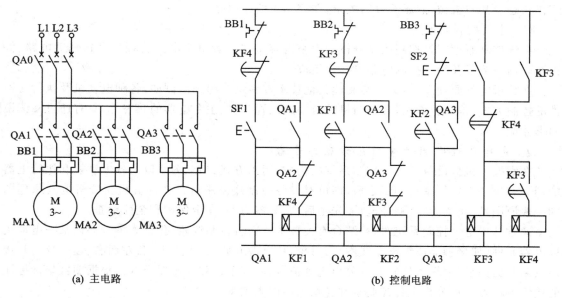

(a) 主电路　　　　　　　　　　　　　　　(b) 控制电路

图 2 - 20　三台电动机顺序启/停控制线路

件,以及 KF1、KF2 的逻辑。本例中没有考虑时间继电器触点的数量是否够用的问题,实际选型时必须考虑这一点。

BB1～BB3 分别为三台电动机的热继电器常闭触点,它是为了防止过载而采取的措施。若对过载没有太多要求,则可把它们去掉。

2.6　典型生产机械电气控制线路分析

在现代生产机械设备中,电气控制系统是重要的组成部分,本节将通过分析典型生产机械 C650 车床的电气控制线路,进一步介绍电气控制线路的组成以及各种基本控制线路在具体系统中的应用。同时,需要同学们掌握分析电气控制线路的方法,从中找出规律,逐步提高阅读电气控制线路图的能力。

2.6.1　电气控制线路分析基础

1. 电气控制线路分析的内容与要求

分析电气控制线路的具体内容和要求主要包括以下几个方面:

(1) 设备说明书

设备说明书由机械(包括液压部分)与电气两部分组成。在分析时首先要阅读这两部分说明书,了解以下内容:

① 设备的结构组成及工作原理,设备传动系统的类型及驱动方式,主要技术性能、规格和运动要求等。

② 电气传动方式,电动机、执行电器的数目、规格型号、安装位置、用途及控制要求。

③ 设备的使用方法,各操作手柄、开关、旋钮、指示装置的布置及其在控制线路中的作用。

④ 与机械、液压部分直接关联的电器(行程开关、电磁阀、电磁离合器、传感器等)的位置、

工作状态及其与机械、液压部分的关系，在控制中的作用等。

（2）电气控制原理图

电气控制原理图是控制线路分析的中心内容。它一般由主电路、控制电路、辅助电路、保护及联锁环节以及特殊控制电路等部分组成。

在分析电气原理图时，必须与阅读其他技术资料结合起来。例如，各种电动机及执行元器件的控制方式、位置及作用，各种与机械有关的位置开关、主令电器的状态等，只有通过阅读说明书才能了解。

2. 电气原理图阅读分析的方法与步骤

在掌握了机械设备及电气控制系统的构成、运动方式、相互关系以及各电动机和执行电器的用途和控制方式等基本知识之后，即可对设备控制线路进行具体的分析。分析电气原理图的一般原则是：化整为零、顺藤摸瓜、先主后辅、集零为整、安全保护和全面检查。

通常分析电气控制系统时，要结合有关技术资料将控制线路"化整为零"，即以某一电动机或电器元件（如接触器或继电器线圈）为对象，从电源开始，自上而下、自左而右、逐一分析其接通及断开的关系（逻辑条件），并区分出主令信号、联锁条件和保护要求等。根据图区坐标标注的检索可以方便地分析出各控制条件与输出的因果关系。

电气原理图的分析方法与步骤如下：

① 分析主电路　无论是线路设计还是线路分析都应从主电路入手，而主电路的作用是保证整机拖动要求的实现。从主电路的构成可分析出电动机或执行电器的类型、工作方式、启动、转向、调速和制动等基本控制要求。

② 分析控制电路　主电路的控制要求是由控制电路来实现的。运用"化整为零""顺藤摸瓜"的原则，将控制线路按功能不同划分成若干个局部控制线路，从电源和主令信号开始，经过逻辑判断，写出控制过程。如果控制线路较复杂，则可先排除照明、显示等与控制关系不密切的电路，以便集中精力进行分析。

③ 分析辅助电路　辅助电路包括执行元件的工作状态显示、电源显示、参数测定、照明和故障报警等部分。辅助电路中很多部分是由控制电路中的元件来控制的，所以在分析辅助电路时，还要回过头来对照控制电路进行分析。

④ 分析联锁与保护环节　生产机械对安全性和可靠性有很高的要求。实现这些要求，除了合理地选择拖动、控制方案以外，在控制线路中还应设置一系列电气保护装置和必要的电气联锁。在电气控制原理图的分析过程中，电气联锁与电气保护环节是一个重要内容，不能遗漏。

⑤ 分析特殊控制环节　在某些控制线路中，还设置了一些与主电路、控制电路关系不密切，且相对独立的某些特殊环节。如产品计数装置、自动检测系统、晶闸管触发电路和自动调温装置等。这些部分往往自成一个小系统，其读图和分析方法可参照上述分析过程，灵活运用所学过的电子技术、变流技术、自控系统、检测与转换等知识逐一分析。

⑥ 总体检查　经过"化整为零"，逐步分析了每一局部电路的工作原理以及各部分之间的控制关系之后，还必须用"集零为整"的方法，检查整个控制线路，看是否有遗漏。特别要从整体角度去进一步检查和理解各控制环节之间的联系，以达到清楚地理解原理图中每一个电气元器件的作用、工作过程及主要参数。

2.6.2　C650 卧式车床电气控制线路分析

卧式车床是一种应用极为广泛的金属切削加工机床,主要用来加工各种回转表面、螺纹和端面,并可通过尾架进行钻孔、铰孔和攻螺纹等切削加工。

卧式车床通常由一台主电动机拖动,经由机械传动链,实现切削主运动和刀具进给运动的输出,其运动速度由变速齿轮箱通过手柄操作进行切换。刀具的快速移动、冷却泵和液压泵等常采用单独的电动机驱动。不同型号的卧式车床,其主电动机的工作要求不同,因而具有不同的控制线路。下面以 C650 型卧式车床电气控制系统为例,进行电气控制线路分析。

1. 机床的主要结构和运动形式

C650 卧式车床属于中型车床,可加工的最大工件回转直径为 1 020 mm,最大工件长度为 3 000 mm,机床的结构形式如图 2 - 21 所示。

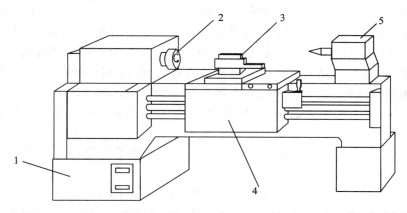

图 2 - 21　C650 卧式车床结构简图
1—床身;2—主轴;3—刀架;4—溜板箱;5—尾架

C650 卧式车床主要由床身、主轴、刀架、溜板箱和尾架等部分组成。该车床有两种主要运动:一种是安装在床身主轴箱中的主轴转动,称做主运动;另一种是溜板箱中的溜板带动刀架的直线运动,称做进给运动。刀具安装在刀架上,与滑板一起随溜板箱沿主轴轴线方向实现进给移动,主轴的转动和溜板箱的移动均由主电动机驱动。由于加工的工件比较大,加工时其转动惯量也比较大,需停车时不易立即停止转动,因此必须有停车制动的功能,较好的停车制动方法是电气制动方法。为了加工螺纹等工件,主轴需要正、反转,主轴的转速应随工件的材料、尺寸、工艺要求及刀具的种类不同而变化,所以要求在相当宽的范围内可进行速度调节。在加工过程中,还需提供切削液,并且为减轻工人的劳动强度和节省辅助工作时间,而要求带动刀架移动的溜板能够快速移动。

2. 电力拖动及控制要求

从车床的加工工艺出发,对拖动控制有以下要求:

① 主电动机 MA1 完成主轴主运动和溜板箱进给运动的驱动,电动机采用直接启动的方式启动,可正反两个方向旋转,并可进行正反两个旋转方向的电气停车制动。为加工调整方便,还应具有点动功能。

② 电动机 MA2 拖动冷却泵,在加工时提供切削液,采用直接启动及停止方式,并且为连

续工作方式。

　　③ 主电动机和冷却泵电动机应具有必要的短路和过载保护。

　　④ 快速移动电动机 MA3 拖动刀架快速移动，还可根据使用需要随时进行手动控制启停。

　　⑤ 应具有安全的局部照明装置。

　　3. 电气控制线路分析

　　C650 卧式车床的电气控制系统线路如图 2-22 所示，使用的电气元件符号与功能说明如表 2-4 所列。

　　（1）主电路分析

　　图 2-22 所示的主电路中有三台电动机，隔离开关 QA0 将 380 V 的三相电源引入。电动机 MA1 的电路接线分为三部分：第一部分由正转控制交流接触器 QA1 和反转控制交流接触器 QA2 的两组主触点构成电动机的正、反转接线；第二部分为电流表 PG 经电流互感器 BE 接在主电动机 MA1 的主回路上，以监视电动机绕组工作时的电流变化。为防止电流表被启动电流冲击损坏，利用时间继电器的延时动断触头（3 区），在启动的短时间内将电流表暂时短接掉；第三部分为串联电阻控制部分，交流接触器 QA3 的主触点（2 区）控制限流电阻 RA（3 区）的接入和切除。在进行点动调整时，为防止连续的启动电流造成电动机过载，串入 3 个限流电阻 RA，保证电路设备正常工作。速度继电器 BS 的速度检测部分与电动机的主轴同轴相联，在停车制动过程中，当主电动机转速低于 BS 的动作值时，其常开触点可将控制电路中反接制动的相应电路切断，完成制动停车。

　　电动机 MA2 由交流接触器 QA4 控制其主电路的接通和断开，电动机 MA3 由交流接触器 QA5 控制。

表 2-4　电气元件符号及功能说明表

符　号	名称及用途	符　号	名称及用途
MA1	主电动机	SF1	总停按钮
MA2	冷却泵电动机	SF2	主电动机正向点动按钮
MA3	快速移动电动机	SF3	主电动机正向启动按钮
QA1	主电动机正转接触器	SF4	主电动机反向启动按钮
QA2	主电动机反转接触器	SF5	冷却泵电动机停止按钮
QA3	短接限流电阻接触器	SF6	冷却泵电动机启动按钮
QA4	冷却泵电动机接触器	TA	控制变压器
QA5	快移电动机接触器	FA1～FA3	熔断器
KF1	通电延时时间继电器	BB1	主电动机过载保护热继电器
KF2	中间继电器	BB2	冷却泵电动机保护热继电器
BG	快移电动机点动手柄开关	RA	限流电阻
SF0	照明灯开关	EA	照明灯
BS	速度继电器	BE	电流互感器
PG	电流表	QA0	隔离开关

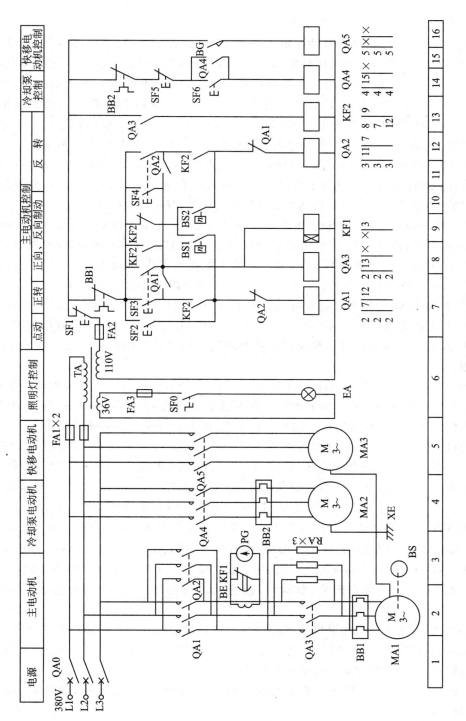

图2-22　C650卧式车床控制线路

　　为保证主电路的正常运行，主电路中还设置了熔断器的短路保护环节和热继电器的过载保护环节。

　　（2）控制电路分析

　　① 主电动机正、反转启动与点动控制　当正转启动按钮 SF3 压下时，其两常开触点同时闭合，一常开触点（7 区）接通交流接触器 QA3 的线圈电路和时间继电器 KF1 的线圈电路，时间继电器的常闭触点（3 区）在主电路中短接电流表 PG，以防止电流对电流表的冲击；经延时断开后，电流表接入电路正常工作；QA3 的主触点（2 区）将主电路中限流电阻短接，其辅助动合触点（13 区）同时将中间继电器 KF2 的线圈电路接通，KF2 的常闭触点（9 区）将停车制动的基本电路切除，其动合触点（8 区）与 SF3 的动合触点（7 区）均在闭合状态，控制主电动机的交流接触器 QA1 的线圈电路得电工作并自锁，其主触点（2 区）闭合，电动机正向直接启动并结束。QA1 的自锁回路由它的常开辅助触点（7 区）和 KF2 的常开触点（9 区）组成自锁回路，来维持 QA1 的通电状态。反向直接启动控制过程与其相同，只是启动按钮为 SF4。

　　SF2 为主电动机点动控制按钮。按下 SF2 点动按钮，直接接通 QA1 的线圈电路，电动机 MA1 正向直接启动，这时 QA3 线圈电路并没有接通，因此其主触点不闭合，限流电阻 RA 接入主电路限流，其辅助动合触点不闭合，KF2 线圈不能得电工作，从而使 QA1 线圈电路形不成自锁，松开按钮 SF2，MA1 停转，实现了主电动机串联电阻限流的点动控制。

　　另外，接触器 QA3 的辅助触点数量是有限的，故在控制电路中使用了中间继电器 KF2。因为 KF2 没有主触点，而 QA3 辅助触点又不够，所以用 QA3 来带一个 KF2，这样解决了在主电路中使用主触点，而控制电路辅助触点不够的问题。KF2 的线圈也可以直接和 QA3 的线圈并联使用。

　　② 主电动机反接制动控制电路　C650 型卧式车床采用反接制动的方式进行停车制动，停车按钮按下后开始制动过程。当电动机转速接近零时，速度继电器的触点打开，结束制动。下面以原工作状态为正转时进行停车制动过程为例，说明电路的工作原理。

　　当电动机正向正常运转时，速度继电器 BS 的动合触点 BS2 闭合，制动电路处于准备状态，按下停车按钮 SF1，切断控制电源，QA1、QA3、KF2 线圈均失电，此时控制反接制动电路工作与否的 KF2 动断触点（9 区）恢复原状闭合，与 BS2 触点一起，将反转交流接触器 QA2 的线圈电路接通，电动机 MA1 接入反相序电流，反向启动转矩将平衡正向惯性转动转矩，强迫电动机迅速停车。当电动机速度降低到速度继电器的动作值时，速度继电器触点 BS2 复位打开，切断 QA2 的线圈电路，完成正转的反接制动。在反接制动过程中，QA3 失电，所以限流电阻 RA 一直起限制反接制动电流的作用。反转时的反接制动工作过程和正转时相似，此时在反转状态下，BS1 触点闭合，制动时，接通交流接触器 QA1 的线圈电路，进行反接制动。

　　③ 刀架的快速移动和冷却泵电动机的控制　刀架快速移动是由转动刀架手柄压动位置开关 BG，接通快速移动电动机 MA3 的接触器 QA5 的线圈电路，QA5 的主触点闭合，MA3 电动机启动运行，经传动系统驱动溜板带动刀架快速移动。

　　启动按钮 SF6 和停止按钮 SF5 控制接触器 QA4 线圈电路的通断，来完成冷却泵电动机 MA2 的控制。

　　④ 辅助电路　开关 SF0 可控制照明灯 EA，且 EA 为 36 V 的安全照明电压。

4. C650 卧式车床电气控制线路的特点

C650 卧式车床电气控制线路的特点是：

① 主轴与进给电动机 MA1 主电路具有正、反转控制和点动控制功能，并设置有监视电动机绕组工作电流变化的电流表和电流互感器。

② 该机床采用反接制动的方法控制 MA1 的正、反转制动。

③ 能够进行刀架的快速移动。

本章小结

本章主要讲解传统继电器接触器控制系统的基本原理、常用电路及设计方法，其中重点讲解了在工业自动化系统中常用的控制设备——变频器，最后通过举例详细讲解了传统电气原理图的分析方法。

(1) 电气控制系统图主要有电气原理图、电器布置图和电气安装接线图。电气原理图能够清楚地表明电路功能，便于分析系统的工作原理。各种图纸有其不同的用途和规定画法，各种图必须按国家标准绘制。重点应掌握电气原理图的规定画法及最新的国家标准。

(2) 三相笼型异步电动机是生产实际中最常用的输出设备。其全压启动的控制电路是最基本的控制电路，重点掌握电气控制线路中常用的保护环节及其实现方法。掌握电动机运行中的点动、连续运转、正反转、自动循环和调速等基本控制线路的特点以及各种电器和控制触点的逻辑关系。理解自锁和联锁的概念，以及它们的使用。

(3) 较大容量的笼型异步电动机(大于 10 kW)，一般都采用降压启动方式来启动，以避免过大的启动电流对电网及传动机械造成的冲击。常用的方法有星形—三角形降压启动。传统的电气制动控制线路是反接制动。反接制动要避免反向再启动，要限制制动电流，一般采用速度控制原则。现在大部分应用场合使用变频器实现大电机的启动和制动控制。

(4) 变频器在电气自动化控制系统中的使用越来越广泛。变频器有多种类型，其控制方式主要有 V/F 型和矢量控制两种。使用变频器可以实现电动机的软启动和软制动，更能实现智能化的调速任务。变频器是工业自动化系统中重要的控制设备。

(5) 简单设计法是一种非常实用的电气控制线路的设计方法。它遵从一般设计法的主要设计原则，利用逻辑设计法中继电器开关逻辑函数，把控制对象的启动信号、关断信号及约束条件找出，即可设计出控制电路。要掌握电气控制线路的简单设计法原理，会使用简单设计法设计控制电路。

(6) 掌握电气控制线路的分析基础。机床电气控制线路的复杂程度虽差异很大，但均是由电动机的启动、正反转、制动、点动控制、多电机启动的先后顺序控制等基本控制环节组成的。在对电气控制线路分析时，首先要对控制设备的结构组成、工作原理及运动要求等进行分析；其次，对复杂的控制线路要"化整为零"，按照主电路、控制电路和其他辅助电路等逐一分解、各个击破。

思考题与练习题

1. 三相笼型异步电动机在什么条件下可直接启动？试设计带有短路、过载、失压保护的三相笼型异步电动机直接启动的主电路和控制电路,对所设计的电路进行简要说明,并指出哪些元器件在电路中完成了哪些保护功能？

2. 某三相笼型异步电动机可正反向运转,要求星形—三角形降压启动。试设计主电路和控制电路,并要求有必要的保护。

3. 星形—三角形降压启动方法有什么特点？说明其适用场合。

4. 三相笼型异步电动机有哪几种电气制动方式？

5. 三相笼型异步电动机的调速方法有哪几种？

6. 变频调速有哪两种控制方式？请简要说明。

7. 变频器主要有哪几部分组成？给用户提供的主要的外部接口是什么？

8. 通过图 2-13 理解变频器的控制原理,掌握其使用方法。

9. 某机床主轴由一台三相笼型异步电动机拖动,润滑油泵由另一台三相笼型异步电动机拖动,均采用直接启动,工艺要求是:

① 主轴必须在润滑油泵启动后,才能启动;

② 主轴为正向运转,为调试方便,要求能正、反向点动;

③ 主轴停止后,才允许润滑油泵停止;

④ 具有必要的电气保护。

试设计主电路和控制电路,并对设计的电路进行简单说明。

10. MA1 和 MA2 均为三相笼型异步电动机,可直接启动,按下列要求设计主电路和控制电路:

① MA1 先启动,经一段时间后 MA2 自行启动;

② MA2 启动后,MA1 立即停车;

③ MA2 能单独停车;

④ MA1 和 MA2 均能点动。

11. 设计一个控制线路,要求第一台电动机启动 10 s 后,第二台电动机自行启动;运行 5 s 后,第一台电动机停止并同时使第三台电动机自行启动;再运行 10 s,电动机全部停止。

12. 设计一小车运行控制线路,小车由异步电动机拖动,其动作程序如下:

① 小车由原位开始前进,到终端后自动停止;

② 在终端停留 2 min 后自动返回原位停止;

③ 在前进或后退途中任意位置都能停止或启动。

13. 简述分析电气原理图的一般步骤。

14. 根据图 2-22 所示的 C650 型卧式车床的电气原理图,试分析和回答以下问题:

① 分析 C650 型卧式车床的工作过程;

② 写出 QA1 和 QA2 自锁回路的构成;

③ 电流表 PG 电路中的 KF1 延时断开的常闭触点有何作用？

④ KF2 和 QA3 的逻辑相同,但它们能相互代替吗？

第3章 可编程序控制器概述

本章重点
- PLC 的产生
- PLC 的定义
- PLC 的特点
- PLC 的组成
- PLC 的工作原理

可编程序控制器种类很多,不同厂家的产品各有特点,它们虽有一定的区别,但作为工业典型控制设备,可编程序控制器在结构组成、工作原理和编程方法等许多方面是基本相同的。本章主要介绍可编程序控制器的一般特性,重点讲解它的工作原理和工作方式。

3.1 PLC 的产生和定义

3.1.1 PLC 的产生

20 世纪 20 年代起,人们把各种继电器、定时器、接触器及其触点按一定的逻辑关系连接起来组成控制系统,控制各种生产机械,这就是大家熟悉的传统的继电器控制系统。由于它结构简单、容易掌握、价格便宜,能满足大部分场合电气顺序逻辑控制的要求,因而在工业电气控制领域中一直占据着主导地位。但是继电接触器控制系统具有明显的缺点:设备体积大、可靠性差、动作速度慢、功能弱,难于实现较复杂的控制;特别是由于它是靠硬连线逻辑构成的系统,接线复杂烦琐,当生产工艺或对象需要改变时,原有的接线和控制柜就要更换,所以通用性和灵活性较差。

到 20 世纪 60 年代,由于小型计算机的出现和大规模生产的发展,人们曾试图用小型计算机来实现工业控制的要求,但由于价格高,输入、输出电路信号及容量不匹配、编程技术复杂等原因,一直未能得到推广应用。

20 世纪 60 年代末期,美国的汽车制造业竞争激烈,各生产厂家的汽车型号不断更新,它必然要求生产线的控制系统亦随之改变,并且对整个控制系统重新配置。为抛弃传统的继电接触器控制系统的束缚,适应白热化的市场竞争要求,1968 年美国通用汽车公司(GM)公开招标,对新的汽车流水线控制系统提出具体要求,归纳起来是:

① 编程方便,可现场修改程序;
② 维修方便,采用插件式结构;
③ 可靠性高于继电器控制装置;
④ 体积小于继电器控制盘;
⑤ 数据可直接送入管理计算机;

⑥ 成本可与继电器控制盘竞争;

⑦ 输入可以是交流 115 V(美国电压标准);

⑧ 输出为交流 115 V,容量要求在 2 A 以上,可直接驱动接触器、电磁阀等;

⑨ 扩展时原系统改变最小;

⑩ 用户存储器至少能扩展到 4 KB。

以上就是著名的"GM 十条"。这些要求的实质内容是提出了将继电接触器控制方式的简单易懂、使用方便、价格低廉的优点与计算机控制方式的功能强大、灵活性、通用性好的优点结合起来,将继电接触器控制的硬连线逻辑转变为计算机的软件逻辑编程的设想。

1969 年美国数字设备公司(DEC)根据上述要求,研制开发出世界上第一台可编程序控制器,并在 GM 公司汽车生产线上应用成功。这是世界上的第一台可编程序控制器,型号为 PDP－14。人们把它称做可编程序逻辑控制器(Programmable Logic Controller),简称 PLC。当时开发 PLC 的主要目的是用来取代继电器逻辑控制系统,所以最初的 PLC 其功能也仅限于执行继电器逻辑、计时、计数等功能。

随着微电子技术的发展,20 世纪 70 年代中期出现了微处理器和微型计算机,人们将微机技术应用到 PLC 中,使得它能更多地发挥计算机的功能,不仅用逻辑编程取代了硬连线逻辑,还增加了运算、数据传送和处理等功能,使其真正成为一种电子计算机工业控制设备。国外工业界在 1980 年正式将其命名为可编程序控制器(Programmable Controller),简称 PC。但由于它和个人计算机(Personal Computer)的简称容易混淆,所以现在仍把可编程序控制器简称为 PLC。

3.1.2　PLC 的定义

国际电工委员会(IEC)在 20 世纪 80 年代初就开始了有关可编程序控制器国际标准的制定工作,并发布了数稿草案。在 2003 年发布(1992 年发布第 1 稿)的可编程序控制器国际标准 IEC 61131-1(通用信息)中对可编程控制器有一个标准定义:

"可编程序控制器是一种数字运算操作的电子系统,专为工业环境而设计。它采用了可编程序的存储器,用来在其内部存储逻辑运算、顺序控制、定时、计数和算术运算等操作的基于用户的指令,并通过数字式和模拟式的输入和输出,控制各种类型的机器或过程。PLC 及其相关的外围设备,都应按易于与工业控制系统集成,易于实现其预期功能的原则设计。"

在该定义中重点说明了三个概念:PLC 是什么、它具备什么功能(能干什么)以及 PLC 及其相关外围设备的设计原则。

定义强调了 PLC 应直接应用于工业环境,它必须具有很强的抗干扰能力,广泛的适应能力和应用范围,这也是其区别于一般微机控制系统的一个重要特征。定义强调了 PLC 是"数字运算操作的电子系统",也是一种计算机,它是"专为在工业环境下应用而设计的"工业计算机。这种工业计算机采用"面向用户的指令",因此编程方便。它能完成逻辑运算、顺序控制、定时、计数和算术运算等操作,它还具有"数字量和模拟量输入和输出"的功能,并且非常容易与"工业控制系统联成一体",易于"实现其预期功能"。

3.2　PLC 的发展

3.2.1　PLC 的发展历史

第一台 PLC 诞生后不久,Dick Morley(被誉为可编程序控制器之父)的 MODICON 公司也推出了 084 控制器。这种控制器的核心思想就是采用软件编程方法替代继电器控制系统的硬接线方式,并有大量的输入传感器和输出执行器的接口,可以方便地在工业生产现场直接使用。而这种能取代继电控制柜的设备就是 Morley 等人提议开发的 Modular Digital Controller(MODICON)。随后,1971 年日本推出了 DSC‐80 控制器,1973 年西欧国家的各种 PLC 也研制成功。虽然这些 PLC 的功能还不强大,但它们开启了工业自动化应用技术新时代的大门。PLC 诞生不久即显示了其在工业控制中的重要性,在许多领域得到了广泛应用。

PLC 技术随着计算机和微电子技术的发展而迅速发展,由最初的一位机发展为 8 位机。随着微处理器 CPU 和微型计算机技术在 PLC 中的应用,形成了现代意义上的 PLC。进入 20 世纪 80 年代以来,随着大规模和超大规模集成电路等微电子技术的迅猛发展,以 16 位和 32 位微处理器构成的微机化 PLC 得到了惊人的发展,使 PLC 在概念、设计、性能价格比以及应用等方面都有了新的突破。不仅控制功能增强,功耗、体积减小,成本下降,可靠性提高,编程和故障检测更为灵活方便,而且远程 I/O 和通信网络、数据处理以及人机界面(HMI)也有了长足的发展。现在 PLC 不仅能得心应手地应用于制造业自动化,而且还可以应用于连续生产的过程控制系统,所有这些已经使之成为自动化技术领域的三大支柱之一,即使在现场总线技术成为自动化技术应用热点的今天,PLC 仍然是现场总线控制系统中的主要设备。

大致总结一下,PLC 的发展经历了五个阶段。

1. 初级阶段

从第一台 PLC 问世到 20 世纪 70 年代中期。这个时期的 PLC 功能简单,主要完成一般的继电器控制系统的功能,即顺序逻辑、定时和计数等,编程语言为语句表和梯形图。

2. 崛起阶段

从 20 世纪 70 年代中期到 80 年代初期。由于 PLC 在取代继电器控制系统方面的卓越表现,所以自从它在电气自动控制领域开始普及应用后便得到了飞速的发展。这个阶段的 PLC 在其控制功能方面增强了很多,例如数据处理、模拟量的控制等。

3. 成熟阶段

从 20 世纪 80 年代初期到 90 年代初期。这之前的 PLC 主要是单机应用和小规模、小系统的应用。但随着对工业自动化技术水平、控制性能和控制范围要求的提高,在大型的控制系统(如冶炼、饮料、造纸、烟草、纺织、污水处理等)中,PLC 也展示出了其强大的生命力。对这些大规模、多控制器的应用场合,就要求 PLC 控制系统必须具备通信和联网功能。这个时期的 PLC 顺应时代要求,在大型的 PLC 中一般都扩展上了遵守一定协议的通信接口。

4. 飞速发展阶段

从 20 世纪 90 年代初期到 90 年代末期。由于对模拟量处理功能和网络通信功能的提高,PLC 控制系统在过程控制领域也开始大面积使用。随着芯片技术、计算机技术、通信技术和控制技术的发展,PLC 的功能得到了进一步的提高。现在 PLC 不论从体积上、人机界面功能、端子接线技术,还是从内在的性能(速度、存储容量等)、实现的功能(运动控制、通信网络、多机处理等)方面都远非过去的PLC可比。20世纪80年代以后,是PLC发展最快的时期,年增长率一直都保持在30%~40%之间。

5. 开放性、标准化阶段

从20世纪90年代中期至今,为开放性、标准化阶段。其实关于PLC开放性的工作在20世纪80年代就已经展开,但由于受到各大公司的利益的阻挠和技术标准化难度的影响,这项工作进展得并不顺利。所以PLC诞生后的近30年时间里,各个PLC在通信标准、编程语言等方面都存在着不兼容的地方,这为PLC在工业自动化中实现互换性、互操作性和标准化都带来了极大的不便。现在随着可编程序控制器国际标准IEC 61131的逐步完善和实施,特别是IEC 61131-3标准编程语言的推广,使得PLC真正走入了一个开放性和标准化的时代。

目前,世界上有200多个厂家生产300多种PLC产品,比较著名的厂家有美国的AB(被ROCKWELL收购)、GE、MODICON(被SCHNEIDER收购),日本的MITSUBISHI、OM-RON、FUJI、松下电工,德国的SIEMENS和法国的SCHNEIDER公司等。随着新一代开放式PLC走向市场,国内的不少公司生产的基于IEC 61131-3编程语言的PLC可能会在未来的市场中占有一席之地。

3.2.2　PLC的发展趋势

PLC总的发展趋势是向高集成度、小体积、大容量、高速度、易使用、高性能、信息化、网络化、标准化、与工业网络技术紧密结合等方向发展。

1. 向小型化、专用化、低成本方向发展

随着微电子技术的发展,新型器件性能大幅度提高,价格却大幅度降低,使得PLC结构更为紧凑,操作使用十分简便。从体积上讲,有些专用的微型PLC仅有一个香皂大小。PLC的功能不断增加,将原来大、中型PLC才有的功能部分地移植到小型PLC上,如模拟量处理、复杂的功能指令和网络通信等。PLC的价格也不断下降,真正成为现代电气控制系统中不可替代的控制装置。据统计,小型和微型PLC的市场份额一直保持在70%~80%,所以对PLC小型化的追求不会停止。

2. 向大容量、高速度、信息化方向发展

现在大中型PLC采用多微处理器系统,有的采用了64位微处理器,并集成了通信联网功能,可同时进行多任务操作,运算速度、数据交换速度及外设响应速度都有大幅度提高,存储容量大大增加,特别是增强了过程控制和数据处理的功能。为了适应工厂控制系统和企业信息管理系统日益有机结合的要求,信息技术也渗透到了PLC中,如设置开放的网络环境、支持OPC(OLE for Process Control)技术等。

3. 智能化模块的发展

为了实现某些特殊的控制功能,PLC制造商开发出了许多智能化的I/O模块。这些模块本身带有CPU,使得占用主CPU的时间很少,减少了对PLC扫描速度的影响,提高了整个PLC控制系统的性能。它们本身有很强的信息处理能力和控制功能,可以实现PLC的主CPU难以兼顾的功能,由于在硬件和软件方面都采取了可靠性和便利化的措施,所以简化了某些控制系统的系统设计和编程。典型的智能化模块主要有高速计数模块、定位控制模块、温度控制模块、闭环控制模块、各种现场总线协议通信模块等。

4. 人机界面(接口)的发展

HMI(Human-Machine Interface)在工业自动化系统中起着越来越重要的作用,PLC 控制系统在 HMI 方面的进展主要体现在以下几个方面:

(1) 编程工具的发展

过去绝大部分中小型 PLC 仅提供手持式编程器,编程人员通过编程器和 PLC 打交道。首先是把编制好的梯形图程序转换成语句表程序,然后使用编程器一个字符、一个字符地敲到 PLC 内部;另外,调试时也只能通过编程器观察很少的信息。现在编程器早已被淘汰,基于 Windows 的编程软件不仅可以对 PLC 控制系统的硬件组态,即设置硬件的结构、类型、各通信接口的参数等,而且可以在屏幕上直接生成和编辑梯形图、语句表、功能块图和顺序功能图程序,并且可以实现不同编程语言之间的自动转换。程序被编译后可下载到 PLC,也可以将用户程序上传到计算机。编程软件的调试和监控功能也远远超过手持式编程器,可以通过编程软件中的监视功能实时观察 PLC 内部各存储单元的状态和数据,为诊断分析 PLC 程序和工作过程中出现的问题带来了极大的方便。

将 PLC、运动控制及人机界面(HMI)的编程结合到一个统一的环境,是现在和未来的一种趋势。西门子博图已基本实现这种功能。

(2) 功能强大、价格低廉的 HMI

过去在 PLC 控制系统中进行参数的设定和显示时非常麻烦,对输入设定参数要使用大量的拨码开关组,对输出显示参数要使用数码管,它们不仅占据了大量的 I/O 资源,而且功能少、接线烦琐。现在各种单色、彩色的显示设定单元、触摸屏、覆膜键盘等应有尽有,它们不仅能完成大量的数据设定和显示,更能直观地显示动态图形画面,而且还能完成**数据处理**功能。

对某些特定的需求,内置的 HMI 也可能成为 PLC 的发展趋势。

(3) 基于 PC 的组态软件

在中大型的 PLC 控制系统中,仅靠简单的显示设定单元已不能解决人机界面的问题,所以基于 Windows 的 PC 机成了最佳的选择。配合有适当的通信接口或适配器,PC 机就可以和 PLC 之间进行信息的互换,再配合功能强大的组态软件,就能完成复杂的和大量的画面显示、数据处理、报警处理、设备管理等任务。这些组态软件国外的品牌有 WinCC、iFIX、Intouch 等,国产知名公司有亚控、力控等。现在组态软件的价格已下降到非常低的位置,所以在环境较好的应用现场,使用 PC+组态软件来取代触摸屏的方案也是一种不错的选择。

(4) USB 和微型存储设备的使用

USB 技术的进步可以使其集成到 PLC 上,使得 PLC 编程通信和故障诊断都变得简单。SD 卡、mini SD 以及 Micro SD 卡等在 PLC 上的使用,为 PLC 的固件升级和用户的 COPY 存储带来了方便。

5. 在过程控制领域的使用以及 PLC 的冗余特性

虽然 PLC 的强项是在制造业领域使用,但随着通信技术、软件技术和模拟量控制技术发展并不断地融合到 PLC 中,它现在也被广泛地应用到了过程控制领域。但在过程控制系统中使用必然要求 PLC 控制系统具有更高的可靠性。现在世界上顶尖的自动化设备供应商提供的大型 PLC 中,一般都增加了安全性和冗余性的产品,并且符合 IEC 61508 标准的要求。该标准主要为可编程电子系统内的功能性安全设计而制定,为 PLC 在过程控制领域使用的可靠性和安全设计提供了依据。现在 PLC 的冗余产品包括 CPU 系统、I/O 模块以及热备份冗余软件等。大型 PLC 以及冗余技术一般都是在大型的过程控制系统中使用。

6. 开放性和标准化

世界上大大小小的电气设备制造商几乎都推出了自己的 PLC 产品,但由于没有一个统一的规范和标准,所有 PLC 产品在使用上都存在着一些差别,而这些差别的存在对 PLC 产品制造商和用户都是不利的。一方面它增加了制造商的开发费用;另一方面它也增加了用户学习和培训的负担。这些非标准化的使用结果,使得程序的重复使用和可移植性都成为不可能的事情。

现在的 PLC 采用了各种工业标准,如 IEC 61131、IEEE 802.3 以太网、TCP/IP、UDP/IP 等,以及各种事实上的工业标准,如 Windows NT、OPC 等。特别是 PLC 的国际标准 IEC 61131,为 PLC 从硬件设计、编程语言、通信联网等各方面都制定了详细的规范。其中的第 3 部分 IEC 61131-3 是 PLC 的编程语言标准。IEC 61131-3 的软件模型是现代 PLC 的软件基础,是整个标准的基础性的理论工具。它为传统的 PLC 突破了原有的体系结构(即在一个 PLC 系统中装插多个 CPU 模块),并为相应的软件设计奠定了基础。IEC 61131-3 不仅在 PLC 系统中被广泛采用,在其他的工业计算机控制系统、工业编程软件中也得到了广泛的应用。越来越多的 PLC 制造商都在尽量往该标准上靠拢,尽管由于受到硬件和成本等因素的制约,不同的 PLC 和 IEC 61131-3 兼容的程度有大有小,但这毕竟已成为了一种趋势。

7. 通信联网功能的极大增强,为工业信息化和智能化提供支撑

在中大型 PLC 控制系统中,需要多个 PLC 以及智能仪器仪表连接成一个网络,进行信息的交换。PLC 通信联网功能的增强使它更容易与 PC 和其他智能控制设备进行互联,使系统形成一个统一的整体,实现分散控制和集中管理。现在许多小型,甚至微型 PLC 的通信功能也十分强大。PLC 控制系统通信的介质一般有双绞线或光纤,具备常用的串行通信功能。

在提供网络接口方面,PLC 向 3 个方向发展:一是提供支持开放式标准协议的 Ethernet 接口,使 PLC 直接接入以太网;二是提供直接挂接到现场总线网络中的接口(如 PROFIBUS、Modbus、AS-i 等);三是无线通信技术也有在 PLC 中应用发展的苗头。

工业生产过程信息化/智能化的发展需要底层设备的数据的支持,PLC 通信联网功能的提升则是实现信息化/智能化的保证。

8. 软 PLC 的概念

所谓软 PLC 就是在 PC 机的平台上,在 Windows 操作环境下,用软件来实现 PLC 的功能。这个概念大概在 20 世纪 90 年代中期提出。安装有组态软件的 PC 机既然能完成人机界面的功能,为何不把 PLC 的功能用软件来实现呢? PC 机价格便宜,有很强的数学运算、数据处理、通信和人机交互的功能。如果软件功能完善,则利用这些软件可以方便地进行工业控制流程的实时和动态监控,完成报警、历史趋势和各种复杂的控制功能,同时节约控制系统的设计时间。配上远程 I/O 和智能 I/O 后,软 PLC 也能完成复杂的分布式控制任务。在随后的几年,软 PLC 的开发也呈现了上升的势头。但后来软 PLC 并没有出现像人们希望的那样占据相当市场份额的局面,这是因为软 PLC 本身存在的一些缺陷造成的:

① 软 PLC 对维护和服务人员的要求较高;

② 电源故障对系统影响较大;

③ 在占绝大多数的低端应用场合,软 PLC 没有优势可言;

④ 在可靠性方面和对工业环境的适应性方面,和 PLC 无法比拟;

⑤ PC 机发展速度太快,技术支持不容易保证。

但各有各的看法,随着生产厂家的努力和技术的发展,软 PLC 肯定也能在其最适合的地方得到认可。

9. PAC 的概念

在工控界,对 PLC 的应用情况有一个"80 - 20"法则,即

① 80% 的 PLC 应用场合都是使用简单的低成本的小型 PLC;

② 78%(接近 80%)的 PLC 都是使用的开关量(或数字量);

③ 80% 的 PLC 应用使用 20 个左右的梯形图指令就可解决问题。

其余 20% 的应用要求或控制功能要求使用 PLC 无法轻松满足,而需要使用别的控制手段或 PLC 配合其他手段来实现。于是,一种能结合 PLC 的高可靠性和 PC 机的高级软件功能的新产品应运而生。这就是 PAC(Programmable Automation Controller),或基于 PC 机架构的控制器。它包括了 PLC 的主要功能,以及 PC-based 控制中基于对象的、开放的数据格式和网络能力。其主要特点是使用标准的 IEC 61131-3 编程语言、具有多控制任务处理功能,兼具 PLC 和 PC 机的优点。PAC 主要用来解决那些所谓的剩余的 20% 的问题,但现在一些高端 PLC 也具备了解决这些问题的能力,加之 PAC 是一种较新的控制器,所以其市场还有待于开发和推动。

10. PLC 在现场总线控制系统中的位置

现场总线(包括实时以太网)的出现,标志着自动化技术步入了一个新的时代。现场总线(Fieldbus)是"安装在制造和过程区域的现场装置与控制室内的自动控制装置之间的数字式、串行、多点通信的数据总线",它是当前工业自动化的热点之一。

随着 3C(Computer, Control and Communication)技术的迅猛发展,使得解决自动化信息孤岛的问题成为可能。采用开放化、标准化的解决方案,把不同厂家遵守同一协议规范的自动化设备连接成控制网络并组成系统成为可能。现场总线采用总线通信的拓扑结构,整个系统处在全开放、全数字、全分散的平台上。从某种意义上说,现场总线技术给自动控制领域所带来的变化是革命性的。

现在,虽然纯粹的基于 PLC 的大中型控制系统已被基于现场总线技术或实时以太网技术的控制系统所取代,但 PLC 仍然发挥着不可替代的作用。在基于各种现场总线(如 PROFIBUS、CONTROL NET 等)的控制系统中,其主站和分布式智能化从站大都由 PLC 来实现;在基于各种实时以太网技术(如 PROFINET、ETHERCAT、ETHERNET/IP 等)的控制系统中,其控制器和分布式智能化设备大都由 PLC 来实现。可以预计,在未来相当长的时期里,PLC 仍然将快速发展,继续担当工业自动化应用领域中的主角。

3.3　PLC 的应用领域

初期的 PLC 主要在以开关量居多的电气顺序控制系统中使用,但 20 世纪 90 年代开始后,PLC 也被广泛地在流程工业自动化系统中使用,一直到现在的现场总线控制系统,PLC 更是其中的主角,其应用面越来越广。

目前 PLC 在国内外已广泛应用于钢铁、采矿、水泥、石油、化工、制药、电力、机械制

造、汽车、批量控制、装卸、造纸/纸浆、食品/粮食加工、纺织、环保和娱乐等行业。PLC 的主要应用范围通常可分成以下几种：

1. 中小型单机电气控制系统

这是 PLC 应用最广泛的领域，例如塑料机械、印刷机械、订书机械、包装机械、切纸机械、组合机床、磨床、电镀流水线及电梯控制等。这些设备对控制系统的要求大都属于逻辑顺序控制，所以这也是最适合 PLC 使用的领域。

2. 制造业自动化

制造业是典型的工业类型之一，在该领域主要对物体进行品质处理、形状加工、组装，以位置、形状、力、速度等机械量和逻辑控制为主。其电气自动控制系统中的开关量占绝大多数，有些场合，数十台、上百台单机控制设备组合在一起形成大规模的生产流水线，如汽车制造和装配生产线，等等。由于 PLC 性能的提高和通信功能的增强，使得它在制造业领域中的大中型控制系统中也占绝对主导的地位。

3. 运动控制

为适应高精度的位置控制，现在的 PLC 制造商为用户提供了功能完善的运动控制功能。这一方面体现在功能强大的主机可以完成多路高速计数器的脉冲采集和大量的数据处理的功能；另一方面还提供了专门的单轴或多轴的控制步进电动机和伺服电动机的位置控制模块，这些智能化的模块可以实现任何对位置控制的任务要求。现在工业自动化领域基于 PLC 的运动控制系统和其他的控制手段相比，功能更强、装置体积更小、价格更低、速度更快、操作更方便。

4. 流程工业自动化

流程工业是工业类型中的重要分支，如电力、石油、化工、造纸等，其特点是对物流（气体、液体为主）进行连续加工。过程控制系统中以压力、流量、温度、物位等参数进行自动调节为主，大部分场合还有防爆要求。从 20 世纪 90 年代以后，PLC 具有了控制大量的过程参数的能力，对多路参数进行 PID 调节也变得非常容易和方便。和传统的分布式控制系统 DCS 相比，其价格方面也具有较大优势，再加上在人机界面和联网通信性能方面的完善和提高，PLC 控制系统在过程控制领域也占据了相当大的市场份额。

3.4　PLC 的特点

现代工业生产过程是复杂多样的，它们对控制的要求也各不相同。PLC 专为工业控制应用而设计，一经出现就受到了广大工程技术人员的欢迎。其主要特点有：

1. 抗干扰能力强，可靠性高

针对工业现场恶劣的环境因素，为提高抗干扰能力，PLC 在硬件和软件方面都采取了许多措施。在电子线路、机械结构以及软件结构上都吸取了生产厂家长期积累的生产控制经验。主要模块均采用大规模与超大规模集成电路，I/O 系统设计有完善的通道保护与信号调理电路；在结构上对耐热、防潮、防尘、抗震等都有周到的考虑；在硬件上采用隔离、屏蔽、滤波、接地等抗干扰措施；对电源部分采取了很好的调整和保护措施，如多级滤波、采用集成电压调整器等，以适应电网电压波动和过电压、欠电压的影响；在软件上采用数字滤波等抗干扰和故障诊断措施，采用信息保护和恢复技术，实时报警和运行信息显示等。所有这些使 PLC 具有较高的抗干扰能力。PLC 的平均无故障运行时间通常在几万小时以上,这是其他的控制系统不能比拟的。

PLC 采用微电子技术,大量的开关动作由无触点的电子存储器件来完成,传统的继电器控制系统中的逻辑器件和繁杂的连线被软件程序所取代,所以 PLC 控制系统的可靠性大大提高。

2. 控制系统结构简单,通用性强

大部分情况下,一个 PLC 主机就能组成一个控制系统。对于需要扩展的系统,只要选好扩展模块,经过简单的连接即可。PLC 及扩展模块品种多,可灵活组合成各种大小和不同要求的控制系统。在 PLC 组成的控制系统中,只需在 PLC 的端子上接入相应的输入/输出信号线即可,不需要诸如继电器之类的物理电子器件和大量而又繁杂的硬接线线路。PLC 的输入/输出可直接与交流 220 V、直流 24 V 等负载相连,并有较强的带负载能力。

PLC 控制系统实质性的好处是当控制需求改变,需要变更控制系统的功能时,只需对程序进行简单的修改,对硬件部分稍作改动即可,而不像继电器控制系统那样,在一个装配好的控制盘上,对系统进行修改几乎是不可能的事情。同一个 PLC 装置用于不同的控制对象,只是输入/输出组件和应用软件的不同。所以说 PLC 控制系统有极高的柔性,即通用性强。

3. 编程方便,易于使用

PLC 是面向底层用户的智能控制器,因为其最初的目的就是要取代继电器控制逻辑,所以在 PLC 诞生之时,其设计者充分考虑到现场工程技术人员的技能和习惯,其编程语言采用了和传统控制系统中电气原理图类似的梯形图语言,PLC 的内部元器件也用过去就熟悉的诸如中间继电器、定时器、计数器等名称。这种编程语言形象直观,容易掌握,不需要专门的计算机知识和语言,只要具有一定的电气和工艺知识的人员都可在短时间学会。

4. 功能强大,成本低

现在 PLC 几乎能满足所有的工业控制领域的需要。PLC 控制系统可大可小,能轻松完成单机控制系统、批量控制系统、制造业自动化中的复杂逻辑顺序控制、流程工业中大量的模拟量控制,以及组成通信网络、进行数据处理和管理等任务。在今天的现场总线控制系统中,PLC 也发挥着重要作用。

由于其专为工业应用而设计,所以 PLC 控制系统中的 I/O 系统、HMI 等可以直接和现场信号连接、使用,系统也不需要进行专门的抗干扰设计。所以和其他控制系统(如 DCS、IPC 等)相比,其成本较低,而且这种趋势还将持续下去。

5. 设计、施工、调试的周期短

PLC 的硬软件产品齐全,设计控制系统时仅需按性能、容量(输入/输出点数、内存大小)等选用组装,大量具体的程序编制工作也可在 PLC 到货前进行,因而缩短了设计周期,使设计和施工可同时进行。由于用软件编程取代了硬接线实现控制功能,大大减轻了繁重的安装接线工作,缩短了施工周期。因为 PLC 是通过程序完成控制任务的,采用了方便用户的工业编程语言,且都具有强制和仿真功能,故程序的设计、修改和调试都很方便,这样可大大缩短设计和投运周期。

6. 维护方便

PLC 的输入/输出端子能够直观地反映现场信号的变化状态,通过编程工具(装有编程软件的电脑等)可以直观地观察控制程序和控制系统的运行状态,如内部工作状态、通信状态、

I/O 点状态、异常状态和电源状态等,极大地方便了维护人员查找故障,缩短了对系统的维护时间。

3.5　PLC 与其他典型控制系统的区别

3.5.1　与继电器控制系统的区别

继电器控制系统虽有较好的抗干扰能力,但使用了大量的机械触点,使设备连线复杂,且触点在开闭时易受电弧的损害,寿命短,系统可靠性差。

PLC 的梯形图与传统的电气原理图非常相似,主要原因是 PLC 梯形图大致上沿用了继电器控制的电路元件符号和术语,仅个别之处有些不同。同时,信号的输入/输出形式及控制功能基本上也是相同的。但 PLC 的控制与继电器的控制又有根本的不同之处,主要表现在以下几个方面:

1. 控制逻辑

继电器控制逻辑采用硬接线逻辑,利用继电器机械触点的串联或并联,及时间继电器等组合成控制逻辑,其接线多而复杂、体积大、功耗大、故障率高,一旦系统构成后,想再改变或增加功能都很困难。另外,继电器触点数目有限,每个只有 4~8 对触点,因此灵活性和扩展性都很差。而 PLC 采用存储器逻辑,其控制逻辑以程序方式存储在内存中,要改变控制逻辑,只需改变程序即可,故称做"软接线",因此灵活性和扩展性都很好。

2. 工作方式

电源接通时,继电器控制线路中各继电器同时都处于受控状态,即该吸合的都吸合,不该吸合的都因受某种条件限制不能吸合,它属于并行工作方式。而 PLC 的控制逻辑中,各内部器件都处于周期性循环扫描过程中,各种逻辑、数值输出的结果都是按照在程序中的前后顺序计算得出的,所以它属于串行工作方式。

3. 可靠性和可维护性

继电器控制逻辑使用了大量的机械触点,连线也多。触点开闭时会受到电弧的损坏,并有机械磨损,寿命短,因此可靠性和可维护性差。而 PLC 采用微电子技术,大量的开关动作由无触点的半导体电路来完成,体积小、寿命长、可靠性高。PLC 还配有自检和监督功能,能检查出自身的故障,并随时显示给操作人员,还能动态地监视控制程序的执行情况,为现场调试和维护提供了方便。

4. 控制速度

继电器控制逻辑依靠触点的机械动作实现控制,工作频率低,触点的开闭动作一般在几十毫秒数量级。另外,机械触点还会出现抖动问题,而 PLC 是由程序指令控制半导体电路来实现控制,属于无触点控制,速度极快,一般一条用户指令的执行时间在微秒数量级,且不会出现抖动。

5. 定时控制

继电器控制逻辑利用时间继电器进行时间控制。一般来说,时间继电器存在定时精度不高,定时范围窄,且易受环境湿度和温度变化的影响,调整时间困难等问题。PLC 使用半导体集成电路做定时器,时基脉冲由晶体振荡器产生,精度相当高,定时时间不受环境的影响,定时范围最小可为 0.001 s,最长几乎没有限制,用户可根据需要在程序中设置定时值,然后由软件来控制定时时间。

6. 设计和施工

使用继电器控制逻辑完成一项控制工程,其设计、施工、调试必须依次进行,周期长,而且修改困难。工程越大,这一点就越突出。而用 PLC 完成一项控制工程,在系统设计完成以后,现场施工和控制逻辑的设计(包括梯形图设计)可以同时进行,周期短,且调试和修改都很方便。

从以上几个方面的比较可知,PLC 在性能上比继电器控制逻辑优异,特别是可靠性高、通用性强、设计施工周期短、调试修改方便,而且体积小、功耗低、使用维护方便。但在很小的系统中使用时,价格要高于继电器系统。

3.5.2　与单片机控制系统的区别

PLC 控制系统和单片机控制系统在不少方面有较大的区别,是两个完全不同的概念。因为一般院校的电类和机类专业都开设 PLC 和单片机的课程,所以这也是学生们经常问及的一个问题,在这里可从以下几个方面进行一下分析。

1. 本质区别

单片机控制系统是基于芯片级的系统,而 PLC 控制系统是基于板级或模块级的系统。其实 PLC 本身就是一个单片机系统,它是已经开发好的单片机产品。开发单片机控制系统属于底层开发,而设计 PLC 控制系统是在成品的单片机控制系统上进行的二次开发。

2. 使用场合

单片机控制系统适合在家电产品(如冰箱、空调、洗衣机、吸尘器等)、智能化的仪器仪表、玩具和批量生产的控制器产品等场合使用。

PLC 控制系统适合在单机电气控制系统、工业控制领域的制造业自动化和过程控制中使用。

3. 使用过程

设计开发一个单片机控制系统,需要先设计硬件系统,画硬件电路图,制作印刷电路板,购置各种所需的电子元器件,焊接电路板,进行硬件调试,进行抗干扰设计和测试等大量的工作。需要使用专门的开发装置和低级编程语言编制控制程序,进行系统联调。

设计开发一个 PLC 控制系统,需要设计硬件系统,购置 PLC 和相关模块,进行外围电气电路设计和连接,不必操心 PLC 内部的计算机系统(单片机系统)是否可靠和它们的抗干扰能力,这些工作厂家已为用户做好,所以硬件工作量不大。软件设计使用工业编程语言,相对来说比较简单。进行系统调试时,因为有很好的工程工具(软件和计算机)帮助,所以也非常容易。

4. 使用成本

因为使用的场合和对象完全不同,所以这两者之间的成本没有可比性。但如果硬要对同样的工业控制项目(仅限于小型系统或装置)使用这两种系统进行一个比较时,可以得出如下结论:

从使用的元器件总成本看,PLC 控制系统要比完成同样任务的单片机控制系统成本要高很多。

如果这样的项目只有一个或不多的几个,则使用 PLC 控制系统其成本不一定比使用单片机系统高,因为设计单片机控制系统要进行反复的硬件设计、制板、调试,其硬件成本也不低,因而其工作量成本非常高。做好的系统其可靠性(和大公司的 PLC 产品相比)也不一定能保证,所以日后的维护成本也会相应提高。

如果这样的控制系统是一个有批量的任务,即做一大批,这时使用单片机进行控制系统开发是比较合适的。

但是,在工业控制项目中,绝大部分场合还是使用 PLC 控制系统为好。

5. 学习的难易程度

学习单片机要具备的基础知识较多。首先是必须具备较好的电子技术基础和计算机控制基础及接口技术知识,要学习印刷电路板设计及制作,要学习汇编语言编程和调试,还需要对底层的硬件和软件的配合有足够的了解。

学习 PLC 要具备传统的电气控制技术知识,需要学习 PLC 的工作原理,对其硬件系统组成及使用有一定了解,要学习以梯形图为主的工业编程语言。

如果从同一个起跑线出发,不论从硬件还是从软件方面的学习看,单片机远比 PLC 需要的知识多,学习的内容也多,难度也大。

6. 就业方向

在一些智能仪器仪表厂、开发智能控制器和智能装置的公司、进行控制产品底层开发的公司等单位,对单片机(或嵌入式系统、DSP 等)方面的技术人才有较大的需求;在一般的厂矿企业、制造业生产流水线、流程工业、自动化系统集成公司等单位,对 PLC(或 DCS、FCS 等)方面的人才有较大需求。

3.5.3　与 DCS、FCS 控制系统的区别

1. 三大系统的要点

PLC、DCS(Distributed Control System)、FCS(Fieldbus Control System)是目前工业自动化领域所使用的三大控制系统,下面简单介绍一下它们的特点,然后再介绍一下它们之间的融合。

(1) DCS

集散控制系统 DCS 是集 4C(Communication,Computer,Control,CRT)技术于一身的监控系统。它主要用于大规模的连续过程控制系统中,如石化、电力等,在 20 世纪 70 年代到 90 年代末占据主导地位。它的基本要点是:

① 从上到下的树状大系统,其中通信是关键;

② 控制站连接计算机与现场仪表、控制装置等设备;

③ 整个系统为树状拓扑和并行连线的链路结构,从控制站到现场设备之间有大量的信号电缆;

④ 信号系统为模拟信号、数字信号的混合;

⑤ 设备信号到 I/O 板一对一物理连接,然后由控制站挂接到局域网 LAN;

⑥ 可以做成很完善的冗余系统;

⑦ DCS 是控制(工程师站)、操作(操作员站)、现场仪表(现场测控站)的 3 级结构。

(2) PLC

最初,PLC 是为了取代传统的继电器控制系统而开发的,所以它最适合在以开关量为主

的系统中使用。计算机技术和通信技术的飞速发展,使得大型 PLC 的功能极大地增强,以至于它后来能完成 DCS 的功能。另外加上它在价格上的优势,所以在许多过程控制系统中 PLC 也得到了广泛的应用。大型 PLC 构成的过程控制系统的要点是:

① 从上到下的结构,PLC 既可以作为独立的 DCS,也可以作为 DCS 的子系统;

② 可实现连续 PID 控制等功能;

③ 可用一台 PLC 为主站,多台同类型 PLC 为从站,构成 PLC 网络;也可用多台 PLC 为主站,多台同类型 PLC 为从站,构成 PLC 网络。

(3) FCS

现场总线技术以其彻底的开放性、全数字化信号系统和高性能的通信系统给工业自动化领域带来了"革命性"的冲击,其核心是总线协议,基础是数字化智能现场设备,本质是信息处理现场化。FCS 的要点是:

① 它可以在本质安全、危险区域、易变过程等过程控制系统中使用,也可以用于机械制造业、楼宇控制系统中,应用范围非常广泛;

② 现场设备高度智能化,提供全数字信号;

③ 一条总线连接所有的设备;

④ 系统通信是互联的、双向的、开放的,系统是多变量、多节点、串行的数字系统;

⑤ 控制功能彻底分散。

2. PLC、DCS 和 FCS 系统之间的融合

每种控制系统都有它的特色和长处,在一定时期内,它们相互融合的程度可能会大大超过相互排斥的程度。这三大控制系统也是这样,比如 PLC 在 FCS 中仍是主要角色,许多 PLC 都配置上了总线模块和接口,使得 PLC 不仅是 FCS 主站的主要选择对象,也是从站的主要装置。DCS 也不甘落后,现在的 DCS 把现场总线技术包容了进来,对过去的 DCS I/O 控制站进行了彻底的改造,编程语言也采用标准化的 PLC 编程语言。第四代的 DCS 既保持了其可靠性高、高端信息处理功能强的特点,也使得底层真正实现了分散控制。目前在中小型项目中使用的控制系统比较单一和明确,但在大型工程项目中,使用的多半是 DCS、PLC 和 FCS 的混合系统。

3.6　PLC 的分类

根据 PLC 结构形式的不同,PLC 可分为整体式和模块式两类。

1. 整体式结构的小型机

小型 PLC 一般以处理开关量逻辑控制为主,其 I/O 点数一般在 200 余点以下。现在的小型 PLC 还具有较强的通信能力和一定量的模拟量处理能力。这类 PLC 的特点是价格低廉、体积小巧,适合于控制单机设备和开发机电一体化产品。图 3 - 1(a)所示即是典型的小型 PLC。

微型和小型 PLC 一般为整体式结构。整体式结构的特点是将 PLC 的基本部件,如 CPU 板、输入/输出接口、电源板等紧凑地安装在一个标准机壳内,构成一个整体,组成 PLC 的一个基本单元(主机)。基本单元上设有扩展端口,通过扩展电缆与扩展单元(模块)相连。小型 PLC 系统还提供许多专用的特殊功能模块,如模拟量输入/输出模块、热电偶、热电阻模块、通信模块等,以构成不同的配置,完成特殊的控制任务。整体式结构的 PLC 体积小、成本低、安装方便。图 3-1(a)所示的小型 PLC 即为整体式结构。

2. 模块式结构的中大型机

中大型 PLC 的 I/O 点数一般在 200 余点以上,多的可达数千点,不仅具有极强的开关量逻辑控制功能,它的通信联网功能和模拟量处理能力更强大,其性能已经与工业控制计算机相当,有些大型 PLC 还具有冗余能力。它的监视系统能够表示过程的动态流程,记录各种曲线,PID 调节参数等。它配备多种智能板,构成多功能的控制系统。这种系统还可以和其他型号的控制器互联,和上位机相连,组成一个集中分散的生产过程和产品质量监控系统。中大型机适用于设备自动化控制、过程自动化控制和过程监控系统。图 3-1(b)所示即是典型的大型 PLC。

中大型 PLC 多采用模块结构形式,这也是大中型 PLC 要处理大量的 I/O 点数的性质所决定的,因为数百、上千个 I/O 点不可能集中在一个整体式的装置上。模块式结构的 PLC 由一些模块单元构成,这些标准模块有 CPU 模块、输入模块、输出模块、电源模块和各种功能模块等。像堆积木一样,使用时将这些模块插在框架上或基板上即可。各模块功能是独立的,外形尺寸是统一的,可根据需要灵活配置。

图 3-1(b)所示的大型 PLC 即为模块式结构。

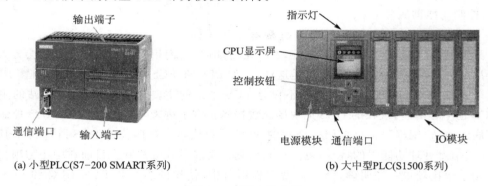

(a) 小型PLC(S7-200 SMART系列)　　　　(b) 大中型PLC(S1500系列)

图 3-1　PLC 的分类

3.7　PLC 的系统组成

PLC 种类繁多,但其组成结构和工作原理基本相同。用 PLC 实施控制,其实质是按控制功能要求,通过用户程序计算出相应的输出结果,并将该结果给以物理实现,应用于工业现场。PLC 专为工业现场应用而设计,采用了典型的计算机结构,它主要是由 CPU、电源、存储器和专门设计的输入/输出接口电路等组成。PLC 的结构框图如图 3-2 所示。

1. 中央处理单元

中央处理单元(CPU)一般由控制器、运算器和寄存器组成,这些电路都集成在一个芯片内。CPU 通过数据总线、地址总线和控制总线与存储单元、输入/输出接口电路相连接。

与一般计算机一样,CPU 是 PLC 的核心,它按 PLC 中系统程序赋予的功能控制 PLC 有条不紊地进行工作。用户程序和数据事先存入存储器中,当 PLC 处于运行方式时,CPU 按循环扫描方式执行用户程序。

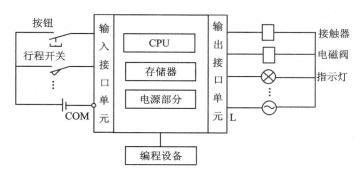

图 3 - 2　PLC 结构框图

CPU 的主要任务是控制用户程序的运行和数据的接收与存储;用扫描的方式通过 I/O 接口接收现场信号的状态或数据,并存入输入映像寄存器或数据存储器中;诊断 PLC 内部电路的工作故障和编程中的语法错误等;PLC 进入运行状态后,从存储器逐条读取用户指令,经过命令解释后按指令规定的任务进行数据传送、逻辑或算术运算等;根据运算结果,更新有关标志位的状态和输出映像寄存器的内容,再经输出部件实现输出控制、制表打印或数据通信等功能。

不同型号的 PLC 其 CPU 芯片是不同的,有采用通用 CPU 芯片的,有采用厂家自行设计的专用 CPU 芯片的。CPU 芯片的性能关系到 PLC 处理控制信号的能力与速度,CPU 位数越高,系统处理的信息量越大,运算速度也越快。PLC 的功能随着 CPU 芯片技术的发展而提高和增强。现在大多数 PLC 都采用 64 位 CPU,所以即使是小型的 PLC,其性能也不一定比过去大中型的 PLC 差。

2. 存储器

PLC 的存储器包括系统存储器和用户存储器两部分。

系统存储器用来存放由 PLC 生产厂家编写的系统程序,并固化在 ROM 内,用户不能更改。它使 PLC 具有基本的功能,能够完成 PLC 设计者规定的各项工作。系统程序的内容主要包括三部分:系统管理程序、用户指令解释程序和标准程序模块与系统调用管理程序。

用户存储器包括用户程序存储器和用户数据存储器两部分。用户程序存储器用来存放用户针对具体控制任务用规定的 PLC 编程语言编写的应用程序。用户程序存储器根据所选用的存储器单元类型的不同,可以是 RAM、EPROM 或 EEPROM 存储器,其内容可以由用户任意修改或增删。用户数据存储器可以用来存放用户程序中所使用器件的 ON/OFF 状态和数值、数据等。用户存储器的大小关系到用户程序容量的大小,是反映 PLC 性能的重要指标之一。

PLC 使用的存储器类型有三种:ROM、RAM 和 EEPROM。

(1) 只读存储器(ROM)

ROM 的内容只能读出,不能写入。它是非易失的,断电后,仍能保存储存的内容。ROM 一般用来存放 PLC 的系统程序,该部分程序和数据由生产厂家直接烧制完成,用户不能修改。

(2) 随机存取存储器(RAM)

该类存储器用来保存 PLC 内部元器件的实时数据。RAM 是读/写存储器,其中的数据实时改变。RAM 的工作速度高,价格便宜。它是易失性的存储器,断电后,储存的信息将会丢失。过去一般用锂电池保存 RAM 中的用户程序和某些数据。锂电池可用 2~5 年,需要更换锂电池时,由 PLC 发出信号通知用户。现在大部分 PLC 已不用锂电池而改用大电容来完成临时的掉电保护功能,对重要的用户程序和数据则存储到非易失性的 EEPROM 中,RAM 现在只用来存储一些不太重要的数据。

(3) 可电擦除可编程的只读存储器(EEPROM)

EEPROM 是非易失性的,兼有 ROM 的非易失性和 RAM 的随机存取优点。现在 EEPROM 用来存放用户程序和需长期保存的重要数据。

3. 输入/输出单元

PLC 的输入和输出信号类型可以是开关量、模拟量。输入/输出接口单元包含两部分:一部分是与被控设备相连接的接口电路,另一部分是输入和输出的映像寄存器。

输入单元接收来自用户设备的各种控制信号,如限位开关、操作按钮、选择开关、行程开关以及其他一些传感器的信号。外部接口电路将这些信号转换成 CPU 能够识别和处理的信号,并存到输入映像寄存器。运行时 CPU 从输入映像寄存器读取输入信息并结合其他元器件最新的信息,按照用户程序进行计算,将有关输出的最新计算结果放到输出映像寄存器。输出映像寄存器由输出点相对应的触发器组成,输出接口电路将其由弱电控制信号转换成现场需要的强电信号输出,以驱动电磁阀、接触器、指示灯等被控设备的执行元件。

下面简单介绍开关量输入/输出接口电路。

注意:各图中的 COM 端为 PLC 输入端子排或输出端子排的公共接线端,它们是实际 PLC 端子排上面的"L"端或"M"端。

(1) 输入接口电路

为防止各种干扰信号和高电压信号进入 PLC,影响其可靠性或造成设备损坏,现场输入接口电路一般由光电耦合电路进行隔离。光电耦合电路的关键器件是光耦合器,一般由发光二极管和光电三极管组成。

通常 PLC 的输入类型可以是直流、交流或交直流,使用最多的是直流信号输入的 PLC。输入电路的电源可由外部供给,有的也可由 PLC 自身的输出电源提供。

开关量输入接口电路原理图如图 3-3 所示,图中的 LED 发光管可以指示输入信号的状态。从图中可以看出,PLC 中所谓的输入继电器就是由一些电子器件电路组成的有记忆功能的寄存器,若在外部给它一个输入信号,它就为"1"状态,其原理和传统的继电器一样。

(2) 输出接口电路

输出接口电路通常有三种类型:继电器输出型、晶体管输出型和晶闸管输出型。每种输出电路都采用电气隔离技术,电源都由外部提供,输出电流一般为 0.5～2 A,这样的负载容量一般可以直接驱动一个常用的接触器线圈或电磁阀。PLC 开关量输出接口电路原理如图 3-4 所示,图中的 LED 发光管可以指示输出信号的状态。从图中可以看出,PLC 的所谓的输出继电器就是由一些电子器件电路组成的有记忆功能的寄存器,在外部提供了一对物理触点。当输出继电器为"1"状态时,这一对物理触点闭合;当输出继电器为"0"状态时,这一对物理触点打开,使用这一对触点就能控制外部电路的通断。

具体选用哪种输出类型的 PLC 由项目实际需要决定。继电器输出类型的 PLC 最为常用,它的输出接口可使用交流或直流两种电源,其输出信号的通断频率不能太高;晶体管输出类型的 PLC,其输出接口的通断频率高,适合在运动控制系统(控制步进电动机等)中使用,但只能使用直流电源;晶闸管输出类型的 PLC 也适合于对输出接口的通断频率要求较高的场合

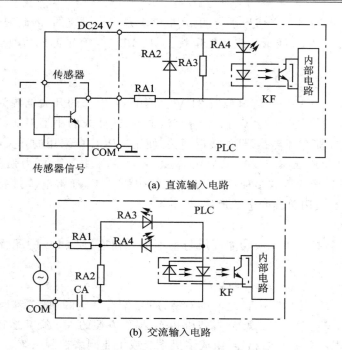

(a) 直流输入电路

(b) 交流输入电路

图 3－3　PLC 开关量输入接口电路原理图

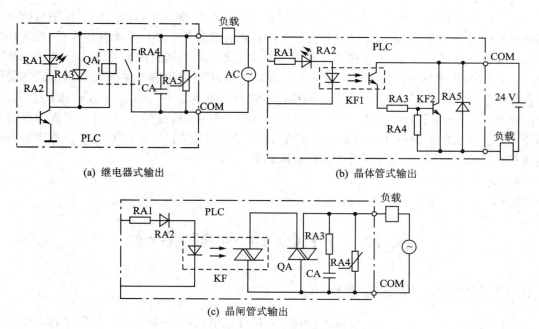

(a) 继电器式输出　　　　　　　　　　(b) 晶体管式输出

(c) 晶闸管式输出

图 3－4　PLC 开关量输出接口电路原理图

使用,但其电源可以为交流电源,现在这种 PLC 使用较少。

　　为使 PLC 避免受瞬间大电流的作用而损坏,输出端外部接线必须采用保护措施:一是输入和输出公共端接熔断器;二是采用保护电路,对交流感性负载,一般用阻容吸收回路,对直流感性负载用续流二极管。在第 8 章还要对 PLC 控制系统工程设计的详细讲解。

由于输入和输出端是靠光信号耦合的,在电气上是完全隔离的,因此输出端的信号不会反馈到输入端,也不会产生地线干扰或其他串扰,因此 PLC 具有很高的可靠性和极强的抗干扰能力。

4. 电源部分

PLC 一般使用 220 V 的交流电源或 24 V 直流电源,内部的开关电源为 PLC 的中央处理器、存储器等电路提供 5 V、±12 V、24 V 等直流电源,整体式的小型 PLC 还提供一定容量的直流 24V 电源,供外部有源传感器(如接近开关)使用。PLC 所采用的开关电源输入电压范围宽(如 20.4～28.8 VDC 或 85～264 VAC)、体积小、效率高、抗干扰能力强。

电源部件的位置形式可有多种,对于整体式结构的 PLC,通常电源封装到机壳内部;对于模块式 PLC,则多数采用单独的电源模块。

5. 扩展接口

扩展接口用于将扩展单元或功能模块与基本单元相连,使 PLC 的配置更加灵活,以满足不同控制系统的需要。

6. 通信接口

为了实现"人—机"或"机—机"之间的对话,PLC 配有一定的通信接口。PLC 通过这些通信接口可以与显示设定单元、触摸屏、打印机相连,提供方便的人机交互途径,也可以与其他的PLC、计算机以及现场总线网络相连,组成多机系统或工业网络控制系统。

7. 编程设备

过去的编程设备一般是编程器,其功能仅限于用户程序读写和调试。读写程序只能使用最不直观的语句表语言,屏幕显示也只有 2～3 行,各种信息用一些特定的代码表示,操作烦琐不便。现在 PLC 生产厂家不再提供编程器,取而代之的是给用户配置在 PC 上运行的基于Windows 的编程软件。使用编程软件可以在屏幕上直接生成和编辑梯形图、语句表、功能块图和顺序功能图程序,并可以实现不同编程语言的相互转换。程序被编译后下载到 PLC,也可以将 PLC 中的程序上传到计算机。程序可以保存和打印,通过网络,还可以实现远程编程和传送。更方便的是编程软件的实时调试功能非常强大,不仅能监视 PLC 运行过程中的各种参数和程序执行情况,还能进行智能化的故障诊断。

8. 其他部件

需要时,PLC 可配有存储器卡、电池卡等。

3.8　PLC 的内部资源

3.8.1　软元件(软继电器)

用户使用的 PLC 中的每一个输入/输出、内部存储单元、定时器和计数器等都称做软元件或软继电器。软元件有其不同的功能,有固定的地址。软元件的数量决定了可编程控制器的规模和数据处理能力,每一种 PLC 的软元件数量一般来说是不同的,而且是有限的。

软元件是 PLC 内部的具有一定功能的器件,这些器件实际上是由电子电路和寄存器及存储器单元等组成。例如,输入继电器是由输入电路和输入映像寄存器构成;输出继电器是由输出电路和输出映像寄存器构成;定时器和计数器也都是由特定功能的寄存器构成。它们都具有继电器特性,但没有机械性的触点。为了把这种元器件与传统电气控制电路中的继电器区别开来,我们把它们称做软元件或软继电器。这些软继电器的最大特点是:

①　软元件是看不见、摸不着的,也不存在物理性的触点;

②　每个软元件可提供无限多个常开触点和常闭触点(和实际继电器的触点功能一样),即它们的触点可以无限次使用;

③　体积小、功耗低、寿命长。

编程时,用户只需要记住软元件的地址即可。每一软元件都有一个地址与之相对应,软元件的地址编排采用区域号加区域内编号的方式,根据 PLC 内部软元件的功能不同,它们被分成了许多区域,如输入继电器区、输出继电器区、定时器区、计数器区和特殊继电器区等。

3.8.2　软元件介绍

1. 输入继电器(I)

输入继电器位于 PLC 存储器的输入过程映像寄存器(Process-Image Input Register)区,其外部有一对物理的输入端子与之对应,该触点用于接收外部的开关信号,比如按钮、行程开关、光电开关等传感器的信号都是通过输入继电器的物理端子接入到 PLC 的。当外部的开关信号闭合,则输入继电器(软元件)的线圈得电,在程序中其常开触点闭合,常闭触点断开。这些触点在编程时可以任意使用,使用次数不受限制。

每个输入继电器都对应有一个映像寄存器,在每个扫描周期的开始,PLC 对各输入点进行采样,并把采样值通过输入继电器送到输入映像寄存器。PLC 在接下来的本周期各阶段不再改变输入映像寄存器中的值,直到下一个扫描周期的输入采样阶段。

实际输入点数不能超过 PLC 所提供的具有外部接线端子的输入继电器的数量,具有地址而未用的输入映像区可能剩余,它们可以做其他编程元件使用,但为了程序的清晰和规范,建议不把这些未用的输入继电器作为它用。

2. 输出继电器(Q)

输出继电器位于 PLC 存储器的输出过程映像寄存器(Process-Image Output Register)区,都有一个 PLC 上的物理输出端子与之对应。当通过程序使得输出继电器线圈得电时,PLC 上的输出端开关闭合,可以作为控制外部负载的开关信号。同时在程序中其常开触点闭合,常闭触点断开。这些内部的触点可以在编程时任意使用,使用次数不受限制。

在每个扫描周期的输入采样、程序执行等阶段,并不把输出结果信号直接送到输出继电器,而只是送到输出映像寄存器,只有在每个扫描周期的最后阶段才将输出映像寄存器中的结果同时送到输出锁存器,对输出点进行刷新。实际输出点数不能超过 PLC 所提供的具有外部接线端子的输出继电器的数量,未用的输出映像寄存器可做它用,但为了程序的清晰和规范,建议不使用这些未用的输出继电器。

3. 通用辅助继电器(M)

通用辅助继电器(或中间继电器)位于 PLC 存储器的位存储器(Bit Memory Area)区,其作用和继电器接触器控制系统中的中间继电器相同,它在 PLC 中没有外部的输入端子或输出端子与之对应,因此它不能受外部信号的直接控制,其触点也不能直接驱动外部负载。这是它与输入继电器和输出继电器的主要区别,它主要用来在程序设计中处理逻辑控制任务。

4. 特殊继电器(SM)

有些辅助继电器具有特殊功能或用来存储系统的状态变量、有关的控制参数和信息,称其为特殊继电器或特殊存储器(Special Memory)。用户可以通过特殊标志来建立 PLC 与被控对象之间的关系,如可以读取程序运行过程中的设备状态和运算结果信息,利用这些信息实现一些特殊的控制动作,如高速计数和中断等。用户也可通过直接设置某些特殊继电器位来使设备实现某种功能。

5. 变量存储器(V)

变量存储器(Variable Memory)用来存储变量的值,它可以存放程序执行过程中控制逻辑操作的中间结果,也可以使用变量存储器来保存与工序或任务相关的其他数据。这些数据或值可以是数值,也可以是"1"或"0"这样的位逻辑值。在进行数据处理时或使用大量的存储单元逻辑时,变量存储器会经常使用。

6. 局部变量存储器(L)

局部变量存储器(Local Variable Memory)用来存放局部变量。局部变量与变量存储器所存储的全局变量十分相似,主要区别在于全局变量是全局有效的,而局部变量是局部有效的。全局有效是指同一个变量可以被任何程序(包括主程序、子程序和中断程序)访问,而局部有效是指变量只和特定的程序相关联。

使用局部变量存储器最多的场合是在带参数的子程序调用过程中。

7. 顺序控制继电器(S)

顺序控制继电器(Sequence Control Relay)称做状态器(State Memory)。顺序控制继电器用在顺序控制或步进控制中。如果未被使用在顺序控制中,它也可以作为一般的中间继电器使用。有关顺序控制继电器的使用请参考第 6 章。

8. 定时器(T)

定时器(Timer)是可编程序控制器中重要的编程元件,是累计时间增量的内部器件。电气自动控制的大部分领域都需要用定时器进行时间控制,灵活地使用定时器可以编制出复杂动作的控制程序。

定时器的工作过程与继电接触式控制系统的时间继电器基本相同,但它没有瞬动触点。使用时要提前输入时间预设值,当定时器的输入条件满足时开始计时,当前值从 0 开始按一定的时间单位增加;当定时器的当前值达到预设值时,定时器触点动作。

9. 计数器(C)

计数器(Counter)用来累计输入脉冲的个数,经常用来对产品进行计数或进行特定功能的编程。使用时要提前输入它的设定值(计数的个数)。当输入触发条件满足时,计数器开始累计它的输入端脉冲电位上升沿(正跳变)的次数;当计数器计数达到预定的设定值时,其触点动作。

10. 模拟量输入映像寄存器(AI)、模拟量输出映像寄存器(AQ)

模拟量输入电路用以实现模拟量/数字量(A/D)之间的转换,而模拟量输出电路用以实现数字量/模拟量(D/A)之间的转换。

在模拟量输入(Analog Input)/模拟量输出(Analog Output)映像寄存器中,每个模拟量的长度为 1 个字长(16 位),且从偶数号字节进行编址来存取转换过的模拟量值。编址内容包括元件名称、数据长度和起始字节的地址,如 AIW6,AQW12 等。

这两种寄存器的存取方式不同,模拟量输入寄存器只能进行读取操作,而模拟量输出寄存器只能进行写入操作。

11. 高速计数器(HC)

高速计数器(High-speed Counter)的工作原理与普通计数器基本相同,只不过它用来累计比主机扫描速率更快的高速脉冲。高速计数器的当前值是一个双字长(32 位)的整数,且为只读值。高速计数器的数量很少,编址时只用名称 HC 和编号,如 HC2。

高速计数器的编程比较复杂,在第 5 章将详细介绍其使用方法。

12. 累加器(AC)

累加器(Accumulator)是一种用来暂存数据的寄存器。它可以用来存放数据,如运算数据、中间数据和结果数据,也可用来向子程序传递参数,或从子程序返回参数。使用时只表示出累加器的地址编号即可,例如 S7-200 SMART PLC 提供 4 个 32 位累加器:AC0、AC1、AC2、AC3。累加器可进行读、写两种操作。累加器的可用长度为 32 位,数据长度可以是字节、字或双字,但实际应用时,数据长度取决于进出累加器的数据类型。

例 3-1　累加器使用举例。

若累加器 AC1 中的内容是:

	MSB			LSB
AC1	12	34	56	78

则分别对 AC1 进行字节、字和双字的数据传送操作后,具体结果如下:

作为字节使用:MOVB　AC1,VB200　　//VB200＝78
作为字使用:　　MOVW　AC1,VW200　　//VB200＝56,VB201＝78
作为双字使用:MOVD　AC1,VD200　　//VB200＝12,VB201＝34,VB202＝56,
　　　　　　　　　　　　　　　　　　　　VB203＝78

3.9　PLC 的编程语言

PLC 一般有梯形图(LAD)、语句表(STL)、功能块图(FBD)、结构化文本(ST)和顺序功能图(SFC)等 5 种编程语言。

1. 梯形图

梯形图是最早使用的一种 PLC 的编程语言,它是从继电器控制系统原理图的基础上演变而来的,它继承了继电器接触器控制系统中的基本工作原理和电气逻辑关系的表示方法,梯形图与继电器控制系统梯形图的基本思想是一致的,只是在使用符号和表达方式上有一定区别,所以在逻辑顺序控制系统中得到了广泛的使用。它的最大特点就是直观、清晰。不论从 PLC 的产生原因(主要替代继电接触式控制系统)还是从广大电气工程技术人员的使用习惯来讲,梯形图一直是最基本、最常用的编程语言。在授课过程中,主要以梯形图为主,讲解 PLC 的编程。

图 3-5 所示为典型的梯形示意图。左右两条垂直的线称为母线。母线之间是触点的逻辑连接和线圈的输出。

梯形图的一个关键概念是"能流"（Power Flow），这只是概念上的"能流"。图 3-5 中，把左边的母线假想为电源"火线"，而把右边的母线（虚线所示）假想为电源"零线"。如果有"能流"从左至右流向线圈，则线圈被激励；如没有"能流"，则线圈未被激励。

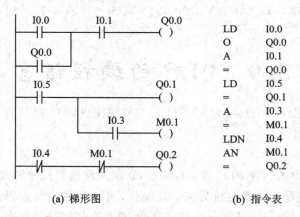

图 3-5　梯形图举例

　　"能流"可以通过被激励（ON）的常开接点和未被激励（OFF）的常闭接点自左向右流。"能流"在任何时候都不会通过接点自右向左流。如图 4-9 中，当 A、B、C 接点都接通后，线圈 M 才能接通（被激励），只要其中一个接点不接通，线圈就不会接通；而 D、E、F 接点中任何一个接通，线圈 Q 就被激励。

　　要强调指出的是，引入"能流"的概念，仅仅是为了和继电器接触器控制系统相比较，来对梯形图有一个深入的认识，其实"能流"在梯形图中是不存在的。

　　有的 PLC 的梯形图有两根母线，但大部分 PLC 现在只保留左边的母线了。在梯形图中，触点代表逻辑"输入"条件，如开关、按钮和内部条件等；线圈通常代表逻辑"输出"结果，如灯、电机接触器、中间继电器等。

　　梯形图语言简单明了，易于理解，是所有编程语言的首选。

2. 语句表

　　语句表是 PLC 最初常用的编程语言之一，但语句表不直观的缺陷比较明显，另外由于人机交互手段的进步，所以现在一般不再使用语句表。作为一种基本训练，本书配合梯形图来讲解语句表编程语言。

　　图 3-6 所示为一个简单的 PLC 程序，其中图 3-6(a) 所示为梯形图程序，图 3-6(b) 所示为相应的语句表。对它们的特点可进行一下比较。

(a) 梯形图	(b) 指令表
	LD　　I0.0
	O　　Q0.0
	A　　I0.1
	=　　Q0.0
	LD　　I0.5
	=　　Q0.1
	A　　I0.3
	=　　M0.1
	LDN　I0.4
	AN　　M0.1
	=　　Q0.2

图 3-6　LAD 和 STL 编程语言比较

3. 功能块图

　　它是一种基于电子器件门电路逻辑运算形式的编程语言，利用 FBD 可以查看到像普通逻辑门图形的逻辑盒指令。它没有梯形图编程器中的触点和线圈，但有与之等价的指令，这些指令是作为盒指令出现的，程序逻辑由这些盒指令之间的连接决定。也就是说，一个指令（例如 AND 盒）的输出可以用来使能另一条指令（例如定时器），这样可以建立所需要的控制逻辑。

这样的连接思想可以解决范围广泛的逻辑问题。FBD 编程语言有利于程序流的跟踪,但在我国的电气工程师中间较少有人使用,本书不做进一步的介绍。图 3 - 7 所示为 FBD 的一个简单使用例子。

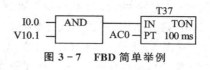

图 3 - 7　FBD 简单举例

4. 顺序功能图

它是一种真正的图形编程语言,也是未来使用最多的编程语言之一,它在复杂逻辑顺序任务的程序设计中得到了广泛应用。基于功能图的重要性,本书在第 6 章和第 9 章专门讲解其功能图的详细使用。

5. 结构化文本

它是一种类似于高级编程语言的编程语言,多用于数据处理等场合,ST 在国际标准编程语言 IEC 61131-3 中非常重要,有些小型 PLC 不支持该语言。本书在第 9 章专门讲解其详细使用。

3.10　PLC 的工作原理

3.10.1　PLC 的工作方式

1. 与继电器控制系统的比较

众所周知,继电器控制系统是一种"硬件逻辑系统"(见图 3 - 8(a)),它的三条支路是并行工作的,当按下按钮 SF1,中间继电器 KF 得电,KF 的两个触点闭合,接触器 QA1、QA2 同时得电并产生动作,所以继电器控制系统采用的是并行工作方式。

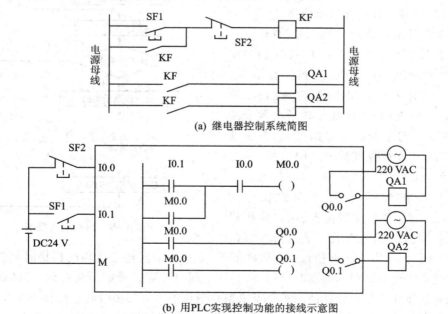

(a) 继电器控制系统简图

(b) 用PLC实现控制功能的接线示意图

图 3 - 8　PLC 控制系统与继电器控制系统的比较

而 PLC 是一种工业控制计算机,故它的工作原理是建立在计算机工作原理基础之上,即通过执行反映控制要求的用户程序来实现的,如图 3 - 8(b)所示。CPU 是以分时操作方式来处理各项任务的,计算机在每一瞬间只能做一件事,所以程序的执行是按程序顺序依次完成相应各电器的动作,所以它属于串行工作方式。

从图 3-8 可以看出,说到"PLC 控制系统取代继电器接触器控制系统",其实质就是 PLC 控制系统"软"的控制程序取代了继电器接触器控制系统"硬"的电气控制线路,这一部分的作用就是控制系统中的"脑袋",而类似于眼睛、鼻子、耳朵等作用的控制系统的输入传感部分(如按钮、接近开关、传感器信号等),以及类似于胳膊、腿等作用的控制系统的输出执行部分(如驱动电机的接触器、阀、指示灯等),这两部分在两种系统中几乎完全相同。

2. PLC 的工作过程

PLC 工作的全过程可用图 3-9 所示的运行框图来表示。整个过程可分为三部分。

第一部分是上电处理。机器上电后对 PLC 系统进行一次初始化,包括硬件初始化,I/O 模块配置检查,停电保持范围设定,系统通信参数配置及其他初始化处理等。

第二部分是扫描过程。PLC 上电处理阶段完成以后进入扫描工作过程。先完成输入处理,其次完成与其他外设的通信处理,然后进行时钟、特殊寄存器更新。当 CPU 处于 STOP 方式时,转入执行自诊断检查。当 CPU 处于 RUN 方式时,还要完成用户程序的执行和输出处理,再转入执行自诊断检查。

第三部分是出错处理。PLC 每扫描一次,执行一次自诊断检查,确定 PLC 自身的动作是否正常,如 CPU、电池电压、程序存储器、I/O 和通信等是否异常或出错。如检查出异常时,CPU 面板上的 LED 及异常继电器会接通,在特殊寄存器中会存入出错代码;当出现致命错误时,CPU 被强制为 STOP 方式,所有的扫描便停止。

PLC 运行正常时,扫描周期的长短与 CPU 的运算速度、I/O 点的情况、用户应用程序的长短及编程情况等有关。不同指令其执

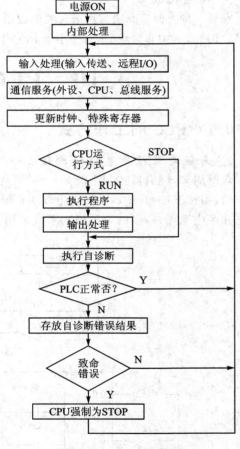

图 3-9　PLC 运行框图

行时间是不同的,从零点几微秒到上百微秒不等,故选用不同指令所用的扫描时间将会不同。若用于高速系统要缩短扫描周期时,可从软硬件上同时考虑。考虑到现在的 CPU 速度高,所以像过去编程那样从用户软件使用指令上来精打细算地节省扫描时间已显得不重要了。

概括而言,PLC 是按集中输入、集中输出,周期性循环扫描的方式进行工作的。每一次扫描所用的时间称做扫描周期或工作周期。

图 3-10(a)所示为 PLC 工作过程的简单示意图,其输入信号(按钮)连接到 PLC 的输入端,PLC 综合各个信号的状态,执行用户程序,计算出的逻辑结果由其输出端输出,通过接触

器控制电动机的动作。图 3 - 10(b)所示可以形象地描述 PLC 的工作方式,在一个扫描周期中,PLC 主要完读输入→执行逻辑控制程序→写输出等阶段的工作,并且一直周而复始地循环这些动作过程,一直到关机。

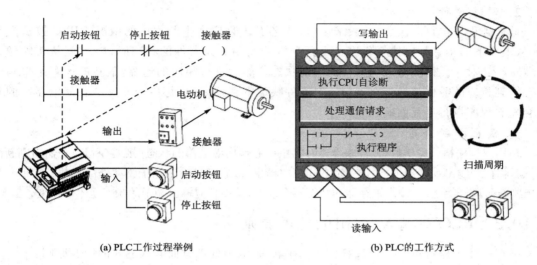

(a) PLC工作过程举例　　　　　　　　　(b) PLC的工作方式

图 3 - 10　PLC 工作过程和方式

3.10.2　PLC 工作过程的核心内容

上面已经讲解过 PLC 是按图 3 - 9 所示的运行框图进行工作的,当 PLC 上电后处于正常运行时,它将不断重复图中的工作过程,并不断循环下去。其中的第二部分扫描过程是 PLC 工作过程的核心内容。分析上述扫描过程,如果对远程 I/O、特殊模块、更新时钟和通信服务、自诊断等枝叶的环节暂不考虑,这样扫描过程就只剩下"输入采样""程序执行"和"输出刷新"三个阶段了。这三个阶段是 PLC 扫描过程或者工作过程的核心内容,也是 PLC 工作原理的实质所在,理解透 PLC 扫描过程的这三个阶段是学习好 PLC 的基础。下面就对这三个阶段进行详细分析,PLC 典型的扫描周期如图 3 - 11 所示。

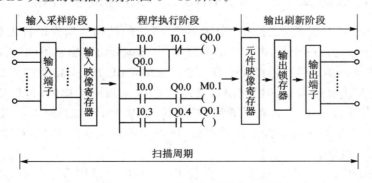

图 3 - 11　PLC 扫描过程的核心内容

1. 输入采样阶段

PLC 在输入采样阶段,首先扫描所有输入端子,并将各输入状态存入相对应的输入映像寄存器中,此时输入映像寄存器被刷新。接着系统进入程序执行阶段,在此阶段和输出刷新阶段,输入映像寄存器与外界隔离,无论输入信号如何变化,其内容保持不变,直到下一个扫描周期的输入采样阶段,才重新写入输入端的新内容。所以一般来说,输入信号的宽度要大于一个扫描周期,或者说输入信号的频率不能太高,否则很可能造成信号的丢失。

2. 程序执行阶段

进入到程序执行阶段后,一般来说(因为还有子程序和中断程序的情况),PLC 按从左到右、从上到下的步骤顺序执行程序。当指令中涉及相关元器件的状态时,PLC 就从其映像寄存器"读入"对应元件("软继电器")的当前状态。然后进行相应的运算,最新的运算结果马上再存入到相应的元件映像寄存器中。对元件映像寄存器来说,每一个元件("软继电器")的状态会随着程序执行过程而刷新。

3. 输出刷新阶段

在用户程序执行完毕后,元件映像寄存器中所有输出继电器的状态(接通/断开)在输出刷新阶段一起转存到输出锁存器中,通过一定方式集中输出,最后经过输出端子驱动外部负载。在下一个输出刷新阶段开始之前,输出锁存器的状态不会改变,从而相应输出端子的状态也不会改变。

3.10.3　PLC 对输入/输出的处理原则

根据上述工作特点,可以归纳出 PLC 在输入/输出处理方面必须遵守的一般原则:

① 输入映像寄存器的数据取决于各输入点在上一采样阶段的接通和断开状态。

② 程序执行结果取决于用户程序和输入/输出映像寄存器的内容及其他各元件映像寄存器的内容。

③ 输出映像寄存器的数据取决于输出指令的计算结果。

④ 输出锁存器中的数据,由上一次输出刷新期间输出映像寄存器中的数据决定。

⑤ 输出端子的接通和断开状态,由输出锁存器决定。

3.11　西门子小型 PLC 概述

3.11.1　为什么选择 S7-200 SMART PLC 为讲授对象

目前市场上的 PLC 种类繁多,生产公司不同,PLC 的结构和编程语言也会有或多或少的差异,即使是同一家公司的产品,由于产品系列不同,其编程语言也会不同,所以这给大家学习 PLC 带来了一定的麻烦。但我们对此要有一个正确的认识:其一,虽然 PLC 之间存在着一些不相同的地方,但其硬件组成和编程语言的绝大部分是相同或相似的,所以只要学好一种 PLC 后,学习或使用其他 PLC 也就易如反掌了;其二,基于 IEC 61131-3 的开放式 PLC 编程语言和现在普通 PLC 的编程语言也比较相似,所以学习好现在的 PLC,对学习 IEC 61131-3 编程语言也会打下基础。

从上面的分析情况看,作为在课堂上讲授 PLC,不可能讲解多个产品,这样做也没有必要,所以需要找一种 PLC 作为讲课的对象。本教材选择西门子的 S7-200 SMART PLC 作为讲解对象主要基于以下几个原因:

(1) 符合技术发展方向

S7-200 SMART PLC 适用于各行各业、各种场合中的检测、监测及控制的自动化,S7-200

SMART PLC 可以满足小规模的控制要求。此外西门子的产品体系符合现在自动化领域的热点技术——现场总线技术和工业控制网络技术的方向,目前最流行的现场总线就是以西门子为主导而开发的 PROFIBUS 和 PROFINET。

（2）简单易用,适合初学者入门

S7-200 SMART PLC 使用的编程语言和 Micro/WIN 编程环境类似于美国、日本和其他中国市场上流行的众多小型 PLC 的指令系统,以及国际标准编程语言 IEC 61131-3,这种编程语言非常方便 PLC 初学者学习和上手,从这方面来说为大家的学习带来了方便,也可以为学习其他 PLC 编程语言和国际标准工业控制编程语言 IEC 61131-3 打下一个坚实的基础。

（3）生产占有率高

在过去的 10 多年时间里,S7-200 PLC 占据了中国小型 PLC 生产的半壁江山,更新换代后,虽然同为 S7-200 PLC 的替代产品,但 S7-1200 PLC 和 S7-200 SMART PLC 相比,后者目前的市场占有率是前者的几倍,即 S7-200 SMART PLC 在中国市场获得了更广泛的应用。

（4）实验室建设情况

过去的 10 余年,国内大专院校的实验室里大部分为西门子 S7-200 PLC,现在有的还维持现状,有的已经更新为 S7-200 SMART PLC 或 S7-1200 PLC。而 S7-200 SMART PLC 基于 S7-200 PLC 开发,两者相差不大,所以本教材选择 S7-200 SMART PLC 方便了教学。

基于以上因素,本教材选择 SMART PLC 作为讲解对象是合适的。

3.11.2　S7-200、S7-200 SMART 及 S7-1200 PLC 的主要区别

2000 年以前,西门子在中国市场的 PLC 产品主要是大中型 PLC,日本的小型 PLC 占据了中国的大部分市场份额,在 S7-200 PLC 推出后,这种情况得到了明显改变,2000 年以后,在小型 PLC 市场上,S7-200 PLC 成了主流产品,在中国占据市场 10 余年,取得了极大的成功。但再好的东西也都有生命周期,与时俱进的结果就是要推出替代产品。

从 2012 年开始,西门子公司先后推出了 S7-1200 系列 PLC 和 S7-200 SMART 系列 PLC,这两种产品都是用来取代 S7-200 PLC 的。S7-1200 这款产品的定位是中低端小型 PLC 产品线,硬件系统由紧凑模块化结构组成,主要在国外生产销售。S7-200 SMART PLC 主要针对国内销售,可无缝集成西门子 SMART LINE 操作屏和 Sinamics V20 变频器,为 OEM 客户提供高性价比的小型自动化系统解决方案,同时满足客户对人机界面、控制和传动的一站式需求。S7-200 SMART PLC 主要针对单机市场,而 S7-1200 系列 PLC 注重的是扩展能力。所以,虽然说这两种 PLC 都是 S7-200 PLC 的换代产品,但却有着非常大的区别。

（1）总体方面

SMART 继承了美日 PLC 的特点,和 S7-200 几乎完全一样,但其性能和实用性方面增强不少;1200 则基于西门子全集成自动化平台开发,和 S7-200 PLC 差别较大,它和西门子 S7-1500 大中型 PLC 成为系列产品。

（2）编程平台

SMART 和 S7-200 都使用 Micro/WIN,S7-1200 使用西门子大中型 PLC 特有的 TIA portal（Totally Integrated Automation Portal）博图平台,这两种平台是完全不一样的平台。

（3）程序结构

SMART 和 S7-200 一样,虽然子程序和中断程序可以使用,但总体上是单流程型的简单

架构。S7-1200 则采用模块化的程序结构，更容易实现大中型自动化项目的需求。

（4）指令系统

SMART 和 S7-200 一样，只是个别地方有改变，都有顺序功能图指令。S7-1200 指令系统丰富，但没有顺序功能图指令。

（5）CPU 性能

速度（每条指令）：以典型的布尔运算为例，S7-200 为 0.22 μs，SMART 为 150 ns，1200 为 0.08 μs；

存储能力：以各自系列的顶级产品的用户程序大小为例，S7-200 的 CPU226 为 16 KB，SMART 的 SR60 为 30 KB，1200 的 1217 为 150 KB。

（6）通信能力

3 种产品都有很强的通信能力，支持串口通信、PROFIBUS DP 和 Modbus 等。

S7-200 主机没有以太网接口，而 SMART 和 S7-200 相比，最大的改变就是增加了支持开放式协议的以太网接口，这在满足通信速度需求、工业互联等方面非常重要。其主机本体还可以扩展一个信号板，增加一个 RS-485 或 RS-232 接口。

S7-1200 通信能力最强，其主机带 PROFINET 接口，不仅能完成普通的以太网通信需求，还能完成基于实时工业以太网的控制任务。其主机本体可以扩展一个信号板，增加一个 RS-485 或 RS-232 接口。

（7）运动控制能力

S7-200 本身有 2 路高速脉冲输出，频率为 20 kHz，而标准型 ST 的 SMART 有 3 路 100 kHz 的高速脉冲输出，相当于集成了 S7-200 的扩展运动模块 EM253 的功能。1200 的运动控制功能更强，提供 4 路 100 kHz 的高速脉冲输出，可以模拟和 PROFIdrive 连接。

（8）产品价格

差不多同等规模（I/O 点数）的产品相比，SMART 比 S7-1200 便宜 20% 左右，经济型的 SMART（C 系列）更便宜一些。

（9）学习的难易程度

对 PLC 的初学者来说，SMART 非常合适，S7-1200 知识点多，架构和概念相对复杂，不利于 PLC 的初学者入门。在对 SMART PLC 完全领会的基础上，再学习 S7-1200 是不错的选择。

3.11.3　S7-200 SMART PLC 硬件系统基本构成

S7-200 SMART PLC 属于小型 PLC，其主机的基本结构是整体式，主机上有一定数量的输入/输出（I/O）点，一个主机单元就是一个系统。它还可以进行灵活的扩展，如果 I/O 点不够，则可增加 I/O 扩展模块；如果需要其他特殊功能，如特殊通信或定位控制等，则可以增加相应的功能模块。

一个完整的系统组成如图 3-12 所示。

1. 主机单元

主机单元，又称基本单元或 CPU 模块。它由 CPU、存储器、基本输入/输出点和电源等组成，是 PLC 的主要部分。实际上它就是一个完整的控制系统，可以单独完成一定的控制任务。SMART PLC 的主机（CPU 模块）的外形如图 3-13 所示。

S7-200 SMART PLC 的 CPU 模块主要有 2 大类：

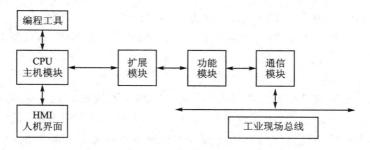

图 3 - 12　S7-200 SMART PLC 系统组成

　　一种是不可扩展的紧凑型 CPU 主机，输出为继电器方式，有 CR20（12DI，8DO）、CR30（18DI，12DO）、CR40（24DI，16DQ）和 CR60（36DI，24DQ）等 4 种。紧凑型 CPU 的价格便宜，但不可以进行模块的扩展，不支持以太网接口和信号板，不支持模拟量处理功能，用户程序存储量不大，高速计数器个数少，所以总体功能较弱，只能在特定的简单应用场合使用。

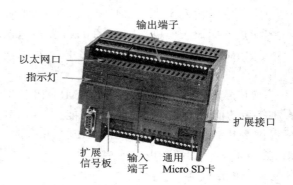

图 3 - 13　S7-200 SMART 系列 PLC 的 CPU 外形图

　　另外一种是可扩展的标准型 CPU 主机，输出有继电器（R）和晶体管（T）两种方式的产品，分别是 SR20/ST20（12DI，8DO）、SR30/ST30（18DI，12DO）、SR40/ST40（24DI，16DQ）和 SR60/ST60（36DI，24DQ）。标准型 CPU 的功能强大，主要用来取代原来的 S - 200 PLC。本教材以标准型 S 系列为对象讲解。

　　详细的 S7-200 SMART PLC CPU 的主要技术规范，包括 CPU 规范、CPU 输入规范和 CPU 输出规范，可参考附录 C - 1。这些技术数据对了解 PLC 的性能和进行 PLC 选择非常有用，请使用时参考。

2. 扩展单元

　　扩展单元也称扩展模块。主机 I/O 点数量不能满足控制系统的要求时，用户可以根据需要扩展各种 I/O 模块。根据 I/O 点数的数量不同（如 8 点、16 点等）、性质不同（如 DI、DO、AI、AO 等）、供电电压不同（如 DC24V、AC220V 等），I/O 扩展模块有多种类型。每个 CPU 所能连接的扩展单元的数量和实际所能使用的 I/O 点数是由多种因素共同决定的。

　　S7-200 SMART PLC 的 I/O 扩展模块有：单独的 DI、DO、AI、AO 类型，也有 DI/DO、AI/AO 混合型的。

　　① 输入扩展模块　EM DE08（8 点 DC）和 EM DE16（16 点 DC）。

　　② 输出扩展模块　EM DT08（8 点 DC）和 EM DR08（8 点继电器）；EM QT16（16 点 DC）和 EM QR16（16 点继电器）。

　　③ 输入/输出混合扩展模块　EM DT16（8 点 DC 输入/8 点 DC 输出）和 EM DR16（8 点 DC 输入/8 点继电器输出）；EM DT32（16 点 DC 输入/16 点 DC 输出）和 EM DR32（16 点 DC 输入/16 点继电器输出）。

　　④ 模拟量输入扩展模块　EM AE04（4 路 AI）和 EM AE08（8 路 AI）。

⑤ 模拟量输出扩展模块　EM AQ02（2 路 AO）和 EM AQ04（4 路 AO）。

⑥ 模拟量输入/输出混合扩展模块　EM AM03（2 路 AI/1 路 AO）和 EM AM06（4 路 AI/2 路 AO）。

3. 特殊功能模块

当需要完成某些特殊功能的控制任务时，需要扩展功能模块。它们是完成某种特殊控制任务的一些装置。如热电阻模块、热电偶模块、特殊通信模块等。热电阻和热电偶可以直接连接到模块上而不需要使用变送器对其进行标准电流或电压信号的转换。模块上具有热电阻和热电偶型号选择开关，热电偶模块还具有冷端补偿功能。

① 热电阻输入模块　EM AR0（2 路）和 EM AR04（4 路）。

② 热电偶输入模块　EM AT04（4 路热电偶）。

③ PROFIBUS DP 模块　EM DP01，可以使 SMART PLC 作为从站接入 PROFIBUS 网络中。

④ 信号板 SB　这是 S 系列 SMART PLC 增加的特殊功能，通过面板上的接口，可以接入数种扩展功能信号板，实现相应的功能。SB CM01 可提供 RS485/RS232 通信接口；SB DT04 可提供 2DI/2DO 数字量接点；SB AE01 可提供 1 路 AI；SB AQ01 可提供 1 路 AO；SB BA01 则支持 CR1025 的纽扣电池连接。

4. 相关设备

相关设备是为充分和方便利用系统的硬件和软件资源而开发和使用的一些设备，主要有编程设备、人机操作界面和网络设备等。

5. 软　件

软件是为更好地管理和使用这些设备而开发的与之相配套的程序，对 S7-200 SMART PLC 来说，与其配套的软件主要有编程软件 STEP7 - Micro/WIN SMART 和 HMI 人机界面的组态编程工具软件 WinCC flexible。

6. 人机界面

人机界面（Human Machine Interface，HMI）最大的作用就是架起操作人员和机器之间的一座桥梁，除了能代替和节省大量的 I/O 点外，还能完成各种各样的参数设定、画面显示、数据处理的任务，从而使得工业控制变得更加舒适和友好，功能也更加强大。在本书的第 8 章还要介绍 HMI 的具体使用。

3.11.4　I/O 点数扩展和编址

每种主机上集成的 I/O 点，其地址是固定的，进行扩展时，可以在 CPU 右边连接多个扩展模块，每个扩展模块的组态地址编号取决于各模块的类型和该模块在 I/O 链中所处的位置。编址方法是同种类型输入或输出点的模块在链中按与主机的位置而递增，其他类型模块的有无以及所处的位置不影响本类型模块的编号。例如输出模块不会影响输入模块上的点的地址，同理，模拟量模块不会影响数字量模块的地址安排。

S7-200 SMART PLC 系统扩展对输入/输出的地址空间分配规则为：

① 同类型输入或输出点的模块进行顺序编址。

② 对于数字量，输入/输出映像寄存器的单位长度为 8 位（1 个字节），本模块高位实际位数未满 8 位的，未用位不能分配给 I/O 链的后续模块，后续同类地址编排需重新从一个新的

连续的字节开始。

③ 对于模拟量,输入/输出以 2 点或 2 个通道(2 个字)递增方式来分配空间,本模块中未使用的通道地址不能被后续的同类模块继续使用,后续地址的编排需重新从新的 2 个字以后的地址开始。

例 3 - 2　假设某一控制系统选用的 CPU 是 SR30,系统所需的输入输出点数各为:数字量输入 30 点、数字量输出 26 点、模拟量输入 6 点和模拟量输出 1 点。

本系统可有多种不同模块的选取组合,并且各模块在 I/O 链中的位置排列方式也可能有多种,图 3 - 14 所示为其中的一种模块连接形式。表 3 - 1 所列为其对应的各模块的编址情况。表中斜体排列的地址为后续模块不能使用的地址间隙。

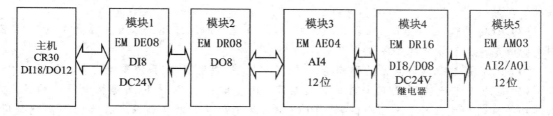

图 3 - 14　模块连接方式

表 3 - 1　各模块编址

主机 I/O		模块 1 I/O	模块 2 I/O	模块 3 I/O	模块 4 I/O		模块 5 I/O	
I0.0	Q0.0	I3.0	Q2.0	AIW0	I4.0	Q3.0	AIW8	AQW0
I0.1	Q0.1	I3.1	Q2.1	AIW2	I4.1	Q3.1	AIW10	*AQW2*
I0.2	Q0.2	I3.2	Q2.2	AIW4	I4.2	Q3.2		
I0.3	Q0.3	I3.3	Q2.3	AIW6	I4.3	Q3.3		
I0.4	Q0.4	I3.4	Q2.4		I4.4	Q3.4		
I0.5	Q0.5	I3.5	Q2.5		I4.5	Q3.5		
I0.6	Q0.6	I3.6	Q2.6		I4.6	Q3.6		
I0.7	Q0.7	I3.7	Q2.7		I4.7	Q3.7		
I1.0	Q1.0							
I1.1	Q1.1							
I1.2	Q1.2							
I1.3	Q1.3							
I1.4	*Q1.4*							
I1.5	*Q1.5*							
I1.6	*Q1.6*							
I1.7	*Q1.7*							
I2.0								
I2.1								
I2.2								
I2.3								
I2.4								
I2.5								
I2.6								
I2.7								

本章小结

PLC 作为一种工业标准设备，虽然生产厂家众多，产品种类层出不穷，但它们都具有相同的工作原理，使用方法也大同小异。本章从多个层面介绍和讲解了有关 PLC 的基本概念。

（1）PLC 是计算机技术与继电接触式控制技术相结合的产物，最初的目的是为了用它来取代继电器控制系统而开发的。它专为在工业环境下应用而设计，可靠性高，使用方便，应用广泛。PLC 功能的不断增强，使 PLC 的应用领域不断扩大和延伸，应用方式也更加丰富。

（2）PLC 的发展大体上经历了五个阶段，现在重点在向高性能、信息化、网络化等方向发展。

（3）PLC 可以在任何工业自动化领域使用，但最适合的地方还是以开关量为主的单机控制系统和制造业自动化控制系统。

（4）PLC 最显著的特点是抗干扰能力强、可靠性高、使用简单、系统柔性大和功能强。

（5）在 3.5 节比较了 PLC 与继电器接触器、IPC、单片机、DCS、FCS 等控制系统的区别，对某些关键部分还进行了详细的讲解。PLC 控制系统和继电器控制系统最大的不同就是用"软"的程序取代了"硬"接线电路。

（6）PLC 类型从结构上可分为整体式和模块式，从 I/O 点数容量上可分为小型和中大型。

（7）PLC 的组成部件主要有中央处理器（CPU）、存储器、输入/输出（I/O）接口和电源等。

（8）PLC 内部的"软"继电器是非常重要的概念，它具有类型多、数量多、没有物理性触点、可无限次使用等特点，需要深刻领会。

（9）一般来说，PLC 有 5 种编程语言，最常用的是梯形图，IEC 61131-3 是工业控制领域的标准编程语言。

（10）PLC 按集中采样、集中输出，按顺序周期性循环扫描用户程序的方式工作。当 PLC 处于正常运行时，它将不断重复扫描过程，其工作过程的核心内容由输入采样、程序执行和输出刷新三个阶段组成。

思考题与练习题

1. 从 PLC 的定义中你能解读出哪三个方面的重要信息？
2. 大致上分，PLC 经历了哪几个发展阶段？在每个阶段各有什么样的标志性的进展？
3. PLC 的最新发展主要体现在哪些方面？
4. PLC 可以在什么场合应用？什么场合最适合其应用？
5. PLC 有什么特点？
6. PLC 与继电接触式控制系统相比有哪些异同？
7. PLC 与单片机控制系统相比有哪些异同？
8. PLC、DCS 和 FCS 三大控制系统各有什么特点？
9. PLC 是怎么进行分类的？每一类的特点是什么？
10. 构成 PLC 的主要部件有哪些？各部分主要作用是什么？

11. PLC 中的内部编程资源(软元件)为什么被称为软继电器? 其主要特点是什么?

12. PLC 中有哪些种类的软元件?

13. PLC 的编程语言有几种? 各有什么特点?

14. PLC 是按什么样的工作方式进行工作的? 它的循环过程分哪几个阶段? 在每个阶段主要完成哪些控制任务?

15. 一般来说,PLC 对输入信号有什么要求?

16. S7-200 SMART PLC 的硬件系统主要有哪些部分组成?

17. 一个控制系统需要 12 点数字量输入、30 点数字量输出、7 点模拟量输入和 2 点模拟量输出。如果使用 S7-200 SMART PLC 试问:

① 选用哪种主机最合适?

② 如何选择扩展模块?

③ 各模块按什么顺序连接到主机? 请画出连接图。

④ 按③小题所画出的图形,其主机和各模块的地址如何分配?

第4章 PLC 基本指令及程序设计

本章重点

- 寻址方式
- 基本逻辑指令
- 定时器及其使用
- 典型电路的 PLC 编程
- PLC 程序的简单设计法及其使用

本教材基于 S7-200 SMART PLC 的指令系统讲解 PLC 的程序设计。

S7-200 SMART PLC 类同于传统的主流 PLC，便于初学者入门和理解 PLC 的使用，其指令系统包括最基本的逻辑控制类指令和完成特殊任务的功能指令。本章先讲解 S7-200 SMART PLC 的寻址方式，然后用举例的形式讲解基本逻辑指令系统及其使用方法，再介绍常用典型电路及环节的编程，最后深入浅出地讲解 PLC 程序的简单设计法。本章是学习 PLC 的重点，学习完本章后，大家可以进行简单而基本的 PLC 的控制程序设计。

梯形图是 PLC 常用的编程语言，本书在讲解指令时，除使用梯形图编程语言外，还保留了语句表编程语言，虽然语句表现在使用非常少，但它对更好地理解指令系统仍然有一定的帮助。

4.1　寻址方式

所谓寻址方式，通常是指某一个 CPU 指令系统中规定的寻找操作数所在地址的方式，或者说通过什么方式找到操作数。在学习 PLC 指令系统之前，必须先了解和掌握其寻址方式。

4.1.1　数据类型

1. 数据类型及范围

S7-200 SMART PLC 的数据类型可以是字符串、布尔型（0 或 1）、整型和实型（浮点数）。实数采用 32 位单精度数来表示，数据类型、长度及范围如表 4 - 1 所列。

2. 常　数

在编程中经常会使用常数。常数数据长度可为字节、字和双字。在机器内部的数据都以二进制存储，但常数的书写可以用二进制、十进制、十六进制、ASCII 码或浮点数（实数）等多种形式。几种常数表示方法如表 4 - 2 所列。

注意：表中的 ♯ 为常数的进制格式说明符，如果常数无任何格式说明符，则系统默认为十进制数。

表 4 – 1　数据类型、长度及范围

基本数据类型	无符号整数表示范围		基本数据类型	有符号整数表示范围	
	十进制表示	十六进制表示		十进制表示	十六进制表示
字节 B(8 位)	0～255	0～FF	字节 B(8 位)只用于 SHRB 指令	−128～127	80～7F
字 W(16 位)	0～65 535	0～FFFF	INT(16 位)	−32 768～32 767	8000～7FFF
双字 D(32 位)	0～4 294 967 295	0～FFFFFFFF	DINT(32 位)	−2 147 483 648～2 147 483 647	80000000～7FFFFFFF
BOOL(1 位)	0,1				
字符串	每个字符以字节形式存储,最大长度为 255 个字节,第一个字节中定义该字符串的长度				
实数(IEEE 32 位浮点数)	+1.175495E−38～+3.402823E+38(正数) −1.175495E−38～−3.402823E+38(负数)				

表 4 – 2　常数表示方法

进　制	书写格式	举　例
十进制	十进制数值	1 052
十六进制	16♯十六进制值	16♯8AC6
二进制	2♯二进制值	2♯1010_0011_1101_0001
ASCII 码	'ASCII 码文本'	'Show terminals'
浮点数	ANSI/IEEE 754 – 1985 标准	2.677,−9.369
字符串	"[字符串文本]"	"WYH"

4.1.2　直接寻址

1. 编址格式

　　S7-200 SMART PLC 的存储单元按字节进行编址,无论所寻址的是何种数据类型,通常应指出它所在存储区域内的字节地址。每个单元都有唯一的地址,这种直接指出元件名称的寻址方式称做直接寻址。S7-200 SMART PLC 中软元件的直接寻址的符号如表 4 – 3 所列。

表 4 – 3　S7-200 SMART PLC 元件名称及直接编址格式

元件符号(名称)	所在数据区域	位寻址格式	其他寻址格式
I(输入继电器)	数字量输入映像区	Ax. y	ATx
Q(输出继电器)	数字量输出映像区	Ax. y	ATx
M(通用辅助继电器)	内部存储器区	Ax. y	ATx
SM(特殊继电器)	特殊存储器区	Ax. y	ATx
S(顺序控制继电器)	顺序控制继电器存储器区	Ax. y	ATx
V(变量存储器)	变量存储器区	Ax. y	ATx

续表 4 - 3

元件符号（名称）	所在数据区域	位寻址格式	其他寻址格式
L（局部变量存储器）	局部存储器区	Ax. y	ATx
T（定时器）	定时器存储器区	Ax	Ax（仅字）
C（计数器）	计数器存储器区	Ax	Ax（仅字）
AI（模拟量输入映像寄存器）	模拟量输入存储器区	无	Ax（仅字）
AQ（模拟量输出映像寄存器）	模拟量输出存储器区	无	Ax（仅字）
AC（累加器）	累加器区	无	Ax（任意）
HC（高速计数器）	高速计数器区	无	Ax（仅双字）

在表 4 - 3 中：

A：元件名称，即该数据在数据存储器中的区域地址，可以是表 4 - 3 中的元件符号；

T：数据类型，若为位寻址，则无该项；若为字节、字或双字寻址，则 T 的取值应分别为 B、W 和 D；

x：字节地址；

y：字节内的位地址，只有位寻址才有该项。

2. 位寻址格式

按位寻址时的格式为：Ax. y，使用时必须指定元件名称、字节地址和位号，图 4 - 1 所示为输入继电器（I）的位寻址格式举例。

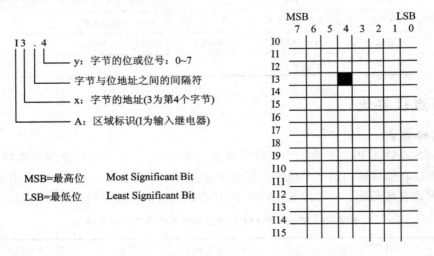

图 4 - 1　CPU 存储器中位数据表示方法举例（位寻址）

可以进行这种位寻址的编程元件有：输入继电器（I）、输出继电器（Q）、通用辅助继电器（M）、特殊继电器（SM）、局部变量存储器（L）、变量存储器（V）和顺序控制继电器（S）。

3. 特殊器件的寻址格式

存储区内有一些元件是具有一定功能的器件，不用指出它们的字节地址，可以直接写出其编号。这类元件包括定时器（T）、计数器（C）、高速计数器（HC）和累加器（AC）。其中 T 和 C 的地址编号中均包含两个含义，如 T10，既表示 T10 的定时器位状态信息，又表示该定时器的当前值,本章后面还要对它们进行详细讲解。

累加器(AC)的数据长度可以是字节、字或双字。使用时只表示出累加器的地址编号即可,如 AC0,其数据长度取决于进出 AC0 的数据类型。

4. 字节、字和双字的寻址格式

对字节、字和双字数据,直接寻址时需指明元件名称、数据类型和存储区域内的首字节地址。如图 4-2 所示为以变量存储器(V)为例分别存取 3 种长度数据的比较。

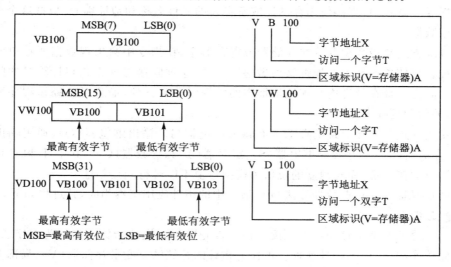

图 4-2　存取 3 种长度数据的比较

可以用此方式进行寻址的元件有输入继电器(I)、输出继电器(Q)、通用辅助继电器(M)、特殊标志继电器(SM)、局部变量存储器(L)、变量存储器(V)、顺序控制继电器(S)、模拟量输入映像寄存器(AI)和模拟量输出映像寄存器(AQ)。

5. 实数存储格式及寻址

S7-200 SMART PLC 中的实数(浮点数)由 32 位单精度(有效位 7 位)表示,占用 4 字节的存储空间,按照双字长度来进行存取。在编程中使用实数时,最多可指定到小数点后 6 位。实数的存储格式如图 4-3 所示。

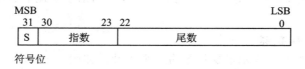

图 4-3　实数的存储格式

6. 字符串存储格式及寻址

字符串指的是一系列字符,每个字符以字节的形式存储。字符串的第一个字节定义字符串的长度,即字符串中字符的个数。一个字符串的长度可以为 0~254 个字符,加上长度字节,一个字符串最大长度为 255 个字节,但一个字符串常量的最大长度为 126 字节。字符串格式如图 4-4 所示。

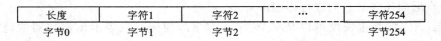

长度	字符1	字符2	...	字符254
字节0	字节1	字节2		字节254

图 4 - 4　字符串存储格式

4.1.3　间接寻址

在直接寻址方式中,直接使用存储器或寄存器的元件名称和地址编号,根据这个地址可以立即找到该数据。

间接寻址方式是指数据存放在存储器或寄存器中,在指令中只出现数据所在单元的内存地址的地址。存储单元地址的地址又称做地址指针,这种间接寻址方式与计算机的间接寻址方式相同。间接寻址在处理内存连续地址中的数据时非常方便,而且可以缩短程序所生成的代码长度,使编程更加灵活。

可以用指针进行间接寻址的存储区有输入继电器(I)、输出继电器(Q)、通用辅助继电器(M)、变量存储器(V)、顺序控制继电器(S)、定时器(T)和计数器(C)。其中 T 和 C 仅仅是当前值可以进行间接寻址,而对独立的位值和模拟量值不能进行间接寻址。

使用间接寻址方式存取数据方法与 C 语言中的指针应用基本相同,其过程如下。

1. 建立指针

使用间接寻址对某个存储器单元读、写时,首先要建立地址指针。指针为双字长,是所要访问的存储单元的 32 位的物理地址。可作为指针的存储区有变量存储器(V)、局部变量存储器(L)和累加器(AC1、AC2、AC3)。必须用双字传送指令(MOVD),将存储器所要访问单元的地址装入用来作为指针的存储器单元或寄存器。

注意:装入的是地址而不是数据本身。

举例如下:

MOVD　&VB100,VD200

MOVD　&VB20,AC3

MOVD　&C6,LD20

其中:"&"为地址符号,它与单元编号结合使用表示所对应单元的 32 位物理地址;VB100只是一个直接地址编号,并不是它的物理地址。指令中的第二个地址数据长度必须是双字长,如:VD、LD 和 AC 等。

2. 用指针来存取数据

在操作数的前面加"*"表示该操作数为一个指针。如图 4 - 5 所示,AC1 为指针,用来存放要访问的操作数的地址。在这个例子中,存于 VB200、VB201 中的数据被传送到 AC0 中去。

3. 修改指针

连续存储数据时,可以通过修改指针后很容易存取其紧接的数据。简单的数学运算指令,如加法、减法、自增和自减等指令可以用来修改指针。在修改指针时,要分清楚访问数据的长度:存取字节时,指针加 1;存取字时,指针加 2;存取双字时,指针加 4。图 4 - 5 所示说明如何建立指针,如何存取数据及修改指针,图中具体指令的含义请参阅第 5 章中有关功能指令的讲解。

关于间接寻址的高级应用举例可参考第 7 章例 7 - 3。

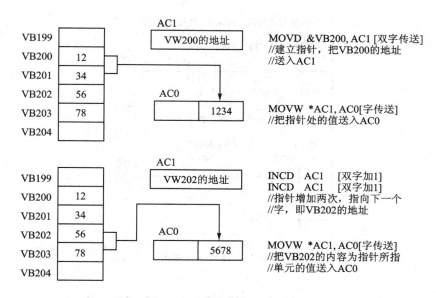

图 4 - 5　建立指针、存取数据及修改指针

4.2　SMART PLC 编程时的两点说明

1. 输出线圈和指令盒

在 S7-200 SMART PLC 的梯形图编程语言中,其输出表示形式有线圈和指令盒两种。对输出继电器 Q、中间继电器 M 等元器件来说,就是以线圈的方式表示的;对定时器 T、计数器 C,以及大部分的功能指令来说,其输出的表示形式是以指令盒的方式表示的。指令盒是一个四方框,它的周围既有输入信号的接口,有的也有输出信号的接口,另外它上面还有指令的名称等。图 4 - 6 所示为两种不同输出表示方式举例。

2. 网络块

网络块(Network)是 S7-200 SMART PLC 编程软件中一个特殊的标记,也可以说网络块是一个最小的独立的逻辑块。整个梯形图程序就是由许多网络块组成的,每个网络块均起始于母线,所有的网络块组合在一起就是梯形图程序,这是 S7-200 SMART PLC 编程的特点。如图 4 - 7 所示,在编程过程中,要严格按照网络块的概念进行程序设计,并对每一个网络块进行注释,这样即清晰美观,又便于以后的阅读。只有严格按照网络块的方式进行编程,才可以在编程软件中进行梯形图、语句表和功能块图等不同编程语言之间进行自动的相互转换。所以建议在使用 S7-200 SMART PLC 时,按网络块的要求进行程序设计。图 4 - 7 中最上面的一行文字是对整个程序的注释。

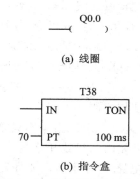

图 4 - 6　输出线圈和指令盒

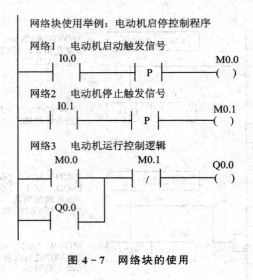

图 4－7　网络块的使用

4.3　PLC 的基本逻辑指令

4.3.1　逻辑取及线圈驱动指令

1. 逻辑取及线圈驱动指令

逻辑取及线圈驱动指令为 LD、LDN 和＝。

LD(Load)：取指令。用于网络块逻辑运算开始的常开触点与母线的连接。

LDN(Load Not)：取反指令。用于网络块逻辑运算开始的常闭触点与母线的连接。

＝(Out)：线圈驱动指令。

图 4－8 所示为上述三条指令的用法。

使用说明：

① LD、LDN 指令不只是用于网络块逻辑计算开始时与母线相连的常开和常闭触点，在分支电路块的开始也要使用 LD、LDN 指令，与后面要讲的 ALD、OLD 指令配合完成块电路的编程。

② 并联的＝指令可连续使用任意次。

③ 在同一程序中不能使用双线圈输出，即同一个元器件在同一程序中只使用一次 ＝指令。

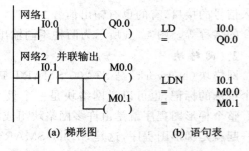

图 4－8　LD、LDN、＝指令使用举例

④ LD、LDN、＝指令的操作数为：I、Q、M、SM、T、C、V、S 和 L。T 和 C 也作为输出线圈，但在 S7-200 SMART PLC 中输出时不是以使用 ＝指令形式出现(见定时器和计数器指令)。

2. 取反指令 NOT

将复杂逻辑结果取反，为用户使用反逻辑提供方便。它的实质是改变了最新的堆栈栈顶的逻辑值。该指令无操作数,其 LAD 和 STL 形式如下。可以用其他形式实现该指令的功能,所以该指令很少被使用。

STL 形式:NOT

LAD 形式:─┤ NOT ├─

图 4-9 是 NOT 指令的使用举例,在该例中,Q0.1 的输出和 Q0.0 正好相反。

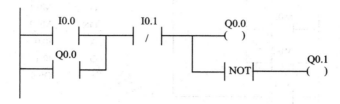

图 4-9 NOT 指令使用举例

4.3.2 触点串联指令

触点串联指令为 A、AN。

A(And):与指令。用于单个常开触点的串联连接。

AN(And Not):与反指令。用于单个常闭触点的串联连接。

图 4-10 所示为上述两条指令的用法。

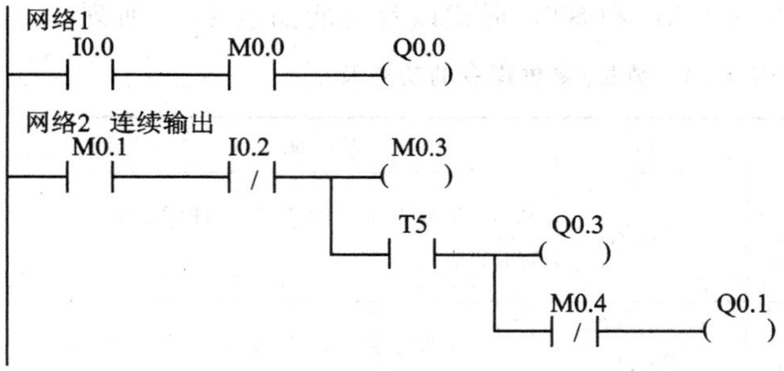

(a) 梯形图		(b) 语句表

网络1
I0.0 M0.0 Q0.0

网络2 连续输出
M0.1 I0.2 M0.3
T5 Q0.3
M0.4 Q0.1

LD   I0.0
A   M0.0
=   Q0.0

LD   M0.1
AN   I0.2
=   M0.3
A   T5
=   Q0.3
AN   M0.4
=   Q0.1

图 4-10 A、AN 指令使用举例

使用说明:

① A、AN 是单个触点串联连接指令,可连续使用。

② 图 4-10 中所示的连续输出电路,可以反复使用 = 指令,但次序必须正确,不然就不能连续使用 = 指令编程了。图 4-11 所示的电路就不属于连续输出电路。

③ A、AN 指令的操作数为:I、Q、M、SM、T、C、V、S 和 L。

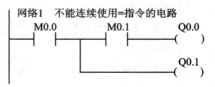

网络1 不能连续使用 = 指令的电路
M0.0 M0.1 Q0.0
Q0.1

图 4-11 不可连续使用 = 指令的电路

4.3.3 触点并联指令

触点并联指令为 O、ON。

O(OR):或指令。用于单个常开触点的并联连接。

ON(Or Not):或反指令。用于单个常闭触点的并联连接。

图4-12所示为上述两条指令的用法。

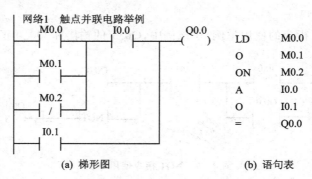

图 4-12　O、ON 指令使用举例

使用说明:

① 单个触点的 O、ON 指令可连续使用。

② O、ON 指令的操作数为:I、Q、M、SM、T、C、V、S 和 L。

4.3.4　置位、复位指令

置位(Set)/复位(Reset)指令的 LAD 和 STL 形式以及功能如表 4-4 所列。

表 4-4　置位/复位指令的功能表

	LAD	STL	功能
置位指令	bit —(S) N	S bit,N	从 bit 开始的连续的 N 个元件置 1 并保持
复位指令	bit —(R) N	R bit,N	从 bit 开始的连续的 N 个元件清零并保持

图 4-13 所示为 S/R 指令的用法。

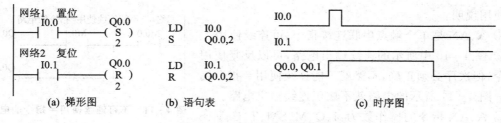

图 4-13　S/R 指令使用举例

使用说明:

① 对位元件来说一旦被置位,就保持在通电状态,除非对它复位,而一旦被复位就保持在断电状态。

② S/R 指令可以互换次序使用,但由于 PLC 采用扫描工作方式,所以写在后面的指令具有优先权。在图 4-13 中,若 I0.0 和 I0.1 同时为 1,则 Q0.0、Q0.1 肯定处于复位状态而为 0。

③ 如果对计数器和定时器复位,则计数器和定时器的当前值被清零。定时器和计数器的复位有其特殊性,具体情况可参考计数器和定时器的有关部分。

④ N 的常数范围为 1~255, N 也可为:VB、IB、QB、MB、SMB、SB、LB、AC、常数、* VD、* AC 或 * LD。一般情况下使用常数。

⑤ S/R 指令的操作数为:I、Q、M、SM、T、C、V、S 或 L。

4.3.5　RS 触发器指令

SR(Set Dominant Bistable):置位优先触发器指令。当置位信号(S1)和复位信号(R)都为真时,输出为真。

RS(Reset Dominant Bistable):复位优先触发器指令。当置位信号(S)和复位信号(R1)都为真时,输出为假。RS 触发器指令的 LAD 形式如图 4-14 所示。图 4-14(a)所示为 SR 指令,图 4-14(b)所示为 RS 指令。Bit 参数用于指定被置位或者被复位的 BOOL 参数。RS 触发器指令没有 STL 形式,但可通过编程软件把 LAD 形式转换成 STL 形式,不过很难读懂,所以建议如果使用 RS 触发器指令最好使用 LAD 形式。RS 触发器指令的真值如表 4-5 所列。

表 4-5　RS 触发器指令的真值表

指　令	S1	R	输出(bit)
置位优先触发器指令（SR）	0	0	保持前一状态
	0	1	0
	1	0	1
	1	1	1
指　令	S	R1	输出(bit)
复位优先触发器指令（RS）	0	0	保持前一状态
	0	1	0
	1	0	1
	1	1	0

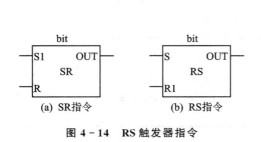

图 4-14　RS 触发器指令

RS 触发器指令的输入/输出操作数为:I、Q、V、M、SM、S、T、C。bit 的操作数为:I、Q、V、M 和 S。这些操作数的数据类型均为 BOOL 型。

RS 触发器指令的使用举例如图 4-15 所示。图 4-15(b)为在给定的输入信号波形下产生的输出波形。

4.3.6　立即指令

立即指令是为了提高 PLC 对输入/输出的响应速度而设置的,它不受 PLC 循环扫描工作方式的影响,允许对输入和输出点进行快速直接存取。当用立即指令读取输入点的状态时,对 I 进行操作,相应的输入映像寄存器中的值并未更新;当用立即指令访问输出点时,对 Q 进行操作,新值同时写到 PLC 的物理输出点和相应的输出映像寄存器。

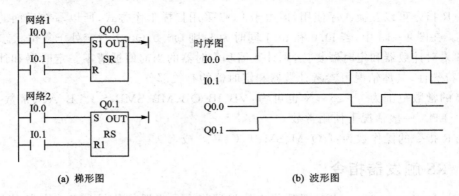

图 4 – 15　RS 触发器指令使用举例

立即指令的名称指令格式和使用说明如表 4 – 6 所列。指令中的"I"表示 Immediate。

表 4 – 6　立即指令的名称、指令格式和使用说明

指令名称	STL	LAD	使用说明
立即取	LDI　bit		
立即取反	LDNI bit	bit ─┤I├─	
立即或	OI　bit		bit 只能为 I
立即或反	ONI　bit		
立即与	AI　bit	bit ─┤/I├─	
立即与反	ANI　bit		
立即输出	=I　bit	bit ─(I)	bit 只能为 Q
立即置位	SI　bit, N	bit ─(SI) N	1. bit 只能为 Q
立即复位	RI　bit, N	bit ─(RI) N	2. N 的范围:1～128 3. N 的操作数同 S/R 指令

图 4 – 16 所示为立即指令的用法。

在理解本例的过程中,一定要注意哪些地方使用了立即指令,哪些地方没有使用立即指令。要理解输出物理触点和相应的输出映像寄存器是不一样的概念,并且要结合 PLC 循环工作方式的原理来看时序图。图 4 – 16 中,t 为执行到输出点处程序所用的时间,Q0.0、Q0.1、Q0.2 的输入逻辑是 I0.0 的普通常开触点。Q0.0 为普通输出,在程序执行到它时,它的映像寄存器的状态会随着本扫描周期采集到的 I0.0 状态的改变而改变,而它的物理触点要等到本扫描周期的输出刷新阶段才改变;Q0.1、Q0.2 为立即输出,在程序执行到它们时,它们的物理触点和输出映像寄存器同时改变;而对 Q0.3 来说,它的输入逻辑是 I0.0 的立即触点,所以在程序执行到它时,Q0.3 的映像寄存器的状态会随着 I0.0 即时状态的改变而立即改变,而它的物理触点要等到本扫描周期的输出刷新阶段才改变。

说明:通常认为在执行应用程序时,从整个系统的稳定性和程序的快速执行等方面考虑,使用过程映像寄存器比使用立即指令直接访问 I/O 更具有优越性,所以建议一般情况下不要使用立即指令。

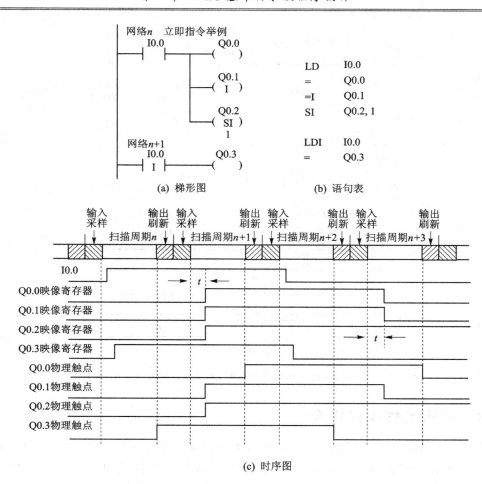

(a) 梯形图　　　　　　　(b) 语句表

(c) 时序图

图 4 - 16　立即指令使用举例

4.3.7　边沿脉冲指令

边沿脉冲指令为上升沿脉冲指令 EU(Edge Up)和下降沿脉冲指令 ED(Edge Down),其使用及说明如表 4 - 7 所列。

表 4 - 7　边沿脉冲指令使用说明

指令名称	LAD	STL	功　能	说　明
上升沿脉冲	⊣P⊢	EU	在上升沿产生脉冲	无操作数
下降沿脉冲	⊣N⊢	ED	在下降沿产生脉冲	

边沿脉冲指令 EU/ED 用法如图 4 - 17 所示。

EU 指令对其之前的逻辑运算结果的上升沿产生一个宽度为一个扫描周期的脉冲,如图 4 - 17 中的 M0.0。ED 指令对逻辑运算结果的下降沿产生一个宽度为一个扫描周期的脉冲,如图中的 M0.1。脉冲指令常用于启动及关断条件的判定以及配合功能指令完成一些逻辑控制任务。

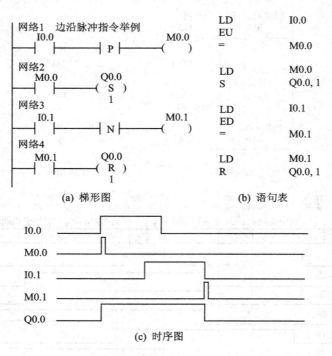

(a) 梯形图　　　　　　　(b) 语句表

图 4-17　边沿脉冲指令 EU/ED 使用举例

4.3.8　逻辑堆栈操作指令

S7-200 SMART PLC 使用一个 32 层堆栈来处理所有逻辑操作,它和计算机中的堆栈结构相同。堆栈是一组能够存储和取出数据的暂存单元,其特点是"先进后出"。每一次进行入栈操作,新值放入栈顶,栈底值丢失;每一次进行出栈操作,栈顶值弹出,栈底值补进随机数。逻辑堆栈指令主要用来完成触点复杂逻辑连接的编程,利用堆栈,可以存储最新的逻辑计算结果,以便接下来的逻辑环节使用该结果。

1. 串联电路块的并联连接指令

两个以上触点串联形成的支路叫串联电路块,串联电路块的并联连接指令为 OLD。

OLD(Or Load):或块指令,用于串联电路块的并联连接。

图 4-18 所示为 OLD 指令的用法。

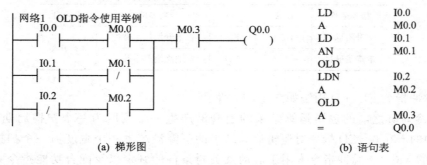

(a) 梯形图　　　　　　　　　　　　(b) 语句表

图 4-18　OLD 指令使用举例

每个块电路在进行完逻辑计算后,把结果存放在堆栈栈顶,OLD 指令的实质就是把栈顶最上面两层的内容进行"或"操作,然后把结果再存放到栈顶。

使用说明:

① 除在网络块逻辑运算的开始使用 LD 或 LDN 指令外,在块电路的开始也要使用 LD 或 LDN 指令。

② 每完成一次块电路的并联时要写上 OLD 指令。

③ OLD 指令无操作数。

2. 并联电路块的串联连接指令

两条以上支路并联形成的电路叫并联电路块,并联电路块的串联连接指令为 ALD。

ALD(And Load):与块指令,用于并联电路块的串联连接。

图 4 - 19 所示为 ALD 指令的用法。

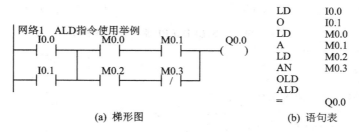

(a) 梯形图

LD	I0.0
O	I0.1
LD	M0.0
A	M0.1
LD	M0.2
AN	M0.3
OLD	
ALD	
=	Q0.0

(b) 语句表

图 4 - 19　ALD 指令使用举例

每个块电路在进行完逻辑计算后,把结果存放在堆栈栈顶。ALD 指令的实质就是把栈顶最上面两层的内容进行"与"操作,然后把结果再存放到栈顶。

使用说明:

① 在块电路开始时要使用 LD 和 LDN 指令。

② 在每完成一次块电路的串联连接后要写上 ALD 指令。

③ ALD 指令无操作数。

3. 逻辑入栈 LPS、逻辑读栈 LRD 和逻辑出栈 LPP 指令

LPS、LRD 和 LPP 这三条指令也称作多重输出指令,主要用于一些复杂逻辑的输出处理。

LPS(Logic Push):逻辑入栈指令(分支电路开始指令)。从梯形图中的分支结构中可以形象地看出,它用于生成一条新的母线,其左侧为原来的主逻辑块,右侧为新的从逻辑块,因此可以直接编程。从堆栈使用上来讲,LPS 指令的作用是把栈顶值复制后压入堆栈。

LRD(Logic Read):逻辑读栈指令。在梯形图分支结构中,当新母线左侧为主逻辑块时,LPS 开始右侧的第一个从逻辑块编程,LRD 开始第二个以后的从逻辑块编程。从堆栈使用上来讲,LRD 读取最近的 LPS 压入堆栈的内容,而堆栈本身不进行 Push 和 Pop 工作。

LPP(Logic Pop):逻辑出栈指令(分支电路结束指令)。在梯形图分支结构中,LPP 用于LPS 产生的新母线右侧的最后一个从逻辑块编程,在读取完离它最近的 LPS 压入堆栈内容的同时复位该条新母线。从堆栈使用上来讲,LPP 把堆栈弹出一级,堆栈内容依次上移。

上述三条指令的用法如图 4 - 20、图 4 - 21 和图 4 - 22 所示。

使用说明:

① 由于受堆栈空间的限制(32 层堆栈),LPS、LPP 指令连续使用时应少于 32 次。

网络1　LPS、LRD、LPP指令使用举例1

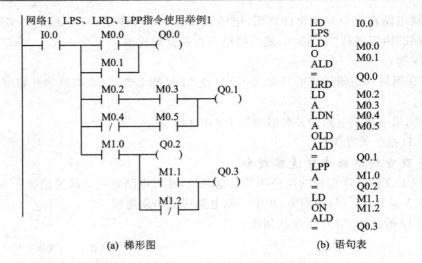

(a) 梯形图

```
LD      I0.0
LPS
LD      M0.0
O       M0.1
ALD
=       Q0.0
LRD
LD      M0.2
A       M0.3
LDN     M0.4
A       M0.5
OLD
ALD
=       Q0.1
LPP
A       M1.0
=       Q0.2
LD      M1.1
ON      M1.2
ALD
=       Q0.3
```

(b) 语句表

图 4－20　LPS、LRD、LPP 指令使用举例 1

网络1　LPS、LRD、LPP指令举例2

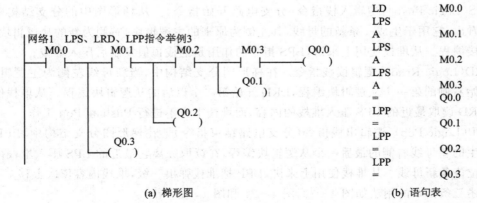

(a) 梯形图

```
LD      M0.0
LPS
A       M0.1
LPS
AN      M0.2
=       Q0.0
LPP
A       M0.3
=       Q0.1
LPP
A       M0.4
LPS
A       M0.5
=       Q0.2
LPP
AN      M0.6
=       Q0.3
```

(b) 语句表

图 4－21　LPS、LRD、LPP 指令使用举例 2

网络1　LPS、LRD、LPP指令举例3

M0.0　　M0.1　　M0.2　　M0.3　　Q0.0

Q0.1

Q0.2

Q0.3

```
LD      M0.0
LPS
A       M0.1
LPS
A       M0.2
LPS
A       M0.3
=       Q0.0
LPP
=       Q0.1
LPP
=       Q0.2
LPP
=       Q0.3
```

(a) 梯形图

(b) 语句表

图 4－22　LPS、LRD、LPP 指令使用举例 3

② LPS 和 LPP 指令必须成对使用，它们之间可以使用 LRD 指令。

③ LPS、LRD、LPP 指令无操作数。

4. 装入堆栈指令 LDS(Load Stack)

LDS 指令的功能是复制堆栈中的第 n 个值到栈顶，而栈底丢失。该指令在编程中使用较少。

指令格式：LDS　n

n 为 0～31 的整数。

例如，执行指令：LDS　3

该指令执行后堆栈发生变化的情况如表 4 - 8 所列。

表 4 - 8　LDS 指令使用举例

入栈前	入栈后
iv0	iv3
iv1	iv0
iv2	iv1
iv3	iv2
iv4	iv3
iv5	iv4
iv6	iv5
iv7	iv6
……	……

5. 与 ENO 指令

ENO 是 LAD 中指令盒的布尔能流输出端。如果指令盒的能流输入有效，则执行没有错误，ENO 就置位，并将能流向下传递。ENO 可以作为允许位表示指令成功执行。

STL 指令没有 EN 输入，但对要执行的指令，其栈顶值必须为 1。可用"与"ENO(AENO)指令来产生和指令盒中的 ENO 位相同的功能。

指令格式：AENO

AENO 指令无操作数，且只在 STL 中使用，它将栈顶值和 ENO 位的逻辑进行与运算，运算结果保存到栈顶。

AENO 指令使用较少，其用法举例如图 4 - 23 所示。

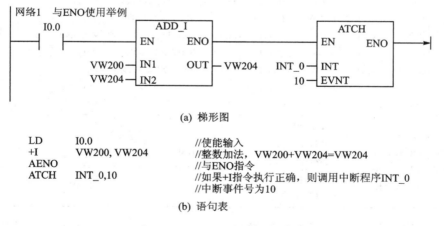

(a) 梯形图

```
LD      I0.0                //使能输入
+I      VW200, VW204        //整数加法，VW200+VW204=VW204
AENO                        //与 ENO 指令
ATCH    INT_0,10            //如果+I指令执行正确，则调用中断程序INT_0
                            //中断事件号为10
```

(b) 语句表

图 4 - 23　AENO 指令用法举例

4.3.9　比较指令

比较指令是将两个数值或字符串按指定条件进行比较，条件成立时，触点就闭合，所以比较指令实际上也是一种位指令。在实际应用中，比较指令为上、下限控制以及为数值条件判断提供了方便。

比较指令的类型有：字节比较、整数比较、双字整数比较、实数比较和字符串比较。

　　数值比较指令的运算符有：＝、＞＝、＜、＜＝、＞和＜＞等6种,而字符串比较指令只有＝和＜＞两种。

　　对比较指令可进行LD、A和O编程。

　　比较指令的LAD和STL形式如表4-9所列。

表4-9　比较指令的LAD和STL形式

形式	方式				
	字节比较	整数比较	双字整数比较	实数比较	字符串比较
LAD (以== 为例)	IN1 ┤==B├ IN2	IN1 ┤==I├ IN2	IN1 ┤==D├ IN2	IN1 ┤==R├ IN2	IN1 ┤==S├ IN2
STL	LDB= IN1,IN2 AB= IN1,IN2 OB= IN1,IN2 LDB<>IN1,IN2 AB<> IN1,IN2 OB<> IN1,IN2 LDB< IN1,IN2 AB< IN1,IN2 OB< IN1,IN2 LDB<=IN1,IN2 AB<= IN1,IN2 OB<= IN1,IN2 LDB> IN1,IN2 AB> IN1,IN2 OB> IN1,IN2 LDB>=IN1,IN2 AB>= IN1,IN2 OB>= IN1,IN2	LDW= IN1,IN2 AW= IN1,IN2 OW= IN1,IN2 LDW<>IN1,IN2 AW<> IN1,IN2 OW<> IN1,IN2 LDW< IN1,IN2 AW< IN1,IN2 OW< IN1,IN2 LDW<=IN1,IN2 AW<= IN1,IN2 OW<= IN1,IN2 LDW> IN1,IN2 AW> IN1,IN2 OW> IN1,IN2 LDW>=IN1,IN2 AW>= IN1,IN2 OW>= IN1,IN2	LDD= IN1,IN2 AD= IN1,IN2 OD= IN1,IN2 LDD<>IN1,IN2 AD<> IN1,IN2 OD<> IN1,IN2 LDD< IN1,IN2 AD< IN1,IN2 OD< IN1,IN2 LDD<=IN1,IN2 AD<= IN1,IN2 OD<= IN1,IN2 LDD> IN1,IN2 AD> IN1,IN2 OD> IN1,IN2 LDD>=IN1,IN2 AD>= IN1,IN2 OD>= IN1,IN2	LDR= IN1,IN2 AR= IN1,IN2 OR= IN1,IN2 LDR<>IN1,IN2 AR<> IN1,IN2 OR<> IN1,IN2 LDR< IN1,IN2 AR< IN1,IN2 OR< IN1,IN2 LDR<=IN1,IN2 AR<= IN1,IN2 OR<= IN1,IN2 LDR> IN1,IN2 AR> IN1,IN2 OR> IN1,IN2 LDR>=IN1,IN2 AR>= IN1,IN2 OR>= IN1,IN2	LDS= IN1,IN2 AS= IN1,IN2 OS= IN1,IN2 LDS<> IN1,IN2 AS<> IN1,IN2 OS<> IN1,IN2
IN1和IN2 寻址范围	IB,QB,MB,SMB, VB,SB,LB,AC, *VD,*AC, *LD,常数	IW,QW,MW, SMW,VW, SW,LW,AC, *VD,*AC, *LD,常数	ID,QD,MD, SMD,VD,SD, LD,AC,*VD, *AC,*LD,常数	ID,QD,MD, SMD,VD,SD, LD,AC,*VD, *AC,*LD,常数	VB,LB,*VD, *LD,*AC

　　字节比较用于比较两个字节型整数值IN1和IN2的大小,字节比较是无符号的。整数比较用于比较两个字的整数值IN1和IN2的大小,整数比较是有符号的,其范围是16♯8000~16♯7FFF。

　　双字整数比较用于比较两个双字长整数值IN1和IN2的大小。它们的比较也是有符号的,其范围是16♯80000000~16♯7FFFFFFF。

　　实数比较用于比较两个双字长实数值IN1和IN2的大小,实数比较是有符号的。负实数范围为$-1.175495E-38$～$-3.402823E+38$,正实数范围是$1.175495E-38$～$3.402823E+38$。

字符串比较用于比较两个字符串的 ASCII 字符相同与否,字符串的长度不能超过 254 个字符。

图 4-24 所示为比较指令的用法。

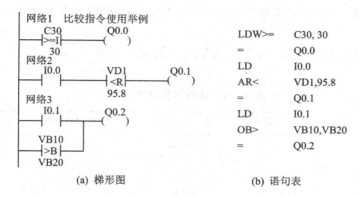

(a) 梯形图　　　　　　　　　　(b) 语句表

图 4-24　比较指令使用举例

从图 4-24 中可以看出:计数器 C30 中的当前值大于等于 30 时,Q0.0 为 ON;VD1 中的实数小于 95.8 且 I0.0 为 ON 时,Q0.1 为 ON;VB10 中的值大于 VB20 的值或 I0.1 为 ON时,Q0.2 为 ON。

4.3.10　定时器

定时器是 PLC 中最常用的元器件之一。用好、用对定时器对 PLC 程序设计非常重要。定时器编程时要预置定时值,在运行过程中当定时器的输入条件满足时,当前值从 0 开始按一定的单位增加;当定时器的当前值到达设定值时,定时器发生动作,从而满足各种定时逻辑控制的需要。下面从几个方面来详细讲解定时器的使用。

1. 几个基本概念

(1) 种　类

S7-200 SMART PLC 为用户提供了三种类型的定时器:接通延时定时器(TON)、有记忆接通延时定时器(TONR)和断开延时定时器(TOF)。

(2) 分辨率与定时时间的计算

单位时间的时间增量称做定时器的分辨率。S7-200 SMART PLC 定时器有 3 个分辨率等级:1 ms、10 ms 和 100 ms。

定时器定时时间 T 的计算:$T = PT \times S$。式中:T 为实际定时时间,PT 为设定值,S 为分辨率。

例如:TON 指令使用 T97(为 10 ms 的定时器),设定值为 100,则实际定时时间为

$$T = 100 \times 10 \text{ ms} = 1\ 000 \text{ ms}$$

定时器的设定值 PT,数据类型为 INT 型。操作数可为:VW、IW、QW、MW、SW、SMW、LW、AIW、T、C、AC、* VD、* AC、* LD 或常数,其中常数最为常用。

(3) 定时器的编号

定时器的编号用定时器的名称和它的常数编号(最大数为 255)来表示,即 T***。如:T40。

定时器的编号包含两方面的变量信息:定时器位和定时器当前值。

定时器位:与其他继电器的输出相似,当定时器的当前值达到设定值 PT 时,定时器的触点动作。

定时器当前值:存储定时器当前所累计的时间,用 16 位符号整数来表示,最大计数值为 32 767。

定时器的编号一旦确定后,其对应的分辨率也就随之确定。定时器的分辨率和编号如表 4－10 所列。

表 4－10   定时器分辨率和编号

定时器类型	分辨率/ms	最大当前值/s	定时器编号
TONR	1	32.767	T0,T64
	10	327.67	T1～T4,T65～T68
	100	3 276.7	T5～T31,T69～T95
TON、TOF	1	32.767	T32,T96
	10	327.67	T33～T36,T97～T100
	100	3 276.7	T37～T63,T101～T255

从表 4－10 可以看出 TON 和 TOF 使用相同范围的定时器编号。需要注意的是,在同一个 PLC 程序中决不能把同一个定时器号同时用做 TON 和 TOF。例如在程序中,不能既有接通延时(TON)定时器 T35,又有断开延时(TOF)定时器 T35。

2. 定时器指令

三种定时器指令的 LAD 和 STL 格式如表 4－11 所列。在梯形图的指令盒中的右下角,标出了该定时器的分辨率。

表 4－11   定时器指令的 LAD 和 STL 形式

格 式	名 称		
	接通延时定时器	有记忆接通延时定时器	断开延时定时器
LAD	???? ─IN TON ????─PT ???ms	???? ─IN TONR ????─PT ???ms	???? ─IN TOF ????─PT ???ms
STL	TON T***, PT	TONR T***, PT	TOF T***, PT

(1) 接通延时定时器(On-Delay Timer,TON)

接通延时定时器用于单一时间间隔的定时。上电周期或首次扫描时,定时器位为 OFF,当前值为 0。输入端接通时,定时器位为 OFF,当前值从 0 开始计时;当前值达到设定值时,定时器位为 ON,当前值仍连续计数到 32 767。输入端断开,定时器自动复位,即定时器位为 OFF,当前值为 0。

(2) 记忆接通延时定时器(Retentive On-Delay Timer,TONR)

顾名思义,记忆接通延时定时器具有记忆功能,它用于对许多间隔的累计定时。上电周期或首次扫描时,定时器位为掉电前的状态,当前值保持在掉电前的值。当输入端接通时,当前值从上次的保持值继续计时;当累计当前值达到设定值时,定时器位为 ON,当前值可继续计数到 32 767。需要注意的是,TONR 定时器只能用复位指令 R 对其进行复位操作。TONR 复位后,定时器位为 OFF,当前值为 0。掌握好对 TONR 的复位及启动是使用好 TONR 指令的关键。

（3）断开延时定时器（Off-Delay Timer,TOF）

断开延时定时器用于断电后的单一间隔时间计时。上电周期或首次扫描时,定时器位为 OFF,当前值为 0。输入端接通时,定时器位为 ON,当前值为 0。当输入端由接通到断开时,定时器开始计时。当达到设定值时定时器位为 OFF,当前值等于设定值,停止计时。输入端再次由 OFF→ON 时,TOF 复位,这时 TOF 的位为 ON,当前值为 0。如果输入端再从 ON→OFF,则 TOF 可实现再次启动。

3. 应用举例

图 4-25 所示为三种类型定时器的基本使用举例,其中 T35 为 TON,T2 为 TONR,T36 为 TOF。

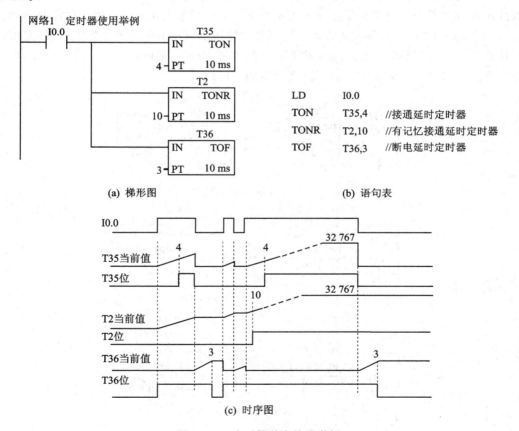

(a) 梯形图　　　　　　　　　　　　　(b) 语句表

(c) 时序图

图 4-25　定时器基本使用举例

4. 定时器的刷新方式和正确使用

（1）定时器的刷新方式

在 S7-200 SMART PLC 的定时器中,1 ms、10 ms 和 100 ms 定时器的刷新方式是不同

的，从而在使用方法上也有很大的不同，这和其他 PLC 是有很大区别的。使用时一定要注意根据使用场合和要求来选择定时器。

① 1 ms 定时器　1 ms 定时器由系统每隔 1 ms 刷新一次，与扫描周期及程序处理无关。它采用的是中断刷新方式。因此，当扫描周期大于 1 ms 时，在一个周期中可能被多次刷新。其当前值在一个扫描周期内不一定保持一致。

② 10 ms 定时器　10 ms 定时器由系统在每个扫描周期开始时自动刷新，由于是每个扫描周期只刷新一次，故在一个扫描周期内定时器位和定时器的当前值保持不变。

③ 100 ms 定时器　100 ms 定时器在定时器指令执行时被刷新，因此，如果 100 ms 定时器被激活后，如果不是每个扫描周期都执行定时器指令或在一个扫描周期内多次执行定时器指令，则都会造成计时失准。所以，在后面讲到的跳转指令和循环指令段中使用定时器时，要格外小心。100 ms 定时器仅用在定时器指令在每个扫描周期执行一次的程序中。

（2）定时器的正确使用

也许在一些场合用什么样的定时器都可以，定时器刷新方式的不同对结果影响不大。但为了说明定时器的刷新方式对程序运行结果的影响，下面给出一个特殊的例子，该例正好对定时器的刷新方式有严格要求。图 4-26 所示的例子可以帮助大家如何正确使用定时器和理解 S7-200 SMART PLC 定时器刷新方式。该例分别使用了三种不同分辨率的定时器，要求这些定时器在其计时时间到时产生一个宽度为一个扫描周期的脉冲 Q0.0。从该例中可以看出不同分辨率的定时器由于刷新方式的不同而产生的不同结果。

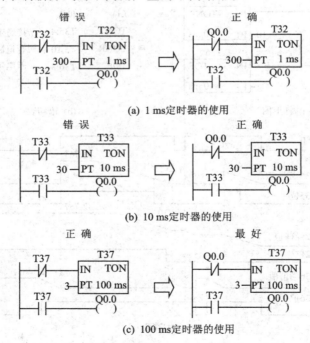

图 4-26　定时器的正确使用举例

结合各种定时器的刷新方式规定，从图中可以看出：

① 对 1 ms 定时器 T32，在使用错误方法时，只有当定时器的刷新发生在 T32 的常闭触点执行以后到 T32 的常开触点执行以前的区间时，才能产生宽度为一个扫描周期的脉冲 Q0.0，

而这种可能性是极小的。在其他情况,这个脉冲产生不了。

② 对 10 ms 定时器 T33,在使用错误方法时,则永远产生不了 Q0.0 脉冲。因为当定时器计时到时,定时器在每次扫描开始时刷新。该例中 T33 被置位,但执行到定时器指令时,定时器将被复位(当前值和位都被置 0)。当常开触点 T33 被执行时,T33 永远为 OFF,Q0.0 也将为 OFF,即永远不会被置位为 ON。

③ 100 ms 定时器在执行指令时刷新,所以,当定时器 T37 到达设定值时,肯定会产生这个 Q0.0 脉冲。

改用正确使用方法后,把定时器到达设定值产生结果的元器件的常闭触点用做定时器本身的输入,则不论哪种定时器,都能保证定时器达到设定值时,产生宽度为一个扫描周期的脉冲 Q0.0。所以在使用定时器时,要弄清楚定时器的分辨率,否则,一般情况下不要把定时器本身的常闭触点作为自身的复位条件。为了简单方便,在实际使用时,100 ms 的定时器常采用自复位逻辑,而且 100 ms 定时器也是使用最多的定时器。

本例是说明正确使用不同分辨率定时器的一个特例,其实只要掌握住它们的工作原理,在任何场合都能灵活正确地使用它们。

5. 时间间隔定时器(Interval Timers)

说是定时器,其实是 2 条指令。使用这 2 条指令可以记录某一信号的开通时刻以及开通延续的时间。PLC 停电后,停止记录。

触发时间间隔(Beginning Interval Time,BITIM)　该指令用来读取 PLC 中内置的 1 ms 计数器的当前值,并将该值存储于 OUT。双字毫秒值的最大计时间隔为 2 的 32 次方,即 49.7 天。

计算时间间隔(Calculate Interval Time,CITIM)　该指令计算当前时间与 IN 所提供时间的时间差,并将该差值存储于 OUT。双字毫秒值的最大计时间隔为 2 的 32 次方,即 49.7 天。

2 条指令的有效操作数为:IN 和 OUT 端均为双字。它们的梯形图形式和语句表形式参见下例。

图 4 - 27 所示为时间间隔定时器的使用举例,该例要求 I0.0 接通 20 s 后,Q0.0 输出。

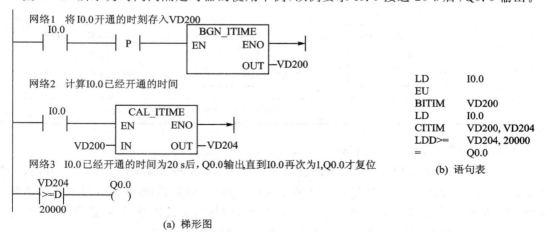

(a) 梯形图　　　　(b) 语句表

图 4 - 27　时间间隔定时器使用举例

4.3.11　计数器

计数器用来累计输入脉冲的次数，在实际应用中用来对产品进行计数或完成复杂的逻辑控制任务。计数器的使用和定时器的使用基本相似，编程时输入它的计数设定值，计数器累计它的脉冲输入端信号上升沿的个数。当计数值达到设定值时，计数器发生动作，以便完成计数控制任务。

1. 几个基本概念

（1）种　类

S7-200 SMART PLC 的计数器有 3 种：增计数器 CTU、增减计数器 CTUD 和减计数器 CTD。

（2）编　号

计数器的编号用计数器名称和数字（0~255）组成，即 C***，如 C6。

计数器的编号包含两方面的信息：计数器的位和计数器当前值。

计数器位：计数器位和继电器一样是一个开关量，表示计数器是否发生动作的状态。当计数器的当前值达到设定值时，该位被置位为 ON。

计数器当前值：其值是一个存储单元，它用来存储计数器当前所累计的脉冲个数，用 16 位符号整数来表示，最大数值为 32 767。

（3）计数器的输入端和操作数

设定值输入：数据类型为 INT 型。寻址范围：VW、IW、QW、MW、SW、SMW、LW、AIW、T、C、AC、* VD、* AC、* LD 和常数。一般情况下使用常数作为计数器的设定值。

2. 计数器指令

计数器指令的 LAD 和 STL 格式如表 4-12 所列。

表 4-12　计数器的指令格式

格　式	名　称		
	增计数器	增减计数器	减计数器
LAD	???? CU CTU R ???? — PV	???? CU CTUD CD R ???? — PV	???? CD CTD LD ???? — PV
STL	CTU C***,PV	CTUD C***,PV	CTD C***,PV

（1）增计数器 CTU（Count Up）

首次扫描时，计数器位为 OFF，当前值为 0。在计数脉冲输入端 CU 的每个上升沿，计数器计数 1 次，当前值增加一个单位。当前值达到设定值时，计数器位为 ON，当前值可继续计数到 32 767 后停止计数。复位输入端有效或对计数器执行复位指令，计数器自动复位，即计数器位为 OFF，当前值为 0。图 4-28 所示为增计数器的用法。

注意：在语句表中，CU、R 的编程顺序不能错误。

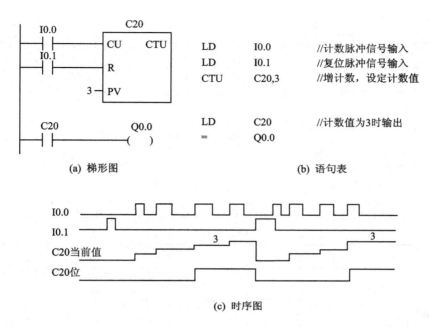

（a）梯形图　　　　　　　　　　（b）语句表

（c）时序图

图 4 - 28　增计数器用法举例

（2）增减计数器 CTUD(Count Up/Down)

增减计数器有两个计数脉冲输入端:CU 输入端用于递增计数,CD 输入端用于递减计数。首次扫描时,计数器位为 OFF,当前值为 0。CU 输入的每个上升沿,计数器当前值增加 1 个单位;CD 输入的每个上升沿,都使计数器当前值减小 1 个单位,当前值达到设定值时,计数器位置位为 ON。

增减计数器当前值计数到 32 767(最大值)后,下一个 CU 输入的上升沿将使当前值跳变为最小值(−32 768);当前值达到最小值−32 768 后,下一个 CD 输入的上升沿将使当前值跳变为最大值 32 767。复位输入端有效或使用复位指令对计数器执行复位操作后,计数器自动复位,即计数器位为 OFF,当前值为 0。图 4 - 29 所示为增减计数器的用法。

注意:在语句表中,CU、CD、R 的顺序不能错误。

（3）减计数器 CTD(Count Down)

首次扫描时,计数器位为 ON,当前值为零。对计数器进行复位后,计数器位为 OFF,当前值为预设定值 PV。对 CD 输入端的每个上升沿计数器计数 1 次,当前值减少一个单位,当前值减小到 0 时,计数器位置位为 ON,复位输入端有效或对计数器执行复位指令,计数器自动复位,即计数器位 OFF,当前值复位为设定值。图 4 - 30 所示为减计数器的用法。

注意:减计数器的复位端是 LD,而不是 R。在语句表中,CD、LD 的顺序不能错误。

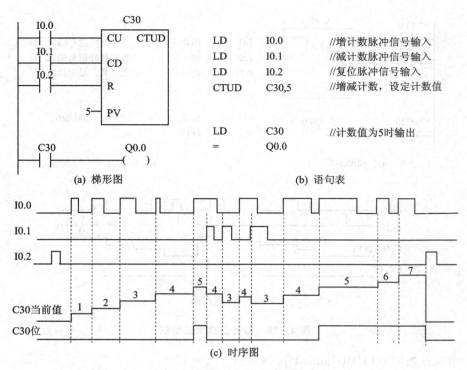

图 4 - 29　增减计数器用法举例

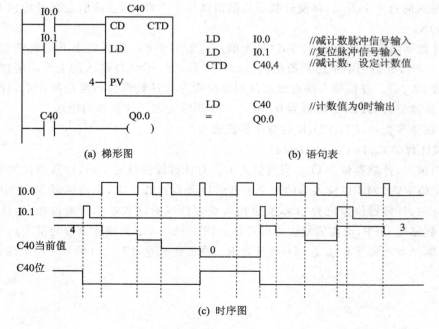

图 4 - 30　减计数器用法举例

4.4　程序控制指令

程序控制类指令使程序结构灵活,合理使用该类指令可以优化程序结构,增强程序流向的控制功能。这类指令主要包括结束、暂停、看门狗、跳转、循环和顺序控制等指令。因为顺序控制指令的使用非常多,也非常重要,所以把它单独作为一章,放到第 6 章中讲解。

4.4.1　结束及暂停指令

1. 结束指令 END 和 MEND

结束指令分为有条件结束指令(END)和无条件结束指令(MEND)。END 指令在梯形图中以线圈形式编程,指令不含操作数。执行完结束指令后,系统结束主程序,返回到主程序起点。

使用说明:

① 结束指令只能用在主程序中,不能在子程序和中断程序中使用。而有条件结束指令可用在无条件结束指令前结束主程序。

② 可以利用程序执行的结果状态、系统状态或外部设置切换条件来调用有条件结束指令,使程序结束。

③ 使用编程软件编程时,不需要手工输入无条件结束指令,该软件会自动在内部加上一条无条件结束指令到主程序的结尾,所以在指令树中看不到 MEND 指令。

2. 停止指令 STOP

STOP 指令有效时,可以使主机 CPU 的工作方式由 RUN 切换到 STOP,从而立即中止用户程序的执行。STOP 指令在梯形图中以线圈形式编程。指令不含操作数。

STOP 指令可以用在主程序、子程序和中断程序中。如果在中断程序中执行 STOP 指令,则中断处理立即中止,并忽略所有挂起的中断,继续扫描程序的剩余部分,在本次扫描周期结束后,完成将主机从 RUN 到 STOP 的切换。

STOP 和 END 指令通常在程序中用来对突发紧急事件进行处理,以避免实际生产中的重大损失。

结束指令和停止指令的用法如图 4-31 所示。

4.4.2　看门狗复位指令

WDR(Watchdog Reset)称做看门狗复位指令,也称做警戒时钟刷新指令。它可以把警戒时钟刷新,即延长扫描周期,从而有效地避免看门狗超时错误。WDR 指令在梯形图中以线圈形式编程,无操作数。

使用 WDR 指令时要特别小心,如果因为使用 WDR 指令而使扫描时间拖得过长(如在循环结构中使用 WDR),那么在中止本次扫描前,下列操作过程将被禁止:

① 通信(自由口除外);

② I/O 刷新(直接 I/O 除外);

③ 强制刷新;

④ SM 位刷新(SM0、SM5～SM29 的位不能被刷新);

⑤ 运行时间诊断;

⑥ 扫描时间超过 25 s 时,使 10 ms 和 100 ms 定时器不能正确计时;

⑦ 中断程序中的 STOP 指令。

如果希望扫描周期超过 500 ms,或者希望中断时间超过 500 ms,则最好用 WDR 指令来重新触发看门狗定时器。

但是,S7-200 SMART PLC 的主扫描绝对持续时间为 5 s,如果超过 5 s,则 CPU 会无条件地切换到 STOP 模式。

WDR 指令的用法如图 4 - 31 所示。

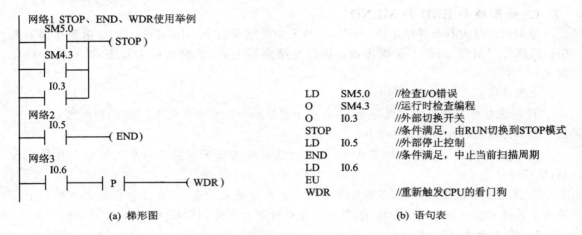

(a) 梯形图

```
LD    SM5.0    //检查I/O错误
O     SM4.3    //运行时检查编程
O     I0.3     //外部切换开关
STOP           //条件满足,由RUN切换到STOP模式
LD    I0.5     //外部停止控制
END            //条件满足,中止当前扫描周期
LD    I0.6
EU
WDR            //重新触发CPU的看门狗
```

(b) 语句表

图 4 - 31　结束、停止及看门狗指令举例

4.4.3　跳转及标号指令

跳转指令可以使 PLC 编程的灵活性大大提高,使主机可根据对不同条件的判断,选择不同的程序段执行程序。

跳转指令 JMP(Jump to Label):当输入端有效时,使程序跳转到标号处执行。

标号指令 LBL(Label):指令跳转的目标标号。操作数 n 为 0~255。

跳转指令的使用方法如图 4 - 32 所示。

使用说明:

1) 跳转指令和标号指令必须配合使用,而且只能使用在同一程序块中,如主程序、同一个子程序或同一个中断程序。不能在不同的程序块中互相跳转。

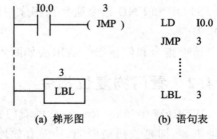

(a) 梯形图　(b) 语句表

图 4 - 32　跳转指令使用举例

2) 执行跳转后,被跳过程序段中的各元器件的状态为:

① Q、M、S、C 等元器件的位保持跳转前的状态;

② 计数器 C 停止计数,当前值存储器保持跳转前的计数值;

③ 对定时器来说,因刷新方式不同而工作状态不同。在跳转期间,分辨率为 1 ms 和 10 ms 的定时器会一直保持跳转前的工作状态,原来工作的继续工作,到设定值后,其位的状

态也会改变,输出触点动作,其当前值存储器一直累积到最大值 32 767 才停止。对分辨率为 100 ms 的定时器来说,跳转期间停止工作,但不会复位,存储器里的值为跳转时的值,跳转结束后,若输入条件允许,可继续计时,但已失去了准确计时的意义,所以在跳转段里的定时器要慎用。

4.4.4　循环指令

循环指令的引入为解决重复执行相同功能的程序段提供了极大方便,并且优化了程序结构,特别是在进行大量相同功能的计算和逻辑处理时,循环指令非常有用。循环指令有两条:FOR 和 NEXT。

1. 循环指令

循环开始指令 FOR:用来标记循环体的开始。

循环结束指令 NEXT:用来标记循环体的结束,无操作数。

FOR 和 NEXT 之间的程序段称做循环体,每执行一次循环体,当前计数值增 1,并且将其结果同终值作比较,如果大于终值,则终止循环。

循环指令的 LAD 和 STL 形式如图 4 - 33 所示。

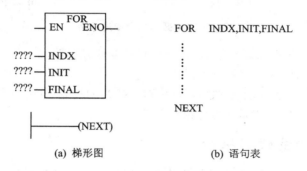

图 4 - 33　循环指令的 LAD 和 STL 形式

2. 参数说明

从图 4 - 33(a)中可以看出,循环指令盒中有三个数据输入端:当前循环计数 INDX(Index Value of Current Loop Count)、循环初值 INIT(Starting Value)和循环终值 FINAL(Ending Value)。在使用时必须给 FOR 指令指定 INDX、INIT 和 FINAL。

INDX 操作数:VW、IW、QW、MW、SW、SMW、LW、T、C、AC、* VD、* AC 和 * CD。这些操作数属 INT 型。

INIT 和 FINAL 操作数:VW、IW、QW、MW、SW、SMW、LW、T、C、AC、常数、* VD、* AC 和 * CD。这些操作数属于 INT 型。

循环指令使用举例如图 4 - 34 所示。当 I1.0 接通时,标为 A 的外层循环执行 100 次;当 I1.1 接通时,标为 B 的内层循环执行 2 次。

使用说明:

① FOR、NEXT 指令必须成对使用。

② FOR 和 NEXT 可以循环嵌套,嵌套最多为 8 层,但各个嵌套之间一定不可有交叉现象。

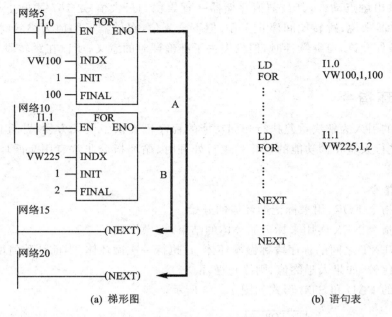

(a) 梯形图　　　　　　　　　　(b) 语句表

图4-34　循环指令使用举例

③ 每次使能输入(EN)重新有效时,指令将自动复位各参数。

④ 初值大于终值时,循环体不被执行。

⑤ 在使用循环指令时,要注意在循环体中对 INDX 的控制,这一点非常重要。

关于循环指令的高级应用举例参考第 7 章例 7-3。

4.4.5　获取非致命代码指令

GET_ERROR 指令将 CPU 的当前非致命错误代码存储到分配给 ECODE 的位置,CPU 中的非致命错误代码在存储后清除。该指令的梯形图及语句表形式如 4-35 所示。其中 ECODE 的数据类型为字型数据。

在 PLC 运行过程中,有时会出现一些非致命性的错误,这些错误发生后,会反映到某些特殊的存储器地址,如果知道这些特殊存储器中的数据后,就可以知道 PLC 发生了什么样的错误。该指令非常有用,借助于该指令,可以在 PLC 发生错误后控制程序进行必要的处理工作。

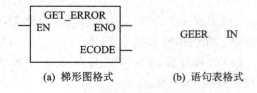

(a) 梯形图格式　　(b) 语句表格式

图4-35　获取非致命错误代码指令

说明:当 PLC 运行中发生非致命性错误时,特殊中间继电器 SM4.3 置 1,如果需要,这时就可以通过 GET_ERROR 指令标识特定错误了。使用完 GET_ERROR 指令,把错误信息存储后,在下一个扫描周期会清除特殊寄存器中的错误代码,并复位 SM4.3。

S7-200 SMART PLC 的非致命错误代码,以及非致命 SM 标志参见 SMART PLC 系统手册。

4.5　PLC 初步编程指导

4.5.1　梯形图编程的基本规则

梯形图编程的基本规则如下：

① PLC 内部元器件触点的使用次数是无限制的。

② 梯形图的每一行都是从左边母线开始，然后是各种触点的逻辑连接，最后以线圈或指令盒结束。触点不能放在线圈的右边，如图 4-36 所示。但如果是以有能量传递的指令盒结束时，可以使用 AENO 指令在其后面连接指令盒（较少使用），图 4-23 所示。

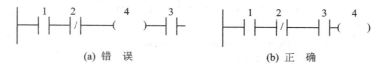

图 4-36　梯形图画法示例 1

③ 线圈和指令盒一般不能直接连接在左边的母线上，如需要的话可通过特殊的中间继电器 SM0.0（常用 ON 特殊中间继电器）完成，如图 4-37 所示。

④ 在同一程序中，同一编号的线圈使用两次及两次以上称做双线圈输出。双线圈输出非常容易引起误动作，所以应避免使用。S7-200 SMART PLC 中不允许双线圈输出。

图 4-37　梯形图画法示例 2

⑤ 应把串联多的电路块尽量放在最上边，把并联多的电路块尽量放在最左边，这样一是节省指令，程序循环周期短，二是美观，如图 4-38 所示。

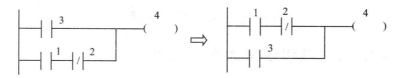

(a) 把串联多的电路块放在最上边

(b) 把并联多的电路块放在最左边

图 4-38　梯形图画法示例 3

⑥ 梯形图程序每行中的触点数没有限制，但如果太多，则在梯形图编程时，由于受屏幕显示的限制看起来会不舒服（需使用滑标），另外打印出的梯形图程序也不好看。所以，在使用时，如果一行的触点数太多，则可以采取一些中间过渡措施，比如使用中间继电器把过长的一

行梯形图程序分为两行或三行,使用举例如图 4-39 所示。

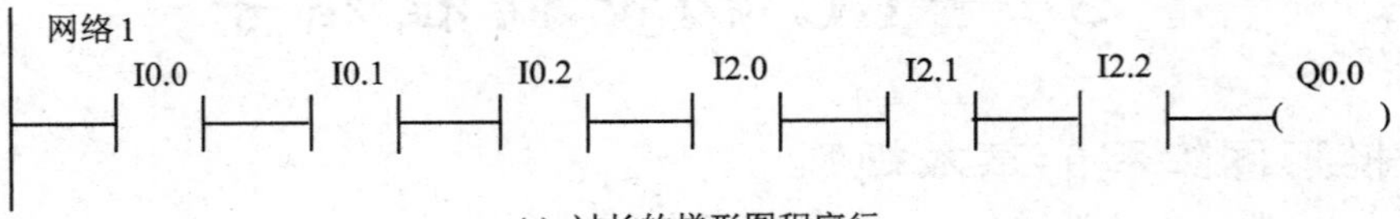

网络1

I0.0　　I0.1　　I0.2　　I2.0　　I2.1　　I2.2　　　　Q0.0

(a) 过长的梯形图程序行

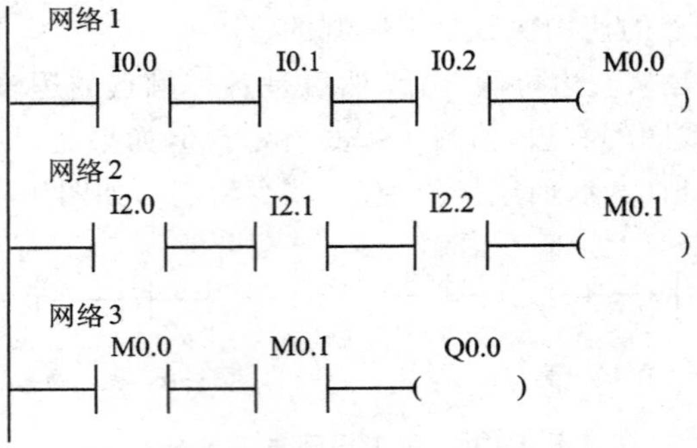

网络1

I0.0　　　　I0.1　　　　I0.2　　　　M0.0

网络2

I2.0　　　　I2.1　　　　I2.2　　　　M0.1

网络3

M0.0　　　　M0.1　　　　Q0.0

(b) 改造后的梯形图程序

图 4-39 梯形图程序的改造

⑦ 图 4-40 所示为梯形图的推荐画法。

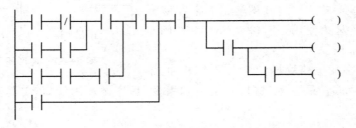

图 4-40　梯形图的推荐画法

4.5.2　LAD 和 STL 编程语言之间的转换

　　LAD 程序可以通过编程软件直接转换为 STL 形式。S7-200 SMART PLC 用 STL 编程时,如果也以每个独立的网络块为单位,则 STL 程序和 LAD 程序基本上是一一对应的,而且两者可以通过编程软件相互转换;如果不以每个独立的网络块为单位编程,而是连续编写,则 STL 程序和 LAD 程序不能通过编程软件相互转换,大家在使用时要注意。

　　LAD 是使用最多的编程语言,它非常直观易懂,对每个人都适用;用 STL 形式编写的程序简短,但不直观。

　　在 20 世纪 90 年代中期以前,小型 PLC 只配有非常简易的编程器,而没有能在计算机上编程的软件,编程器上面只能显示 2 行左右的 STL 程序,所以,用 LAD 设计完程序后,要想把它输入到 PLC 中,首先得把它转换成 STL 程序。PLC 编程器早已淘汰,现在在计算机上直接使用编程软件中的 LAD 语言编程并可以直接下载。虽然现在 STL 使用得不多了,但如果对 STL 比较熟悉,则会为你进一步理解 PLC 程序执行的原理带来帮助。下面的一个典型例子说明了从 LAD 到 STL 的转换步骤。

对每一个独立的 LAD 网络块中的程序,可分成若干小块,对每个小块按照从左到右、从上到下的原则进行编程。然后将程序块连接起来,就完成了该网络块的 STL 编程。图 4 - 41 详细介绍了两种编程语言互相转换的实现步骤。

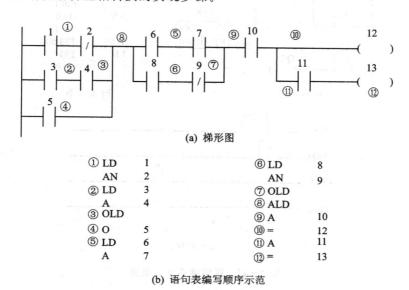

(a) 梯形图

① LD	1		⑥ LD	8
AN	2		AN	9
② LD	3		⑦ OLD	
A	4		⑧ ALD	
③ OLD			⑨ A	10
④ O	5		⑩ =	12
⑤ LD	6		⑪ A	11
A	7		⑫ =	13

(b) 语句表编写顺序示范

图 4 - 41 语句表编程举例

4.6 典型简单电路和环节的 PLC 程序设计

4.6.1 延时脉冲产生电路

要求在有输入信号后,过一段时间后产生一个脉冲。该电路常用于获取启动或关断信号,如图 4 - 42 所示为该电路的程序及时序图。

图 4 - 42 中利用脉冲指令在 I0.0 的上升沿产生一个计时启动脉冲,接下来的网络 2 是一个非常典型的环节。它的作用是当一个信号有效时,过一段时间后产生另外一个可以用做触发条件的脉冲信号。因为定时器没有瞬动触点,不可能用自身的触点组成自锁回路,所以必须用一个中间继电器 M0.1 组成延时逻辑。T33 定时到时,Q0.0 输出高电平,然后在下一个扫描周期 Q0.0 使 T33 复位,Q0.0 马上从"1"变为"0",所以 Q0.0 就是一个宽度为一个扫描周期的脉冲。

"经典"小电路:

对本例进行总结提炼后,形成如 4 - 43(a)所示的"经典"小电路,该电路的实质为"当有一个输入信号后,经过一段时间产生一个短脉冲信号"。这个"短脉冲信号"在以后进行 PLC 程序设计时非常有用,随着 4.7 节"简单设计法"的学习和编程练习的增多,大家会逐步体会到的。

本例只有一行程序,我们也称该电路为"自复位"电路,其意思是定时器在计时到后的下一

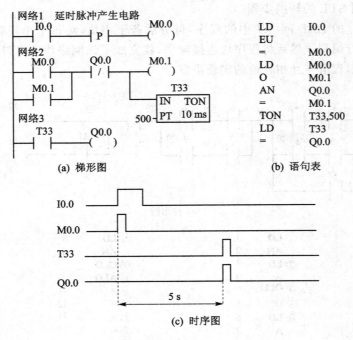

(a) 梯形图   (b) 语句表

(c) 时序图

图 4-42   延时脉冲产生电路

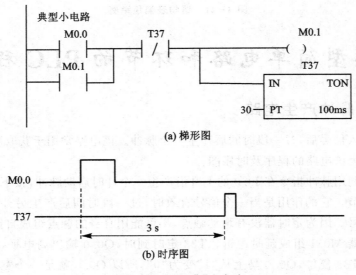

(a) 梯形图

(b) 时序图

图 4-43   "经典"小电路

个扫描周期就使自己复位,产生的"短脉冲信号"宽度为"一个扫描周期"。需要注意的是因为定时器刷新方式的不同(见图 4-26),这里的定时器必须使用分辨率为 100 ms 的定时器。

4.6.2   瞬时接通/延时断开电路

该电路要求在输入信号有效时,马上有输出,而输入信号 OFF 后,输出信号延时一段时间才 OFF,图 4-44 所示为该电路的程序及时序图。

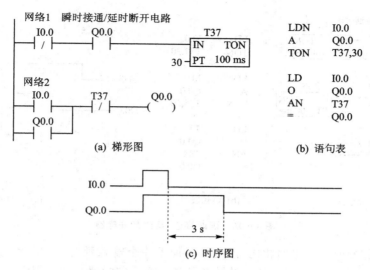

(a) 梯形图　　　　　　　　(b) 语句表

(c) 时序图

图 4 - 44　瞬时接通/延时断开电路

图 4 - 44 中,关键的问题是找出定时器 T37 的计时条件。本例中 T37 的计时条件是 I0.0 为 OFF 且 Q0.0 为 ON。因为 I0.0 变为 OFF 后,Q0.0 仍要保持通电状态 3 s,所以 Q0.0 的自锁触点是必需的。

图 4 - 45 是该例的另外一种设计方法,它使用了上例中的"经典"小电路环节。请注意下降沿的使用。

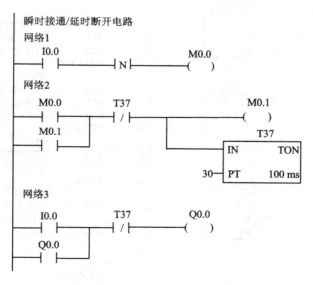

图 4 - 45　使用"经典"小电路设计程序

4.6.3　延时接通/延时断开电路

该电路要求有输入信号后,停一段时间输出信号才为 ON,而输入信号 OFF 后,输出信号延时一段时间才 OFF,如图 4 - 46 所示为该电路的程序及时序图。

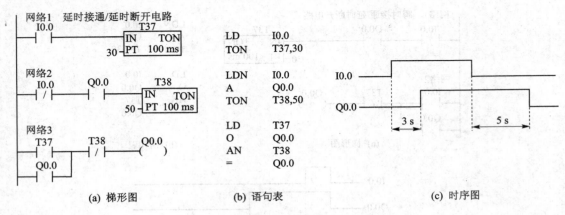

(a) 梯形图   (b) 语句表   (c) 时序图

图 4-46   延时接通/延时断开电路

和瞬时接通/延时断开电路相比,该电路多加了一个输入延时。T37 延时 3 s 作为 Q0.0 的启动条件,T38 延时 5 s 作为 Q0.0 的关断条件。两个定时器配合使用实现该电路的功能。

4.6.4   计数器的扩展

如前所述,一个计数器最大计数值为 32 767。在实际应用中,如果计数范围超过该值,就需要对计数器的计数范围进行扩展,图 4-47 所示为计数器扩展电路的程序。

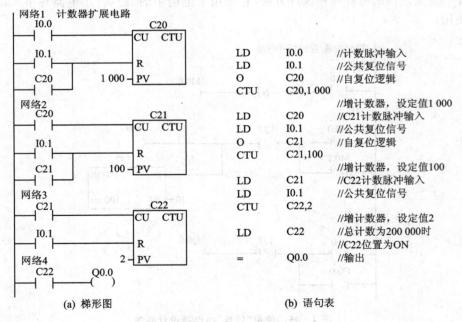

(a) 梯形图   (b) 语句表

图 4-47   计数器的扩展电路

在图 4-47 中,计数信号为 I0.0,它作为 C20 的计数端输入信号,每一个上升沿使 C20 计数 1 次;C20 的常开触点作为计数器 C21 的计数输入信号,C20 计数到 1 000 时,使计数器 C21 计数 1 次;C21 的常开触点作为计数器 C22 的计数输入信号,C21 每计数到 100 时,C22 计数 1 次。这样当 $C_{总} = 1\,000 \times 100 \times 2 = 200\,000$ 时,即当 I0.0 的上升沿脉冲数到 200 000 时,Q0.0

才被置位。

使用时,应注意计数器复位输入端逻辑的设计,要保证能准确及时复位。该例中,I0.1 为外置公共复位信号。C20 计数到 1 000 时,在使计数器 C21 计数 1 次之后的下一个扫描周期,它的常开触点使自己复位;同理,C21 计数到 100 时,在使计数器 C22 计数 1 次之后的下一个扫描周期,它的常开触点自行复位。

4.6.5　长定时电路

S7-200 SMART PLC 中的定时器最长定时时间不到 1 h,但在一些实际应用中,往往需要几小时甚至几天或更长时间的定时控制,这样仅用一个定时器就不能完成该任务。下例表示在输入信号 I0.0 有效后,经过 10 h 30 min 后将输出 Q0.0 置位。图 4-48 所示为该电路的梯形图程序。

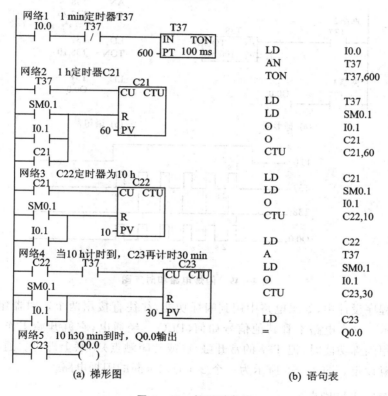

（a）梯形图　　　　　　　（b）语句表

图 4-48　长延时电路

在该例中,T37 每一分钟产生一个脉冲,所以是分钟计时器。C21 每小时产生一个脉冲,故 C21 为小时计时器。当 10 h 计时到时,C22 为 ON,这时 C23 再计时 30 min,则总的定时时间为 10 h 30 min,Q0.0 置位成 ON。

在该例的计数器复位逻辑中,有初始化脉冲 SM0.1 和外部复位按钮 I0.1。初始化脉冲完成在 PLC 上电时对计数器的复位操作,如果所使用的计数器不是设置为掉电保护模式,则不需要初始化复位。另外,图中的 C21 有自复位功能。

在定时时间很长,定时精度要求不高的场合,如小于 1 s 或 1 min 的误差可以忽略不计时,则可以使用时钟脉冲SM0.4(1 min 脉冲)或SM0.5(1 s钟脉冲)来构成长延时电路。在学习完第5章的"加1指令"后,可以用功能指令完成长延时电路的程序设计。

4.6.6　闪烁电路

　　闪烁电路也称做振荡电路,该电路用在报警、娱乐等场合。闪烁电路实际上就是一个时钟电路。它可以是等间隔的通断,也可以是不等间隔的通断。图4-49所示为一个典型闪烁电路的程序及时序图。在该例中,当I0.0有效时,T37就会产生一个1 s通、2 s断的闪烁信号。Q0.0和T37一样开始闪烁。

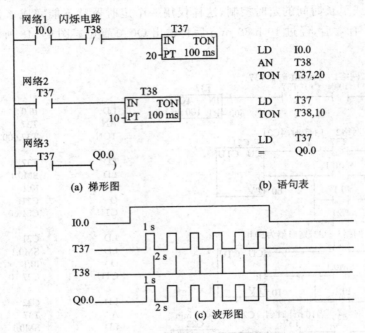

图 4-49　闪烁电路和时序图

　　在实际的程序设计中,如果电路中用到闪烁功能,往往直接用两个定时器组成闪烁电路,如图4-50所示。这个电路不管其他信号如何,PLC一经通电,它就开始工作。什么时候在程序中需要使用闪烁功能时,把T37的常开触点(或常闭触点)串联上即可。通断的时间值可以根据需要任意设定。图4-50所示为一个2 s通、2 s断的闪烁电路。

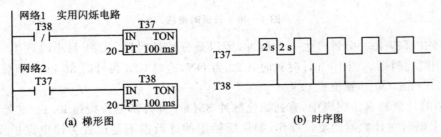

图 4-50　实际使用的闪烁电路和时序图

4.6.7　报警电路

报警是电气自动控制中不可缺少的重要环节,标准的报警功能应该是声光报警。当故障发生时,报警指示灯闪烁,报警电铃或蜂鸣器鸣响。操作人员知道故障发生后,按消铃按钮,把电铃关掉,报警指示灯从闪烁变为长亮。故障消失后,报警灯熄灭。另外还应设置试灯、试铃按钮,用于平时检测报警指示灯和电铃的好坏。

图 4 - 51 所示为标准报警电路,图中的输入/输出信号地址分配如下:

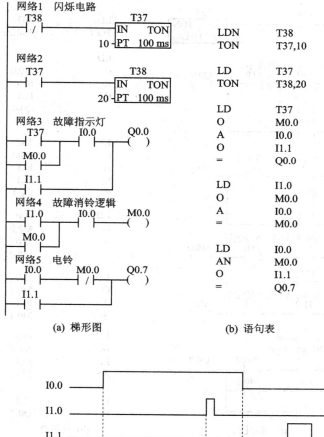

（a）梯形图　　　　（b）语句表

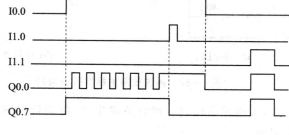

（c）时序图

图 4 - 51　标准报警电路及时序图

输入信号:I0.0 为故障信号;I1.0 为消铃按钮;I1.1 为试灯、试铃按钮。

输出信号:Q0.0 为报警灯;Q0.7 为报警电铃。

在实际的应用系统中可能出现的故障一般有多种,这时的报警电路就不一样了。对报警指示灯来说,一种故障对应于一个指示灯,但一个系统只能有一个电铃。下面设计一个有两种故障的报警电路供大家在实际使用时参考，多于两种故障报警的场合依此类推。

图4-52为两种故障标准报警电路图，图中输入/输出信号地址的分配如下：

输入信号I0.0为故障1；I0.1为故障2；I1.0为消铃按钮；I1.1为试灯、试铃按钮。

输出信号Q0.0为故障1指示灯；Q0.1为故障2指示灯；Q0.7为报警电铃。

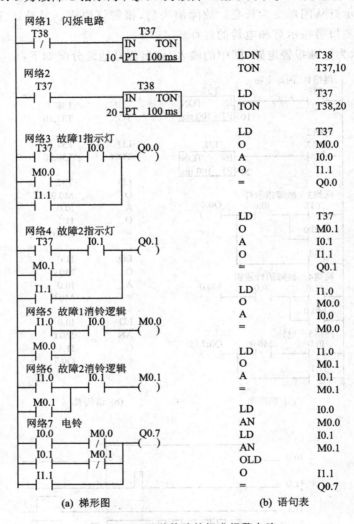

(a) 梯形图　　　　　　　(b) 语句表

图4-52　两种故障的标准报警电路

在该程序的设计中，关键是当任何一种故障发生时，按消铃按钮后，不能影响其他故障发生时报警电铃的正常鸣响。

4.7　PLC程序的简单设计法及应用举例

4.7.1　PLC程序的简单设计法

PLC的程序设计一般是凭设计者的经验来完成的，从事PLC程序设计时间越长的技术人员,其设计程序的速度也就越快,而且设计出的程序质量也越高。所有这一切都是靠长时间的探索和经验积累换来的,所以经验设计法并不适合初学者使用。有关 PLC 的书籍和文献也介绍过 PLC 程序设计的其他方法,如状态表法、功能图法和流程图法等。对初学者来说这些方法也有一定的难度(本书将在第 6 章中介绍功能图法)。在这里结合第 2 章 2.5 节电气线路图的简单设计法,也总结一个 PLC 程序的简单设计法,供参考使用。

从 2.5 节可知,在没有约束条件下,典型输出控制对象的基本逻辑函数可表示为

$$F_K = (X_{开} + K)\overline{X}_{关} \tag{4-1}$$

式中:K 为控制对象的当前状态,F_K 为下一个状态值,$X_{开}$ 为启动条件,$\overline{X}_{关}$ 为关断条件。在电气原理图中或梯形图中,K 其实就是自锁触点,F_K 就是输出线圈。为了安全性和可靠性,要求 $X_{开}$ 和 $X_{关}$ 为短信号。具有启动和关断约束条件的输出对象的逻辑函数可表示为

$$F_K = (X_{开}\,X_{开约} + K)(\overline{X}_{关} + \overline{X}_{关约}) \tag{4-2}$$

式中:$X_{开约}$ 为启动约束条件,$X_{关约}$ 为关断约束条件。同理,也要求 $X_{开约}$ 和 $X_{关约}$ 为短信号。

因为 K 是 F_K 的自锁触点,所以式(4-1)和式(4-2)中的自锁触点 K 在电气原理图中和 PLC 的梯形图程序中就用 F_K 表示。对 PLC 来说,设所有的输入信号均为常开触点接到 PLC 的输入端子,则式(4-1)和式(4-2)对应的 PLC 梯形图程序如图 4-53(a)和(b)所示。当然启动或关断的约束条件不一定同时都有,有时也可能有多个启动或关断约束条件,在使用时应按照本书所讲的基本原则,具体问题具体分析。

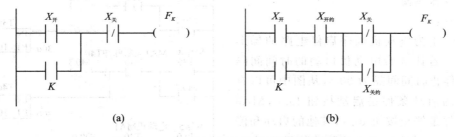

图 4-53　PLC 程序简单设计法的梯形图程序

PLC 的编程原理基本上和继电接触式系统的电气原理图设计相同,所以对于 PLC 控制系统中的输出对象基本上可以按上面的方法来设计程序。不论是电气控制系统还是 PLC 控制系统,编程的最终目的是控制输出对象,输出对象问题解决了,基本编程任务就完成了。

当然,在编程时,PLC 与继电器相比有其特殊性和优越性,这主要体现在:

① 内部元器件的触点可以无限制地使用;

② 大部分情况下,基本上可以不考虑逻辑元器件使用的浪费问题;

③ 利用软件编程(如脉冲指令、上升沿和下降沿指令,使用图 4-43 所示的经典小电路等等)很容易找出控制对象的启动和关断所需的短信号。

PLC 的这些特点在某些时候虽然增加了程序的长度,但却大大方便了程序设计人员,使他们能够设计出清晰、可靠的程序。

PLC 简单程序设计法的一般步骤和要求归纳如下:

① 找出输出对象的启动条件和关断条件,为了提高可靠性,要求它们最好是短脉冲信号;

② 如果该输出对象的启动或关断有约束条件,则找出约束条件;

③ 一般情况下，输出对象按照图 4-53(a)所示编程；有约束条件时，按图 4-53(b)所示编程；

④ 对程序进行全面检查和修改。

4.7.2　应用举例

例 4-1　电机顺序启/停电路。这里仍以第 2 章中相同的例题为例，以便大家进行比较，体会一下 PLC 程序设计的灵活和方便。

要求　3 台电动机按启动按钮后，MA1、MA2、MA3 正序启动；启动完成后，按停止按钮后，逆序停止。动作之间要有一定间隔。

分析　先把题目中的输入/输出点找出来，分配好对应的 PLC 的 I/O 地址。

输入点：

启动按钮：I0.0

停止按钮：I0.1

输出点：

电动机 MA11：Q0.0

电动机 MA2：Q0.1

电动机 MA3：Q0.2

注意：PLC 输出点实际上控制的是每个电动机的接触器线圈。

方法一：

图 4-54 为电动机顺序启停电路的梯形图及程序。若让 3 台电动机启动的时间间隔为 1 min，停止时间间隔为 30 s，从图中可以看出，MA1 的启动条件是启动按钮 I0.0，MA3 的停止条件是停止按钮 I0.1，其他的启动和停止条件都是定时器所产生的脉冲信号（1 个扫描周期）。T39、T40 是 100 ms 的定时器，可以使用自复位来产生脉冲信号。自复位可以使编程简单，所以，建议使用定时器时，如果允许，则尽量用 100 ms 的定时器（见定时器的正确使用一节）。

方法二：

图 4-55 是用比较指令编写的程序，在程序中电动机的启动和关断信号均为短信号（不一定是一个扫描周期）。

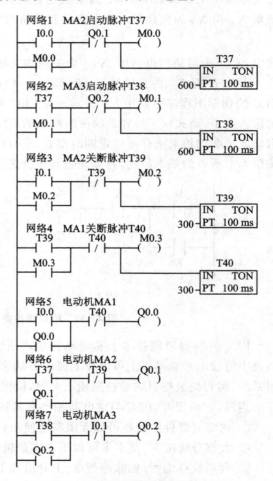

图 4-54　电动机顺序启停程序 1

在图中，使用了一个断电延时定时器 T38，大家一定要了解断电延时定时器的特性。它计时到设定值后，当前值停在设定值处而不像通电延时定时器继续往前计时。所以，T38 的定时值设定为 610，这使得再次按启动按钮 I0.0 时，T38 不等于 600 的比较触点为闭合状态，MA1 能够顺序启动。从图中也可以看出，使用一些复杂指令（包括以后要讲的功能指令），可以使程序变得简单，但条理不一定清晰。

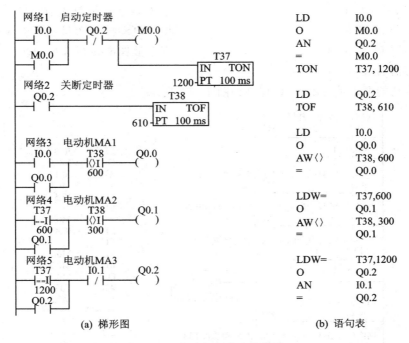

(a) 梯形图　　　　　　　　　　　(b) 语句表

图 4-55　电动机顺序启停程序 2

例 4-2　液体混合控制装置。

(1) 装置结构和工艺要求

图 4-56 为两种液体的混合装置结构图,BG1、BG2、BG3 为液位传感器,液面淹没时接通,两种液体(液体 A、液体 B)的流入和混合液体的流出分别由电磁阀 MB1、MB2、MB3 控制,MA 为搅拌电动机。控制要求如下:

① 初始状态　当装置投入运行时,容器内为放空状态。

② 启动操作　按下启动按钮 SF1,装置就开始按规定动作工作。液体 A 阀门打开,液体 A 流入容器。

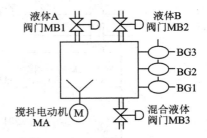

图 4-56　液体混合装置示意图

当液面到达 BG2 时,关闭液体 A 阀门 MB1,打开液体 B 阀门 MB2。当液面到达 BG3 时,关闭液体 B 阀门 MB2,搅拌电动机开始转动。搅拌电动机工作 1 min 后,停止搅动,混合液体阀门打开,开始放出混合液体。当液面下降到 BG1 时,BG1 由接通变为断开,再经过 20 s 后,容器放空,混合液体阀门 MB3 关闭,接着开始下一循环操作。

③ 停止操作　按下停止按钮后,要处理完当前循环周期剩余的任务后,系统停止在初始状态。

(2) 系统输入/输出点及其对应的 PLC 地址

输入点:　　　　　　　　　　　　　　输出点:

启动按钮 SF1:I0.0　　　　　　　　　液体 A 电磁阀 MB1:Q0.0

停止按钮 SF2:I0.1　　　　　　　　液体 B 电磁阀 MB2:Q0.1

液位传感器 BG1:I0.2　　　　　　　搅拌电动机 MA 接触器 QA:Q0.2

液位传感器 BG2:I0.3　　　　　　　混合液体电磁阀 MB3:Q0.3

液位传感器 BG3:I0.4

根据系统功能要求编写的 PLC 程序如图 4-57 所示。

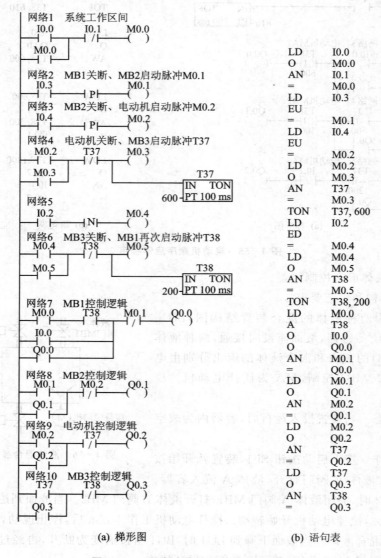

(a) 梯形图　　　　　　　　(b) 语句表

图 4-57　混合液体控制装置 PLC 程序

从该例中可以看出,对任何控制对象,如果准确地找出了它的可靠的开启和关断条件,则其程序也就编写出来了。在该例中,MB1 的启动信号是启动按钮,关断信号是 BG2 的上升沿脉冲;MB2 的启动信号是 BG2 的上升沿脉冲,关断信号是 BG3 的上升沿脉冲;MA 的启动信号是 BG3 的上升沿脉冲,关断信号是定时器 T37 计时到脉冲;MB3 的启动信号是定时器 T37 计时到脉冲,关断信号是定时器 T38 计时到脉冲。大家从使用中会体会到,启动及停止信号使用短脉冲信号,有效地避免了由于液面的波动所带来的不可靠隐患。

需要注意的是,液体 A 阀 MB1 的启动条件除了启动按钮 I0.0 外,还有每次循环周期开始的启动条件 T38,而且 T38 还带有约束条件 M0.0。系统开始工作后,不按停止按钮 I0.1 时,M0.0 为 ON,在每次放完混合液体后,系统都可以自动进入新的工作循环。按过停止按钮 I0.1 后,M0.0 为 OFF ,系统进行到最后一个动作,即混合液体放空后,由于 M0.0 · T38 = OFF,所以不能进入新的循环,系统停止在初始状态。只有再次按下启动按钮后,系统才可重新开始工作。M0.0 的作用就像一个桥梁一样,不按停止按钮,桥梁处于接通状态;按过停止按钮后,桥梁就断了。另外,把 M0.0 · T38 放在该网络块的最上边,更符合梯形图的编程规范。

本例是典型的工业应用场景示范:即生产过程的单循环和多循环控制,学习完本例后应该掌握其控制方法。

本章小结

本章是该课程的重点章节,PLC 最基本的编程指令和编程方法都在本章讲解。学习完本章后,大家可以编制出一般的 PLC 控制程序。

(1) 必须掌握直接寻址和间接寻址的使用方法,这是编程基础。PLC 内部的编程元件有多种,应当熟悉各种元器件和它们的直接寻址方式。在处理多个连续单元中的多个数据时,间接寻址方式非常有用。PLC 编程时用到的数据及数据类型可以是字符串、布尔型、整型和实型等,指令中常数可用二进制、十进制、十六进制、ASCII 码或浮点数据来表示。

(2) 基本指令是 PLC 编程的基础。要求熟练掌握各种指令在梯形图和语句表编程中的使用方法,理解指令的精髓,特别是要理解定时器和计数器的工作原理。

(3) 要知道程序控制指令,如跳转和循环等对元器件状态的影响。

(4) PLC 编程的一些规则是很多经验的总结,大家可以学习领会。

(5) 通过对典型电路的认识和学习,需要对 PLC 编程应有一个初步的掌握并记住一些典型电路的 PLC 程序设计方法。

(6) PLC 程序的简单设计法能解决大部分编程问题,后面的举例是对简单设计法的进一步讲解,可在理解的基础上掌握。

思考题与练习题

1. 什么是寻址方式? 一般来说寻址方式有几种? 请分别解释。

2. 间接寻址包括几个步骤? 试举例说明。

3. S7-200 SMART PLC 中共有几种分辨率定时器? 它们的刷新方式有何不同? S7-200 SMART PLC 中共有几种类型的定时器? 对它们执行复位指令后,它们的当前值和位的状态是什么?

4. S7-200 SMART PLC 中共有几种形式的计数器? 对它们执行复位指令后,它们的当前值和位的状态是什么?

5. 写出图 4-58 所示梯形图的语句表。

6. 写出图 4-59 所示梯形图的语句表。

7. 已知输入信号 I0.0 的波形,画出图 4-60 梯形图程序中 M0.0、M0.1、M0.2 和 Q0.0 的波形。

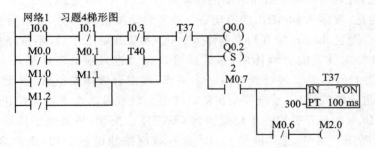

图 4 - 58　习题 5 梯形图程序

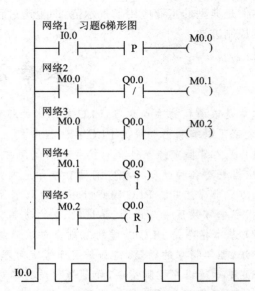

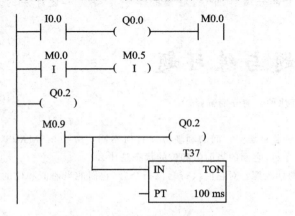

图 4 - 59　习题 6 梯形图程序　　　　图 4 - 60　习题 7 的梯形图程序和输入信号波形

8. 指出图 4 - 61 中的错误。

9. 设计图 4 - 62 所示二分频电路的梯形图程序。

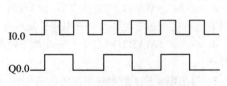

图 4 - 61　习题 8 梯形图　　　　　图 4 - 62　二分频电路波形图

10. 在输入信号宽度不规范的情况下,要求在每一个输入信号的上升沿产生一个宽度固定的脉冲,该脉冲宽度可以调节。需要说明的是,如果输入信号的两个上升沿之间的距离小于该脉冲宽度,则忽略输入信号的第二个上升沿。图 4－63 所示为该电路的时序图,试设计该电路的梯形图程序。

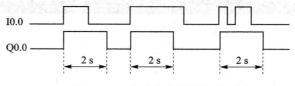

图 4－63　脉冲宽度可调电路

11. 试设计一个 30 h 40 min 的长延时电路程序。

12. 试设计一个照明灯的控制程序。当接在 I0.0 上的声控开关感应到声音信号后,接在 Q0.0 上的照明灯可发光 30 s。如果在这段时间内声控开关又感应到声音信号,则时间间隔从头开始。这样可确保在最后一次感应到声音信号后,灯光可维持 30 s 的照明。

13. 试设计一个抢答器电路程序。出题人提出问题,3 个答题人按动按钮,仅仅是最早按的人面前的信号灯亮,然后出题人按动复位按钮后,引出下一个问题。

14. 理解本章中"当有输入信号后,延时产生一个脉冲"的经典小电路在 PLC 程序"简单设计法"中的作用,并写出程序,画出波形图。

15. 用简单设计法设计一个对锅炉鼓风机和引风机控制的梯形图程序。控制要求:

① 开机时首先启动引风机,10 s 后自动启动鼓风机;

② 停止时,立即关断鼓风机,经 20 s 后自动关断引风机。

16. 多个传送带启动和停止示意如图 4－64 所示。初始状态为各个电动机都处于停止状态。按下启动按钮后,电动机 MA1 通电运行,行程开关 BG1 有效后,电动机 MA2 通电运行,行程开关 BG2 动作后,MA1 断电停止。其他传动带动作类推,整个系统循环工作。按停止按钮后,系统把目前的工作进行完后停止在初始状态。试设计其梯形图并写出语句表。

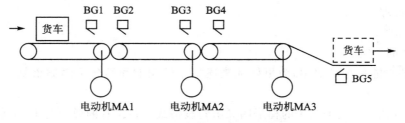

图 4－64　多个传送带控制示意图

17. 试设计第 2 章习题 10 的 PLC 控制系统程序,并和所设计的电气原理图进行比较。

18. 试设计第 2 章习题 11 的 PLC 控制系统程序,并和所设计的电气原理图进行比较。

19. 试设计第 2 章习题 12 的 PLC 控制系统程序,并和所设计的电气原理图进行比较。

第 5 章　PLC 功能指令及应用

本章重点

● 程序结构及子程序/中断

● 传送类指令

● 运算指令

● 高速计数器及高速输出指令

● PID 指令

本章先讲解程序结构，从而引出子程序和中断技术，子程序和中断程序的使用也必须由相应的功能指令来完成。

除了具有丰富的逻辑指令外，PLC 还有丰富的功能指令（Function Instruction），它极大地拓宽了 PLC 的应用范围，增强了 PLC 编程的灵活性。功能指令的主要作用是：完成更为复杂的控制程序的设计、完成特殊工业控制环节的任务，或者使程序设计更加优化和方便。

（1）S7-200 SMART PLC 的功能指令主要类型

① 传送、移位及填充指令；

② 算术运算与逻辑运算指令；

③ 数据转换指令；

④ 时钟指令；

⑤ 高速处理指令；

⑥ PID 指令。

（2）指令的约定

在本章的功能指令讲解中，为更好地表述指令的功能和简化烦琐的重复介绍，特做以下约定：

① 指令格式　给出了指令的梯形图和语句表格式。在所有的说明图中，上面的指令盒为 LAD 格式，下面为指令的 STL 格式。

② 功能描述　详细描述了指令的功能，讲解了使用中的注意事项。

③ 字符含义　B 表示字节，W 表示字，I 表示整数，DW 表示双字（LAD 中），DI 表示双整数（LAD 中），D 表示双字或双整数（STL 中），R 表示实数。

④ 数据类型　读者要特别注意指令的操作数形式。对操作数的内容，本书有如下约定：

● 字节型包括 VB、IB、QB、MB、SB、SMB、LB、AC、* VD、* LD、* AC 和常数；

● 字型及 INT 型包括 VW、IW、QW、MW、SW、SMW、LW、AC、T、C、* VD、* LD、* AC 和常数；

● 双字型及 DINT 型包括 VD、ID、QD、MD、SD、SMD、LD、AC、* VD、* LD、* AC 和常数；

● 字符型字节包括 VB、LB、* VD、* LD 和 * AC。

操作数分输入操作数（IN）和输出操作数（OUT）。以上对操作数的概括只是一般总结，具体使用到每条指令时,可能会有微小的不同。另外,输入操作数(IN)和输出操作数(OUT)的相同数据类型其内容也会有微小不同,例如输出操作数(OUT)一般不包括常数。

在介绍数据类型时,使用了简化的方法。例如"数据类型:输入/输出均为字节(字、双字或实数)"是指输入和输出均可以使用这些数据类型的数据,但必须一一对应,即输入为"字节"时,输出也必须为"字节";输入为"字"时,输出也必须为"字"……依次类推。

⑤ EN 与 ENO　在梯形图中,S7-200 SMART PLC 用一个方框表示每一条功能指令,这些方框称做指令盒。假想梯形图的母线能提供一种能流,并在梯形图中流动,每个指令盒都有一个使能输入端 EN(Enable In)和一个使能输出端 ENO(Enable Out)。当 EN 端有能流,即EN 端有效时,该条功能指令才被执行。如果 EN 端有能流且该功能指令执行无误时,则 ENO为 1,即 ENO 能把这种能流传递下去;如果指令执行有误,则 ENO 为 0,能流不能继续传递。请切记所有的功能指令只有在 EN 端有效时才被执行。

⑥ 标志位　由一些特殊继电器组成,如 SMB1(见附录 C-3)。它们用来记录在执行功能指令时所产生的一些特殊信息。由于在教学时的编程举例中很少使用标志位,因此除个别情况外,书中没有对功能指令影响标志位的情况进行说明。在具体使用时,读者可以查阅 S7-200 SMART 系统手册。

⑦ 使能信号　有些功能指令需要的是使能信号的上升沿,若使能信号不是宽度为一个扫描周期的脉冲信号,则可能会产生意外结果。所以,在使用功能指令时,一定要注意对输入使能信号的处理,这一点非常重要。请结合 PLC 循环扫描的工作机理来理解使能信号的"长"和"短"对功能指令执行结果的影响。

5.1　程序结构

S7-200 SMART PLC 的程序由三部分构成:用户程序、数据块和参数块。

1. 用户程序

在一个控制系统中用户程序是必须有的,用户程序在存储器空间中也称做组织块,它处于最高层次,可以管理其他块,可以使用各种语言(如 STL、LAD 或 FBD 等)编写用户程序。不同机型的 CPU 其程序空间容量也不同,即对用户程序的长短有规定,但程序存储器的容量对一般场合使用来说已绰绰有余了。

用户控制程序可以包含一个主程序、若干子程序和若干中断程序。主程序是必需的,而且也只能有一个,子程序和中断程序的有无和多少是可选的,它们的使用要根据具体使用情况来决定。在重复执行某项功能的时候,子程序是非常有用的;当特定的情况发生,需要及时执行某项控制任务时,中断程序又是必不可少的。程序结构示意如图 5-1 所示。

2. 数据块

数据块为可选部分,它主要存放控制程序运行所需的数据。数据块不一定在每个控制系统的程序设计中都使用,但使用数据块可以完成一些有特定数据处理功能的程序设计,比如为变量存储器 V 指定初始值。

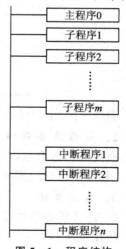

图 5-1　程序结构

3. 参数块

参数块存放的是 CPU 组态数据,如果在编程软件或其他编程工具上未进行 CPU 的组态,则系统以默认值进行自动配置。在有特殊需要时,用户可以对系统的参数块进行设定,比如有特殊要求的输入、输出设定、掉电保持设定等,但大部分情况下使用默认值。

5.2　子程序

子程序在结构化程序设计中是一种方便有效的工具。S7-200 SMART PLC 的指令系统具有简单、方便、灵活的子程序调用功能。与子程序有关的操作有:建立子程序、子程序的调用和返回。

5.2.1　建立子程序

建立子程序是通过编程软件来完成的。可用编程软件"编辑"菜单中的"插入"选项选择"子程序",以建立或插入一个新的子程序,同时,在指令树窗口中可以看到新建的子程序图标。在一个程序中可以有多个子程序,其地址序号排列为 SBR0～SBRn,其默认的程序名是 SBR_0～SBR_n,用户也可以在图标上直接更改子程序的程序名,把它变为更能描述该子程序功能的名字,如图 5-2 所示的"WYH"就是自己定义的子程序名字。不同的 CPU,所允许的子程序个数也不同。建立子程序时,按建立的先后次序,其地址序号从 SBR0 开始依次向后排列。在指令树窗口双击子程序的图标就可进入子程序,并对它进行各种编辑。

5.2.2　子程序的调用

1. 子程序调用指令(CALL)

在使能输入有效时,主程序把程序控制权交给子程序。子程序的调用可以带参数,也可以不带参数。它在梯形图中以指令盒的形式编程。指令格式如表 5-1 所列。

表 5-1　子程序调用指令格式

指　令	子程序调用指令	子程序条件返回指令
LAD	子程序名 ─EN	──(RET)
STL	CALL　子程序名	CRET

参数 n:为字型常数。n 为 0～127,即最多可以有 128 个子程序。

2. 子程序条件返回指令(CRET)

在使能输入有效时,结束子程序的执行,返回主程序中(返回到调用此子程序的下一条指令)。梯形图中以线圈的形式编程,指令不带参数。指令格式如表 5-1 所列。

3. 应用举例

图 5-2 所示的程序实现用外部控制条件分别调用两个子程序。

使用说明:

① CRET 多用于子程序的内部,由判断条件决定是否结束子程序调用,RET 用于子程序

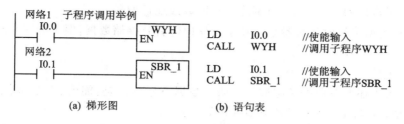

图 5-2　子程序调用举例

的结束。用编程软件编程时,在子程序结束处,不需要手工输入 RET 指令,软件会自动在内部加到每个子程序结尾(不显示出来)。

② 如果在子程序的内部又对另一子程序执行调用指令,则这种调用称做子程序的嵌套。子程序的嵌套深度最多为 8 级。

③ 当一个子程序被调用时,系统自动保存当前的堆栈数据,并把栈顶置 1,堆栈中的其他值为 0,子程序占有控制权。子程序执行结束,通过返回指令自动恢复原来的逻辑堆栈值,调用程序又重新取得控制权。

④ 累加器可在调用程序和被调用子程序之间自由传递,所以累加器的值在子程序调用时既不保存也不恢复。

⑤ 当子程序在一个扫描周期内被多次调用时,在子程序中不能使用上升沿、下降沿、定时器和计数器指令。

子程序的使用参见第 5 章和第 7 章的有关例题。

5.2.3　带参数的子程序调用

子程序中可以有参变量,带参变量的子程序调用极大地扩大了子程序的使用范围,增加了调用的灵活性。它主要用于功能类似的子程序块的编程。子程序的调用过程如果存在数据的传递,则在调用指令中应包含相应的参数。

1. 子程序参数

子程序最多可以传递 16 个参数,参数在子程序的局部变量表中加以定义。参数包含下列信息:变量名、变量类型和数据类型。

(1) 变量名

变量名最多用 23 个字符表示,第一个字符不能是数字。

(2) 变量类型

变量类型是按变量对应数据的传递方向来划分的,可以是传入子程序(IN)、传入和传出子程序(IN_OUT)、传出子程序(OUT)和暂时变量(TEMP)等 4 种类型。4 种变量类型的参数在变量表中的位置必须按以下先后顺序:

① IN 类型　传入子程序参数。参数可以是直接寻址数据(如 VB100)、间接寻址数据(如 *AC1)、立即数(如 16#2344)或数据的地址值(如 &VB106)。

② IN_OUT 类型　传入和传出子程序参数。调用时将指定参数位置的值传到子程序,返回时从子程序得到的结果值被返回到同一地址。参数可以采用直接和间接寻址,但立即数(如 16#1234)和地址值(如 &VB100)不能作为参数。

③ OUT 类型:传出子程序参数。它将从子程序返回的结果值送到指定的参数位置。输

出参数可以采用直接和间接寻址,但不能是立即数或地址编号。

④ TEMP 类型　暂时变量参数。在子程序内部暂时存储数据,但不能用来与调用程序传递参数数据。

(3) 数据类型

局部变量表中还要对数据类型进行声明。数据类型可以是:能流、布尔型、字节型、字型、双字型、整数型、双整型和实型。各类型叙述如下:

① 能流　仅允许对位输入操作,是位逻辑运算的结果。在局部变量表中布尔能流输入处于所有类型的最前面。

② 布尔型　布尔型用于单独的位输入和输出。

③ 字节、字和双字型　这 3 种类型分别声明一个 1 字节、2 字节和 4 字节的无符号输入或输出参数。

④ 整数、双整数型　这 2 种类型分别声明一个 2 字节或 4 字节的有符号输入或输出参数。

⑤ 实型　该类型声明一个 IEEE 标准的 32 位浮点参数。

2. 参数子程序调用的规则

① 常数参数必须声明数据类型　例如,把值为 223 344 的无符号双字作为参数传递时,必须用 DW♯223 344 来指明。如果缺少常数参数的这一描述,常数可能会被当作不同类型使用。

② 输入或输出参数没有自动数据类型转换功能　例如,局部变量表中声明一个参数为实型,而在调用时使用一个双字,则子程序中的值就是双字。

③ 参数在调用时必须按照一定的顺序排列,先是输入参数,然后是输入输出参数,最后是输出参数和暂时变量。

3. 变量表的使用

按照子程序指令的调用顺序,参数值分配给局部变量存储器,起始地址是 L0.0。当在局部变量表中加入一个参数时,系统自动给各参数分配局部变量存储空间。1~8 连续位参数值分配一个字节,即从 Lx.0 到 Lx.7,字节、字和双字值按照字节顺序在局部变量存储器中分配(LBx、LWx 或 LDx)。使用编程软件时,地址分配是自动的。在局部变量表中要加入一个参数,单击要加入的变量类型区可以得到一个选择菜单,选择"插入",然后选择"下一行"即可。局部变量表使用局部变量存储器 L。

参数子程序调用指令格式:

CALL　　　　　　子程序名,参数 1,参数 2,…,参数 n

4. 程序实例

图 5 - 3 所示为一个带参数调用的子程序实例,其局部变量分配如表 5 - 2 所列。

表 5 - 2　局部变量表

器件地址	L 地址	参数名	参数类型	数据类型	说　明
I0.0	无	EN	IN	BOOL	指令使能输入参数
I0.1	L0.0	IN1	IN	BOOL	第 1 个输入参数,布尔型
VB10	LB1	IN2	IN	BYTE	第 2 个输入参数,字节型

器件地址	L 地址	参数名	参数类型	数据类型	说　明
I1.0	L2.0	IN3	IN	BOOL	第 3 个输入参数,布尔型
VW20	LW3	IN4	IN	INT	第 4 个输入参数,整型
VD30	LD5	IN_OUT1	IN_OUT	DWORD	第 1 个输入输出参数,双字型
Q0.0	L9.0	OUT1	OUT	BOOL	第 1 个输出参数,布尔型
VD50	LD10	OUT2	OUT	REAL	第 2 个输出参数,实数型

说明:图 5 - 3(b)的 STL 程序并不是从图 5 - 3(a)转换过来的,而是单独编写的;同样从图 5 - 3(b)也转换不成图 7 - 3(a)。编程软件使用 LB60~LB63 保存调用参数数据,所以,在编程时只有使用 LB60~LB63 中的一些位(如 LB60.0)作为能流输入参数,才能实现带参数子程序的程序格式之间的转换。具体使用请参考 S7-200 SMART PLC 系统手册。

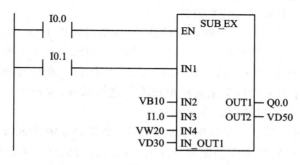

(a) 梯形图

```
LD     I0.0
CALL   SUB_EX, I0.1, VB10, I1.0, VW20, VD30, Q0.0, VD50
```

(b) 语句表

图 5 - 3　带参数子程序调用举例

5.3　中　断

中断技术在处理复杂和特殊的控制任务时是必需的,它属于 PLC 的高级应用技术。中断是由设备或其他非预期的急需处理的事件引起的,某些中断事件的发生具有随机性,它使系统暂时中断现在正在执行的程序,而转到中断服务程序去处理这些事件,处理完毕后再返回原程序执行。中断在可编程序控制器的实时处理、运动控制、网络通信中非常重要。

5.3.1　几个基本概念

1. 中断源及种类

中断源,即中断事件发出中断请求的来源。S7-200 SMART PLC 具有 40 多个中断源,每个中断源都分配一个编号加以识别,称做中断事件号。这些中断源大致分为三大类:通信中断、输入/输出中断和时基中断。

（1）通信中断

可编程序控制器的通信口可由程序来控制,通信中的这种操作模式称做自由通信口模式,利用数据接收和发送中断可以对通信进行控制。在这种模式下,用户可以通过编程来设置波特率、奇偶校验和通信协议等参数。详细的应用举例参见第 7 章。

（2）输入/输出中断

输入/输出中断包括外部输入中断、高速计数器中断和脉冲串输出中断。外部输入中断是系统利用 I0.0～I0.3,或带有可选数字量输入信号板的标准型 CPU 的输入通道 I7.0 和 I7.1 的上升沿或下降沿产生中断,这些输入点可用作连接某些一旦发生就必须引起注意的外部事件;高速计数器中断可以响应当前值等于预设值、计数方向改变、计数器外部复位等事件所引起的中断;脉冲串输出中断可以用来响应给定数量的脉冲输出完成所引起的中断,其典型应用是对步进电机的控制。

（3）时基中断

时基中断包括定时中断和定时器中断。

① 定时中断　可用来支持一个周期性的活动,周期时间以 1 ms 为计量单位,周期时间可以是 1～255 ms。对于定时中断 0,把周期时间值写入 SMB34;对于定时中断 1,把周期时间值写入 SMB35。每当达到定时时间值,相关定时器溢出,执行中断处理程序。定时中断可以用来以固定的时间间隔作为采样周期来对模拟量输入进行采样,也可以用来执行一个 PID 控制回路;另外定时中断在自由口通信编程时非常有用。

当把某个中断程序连接到一个定时中断事件上,如果该定时中断被允许,那就开始计时。当定时中断重新连接时,定时中断功能能清除前一次连接时的任何累计值,并用新值重新开始计时。理解这一点非常重要。

② 定时器中断　可以利用定时器来对一个指定的时间段产生中断。这类中断只能使用分辨率为 1 ms 的定时器 T32 和 T96 来实现。当所用定时器的当前值等于预设值时,在主机正常的定时刷新中,执行中断程序。

2. 中断优先级

在中断系统中,全部中断源按中断性质和处理的轻重缓急进行,并给以优先权。所谓优先权,是指多个中断事件同时发出中断请求时,CPU 对中断响应的优先次序。中断优先级由高到低依次是:通信中断、输入/输出中断、时基中断。每种中断中的不同中断事件又有不同的优先权。所有中断事件及优先级如表 5-3 所列。

表 5-3　中断事件及优先级

组优先级	组内类型	中断事件号	中断事件描述	组内优先级
通信中断 （最高级）	通信口 0	8	通信口 0:接收字符	0
		9	通信口 0:发送完成	0
		23	通信口 0:接收信息完成	0
	通信口 1	24	通信口 1:接收信息完成	1
		25	通信口 1:接收字符	1
		26	通信口 1:发送完成	1

续表 5－3

组优先级	组内类型	中断事件号	中断事件描述	组内优先级
输入/输出中断（中等）	脉冲输出	19	PTO0:脉冲串输出完成中断	0
		20	PTO1:脉冲串输出完成中断	1
		34	PTO2 脉冲计数完成	2
	外部输入	0	I0.0:上升沿中断	2
		2	I0.1:上升沿中断	3
		4	I0.2:上升沿中断	4
		6	I0.3:上升沿中断	5
		35	I7.0 上升沿(信号板)	7
		37	I7.1 上升沿(信号板)	8
		1	I0.0:下降沿中断	6
		3	I0.1:下降沿中断	7
		5	I0.2:下降沿中断	8
		7	I0.3:下降沿中断	9
		36	I7.0 下降沿(信号板)	13
		38	I7.1 下降沿(信号板)	14
	高速计数器	12	HSC0:当前值等于预设值中断	15
		27	HSC0:输入方向中断	16
		28	HSC0:外部复位中断	17
		13	HSC1:当前值等于预设值中断	18
		14	保　留	19
		15	保　留	20
		16	HSC2:当前值等于预设值中断	21
		17	HSC2:输入方向改变中断	22
		18	HSC2:外部复位中断	23
		32	HSC3:当前值等于预设值中断	24
		29	HSC4:当前值等于预设值中断	25
		30	HSC4:输入方向改变中断	26
		31	HSC4:外部复位中断	27
		33	HSC5:当前值等于预设值中断	28
		43	HSC5 输入方向改变中断	29
		44	HSC5 外部复位中断	30
时基中断（最低级）	定　时	10	定时中断 0(SMB34 控制时间间隔)	0
		11	定时中断 1(SMB35 控制时间间隔)	1
	定时器	21	T32 当前值等于预设值中断	2
		22	T96 当前值等于预设值中断	3

在 PLC 中,CPU 按先来先服务的原则响应中断请求,一个中断程序一旦执行,就一直执行到结束为止,不会被其他甚至更高优先级的中断程序所打断。在任何时刻,CPU 只执行一个中断程序。中断程序执行中,新出现的中断请求按优先级和到来时间的先后顺序进行排队等候处理。中断队列能保存的最大中断个数有限,如果超过队列容量,则会产生溢出,某些特殊标志存储器位被置位。中断队列、溢出标志位及队列容量如表 5 - 4 所列。

表 5 - 4　各中断队列最大中断数

中断队列种类	中断队列溢出标志位 (0:不溢出;1:溢出)	最大中断排队个数
通信中断队列	SM4.0	4 个
I/O 中断队列	SM4.1	16 个
时基中断队列	SM4.2	8 个

5.3.2　中断指令

中断调用即调用中断程序,使系统对特殊的内部事件做出响应。系统响应中断时自动保存逻辑堆栈、累加器和某些特殊标志存储器位,即保护现场。中断处理完成时,又自动恢复这些单元原来的状态,即恢复现场。

1. 中断连接指令(Attach Interrupt)

指令格式:LAD 及 STL 格式如图 5 - 4(a)所示。

功能描述:将一个中断事件和一个中断程序建立联系,并允许这一中断事件。

数据类型:中断程序号 INT 和中断事件号 EVNT 均为字节型常数。

INT 的取值范围是常数 0～127,不同 CPU 主机的 EVNT 取值范围不同,如表 5 - 5 所列。

表 5 - 5　EVNT 取值范围

CPU 型号	各 SR/ST 型 CPU	各 CR 型 CPU
EVNT 取值范围	0～13,16～44	0～13,16～18,21～23,27,28,32

2. 中断分离指令(Detach Interrupt)

指令格式:LAD 及 STL 格式如图 5 - 4(b)所示。

功能描述:切断一个中断事件和所有程序的联系,使该事件的中断回到不激活或无效状态,因而禁止了该中断事件。本指令主要用于对某一事件单独禁止中断。

数据类型:中断事件号 EVNT 为字节型常数。

3. 开中断指令(Enable Interrupt)及关中断指令(Disable Interrupt)

指令格式:LAD 及 STL 格式如图 5 - 4(c)所示。

ENI:开中断指令(中断允许指令),全局开放(或允许)所有被连接的中断事件。梯形图中以线圈形式编程,无操作数。

DISI:关中断指令(中断禁止指令),全局关闭(或禁止)所有被连接的中断事件。梯形图中以线圈形式编程,无操作数。

4. 清除中断事件指令（CLEAR EVENT）

在一些有潜在的非期望中断事件发生的特殊情况下使用。

指令格式：LAD 及 STL 格式如图 5 - 4(d)所示。

功能描述：该指令可以从中断队列中清除所有 EVENT 类型的中断事件，它可以用来从队列中清除不需要的中断事件，从而避免预料之外的中断事件的发生。

数据类型：中断事件号 EVENT 为字节型常数。

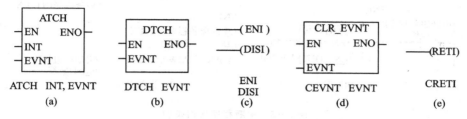

图 5 - 4　中断指令格式

5. 中断条件返回（CRETI）

有些情况下，不一定要把中断程序完全执行完，当满足一定条件时，也可以提前结束中断程序的执行，返回主程序。

指令格式：LAD 及 STL 格式如图 5 - 4(e)所示。

功能描述：条件返回指令（Condition Return From Interrupt Instruction）。可根据前面的逻辑操作的条件从中断程序中返回，无操作数。

注　意：

① 多个事件可以调用同一个中断程序，但同一个中断事件不能同时指定多个中断服务程序。否则，在中断允许时，若某个中断事件发生，系统默认只执行为该事件指定的最后一个中断程序。

② 当系统由其他模式切换到 RUN 模式时，就自动关闭了所有的中断。

③ 可以通过编程，在 RUN 模式下，用使能输入执行 ENI 指令来开放所有的中断，以实现对中断事件的处理。全局关中断指令 DISI 使所有中断程序不能被激活，但允许发生的中断事件等候，直到使用开中断指令重新允许中断。

④ 特别提示：在一个程序中若使用中断功能，则至少要使用一次 ENI 指令，不然程序中的 ATCH 指令完不成使能中断的任务。

例 5 - 1　编写一段程序完成一个数据采集任务，要求每 200 ms 采集一个数。本程序如图 5 - 5 所示。

5.3.3　中断程序

中断程序也称中断服务程序，是用户处理中断事件而事先编制的程序。编程时可以用中断程序入口处的中断程序标号来识别每个中断程序。

1. 构　成

中断程序必须由三部分构成：中断程序标号、中断程序指令和无条件返回指令。中断程序标号，即中断程序的名称，它在建立中断程序时生成；中断程序指令是中断程序的实际有效部

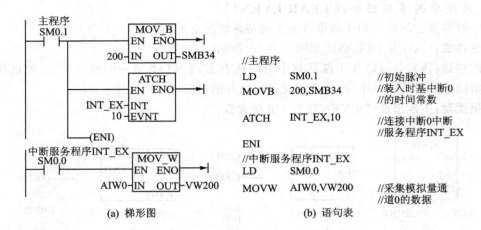

(a) 梯形图　　　　　　　　(b) 语句表

图 5-5　中断程序使用举例

分,对中断事件的处理就是由这些指令组合完成的,在中断程序中可以调用嵌套子程序;中断返回指令用来退出中断程序回到主程序。有两种返回指令:一种是无条件中断返回指令,程序编译时由软件自动在程序结尾加上该指令,而不必由编程人员手工输入;另一种是条件返回指令 CRETI,在中断程序内部用它可以提前退出中断程序。

2. 要　求

中断程序的编写要求是:短小精悍、执行时间短。用户应最大限度地优化中断程序,否则意外情况可能会导致由主程序控制的设备出现异常操作。

3. 编制方法

用编程软件,在"编辑"菜单下的"插入"中选择"中断",则自动生成一个新的中断程序编号。在一个程序中可以有多个中断程序,其地址序号排列为 INT0~INTn,其默认的中断程序名是 INT_0~INT_n。用户也可以在图标上直接更改中断程序的程序名,把它变为更能描述该中断程序功能的有实际意义的名字。建立中断程序时,按建立的先后次序,其地址序号从 INT0 开始依次向后排列。在指令树窗口双击中断程序的图标就可进入中断程序,并对它进行各种编辑。

注　意:

① 在执行中断程序和中断程序调用的子程序时可以共用累加器和逻辑堆栈;

② 在中断程序中不能使用 DISI、ENI、HDEF、LSCR 和 END 指令。

中断程序应用实例可参见高速指令和 PID 指令部分,复杂中断的高级应用举例请参考第7章例 7-3。

5.4　传送、移位和填充指令

此类指令涉及对数据的非数值运算操作,主要包括传送、移位、字节交换、循环移位和填充等指令。

5.4.1　传送类指令

该类指令用来完成各存储单元之间进行一个或者多个数据的传送,可分为单一传送指令和块传送指令。

1. 单一传送(Move)

单一传送包括字节传送、字传送和双字传送。

指令格式: LAD 和 STL 格式如图 5-6(a)所示,图中的□处可为 B、W、DW(LAD 中)、D(STL 中)或 R。

功能描述: 使能输入有效时,把一个单字节(字、双字或实数)数据由 IN 传送到 OUT 所指的存储单元。

数据类型: 输入/输出均为字节(字、双字或实数)。

2. 块传送(Block Move)

该类指令可进行一次多个(最多 255 个)数据的传送,包括字节块传送、字块传送和双字块传送。

指令格式: LAD 及 STL 格式如图 5-6(b)所示,图中的□处可为 B、W、DW(LAD 中)、D(STL 中)或 R。

功能描述: 把从 IN 开始的 N 个字节(字或双字)型数据传送到从 OUT 开始的 N 个字节(字或双字)存储单元。

数据类型: 输入/输出均为字节(字或双字),N 为字节。

3. 字节立即传送(Move Byte Immediate)

字节立即传送指令就像位指令中的立即指令一样,用于输入和输出的立即处理。

(1) 传送字节立即读指令 BIR(Move Byte immediate Read)

指令格式: LAD 及 STL 格式如图 5-6(c)所示。

功能描述: 立即读取单字节物理区数据 IN,并传送到 OUT 所指的字节存储单元,该指令用于对输入信号的立即响应。

数据类型: 输入为 IB,输出为字节。

(2) 传送字节立即写指令 BIW(Move Byte Immediate write)

指令格式: LAD 及 STL 格式如图 5-6(d)所示。

功能描述: 立即将 IN 单元的字节数据写到 OUT 所指的字节存储单元的物理区及映像区,它用于把计算出的 Q 结果立即输出到外部负载。

数据类型: 输入为字节,输出为 QB。

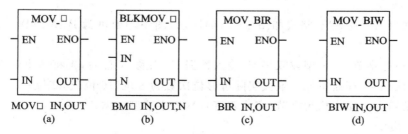

图 5-6　传送指令格式

例 5-2　传送类指令应用举例。

LD	I0.0	
EU		//只在 I0.0 的上升沿执行一次操作
MOVB	VB100，VB200	//字节 VB100 中的数据送到字节 VB200 中
MOVW	VW110，VW210	//字 VW110 中的数据送到字 VW210 中
MOVD	VD120，VD220	//双字 VD120 中的数据送到双字 VD220 中
BMB	VB130，VB230，4	//字节 VB130 开始的 4 个连续字节中的数据送到
		//VB230 开始的 4 个连续字节存储单元中
BMW	VW140，VW240，4	//字 VW140 开始的 4 个连续字中的数据送到字
		//VW240 开始的 4 个连续字存储单元中
BMD	VD150，VD250，4	//双字 VD150 开始的 4 个连续双字中的数据送到双字
		//VD250 开始的 4 个连续双字存储单元中
BIR	IB1，VB270	//I1.0 到 I1.7 的物理输入状态立即送到 VB270 中，不受扫描
		//周期的影响
BIW	VB280，QB0	//VB280 中的数据立即从 Q0.0 到 Q0.7 端子输出，不受扫描
		//周期的影响

关于传送指令的高级应用举例请参考第 7 章例 7-3。

5.4.2　移位与循环指令

　　该类指令包括左移和右移、左循环和右循环。在该类指令中，LAD 与 STL 指令格式中的缩写表示是不同的。移位指令和循环指令过去常用于对顺序动作的控制，在一般情况下，都使用顺序功能图来实现顺序控制的编程，所以移位和循环指令使用得并不多。

1. 移位指令(Shift)

　　该指令有左移和右移两种。根据所移位数的长度不同可分为字节型、字型和双字型。移位数据存储单元的移出端与 SM1.1(溢出)相连，所以最后被移出的位被放到 SM1.1 位存储单元。移位时，移出位进入 SM1.1，另一端自动补 0。例如，在右移时，移位数据的最右端的位移入 SM1.1，则左端补 0。SM1.1 始终存放最后一次被移出的位，移位次数与移位数据的长度有关，如果所需移位次数大于移位数据的位数，则超出次数无效。如字左移时，若移位次数设定为 20，则指令实际执行结果只能移位 16 次，而不是设定值 20 次。如果移位操作使数据变为 0，则零存储器标志位(SM1.0)自动置位。

　　注意：移位指令在使用 LAD 编程时，OUT 可以是和 IN 不同的存储单元，但在使用 STL 编程时，因为只写一个操作数，所以实际上 OUT 就是移位后的 IN。

　　(1) 右移指令

　　指令格式：LAD 及 STL 格式如图 5-7(a)所示，图中□处可为 B、W、DW(LAD 中)或 D(STL 中)。

　　功能描述：把字节型(字型或双字型)输入数据 IN 右移 N 位后，再将结果输出到 OUT 所指的字节(字或双字)存储单元。最大实际可移位次数为 8 位(16 位或 32 位)。

　　数据类型：输入/输出均为字节(字或双字)，N 为字节型数据。

　　(2) 左移指令

　　指令格式：LAD 及 STL 格式如图 5-7(b)所示，图中□处可为 B、W、DW(LAD 中)或 D

（STL 中）。

功能描述：把字节型（字型或双字型）输入数据 IN 左移 N 位后，再将结果输出到 OUT 所指的字节（字或双字）存储单元。最大实际可移位次数为 8 位（16 位或 32 位）。

数据类型：输入/输出均为字节（字或双字），N 为字节型数据。

例 5 - 3　移位指令举例。

LD	I0.0	
EU		//只在 I0.0 的上升沿执行一次操作
SLB	VB0,2	//字节左移指令
SRW	VW10,3	//字右移指令

例题中若 VB0 中的内容为 00110101，则执行 SLB 指令后，VB0 中的内容变为 11010100；若 VW10 中的内容为 0011010100110101，则执行 SRW 指令后，VW10 中的内容变为 0000011010100110。

2. 循环移位指令（Rotate）

循环移位指令包括循环左移和循环右移，循环移位位数的长度分别为字节、字或双字。循环数据存储单元的移出端与另一端相连，同时又与 SM1.1（溢出）相连，所以最后被移出的位移到另一端的同时，也被放到 SM1.1 位存储单元。例如在循环右移时，移位数据的最右端位移入最左端，同时又进入 SM1.1，SM1.1 始终存放最后一次被移出的位。移位次数与移位数据的长度有关，如果移位次数设定值大于移位数据的位数，则在执行循环移位之前，系统先对设定值取以数据长度为底的模，用小于数据长度的结果作为实际循环移位的次数。

（1）循环右移指令（Rotate Right）

指令格式：LAD 及 STL 格式如图 5 - 7(c)所示，图中□处可为 B、W、DW（LAD 中）或 D（STL 中）。

功能描述：把字节型（字型或双字型）输入数据 IN 循环右移 N 位后，再将结果输出到 OUT 所指的字节（字或双字）存储单元。实际移位次数为系统设定值取以 8（16 或 32）为底的模所得的结果。

数据类型：输入/输出均为字节（字或双字），N 为字节型数据。

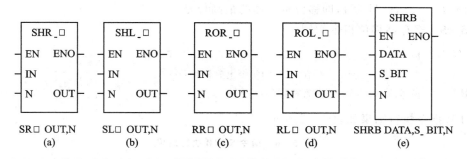

图 5 - 7　移位指令格式

（2）循环左移指令（Rotate Lift）

指令格式：LAD 及 STL 格式如图 5 - 7(d)所示，图中□处可为 B、W、DW（LAD 中）或 D（STL 中）。

功能描述:把字节型(字型或双字型)输入数据 IN 循环左移 N 位后,再将结果输出到 OUT 所指的字节(字或双字)存储单元。实际移位次数为系统设定值取以 8(16 或 32)为底的模所得的结果。

数据类型:输入/输出均为字节(字或双字),N 为字节型数据。

例 5 - 4 循环移位指令举例。

LD	I0.0	
EU		//只在 I0.0 的上升沿执行一次操作
RRW	VW0,3	//循环右移指令

例题中若 VW0 中的内容为 1011010100110011,则执行 RRW 指令后,VW0 中的内容变为 0111011010100110。

3. 寄存器移位指令(Shift Register)

指令格式:LAD 及 STL 格式如图 5 - 7(e)所示。

功能描述:该指令在梯形图中有 3 个数据输入端,即 DATA 为数据输入,将该位的值移入移位寄存器,S_BIT 为移位寄存器的最低位端,N 指定移位寄存器的长度。每次使能输入有效时,在每个扫描周期内整个移位寄存器移动一位。所以要用边沿跳变指令来控制使能端的状态,不然该指令就失去了应用的意义。

移位寄存器存储单元的移出端与 SM1.1(溢出)相连,所以最后被移出的位放在 SM1.1 位存储单元。移位时,移出位进入 SM1.1,另一端自动补上 DATA 移入位的值。

移位方向分为正向移位和反向移位。正向移位时长度 N 为正值,移位是从最低字节的最低位(S_BIT)移入,从最高字节的最高位移出;反向移位时长度 N 为负值,移位是从最高字节的最高位移入,从最低字节的最低位(S_BIT)移出。

数据类型:DATA 和 S_BIT 为 BOOL 型,N 为字节型,可以指定的移位寄存器最大长度为 64 位,可正可负。

最高位的计算方法:[N 的绝对值-1+(S_BIT 的位号)]/8,余数即是最高位的位号,商与 S_BIT 的字节号之和即是最高位的字节号。

例如,如果 S_BIT 是 V33.4,N 是 14,则(14-1+ 4)/8 = 2 余 1。所以,最高位字节号算法是:33+ 2 = 35,位号为 1,即移位寄存器的最高位是 V35.1。

例 5 - 5 寄存器移位指令举例。

LD	I0.0	
EU		//在 I0.0 的每个上升沿移位 1 次
SHRB	I0.5,V20.0,5	//寄存器移位指令

SHRB 指令执行结果如表 5 - 6 所列。

表 5 - 6　指令 SHRB 执行结果

移位次数	I0.5 值	单元内容	位 SM1.1	说　明
0	1	10110101	X	移位前,移位时从 VB20.4 移出到 SM1.1
1	1	10101011	1	1 移入 SM1.1,I0.5 的值进入右端
2	0	10110110	0	0 移入 SM1.1,I0.5 的值进入右端
3	0	10101100	1	1 移入 SM1.1,I0.5 的值进入右端

5.4.3　字节交换指令

指令格式：LAD 及 STL 格式如图 5 - 8(a)所示。

功能描述：字节交换指令(Swap Bytes)将字型输入数据 IN 的高字节和低字节进行交换。

数据类型：输入为字。

例 5 - 6　字节交换指令举例。

LD	I0.0	
EU		//只在 I0.0 的上升沿执行一次操作
SWAP	VW10	//字节交换指令

例题中若 VW10 中的内容为 1011010100000001，则执行 SWAP 指令后，VW10 中的内容变为 0000000110110101。

5.4.4　填充指令

指令格式：LAD 及 STL 格式图 5 - 8(b)所示。

功能描述：填充指令(Memory Fill)将字型输入数据 IN 填充到从输出 OUT 所指的单元开始的 N 个字存储单元。

数据类型：IN 和 OUT 为字型，N 为字节型，可取值范围为 1～255 的整数。

例 5 - 7　填充指令举例。

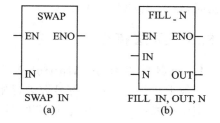

图 5 - 8　字节交换及填充指令格式

LD	SM0.1	//初始化操作
FILL	10,VW100,12	//填充指令

该例题的执行结果是将数据 10 填充到从 VW100 到 VW122 共 12 个字存储单元中。

5.5　运算和数学指令

PLC 除具有极强的逻辑功能外，还具备较强的运算功能。和其他 PLC 不同，在使用 S7-200 SMART PLC 的算术运算指令时要注意存储单元的分配。在用 LAD 编程时，IN1、IN2 和 OUT 可以使用不一样的存储单元，这样编写出的程序比较清晰易懂。但在用 STL 方式编程时，OUT 要和其中的一个操作数使用同一个存储单元，这样用起来较麻烦，编写程序和使用计算结果时都很不方便。LAD 格式程序转化为 STL 格式程序或 STL 格式程序转化为 LAD 格式程序时，会有不同的转换结果。所以，建议在使用算术指令和数学指令时，最好用 LAD 形式编程。

注意：下面的运算指令 LAD 格式中的 IN1 和 STL 格式中的 IN1 不一定指的是同一个存储单元。

5.5.1　加法指令

加法指令(Add)是对有符号数进行相加操作，它包括整数加法、双整数加法和实数加法。

指令格式:LAD 及 STL 格式如图 5 - 9(a)所示,图中□处可为 I、DI(LAD 中)、D(STL 中)或 R。

功能描述:在 LAD 中,IN1+IN2=OUT;在 STL 中,IN1+OUT=OUT。

数据类型:整数加法时,输入/输出均为 INT;双整数加法时,输入/输出均为 DINT;实数加法时,输入/输出均为 REAL。

5.5.2　减法指令

减法指令(Subtract)是对有符号数进行相减操作,它包括整数减法、双整数减法和实数减法。

指令格式:LAD 及 STL 格式如图 5 - 9(b)所示,图中□处可为 I、DI(LAD 中)、D(STL 中)或 R。

功能描述:在 LAD 中,IN1-IN2=OUT;在 STL 中,OUT-IN1=OUT。

数据类型:整数减法时,输入/输出均为 INT;双整数减法时,输入/输出均为 DINT;实数减法时,输入/输出均为 REAL。

5.5.3　乘法指令

1. 一般乘法指令(Multiply)

一般乘法指令是对有符号数进行相乘运算,它包括整数乘法、双整数乘法和实数乘法。

指令格式:LAD 及 STL 格式如图 5 - 9(c)所示,图中□处可为 I、DI(LAD 中)、D(STL 中)或 R。

功能描述:在 LAD 中,IN1×IN2=OUT;在 STL 中,IN1×OUT=OUT。

数据类型:整数乘法时,输入/输出均为 INT;双整数乘法时,输入/输出均为 DINT;实数乘法时,输入/输出均为 REAL。

2. 完全整数乘法(Multiply Integer to Double Integer)

将两个单字长(16 位)的符号整数 IN1 和 IN2 相乘,产生一个 32 位双整数结果 OUT。

指令格式:LAD 及 STL 格式如图 5 - 9(d)所示。

功能描述:在 LAD 中,IN1×IN2=OUT;在 STL 中,IN1×OUT=OUT;32 位运算结果存储单元的低 16 位运算前用于存放被乘数。

数据类型:输入为 INT,输出为 DINT。

5.5.4　除法指令

1. 一般除法指令(Divide)

一般除法指令是对有符号数进行相除操作,它包括整数除法、双整数除法和实数除法。

指令格式:LAD 及 STL 格式如图 5 - 9(e)所示,图中□处可为 I、DI(LAD 中)、D(STL 中)或 R。

功能描述:在 LAD 中,IN1/IN2=OUT;在 STL 中,OUT/IN1=OUT;不保留余数。

数据类型:整数除法时,输入/输出均为 INT;双整数除法时,输入/输出均为 DINT;实数除法时,输入/输出均为 REAL。

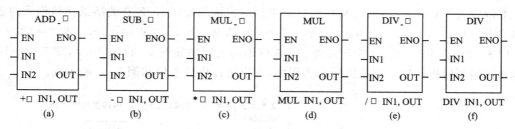

图 5－9　算术运算指令格式

2. 完全整数除法（Divide Integer to Double Integer）

将两个 16 位的符号整数相除，产生一个 32 位结果，其中，低 16 位为商，高 16 位为余数。

指令格式：LAD 及 STL 格式如图 5－9(f)所示。

功能描述：在 LAD 中，IN1/IN2＝OUT；在 STL 中，OUT/IN1＝OUT；32 位结果存储单元的低 16 位运算前被兼用存放被除数。除法运算结果：商放在 OUT 的低 16 位字中，余数放在 OUT 的高 16 位字中。

数据类型：输入为 INT，输出为 DINT。

例 5－8　算术运算指令综合实例一。该例梯形图程序如图 5－10(a)所示，而图 5－10(b)是通过编程软件转换后对应的语句表程序。

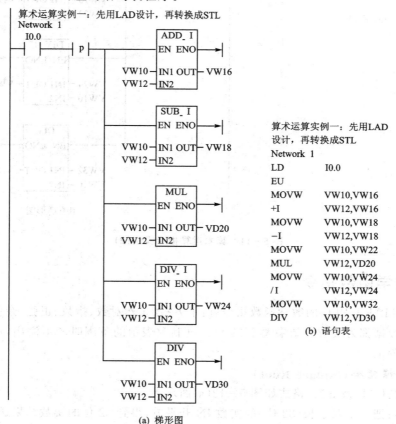

(a) 梯形图

图 5－10　算术运算指令实例(1)

本例中若 VW10＝2 000,VW12＝150,则执行完该段程序后,各有关结果存储单元的数值为:VW16＝2 150,VW18＝1 850,VD20＝300 000,VW24＝13,VW30＝50,VW32＝13。

例 5 - 9   算术运算指令综合实例二。该例语句表程序如图 5 - 11(a)所示,图 5 - 11(b)所示为通过编程软件转换后对应的梯形图程序,大家可以比较本例和例 5 - 8 的不同。

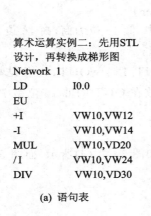

算术运算实例二:先用STL
设计,再转换成梯形图
Network 1
```
LD      I0.0
EU
+I      VW10,VW12
-I      VW10,VW14
MUL     VW10,VD20
/I      VW10,VW24
DIV     VW10,VD30
```

(a) 语句表

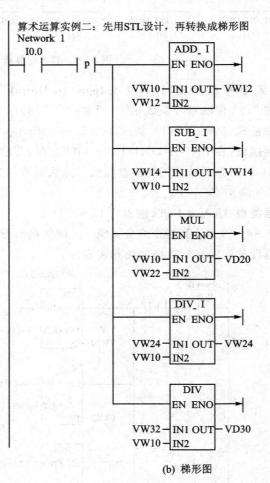

(b) 梯形图

图 5 - 11   算术运算指令实例(2)

5.5.5   数学函数指令

S7-200 SMART PLC 的数学函数指令有:平方根、自然对数、指数、正弦、余弦和正切。运算输入/输出数据都为实数。结果大于 32 位二进制数表示的范围时产生溢出,这时溢出标志位 SM1.1 被置位。

1. 平方根指令(Square Root)

指令格式:LAD 及 STL 格式如图 5 - 12(a)所示。

功能描述:把一个双字长(32 位)的实数 IN 开平方,得到 32 位的实数结果送到 OUT。

数据类型:输入/输出均为 REAL。

2. 自然对数指令（Natural Logarithm）

指令格式：LAD 及 STL 格式如图 5-12(b)所示。

功能描述：将一个双字长（32 位）的实数 IN 取自然对数，得到 32 位的实数结果送到 OUT。

数据类型：输入/输出均为 REAL。

当求解以 10 为底的常用对数时，可以用（/R）DIV_R 指令将自然对数除以 2.302 585 即可（LN10 的值约为 2.302 585）。

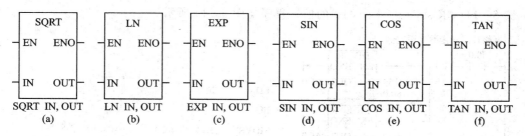

图 5-12　数学函数指令(1)

例 5-10　求以 10 为底的 50（存于 VD0）的常用对数，结果放到 AC0，运算程序如图 5-13 所示。

```
网络1
  I0.0
──┤ ├──┤P├──┐    ┌──LN──┐
              ├──┤EN ENO├──
              │ VD0┤IN OUT├─AC0
              │    └──────┘
              │    ┌──LN──┐
              ├──┤EN ENO├──
              │10.0┤IN OUT├─VD100
              │    └──────┘
              │    ┌─DIV_R─┐
              └──┤EN  ENO├──
                AC0┤IN1 OUT├─AC0
              VD100┤IN2     │
                   └────────┘
        (a) 梯形图
```

LD	I0.0	
EU		
LN	VD0,AC0	//计算VD0自然对数
LN	10.0,VD100	//计算10的自然对数
/R	VD100,AC0	//转化成以10为底的对数

(b) 语句表

图 5-13　对数函数指令实例

3. 指数指令（Natural Exponential）

指令格式：LAD 及 STL 格式如图 5-12(c)所示。

功能描述：将一个双字长（32 位）的实数 IN 取以 e 为底的指数，得到 32 位的实数结果送到 OUT。

数据类型：输入/输出均为 REAL。

可以用指数指令和自然对数指令相配合来完成以任意常数为底和以任意常数为指数的计算。

例如：18 的 6 次方 $= 18^6 = \exp(6 \times \ln(18))$

125 的 3 次方根 $= 125^{1/3} = \exp(1/3 \times \ln(125)) = 5$

4. 正弦（Sine）、余弦（Cosine）和正切（Tan）指令

指令格式: LAD 及 STL 格式如图 5-12(d)、(e) 和 (f) 所示。

功能描述: 将一个双字长（32 位）的实数弧度值 IN 分别取正弦、余弦、正切，各得到 32 位的实数结果送到 OUT。

数据类型: 输入/输出均为 REAL。

如果已知输入值为角度，要先将角度值转化为弧度值，方法是使用（*R）MUL_R 指令，把角度值乘以 π/180° 即可。

例 5-11　求 sin 120°+cos 10° 的值。程序如图 5-14 所示。

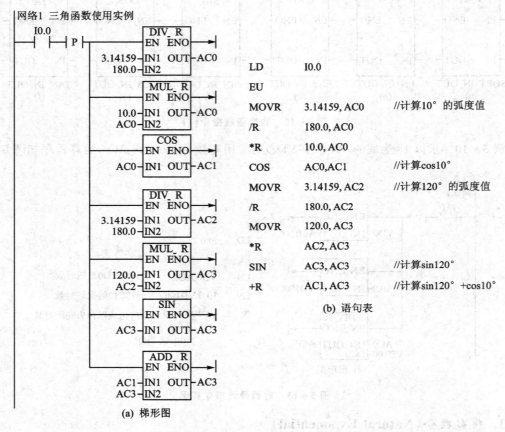

图 5-14　三角函数指令实例

5.5.6　增/减指令

增/减指令又称自增和自减指令，它是对无符号或有符号整数进行自动加 1 或减 1 的操作，数据长度可以是字节、字或双字。其中字节增减是对无符号数操作，而字或双字的增减是对有符号数操作。

1. 增指令（Increment）

增指令包括字节增、字增和双字增指令。

指令格式: LAD 及 STL 格式如图 5-15(a) 所示，图中 □ 处可为 B、W、DW（LAD 中）或 D

(STL 中)。

功能描述:在 LAD 中,IN+1=OUT;在 STL 中,OUT+1=OUT,即 IN 和 OUT 使用同一个存储单元。

数据类型:字节增指令输入/输出均为字节,字增指令输入/输出均为 INT,双字增指令输入/输出均为 DINT。

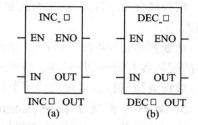

图 5 - 15　增减指令格式

2. 减指令(Decrement)

减指令包括字节减、字减和双字减指令。

指令格式:LAD 及 STL 格式如图 5 - 15(b)所示,图中□处可为 B、W、DW(LAD 中)或 D(STL 中)。

功能描述:在 LAD 中,IN-1=OUT;在 STL 中,OUT-1=OUT,即 IN 和 OUT 使用同一个存储单元。

数据类型:字节减指令输入/输出均为字节,字减指令输入/输出均为 INT,双字减指令输入/输出均为 DINT。

例 5 - 12　增减指令使用实例。梯形图程序如图 5 - 16(a)所示,图 5 - 16(b)所示为 LAD 对应的 STL 形式,请体会使用 LAD 和 STL 编程的不同。

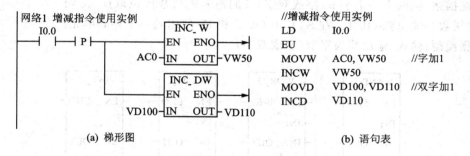

图 5 - 16　增减指令使用实例

5.5.7　逻辑运算指令

逻辑运算对逻辑数(无符号数)进行处理,按运算性质不同,有逻辑与、逻辑或、逻辑异或和取反等,参与运算的操作数可以是字节、字或双字。

1. 逻辑与运算指令(Logic And)

它包括字节、字和双字的逻辑与运算指令。

指令格式:LAD 及 STL 格式如图 5 - 17(a)所示,图中□处可为 B、W、DW(LAD 中)或 D(STL 中)。

功能描述:把两个一个字节(字或双字)长的输入逻辑数按位相与,得到一个字节(字或双字)的逻辑数并输出到 OUT。在 STL 中 OUT 和 IN2 使用同一个存储单元。

数据类型:输入/输出均为字节(字或双字)。

2. 逻辑或运算指令(Logic Or)

它包括字节、字和双字的逻辑或运算指令。

　　指令格式:LAD 及 STL 格式如图 5-17(b)所示,图中□处可为 B、W、DW(LAD 中)或 D(STL 中)。

　　功能描述:把两个一个字节(字或双字)长的输入逻辑数按位相或,得到一个字节(字或双字)的逻辑数并输出到 OUT。在 STL 中 OUT 和 IN2 使用同一个存储单元。

　　数据类型:输入/输出均为字节(字或双字)。

3. 逻辑异或运算指令(Logic Exclusive Or)

　　它包括字节、字和双字的逻辑异或运算指令。

　　指令格式:LAD 及 STL 格式如图 5-17(c)所示,图中□处可为 B、W、DW(LAD 中)或 D(STL 中)。

　　功能描述:把两个一个字节(字或双字)长的输入逻辑数按位相异或,得到一个字节(字或双字)的逻辑数并输出到 OUT。在 STL 中 OUT 和 IN2 使用同一个存储单元。

　　数据类型:输入/输出均为字节(字或双字)。

4. 取反指令(Logic Invert)

　　它包括对字节、字和双字的逻辑取反指令。

　　指令格式:LAD 及 STL 格式如图 5-17(d)所示,图中□处可为 B、W、DW(LAD 中)或 D(STL 中)。

　　功能描述:把两个一个字节(字或双字)长的输入逻辑数按位取反,得到一个字节(字或双字)的逻辑数并输出到 OUT。在 STL 中 OUT 和 IN 使用同一个存储单元。

　　数据类型:输入/输出均为字节(字或双字)。

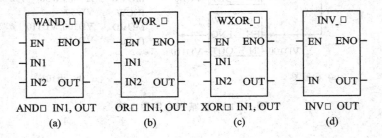

图 5-17 逻辑运算指令格式

　　例 5-13 逻辑运算指令使用举例。

```
LD       I0.0
EU                    //I0.0 上升沿时执行下面操作
ANDB     VB0,AC1      //字节逻辑与
ORB      VB0,AC0      //字节逻辑或
XORB     VB0,AC2      //字节逻辑异或
INVB     VB10         //字节逻辑取反
```

　　该例题的执行结果如表 5-7 所列(各单元内容都用二进制数表示)。

表 5 - 7　指令执行情况表

指　令	操作数	地址单元	单元长度/B	运算前值	运算结果值
ANDB	IN1	VB0	1	01010011	01010011
	IN2(OUT)	AC1	1	11110001	01010001
ORB	IN1	VB0	1	01010011	01010011
	IN2(OUT)	AC0	1	00110110	01110111
XORB	IN1	VB0	1	01010011	01010011
	IN2(OUT)	AC2	1	11011010	10001001
INVB	IN(OUT)	VB10	1	01010011	10101100

5.6　表功能指令

表功能指令用来进行数据的有序存取和查找,一般很少使用。

一个表由表地址(表的首地址)指明,表地址和第二个字地址所对应的单元分别存放两个表参数(最大填表数 TL 和实际填表数 EC),之后是最多 100 个填表数据。

表只对字型数据存储,表的格式举例如表 5 - 8 所列。

表 5 - 8　数据表格式

单元地址	单元内容	说　明
VW100	0006	TL=6,最多可填 6 个数,VW100 为表地址
VW102	0004	EC=4,实际在表中存有 4 个数据
VW104	1203	数据 0
VW106	4467	数据 1
VW108	9086	数据 2
VW110	3592	数据 3
VW112	****	无效数据
VW114	****	无效数据

1. 表存数指令(Add to Table)

指令格式:LAD 及 STL 指令格式如图 5 - 18(a)所示。

功能描述:该指令在梯形图中有 2 个数据输入端,即 DATA 为数值输入,指出将被存储的字型数据;TBL 为表格的首地址,用以指明被访问的表格。当使能输入有效时,将输入字型数据添加到指定的表格中。

表存数时,新存的数据添加在表中最后一个数据的后面。每向表中存一个数据,实际填表数 EC 会自动加 1。

数据类型:DATA 为 INT,TBL 为字。

例 5 - 14　对表 5 - 8 执行程序：

```
LD      I0.0
EU                          //I0.0上升沿时执行下面操作
ATT     VW200,VW100
```

若指令执行前 VW200 中的内容为 222,则指令执行结果如表 5 - 9 所列。

表 5 - 9　指令 ATT 执行结果

操作数	单元地址	执行前内容	执行后内容	说　明
DATA	VW200	222	222	被填表数据地址
TBL	VW100	0006	0006	TL=6,最大填表数为6,不变化
	VW102	0004	0005	EC 实际存表数由 4 加 1 变为 5
	VW104	1203	1203	数据 0
	VW106	4467	4467	数据 1
	VW108	9086	9086	数据 2
	VW110	3592	3592	数据 3
	VW112	****	222	将 VW200 中的数据填入表中
	VW114	****	****	无效数据

2. 表取数指令

从表中取出一个字型数据可有两种方式：先进先出式和后进先出式。一个数据从表中取出之后,表的实际填表数 EC 值减少 1。两种方式的指令在梯形图中有 2 个数据端：输入端 TBL 为表格的首地址,用以指明访问的表格；输出端 DATA 指明数值取出后要存放的目标单元。如果指令试图从空表中取走一个数值,则特殊标志寄存器位 SM1.5 置位。

(1) 先进先出指令(First-In-First-Out)

指令格式：LAD 及 STL 格式如图 5 - 18(b)所示。

功能描述：从 TBL 指定的表中移出第一个字型数据并将其输出到 DATA 所指定的字存储单元。取数时,移出的数据总是最先进入表中的数据。每次从表中移出一个数据,剩余数据则依次上移一个字单元位置,同时实际填表数 EC 会自动减 1。

数据类型：DATA 为 INT,TBL 为字。

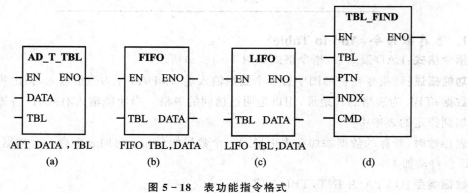

图 5 - 18　表功能指令格式

例 5－15　对表 5－8 执行程序：

LD	I0.0
EU	//I0.0 上升沿时执行下面操作
FIFO	VW100,AC0

指令执行结果如表 5－10 所列。

表 5－10　指令 FIFO 执行结果

操作数	单元地址	执行前内容	执行后内容	说　明
DATA	AC0	任意数	1203	从表中取走的数据输出到 AC0
TBL	VW100	0006	0006	TL＝6，最大填表数为 6，不变化
	VW102	0004	0003	EC 实际存表由 4 减 1 变为 3
	VW104	1203	4467	数据 0，剩余数据依次上移一格
	VW106	4467	9086	数据 1
	VW108	9086	3592	数据 2
	VW110	3592	****	无效数据
	VW112	****	****	无效数据
	VW114	****	****	无效数据

（2）后进先出指令（Last-In-First-Out）

指令格式：LAD 及 STL 格式如图 5－18(c) 所示。

功能描述：从 TBL 指定的表中取出最后一个字型数据并将其输出到 DATA 所指定的字存储单元。取数时，移出的数据是最后进入表中的数据。每次从表中取出一个数据，剩余数据位置保持不变，实际填表数 EC 会自动减 1。

数据类型：DATA 为字，TBL 为 INT。

例 5－16　对表 5－8 执行程序：

LD	I0.0
EU	//I0.0 上升沿时执行下面操作
LIFO	VW100,AC0

则指令执行结果如表 5－11 所列。

表 5－11　指令 LIFO 执行结果

操作数	单元地址	执行前内容	执行后内容	说　明
DATA	AC0	任意数	3592	从表中取走的数据输出到 AC0
TBL	VW100	0006	0006	TL＝6，最大填表数为 6，不变化
	VW102	0004	0003	EC 实际存表数由 4 减 1 变为 3
	VW104	1203	1203	数据 0，剩余数据不移动
	VW106	4467	4467	数据 1
	VW108	9086	9086	数据 2
	VW110	3592	****	无效数据
	VW112	****	****	无效数据
	VW114	****	****	无效数据

3. 表查找指令(Table Find)

通过表查找指令可以从数据表中找出符合条件数据的表中编号,编号范围为0～99。

指令格式:LAD格式如图5-18(d)所示。

STL格式:

FND=　　　TBL,PTN,INDX(查找条件:=PTN)

FND<>　　TBL,PTN,INDX(查找条件:<>PTN)

FND<　　　TBL,PTN,INDX(查找条件:<PTN)

FND>　　　TBL,PTN,INDX(查找条件:>PTN)

功能描述:在梯形图中有4个数据输入端,即TBL为表格的首地址,用以指明被访问的表格;PTN是用来描述查表条件时进行比较的数据;CMD是比较运算符"?"的编码,它是一个1～4的数值,分别代表=、<>、<和>运算符;INDX用来存放表中符合查找条件的数据的地址。

由PTN和CMD就可以决定对表的查找条件。例如,PTN为16♯2555,CMD为3,则查找条件为"<16♯2555"。

表查找指令执行之前,应先对INDX的内容清0。当使能输入有效时,从INDX开始搜索表TBL,寻找符合由PTN和CMD所决定的条件的数据。如果没有发现符合条件的数据,则INDX的值等于EC;如果找到一个符合条件的数据,则将该数据的表中地址装入INDX。

数据类型:TBL、INDX为字,PTN为INT,CMD为字节型常数。

表查找指令执行完成,找到一个符合条件的数据。如果想继续向下查找,必须先对INDX加1,然后重新激活表查找指令。

在语句表中运算符直接表示,而不用各自的编码。

例5-17 对表5-8执行程序:

```
LD        I0.0
EU                          //I0.0上升沿时执行下面操作
FND>      VW100,VW300,AC0
```

指令的执行结果如表5-12所列。

表5-12　表查找指令执行结果

操作数	单元地址	执行前内容	执行后内容	说　明
PTN	VW300	5000	5000	用来比较的数据
INDX	AC0	0	2	符合查表条件的单元地址
CMD	无	4	4	4表示为>
TBL	VW100	0006	0006	TL=6,最大填表数,不变化
	VW102	0004	0004	EC实际存表数,不变化
	VW104	1203	1203	数据0
	VW106	4467	4467	数据1
	VW108	9086	9086	数据2
	VW110	3592	3592	数据3
	VW112	****	****	无效数据
	VW114	****	****	无效数据

5.7　转换指令

转换指令是指对操作数的类型进行转换,包括数据的类型转换、码的类型转换以及数据与码之间的类型转换。

5.7.1　数据类型转换指令

PLC 中的主要数据类型包括字节、整数、双整数和实数。主要的码制有 BCD 码、ASCII 码、十进制数和十六进制数等。不同性质的指令对操作数的类型要求不同,比如一个数据是字型,一个数据是双字型,这两个数据就不能直接进行数学运算操作。因此,在指令使用之前需要将操作数转化成相应的类型,这样才能保证指令的正确执行。转换指令可以完成这样的任务。

1. 字节与整数

(1) 字节到整数(Byte to Integer)

指令格式:LAD 及 STL 格式如图 5-19(a)所示。

功能描述:将字节型输入数据 IN 转换成整数类型,并将结果送到 OUT 输出。字节型是无符号的,所以没有符号扩展位。

数据类型:输入为字节,输出为 INT。

(2) 整数到字节(Integer to Byte)

指令格式:LAD 及 STL 格式如图 5-19(b)所示。

功能描述:将整数输入数据 IN 转换成字节类型,并将结果送到 OUT 输出。输入数据超出字节范围(0~255)时产生溢出。

数据类型:输入为 INT,输出为字节。

2. 整数与双整数

(1) 双整数到整数(Double Integer to Integer)

指令格式:LAD 及 STL 格式如图 5-19(c)所示。

功能描述:将双整数输入数据 IN 转换成整数类型,并将结果送到 OUT 输出。输出数据超出整数范围则产生溢出。

数据类型:输入为 DINT,输出为 INT。

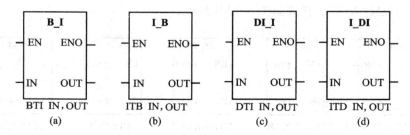

图 5-19　数据类型转换指令格式(1)

(2) 整数到双整数(Integer to Double Integer)

指令格式:LAD 及 STL 格式如图 5-19(d)所示。

功能描述：将整数输入数据 IN 转换成双整数类型（符号进行扩展），并将结果送到 OUT 输出。

数据类型：输入为 INT，输出为 DINT。

3. 双整数与实数

（1）实数到双整数（Real to Double Integer）

实数转换为双整数，其指令有两条：ROUND 和 TRUNC。

指令格式：LAD 及 STL 格式如图 5－20(a)和(b)所示。

功能描述：将实数型输入数据 IN 转换成双整数类型，并将结果送到 OUT 输出。两条指令的区别是：前者小数部分 4 舍 5 入，而后者小数部分直接舍去。

数据类型：输入为 REAL，输出为 DINT。

（2）双整数到实数（Double Integer to Real）

指令格式：LAD 及 STL 格式如图 5－20(c)所示。

功能描述：将双整数输入数据 IN 转换成实数，并将结果送到 OUT 输出。

数据类型：输入为 DINT，输出为 REAL。

（3）整数到实数（Integer to Real）

没有直接的整数到实数转换指令，转换时，先使用 ITD（整数到双整数）指令，然后再使用 DTR（双整数到实数）指令即可。

4. 整数与 BCD 码

在一些数字系统中，如计算机、控制器和数字式仪器中，为方便起见，往往采用二进制码表示十进制数。通常把用一组四位二进制码来表示一位十进制数的编码方法称为二—十进制码，亦称 BCD 码（Binary Code Decimal）。4 位二进制码共有 16 种组合，可从中任取 10 种组合来表示 0～9 这 10 个数。根据不同的选取方法，可以编制出很多种 BCD 码，如 8421 码、5421 码、2421 码、5211 码和余 3 码。其中 8421 BCD 码最为常用。由于每一组 4 位二进制码只代表一位十进制数，因而 n 位十进制数就得用 n 组 4 位二进制码表示。

BCD 码在 PLC 中的应用，主要是通过外部 BCD 码拨码开关设定 PLC 的相关数据，另外还可以通过外部 BCD 码显示器显示 PLC 的内部数据。现在随着 HMI（触摸屏、显示设定单元等）的快速发展，其价格也越来越低，所以过去的 BCD 码拨码开关和 BCD 数码管显示器基本上退出历史舞台。

（1）BCD 码到整数（BCD to Integer）

指令格式：LAD 及 STL 格式如图 5－20(d)所示。

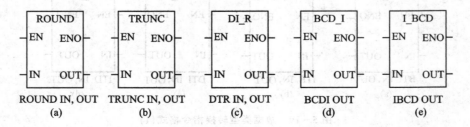

图 5－20　数据类型转换类指令格式（2）

功能描述：将 BCD 码输入数据 IN 转换成整数类型，并将结果送到 OUT 输出。输入数据 IN 的范围为 0～9 999。在 STL 中，IN 和 OUT 使用相同的存储单元。

数据类型：输入/输出均为字。

（2）整数到 BCD 码（Integer to BCD）

指令格式：LAD 及 STL 格式如图 5-20（e）所示。

功能描述：将整数输入数据 IN 转换成 BCD 码类型，并将结果送到 OUT 输出。输入数据 IN 的范围为 0～9 999。在 STL 中，IN 和 OUT 使用相同的存储单元。

数据类型：输入/输出均为字。

例 5-18　转换指令使用举例。

网络 1：将英寸长度转化成 cm 长度。其中 VW100 中存放英寸长度，VD4 存放转换系数 2.54。网络 2：BCD 码与整数转换举例，程序如图 5-21 所示。

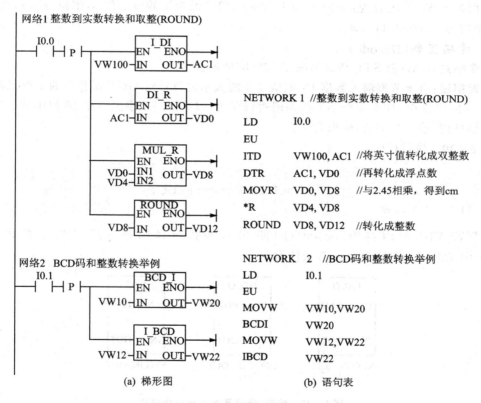

图 5-21　数据类型转化程序举例

若 VW100 为 101（英寸），VD4＝2.54（常数），则执行本程序后，VD0＝101.0（实数），VD8＝256.54（实数），VD12＝257（整数）。对网络 2，若 VW10＝1 234（应当作 BCD 码），则经过 BCD_I 转换后，VW20＝1 234（即 16＃04D2）；若 VW12＝1 234，则经过 I_BCD 转换后，VW22＝16＃1234。

5.7.2　编码和译码指令

1. 编码指令(Encode)

指令格式:LAD 及 STL 格式如图 5-22(a)所示。

功能描述:将字型输入数据 IN 的最低有效位(值为 1 的位)的位号输出到 OUT 所指定的字节单元的低 4 位,即用半个字节来对一个字型数据 16 位中的"1"位有效位进行编码。

数据类型:输入为字,输出为字节。

例 5-19　执行程序:

```
LD          I0.0
EU                          //I0.0上升沿时执行下面操作
ENCO        VW0,VB10
```

本例若 VW0 的内容为:0010101001000000,即最低为 1 的位是位 6,则执行编码指令后,VB10 的内容为:00000110(即 06)。

2. 译码指令(Decode)

指令格式:LAD 及 STL 格式如图 5-22(b)所示。

功能描述:将字节型输入数据 IN 的低 4 位所表示的位号对 OUT 所指定的字单元的对应位置 1,其他位置 0。即对半个字节的编码进行译码,以选择一个字型数据 16 位中的"1"位。

数据类型:输入为字节,输出为字。

例 5-20　执行程序:

```
LD          I0.0
EU                          //I0.0上升沿时执行下面操作
DECO        VB0,VW10
```

本例若 VB0 的内容为:00000111(即 07),则执行译码指令后,VW10 的内容为:0000000010000000,即位 7 为 1,其余位为 0。

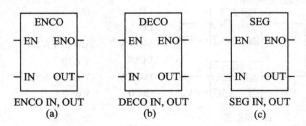

图 5-22　编码、译码及七段码指令格式

5.7.3　段码指令

指令格式:LAD 及 STL 格式如图 5-22(c)所示。

功能描述:段码指令(Segment)将字节型输入数据 IN 的低 4 位有效数字产生相应的七段码,并将其输出到 OUT 所指定的字节单元。该指令在数码显示时直接应用非常方便。七段码编码如表 5-13 所列。

数据类型:输入/输出均为字节。

表 5-13　七段码编码表

段显示	- g f e d c b a	段显示	- g f e d c b a
0	0 0 1 1 1 1 1 1	8	0 1 1 1 1 1 1 1
1	0 0 0 0 0 1 1 0	9	0 1 1 0 0 1 1 1
2	0 1 0 1 1 0 1 1	A	0 1 1 1 0 1 1 1
3	0 1 0 0 1 1 1 1	b	0 1 1 1 1 1 0 0
4	0 1 1 0 0 1 1 0	C	0 0 1 1 1 0 0 1
5	0 1 1 0 1 1 0 1	d	0 1 0 1 1 1 1 0
6	0 1 1 1 1 1 0 1	E	0 1 1 1 1 0 0 1
7	0 0 0 0 0 1 1 1	F	0 1 1 1 0 0 0 1

例 5-21　执行程序：

```
LD      I0.0
EU              //I0.0 上升沿时执行下面操作
SEG     VB10,QB0
```

若设 VB10 = 05，则执行上述指令后，在 Q0.0～Q0.7 上可以输出 01101101。

5.7.4　ASCII 码转换指令

ASCII 是 American Standard Code for Information Interchange 的缩写，它用来制定计算机中每个符号对应的代码，这也叫做计算机的内码(Code)。每个 ASCII 码以 1 个字节(byte)储存，从 0 到数字 127 代表不同的常用符号，例如大写 A 的 ASCII 码是 65，小写 a 则是 97。

ASCII 码转换指令是将标准字符 ASCII 编码与 16 进制数值、整数、双整数及实数之间进行转换。可进行转换的 ASCII 码为 30～39 和 41～46，对应的十六进制数为 0～9 和 A～F。在实际应用中，ASCII 码表示的字符可用来作为标志符或控制符来完成一些判断功能等，以避免直接使用十六进制数据进行判断而产生的意外情况。

1. ASCII 码转换为 16 进制数指令(ASCII to HEX)

指令格式：LAD 及 STL 格式如图 5-23(a)所示。

功能描述：把从 IN 开始的长度为 LEN 的 ASCII 码转换为 16 进制数，并将结果送到 OUT 开始的字节进行输出。LEN 的长度最大为 255。

数据类型：IN、LEN 和 OUT 均为字节类型。

例 5-22　执行程序：

```
LD      I0.0
EU              //I0.0 上升沿时执行下面操作
ATH     VB30,VB40,3
```

在本例给定的输入条件下,则经过 ATH 后,结果如下:

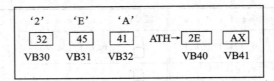

注意:X 表示 VB41 的低四位(半个字节)未发生变化。

2. 16 进制转换为 ASCII 码指令(HEX to ASCII)

指令格式:LAD 及 STL 格式如图 5 - 23(b)所示。

功能描述:把从 IN 开始的长度为 LEN 的 16 进制数转换为 ASCII 码,并将结果送到 OUT 开始的字节进行输出。LEN 的长度最大为 255。

数据类型:IN、LEN 和 OUT 均为字节类型。

例 5 - 23　执行程序:

```
LD          I0.0
EU                          //I0.0 上升沿时执行下面操作
HTA         VB10,VB20,4
```

在本例给定的输入条件下,则经过 HTA 后,结果如下:

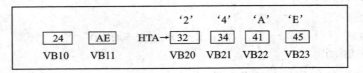

3. 整数转换为 ASCII 码指令(Integer to ASCII)

指令格式:LAD 及 STL 格式如图 5 - 23(c)所示。

功能描述:把一个整数 IN 转换成一个 ASCII 码字符串。格式 FMT 指定小数点右侧的转换精度和小数点是使用逗号还是使用点号。转换结果放在 OUT 指定的 8 个连续的字节中。

数据类型:IN 为整数、FMT 和 OUT 均为字节类型。

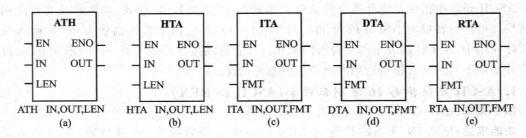

图 5 - 23　ASCII 码转换指令

FMT 操作数格式如图 5 - 24(a)所示。nnn 指定输出缓冲区中小数点右侧的位数,其有效范围是 0~5。如果 nnn=0,则没有小数;如果 nnn>5,则用 ASCII 码空格键填充整个缓冲区。c 指定用逗号(c=1)还是用点号(c=0)作为整数和小数部分的分隔符,FMT 的高 4 位必须为 0。图 5 - 24(b)所示为一个数值的例子,其格式位 c=0,nnn=011。

图 5-24　ITA 指令的 FMT 操作数格式及举例

输出缓冲区的格式符合下面的规则：

① 正数写入 OUT 时没有符号；

② 负数写入 OUT 时带负号；

③ 小数点左侧的 0(除去靠近小数点的那个 0)被隐藏；

④ OUT 中的数字右对齐。

例 5-24　执行程序：

LD	I0.0	
EU		//I0.0 上升沿时执行下面操作
ITA	VW10,VB20,16#0B	

16#0B 表示用逗号作小数点,保留 3 位小数。在本例给定的输入条件下,则经过 ITA 后,结果如下：

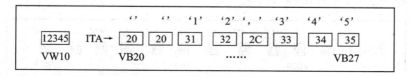

4. 双整数转换为 ASCII 码(Double Integer to ASCII)

指令格式:LAD 及 STL 格式如图 5-23(d)所示。

功能描述:把一个双整数 IN 转换成一个 ASCII 码字符串。格式 FMT 指定小数点右侧的转换精度和小数点是使用逗号还是使用点号。转换结果放在 OUT 指定的连续 12 个字节中。

数据类型:IN 为双整数、FMT 和 OUT 均为字节类型。

DTA 指令的 OUT 比 ITA 指令多 4 个字节,其余都和 ITA 指令一样。

5. 实数转换为 ASCII 码(Real to ASCII)

指令格式:LAD 及 STL 格式如图 5-23(e)所示。

功能描述:把一个实数 IN 转换成一个 ASCII 码字符串。格式 FMT 指定小数点右侧的转换精度和小数点是使用逗号还是使用点号,转换结果放在 OUT 开始的 3~15 个字节中。

数据类型:IN 为实数、FMT 和 OUT 均为字节类型。

FMT 的格式操作数如图 5-25(a)所示。ssss 指定 OUT 的大小,它的范围是 3~15。nnn 指定输出缓冲区中小数点右侧的位数,其有效范围是 0~5。如果 nnn=0,则没有小数;如果 nnn>5 或缓冲区过小,无法容纳转换数值时,则用 ASCII 码空格键填充整个缓冲区。c 指定是用逗号(c=1)还是用点号(c=0)作为整数和小数部分的分隔符。图5-25(b)给出了一个例子,其 ssss=1000,nnn=001,c=1。

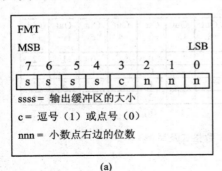

图 5-25(a) 内容：

FMT

MSB　　　　　　　　　　　　LSB

7	6	5	4	3	2	1	0
s	s	s	s	c	n	n	n

ssss= 输出缓冲区的大小

c= 逗号（1）或点号（0）

nnn= 小数点右边的位数

(a)

	Out	Out +1	Out +2	Out +3	Out +4	Out +5	Out +6	Out +7
In=1234.5			1	2	3	4	,	5
In=-1.23						-	1	,	2
In=5.67							5	,	7
In=-12345.1	-	1	2	3	4	5	,	1

(b)

图 5-25　LAD 及 STL 格式、RTA 指令的 FMT 操作数格式及举例

除了 ITA 指令的 4 条规则外,RTA 指令输出缓冲区的格式还要符合下面的规则:

① 小数部分的位数如果大于 nnn 指定的位数,则进行四舍五入,去掉多余的小数位;

② 缓冲区的字节数应大于 3,且要大于小数部分的位数。

例 5-25　执行程序:

```
LD      I0.0
EU              //I0.0上升沿时执行下面操作
RTA     VD10,VB20,16#A3
```

16#A3 表示 OUT 的大小为 10 个字节,用点号作小数点,保留 3 位小数。在本例给定的输入条件下,则经过 RTA 后,结果如下:

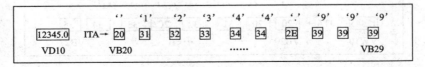

注意:转换后的结果应为 12345.000,但因为有转换精度的影响,有时会有误差,所以实际结果是 12344.999,大家可以进行实验验证。

5.7.5　字符串转换指令

字符串是指全部合法的 ASCII 码字符串,这一点和上一节中的 ASCII 码范围不同。

1. 数值转换为字符串

(1) 整数转换为字符串指令(Convert Integer to String)

ITS 指令的 LAD 及 STL 格式如图 5-26(a)所示。它和 ITA 指令基本上是一样的,唯一的区别是将转换结果放在从 OUT 开始的 9 个连续字节中,(OUT+0)字节中的值为字符串的长度。

(2) 双整数转换为字符串指令(Convert Double Integer to String)

DTS 指令的 LAD 及 STL 格式如图 5-26(b)所示。它和 DTA 指令基本上是一样的,唯一的区别是将其转换结果放在从 OUT 开始的 13 个连续字节中,(OUT+0)字节中的值为字符串的长度。

（3）实数转换为字符串指令（Convert Real to String）

RTS 指令的 LAD 及 STL 格式如图 5 - 26(c)所示。它和 RTA 指令基本上是一样的，唯一区别是它的输出数据类型为字符串型字节，它的转换结果存放单元的第一个字节（OUT＋0）中的值为字符串的长度，所以它的转换结果存放单元是从 OUT 开始的 ssss＋1 个连续字节。

2. 字符串转换为数值

字符串转换为数值包括 3 条指令：字符串转整数（Convert Substring to Integer）、字符串转双整数（Convert Substring to Double Integer）和字符串转实数（Convert Substring to Real）。

指令格式： LAD 及 STL 格式如图 5 - 26(d)、(e)和(f)所示。

功能描述： 这三条指令将一个字符串 IN，从偏移量 INDX 开始，分别转换为整数、双整数和实数值，结果存放在 OUT 中。

数据类型： 这三条指令的 IN 均为字符串型字节，INDX 均为字节。STI 的 OUT 为 INT型，STD 的 OUT 为 DINT 型，STR 的 OUT 为 REAL 型。

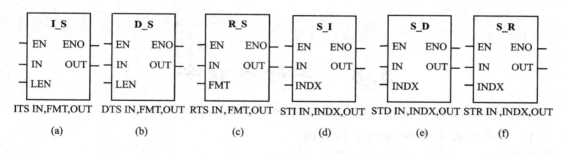

图 5 - 26　字符串转换指令

使用说明：

① STI 和 STD 将字符串转换为以下格式：【空格】【＋或－】【数字 0～9】。STR 将字符串转换为以下格式：【空格】【＋或－】【数字 0～9】【. 或,】【数字 0～9】。

② INDX 的值通常设置为 1，它表示从第一个字符开始转换。INDX 也可以设置为其他值，从字符串的不同位置进行转换，这可以被用于字符串中包含非数值字符的情况。例如输入字符串为"Temperature：77.8"，若 INDX 设置为 13，则可以跳过字符串开头的"Temperature："。

③ STR 指令不能用于转换以科学计数法或以指数形式表示的实数的字符串。指令不会产生溢出错误（SM1.1），但是它会将字符串转换到指数之前，然后停止转换。例如：字符串"1.234E6"转换为实数值为 1.234，但不会有错误提示。

④ 非法字符是指任意非数字（0～9）字符。在转换时，当到达字符串的结尾或第一个非法字符时，转换指令结束。

⑤ 当转换产生的数值过大或过小以致使输出值无法表示时，溢出标志（SM1.1）会置位。例如使用 STI 时，若输入字符串产生的数值大于 32 767 或者小于－32 768 时，SM1.1 就会置位。

⑥ 当输入字符串中不包含可以转换的合法数值时,SM1.1 也会置位。例如字符串为空串或者为诸如"A123"等。

例 5 - 26 执行程序:

```
LD      I0.0
EU                          //I0.0上升沿时执行下面操作
STI     VB0,8,VW100
STD     VB0,8,VD120
STR     VB0,8,VD130
```

本例给定的输入条件 VB0 为:

VB0												VB13
13	'W'	'e'	'i'	'g'	'h'	't'	' '	'5'	'8'	'.'	'8'	'k'	'g'

当 I0.0 有效时,程序执行结果如下:

```
VW100(整数)= 58;
VD120(双整数)= 58;
VD130(实数)= 58.8。
```

5.8　字符串指令

字符串指令在进行人机界面设计和数据转换时非常有用。

1. 字符串长度指令(String Length)

指令格式: LAD 及 STL 格式如图 5 - 27(a)所示。

功能描述: 把 IN 中指定的字符串的长度值送到 OUT 中。

数据类型: IN 为字符串型字节,OUT 为字节。

2. 字符串复制指令(Copy String)

指令格式: LAD 及 STL 格式如图 5 - 27(b)所示。

功能描述: 把 IN 中指定的字符串复制到 OUT 中。

数据类型: IN 和 OUT 均为字符串型字节。

3. 字符串连接指令(Concatenate String)

指令格式: LAD 及 STL 格式如图 5 - 27(c)所示。

功能描述: 把 IN 中指定的字符串连接到 OUT 中指定的字符串后面。

数据类型: IN 和 OUT 均为字符串型字节。

4. 从字符串中复制字符串指令(Copy Substring from String)

指令格式: LAD 及 STL 格式如图 5 - 27(d)所示。

功能描述: 从 INDX 指定的字符号开始,把 IN 中存储的字符串中的 N 个字符复制到 OUT 中。

数据类型: IN 和 OUT 均为字符串型字节,INDX 和 N 均为字节。

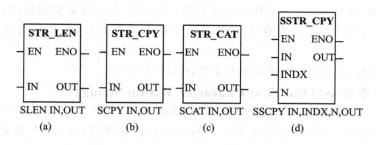

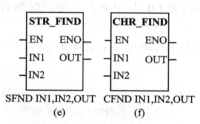

图 5 - 27　字符串指令

例 5 - 27　执行程序：

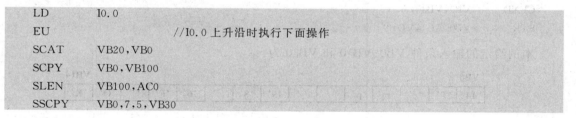

```
LD       I0.0
EU                    //I0.0上升沿时执行下面操作
SCAT     VB20,VB0
SCPY     VB0,VB100
SLEN     VB100,AC0
SSCPY    VB0,7,5,VB30
```

本例给定的输入条件 VB0 和 VB20 为：

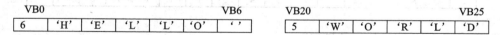

当 I0.0 有效时,程序执行结果如下：

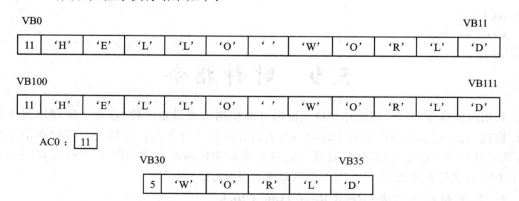

5. 字符串搜索指令(Find String within String)

指令格式：LAD 及 STL 格式如图 5 - 27(e)所示。

功能描述:在 IN1 字符串中寻找 IN2 字符串,由 OUT 指定搜索的起始位置。如果找到了相匹配的字符串,则 OUT 中会存入这段字符中首个字符的位置;如果没有找到,OUT 被清零。

数据类型:IN1 和 IN2 均为字符串型字节,OUT 为字节。

6. 字符搜索指令(Find First Character Within String)

指令格式:LAD 及 STL 格式如图 5-27(f)所示。

功能描述:在 IN1 字符串中寻找 IN2 字符串中的任意字符,由 OUT 指定搜索的起始位置。如果找到了相匹配的字符,则 OUT 中会存入相匹配的首个字符的位置;如果没有找到,OUT 被清零。

数据类型:IN1 和 IN2 均为字符串型字节,OUT 为字节。

例 5-28　执行程序:

```
LD        I0.0
EU                           //I0.0 上升沿时执行下面操作
MOVB      1,AC0
MOVB      1,AC1
SFND      VB0,VB10,AC0
CFND      VB0,VB30,AC1
STR       VB0,AC1,VD100
```

本例给定的输入条件 VB0、VB10 和 VB30 为:

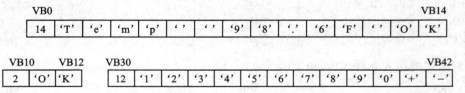

VB0													VB14
14	'T'	'e'	'm'	'p'	' '	' '	'9'	'8'	'.'	'6'	'F'	' '	'O'	'K'

VB10	VB12		VB30											VB42
2	'O'	'K'	12	'1'	'2'	'3'	'4'	'5'	'6'	'7'	'8'	'9'	'0'	'+'	'-'

当 I0.0 有效时,程序执行结果如下:

AC0＝ 13;

AC1＝ 7;

VD100＝ 98.6。

5.9　时钟指令

利用时钟指令可以实现调用系统实时时钟或根据需要设定时钟,这对于实现控制系统的运行监视、运行记录以及所有和实时时间有关的控制等十分方便。实用的时钟操作指令有两种:读实时时钟和设定实时时钟,对夏令时进行操作和控制的指令如图 5-28(c)和(d)所示,由于中国不实行夏时制,所以本书不再讲解这 2 条指令。

1. 读实时时钟指令(Read Real Time Clock)

指令格式:LAD 及 STL 格式如图 5-28(a)所示。

功能描述:系统读当前时间和日期,并把它装入一个 8 字节的缓冲区,操作数 T 用来指定

8 个字节缓冲区的起始地址。

数据类型：T 为字节。

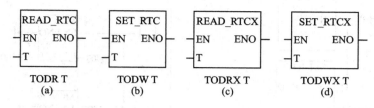

图 5 - 28　时钟指令格式

2. 设定实时时钟指令(Set Real Time Clock)

指令格式：LAD 及 STL 格式如图 5 - 28(b)所示。

功能描述：系统将包含当前时间和日期的一个 8 字节的缓冲区装入 PLC 的时钟中去，操作数 T 用来指定 8 字节缓冲区的起始地址。

数据类型：T 为字节。时钟缓冲区的格式如表 5 - 14 所列。

表 5 - 14　时钟缓冲区

字节	T	T+1	T+2	T+3	T+4	T+5	T+6	T+7
含义	年	月	日	小时	分钟	秒	0	星期
范围	00~99	01~12	01~31	00~23	00~59	00~59	0	00~07

注　意：

① 对于一个没有使用过时钟指令的 PLC，在使用时钟指令前，要在编程软件的"PLC"一栏中对 PLC 的时钟进行设定，然后才能开始使用时钟指令。时钟可以设定成和 PC 中的一样，也可用 TODW 指令自由设定，但必须先对时钟存储单元赋值后，才能使用 TODW 指令。

② 所有日期和时间的值均要用 BCD 码表示。如对于年而言，16♯03 表示(20)03 年；对于小时而言，16♯23 表示晚上 11 点。星期的表示范围是 1~7：1 表示星期日，依次类推，7 表示星期六，0 表示禁用星期。

③ 系统不检查、不核实时钟各值的正确与否，所以必须确保输入的设定数据是正确的。例如，2 月 31 日虽为无效日期，但可以被系统接受。

④ 不能同时在主程序和中断程序中使用读写时钟指令，否则，将产生非致命错误，中断程序中的实时时钟指令将不被执行。

⑤ 硬件时钟在 CPU224 以上的 PLC 中才有。

例 5 - 29　编写一段程序，要求可实现读写实时时钟，并使用 LED 数码管显示分钟。时钟缓冲区从 VB100 开始。该例程序如图 5 - 29 所示。

整个程序由主程序和子程序组成。主程序完成实时时钟的读取，并且进行分钟的显示。子程序完成时钟和日期的设置，可在需要的时候调用子程序，具体的时间可根据实际情况设置。日期和时间的设定数值也可以集中放到参数块中，从而简化程序设计。

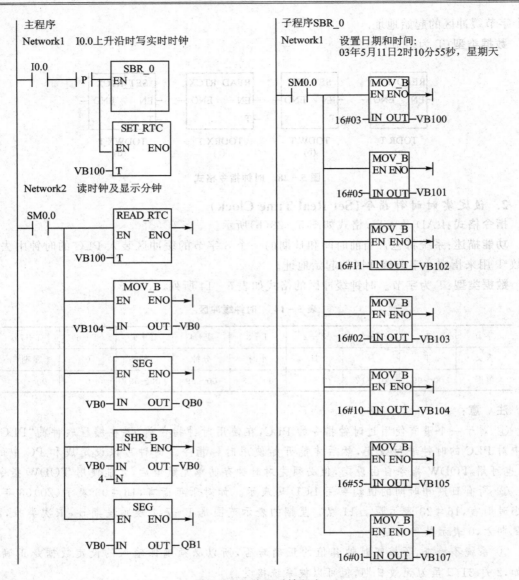

图 5 - 29　读写时钟程序

5.10　高速计数器指令

一般来说，高速计数器 HSC 和编码器配合使用，在现代自动控制中实现精确定位和测量长度。它可用来累计比 PLC 的扫描频率高得多的脉冲输入，利用其产生的中断事件完成预定的操作。

5.10.1　高速计数器基本概念

1. 数量及编号

高速计数器在程序中使用的地址编号用 HCn 来表示（在非程序中一般用 HSCn 表示），

HC 表示编程元件名称为高速计数器，n 为编号。标准型 S 系列的 PLC 有 6 个高速计数器（HC0～HC5），紧凑型 C 系列的 PLC 有 4 个高速计数器（HC0～HC3）。这些计数器中，HC1 和 HC3 只能作为单向计数器，其余的既可以作为单向计数器，也可以作为双向计数器使用。

2. 中断事件类型

高速计数器的计数和动作可采用中断方式进行控制，与 CPU 的扫描周期关系不大，各种型号的 PLC 可用的高速计数器的中断事件大致分为 3 类：

① 当前值等于预设值中断；

② 输入方向改变中断；

③ 外部复位中断。

所有高速计数器都支持当前值等于预设值中断。每个高速计数器的 3 种中断的优先级由高到低，不同高速计数器之间的优先级又按编号顺序由高到低。具体对应关系如表 5－3 所列。

3. 工作模式及输入点

高速计数器的使用共有 4 种基本类型：带有内部方向控制的单向计数器，带有外部方向控制的单向计数器，带有两个时钟输入的双向计数器和 A/B 相正交计数器。它的输入信号类型有：无复位或有复位输入。

每种高速计数器有多种工作模式，以完成不同的功能，高速计数器的工作模式与中断事件有密切关系。在使用一个高速计数器时，首先要使用 HDEF 指令给计数器设定一种工作模式。每一种 HSCn 的工作模式的数量也不同，HSC1 和 HSC3 只有一种工作模式，其余的有 8 种工作模式。

选用某个高速计数器在某种工作模式下工作后，高速计数器所使用的输入端不是任意选择的，必须按系统指定的输入点输入信号。例如，如果 HSC0 在模式 4 下工作，就必须用 I0.0 为增时钟输入端，I0.1 为增减方向输入端，I0.4 为外部复位输入端。

高速计数器输入点、输入/输出中断输入点都包括在一般数字量输入点编号范围内。同一个输入点只能用做一种功能，如果程序使用了高速计数器，则高速计数器的这种工作模式下指定的输入点只能被高速计数器使用。只有高速计数器不用的输入点才可以作为输入/输出中断或一般数字量输入点使用。例如，HSC0 在模式 0 下工作，只用 I0.0 作时钟输入，不使用 I0.1 和 I0.4，则这两个输入端可作为它用。

高速计数器的输入点和工作模式如表 5－15 所列。

表 5－15　高速计数器的输入点和工作模式

模　　式	描　　述	输入点		
	HSC0	I0.0	I0.1	I0.4
	HSC1	I0.1		
	HSC2	I0.2	I0.3	I0.5
	HSC3	I0.3		
	HSC4	I0.6	I0.7	I1.2
	HSC5	I1.0	I1.1	I1.3

续表 5 – 15

模　式	描　　述	输入点		
0	带有内部方向控制的单相计数器	时钟		
1		时钟		复位
3	带有外部方向控制的单相计数器	时钟	方向	
4		时钟	方向	复位
6	带有增减计数时钟的双相计数器	增时钟	减时钟	
7		增时钟	减时钟	复位
9	A/B 相正交计数器	时钟 A	时钟 B	
10		时钟 A	时钟 B	复位

几点说明:

① 使用高速计数器前,必须执行 HDEF 指令,选择计数器模式(参考下一小节)。

② 当激活复位输入端时,计数器清除当前值并一直保持到复位端失效。

③ 对于 HC0～HC3 这 4 个高速计数器,使用单相/双向模式时,最大时钟/输入频率对 S 型 PLC 为 200 kHz,对 C 型 PLC 为 100 kHz;使用正交模式时,最大时钟/输入频率对 S 型 PLC 为 100 kHz(1 倍计数速率)、400 kHz(4 倍计数速率),对 C 型 PLC 为 50 kHz(1 倍计数速率)、200 kHz(4 倍计数速率)。对于 HC4、HC5 这 2 个高速计数器,其允许最大时钟/输入频率有变化,使用时请参考系统手册。

5.10.2　高速计数器指令

1. 定义高速计数器指令(High Speed Counter Definition)

指令格式: LAD 及 STL 格式如图 5 – 30(a)所示。

功能描述: 为指定的高速计数器分配一种工作模式,即用来建立高速计数器与工作模式之间的联系。每个高速计数器使用之前必须使用 HDEF 指令,而且只能使用一次。

数据类型: HSC 表示高速计数器编号,为 0～5 的常数,属字节型;MODE 表示工作模式,为 0、1、3、4、6、7、9、10 的常数,属字节型。

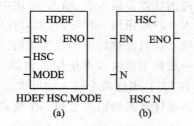

图 5 – 30　高速计数器指令格式

2. 高速计数器指令(High Speed Counter)

指令格式: LAD 及 STL 格式如图 5 – 30(b)所示。

功能描述: 根据高速计数器特殊存储器位的状态,并按照 HDEF 指令指定的工作模式,设置高速计数器并控制其工作。

数据类型: N 表示高速计数器编号,为 0～5 的常数,属字型。

5.10.3　高速计数器的使用方法

每个高速计数器都有固定的特殊存储器与之相配合,完成高速计数功能。具体对应关系如表 5 – 16 所列。

表 5-16　HSC 使用的特殊标志寄存器

高速计数器编号	状态字节	控制字节	新当前值(双字)	新预设值(双字)
HSC0	SMB36	SMB37	SMD38	SMD42
HSC1	SMB46	SMB47	SMD48	SMD52
HSC2	SMB56	SMB57	SMD58	SMD62
HSC3	SMB136	SMB137	SMD138	SMD142
HSC4	SMB146	SMB147	SMD148	SMD152
HSC5	SMB156	SMB157	SMD158	SMD162

1. 状态字节

每个高速计数器都有一个状态字节,程序运行时根据运行状况自动使某些位置位,可以通过程序来读取相关位的状态,用做判断条件实现相应的操作。状态字节中各状态位的功能如表 5-17 所列。

表 5-17　状态字节

状态位	SM××6.0～SM××6.4	SM××6.5	SM××6.6	SM××6.7
功能描述	不用	当前计数方向 0 为减;1 为增	当前值为预设值 0 为不等;1 为等	当前值大于预设值 0 为小于等于;1 为大于

2. 控制字节

每个高速计数器都对应一个控制字节。用户可以根据要求来设置控制字节中各控制位的状态,如复位与启动输入信号的有效状态、计数速率、计数方向、允许更新双字值和允许执行 HSC 指令等,实现对高速计数器的控制。控制字节中各控制位的功能如表 5-18 所列。

表 5-18　控制位含义

控 制 位	功 能 描 述
SM××7.0	复位有效电平控制位:0 为高电位有效;1 为低电位有效
SM××7.2	正交计数速率选择位:0 为 4x 计数速率;1 为 1x 计数速率
SM××7.3	计数方向控制位:0 为减计数;1 为增计数
SM××7.4	写计数方向允许控制:0 为不更新;1 为更新计数方向
SM××7.5	写入预设值允许控制:0 为不更新;1 为更新预设值
SM××7.6	写入初始值允许控制:0 为不更新;1 为更新当前值
SM××7.7	HSC 指令执行允许控制:0 为禁止 HSC;1 为允许 HSC

表中的位 0 和位 2 只有在 HDEF 指令执行时进行设置,在程序中其他位置不能更改(默认值为:启动和复位为高电位有效,正交计数速率为 4x,即 4 倍输入时钟频率)。第 3 位和第 4 位可以在工作模式 0、1 和 2 下直接更改,以单独改变计数方向。后 3 位可以在任何模式下并在程序中更改,以单独改变计数器的初始值、预设值或对 HSC 禁止计数。

3. 滤　波

在 S7-200 SMART PLC 中,高速脉冲信号的默认输入滤波设置为 6.4 ms,这种情况下对应的最大计数频率上限为 78 kHz,对于更高频率的技术需求,则必须更改滤波器设置,不然就可能丢失脉冲。

在 S7-200 SMART PLC 的"系统块"中,可以调整数字量输入滤波时间,在使用高速计数器之前,一定要确认实际计数频率需求,对时钟、方向和复位等各输入端设置正确的输入滤波时间。如滤波时间设置为 1.6 μs 以下时,对 S 型 CPU 和 C 型 CPU 分别可实现 200 kHz 和 100 kHz 的高速计数;如滤波时间设置为 12.8 ms 时,则只能实现 39 Hz 的高速计数。详细滤波参数的设置请参考系统手册。

两点说明如下:

① 高速信号输入通道的线缆要使用屏蔽线缆,而且长度不超过 50 m。

② 如果高速输入信号的设备是集电极开路晶体管,未将输入信号驱动为高电平或低电平,则在实际应用中当晶体管关闭时,信号转换为低电平状态取决于电路的输入电阻和电容,可能导致脉冲丢失。针对这种情况,可通过将下拉电阻接到输入信号的方法来避免,如图 5-31 所示。

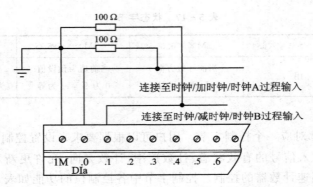

图 5-31　为集电极开路的高速输入驱动连接下拉电阻

4. 当前值和预设值

可以通过 HC0～HC5 读取高速计数器的当前值(CV),但不能通过它们写入新的当前值到高速计数器。每个高速计数器都有对应的 32 位的当前值和预设值的特殊寄存器,如 HC0 的当前值和预设值的特殊寄存器分别为 SMD38 和 SMD42。如果需要更新其当前值和预设值的话,可以通过这些特殊寄存器设置希望的值,在高速计数器执行 HSC 指令,并检查控制字节,若允许更新的话,则把最新的当前值和预设值写入高速计数器。

5. 使用高速计数器及选择工作模式步骤

选择高速计数器及工作模式包括两方面工作:根据使用的主机型号和控制要求,一是选用高速计数器;二是选择该高速计数器的工作模式。

(1) 选择高速计数器

例如,要对一高速脉冲信号进行增/减计数,计数当前值达到 1 200 时产生中断,计数方向用一个外部信号控制,所用的主机型号为 S 系列 CPU。

分析　本控制要求是带外部方向控制的单相增/减计数,因此可用的高速计数器可以是双向计数高速器中的任何一个。如果确定为 HSC0,由于不要求外部复位,所以应选择工作模式 3。同时也确定了各个输入点:I0.0 为计数脉冲的时钟输入,I0.1 为外部方向控制(I0.1=0 时为减计数,I0.1＝1 时为增计数)。

(2) 设置控制字节

在选择用 HSC0 的工作模式 3 之后,对应的控制字节为 SMB37。如果向 SMB37 写入 2#11111000,即 16#F8,则对 HSC0 的功能设置为:复位与启动输入信号都是高电位有效,4 倍计数频率,计数方向为增计数,允许更新双字值和允许执行 HSC 指令。

(3) 执行 HDEF 指令

执行 HDEF 指令时,HSC 的输入值为 0,MODE 的输入值为 3,指令如下:

HDEF　　　　0,3

(4) 设定初始值和预设值

每个高速计数器都对应一个双字长的初始值和一个双字长的预设值。两者都是有符号整数。当前值随计数脉冲的输入而不断变化,当前值可以由程序直接读取 HCn 得到。

本例中,选用 HSC0,所以对应的初始值和预设值分别存放到 SMD38 和 SMD42 中。如果希望从 0 开始计数,计数值达到 1 200 时产生中断,则可以用双字传送指令分别将 0 和 1 200 装入 SMD38 和 SMD42 中。

(5) 设置中断事件并全局开中断

高速计数器利用中断方式对高速事件进行精确控制。

本例中,用 HSC0 进行计数,要求在当前值等于预设值时产生中断。因此,中断事件是当前值等于预设值,中断事件号为 12。用中断调用 ATCH 指令将中断事件号 12 和中断程序(假设中断子程序编号为 HSCINT)连接起来,并全局开中断。指令如下:

ATCH　　　　HSCINT,12

ENI

在 HSC_EX 程序中,可完成 HSC0 当前值等于设定值时计划要做的工作。

(6) 执行 HSC 指令

以上设置完成并用指令实现之后,即可用 HSC 指令对高速计数器编程进行计数。本例中指令如下:

HSC　　　　0

以上 6 步是对高速计数器的初始化。该过程可以用主程序中的程序段来实现,也可以用子程序来实现。高速计数器在投入运行之前,必须要执行一次初始化程序段或初始化子程序。

例 5 - 30　高速计数器应用实例。采用测频的方法测量电动机的转速。

分析　所谓用测频法测量电机的转速是指在单位时间内采集编码器脉冲的个数,因此可以选用高速计数器对转速脉冲信号进行计数,同时用时基来完成定时。知道了单位时间内的脉冲个数,再经过一系列的计算就可以得知电机的转速。下面的程序只是整个程序中有关 HSC 的部分。

设计步骤:

① 选择高速计数器 HSC0,并确定工作方式 0。采用初始化子程序,用初始化脉冲 SM0.1 调用子程序。

② 令 SMB37＝16#F8。其功能为:计数方向为增,允许更新计数方向,允许写入新初始值;允许写入新设定值;允许执行 HSC 指令。

③ 执行 HDEF 指令,输入端 HSC 为 0,MODE 为 0。

④ 装入当前值,令 SMD38＝0。

⑤ 装入时基定时设定值,令 SMB34＝200。

⑥ 执行中断连接 ATCH 指令,中断程序为 HSCINT,EVNT 为 10。执行中断允许指令 ENI,重新启动时基定时器,清除高速计数器的初始值。

⑦ 执行指令 HSC,对高速计数器编程并投入运行,输入值 IN 为 0。

主程序、初始化子程序和中断程序的梯形如图 5-32 所示。

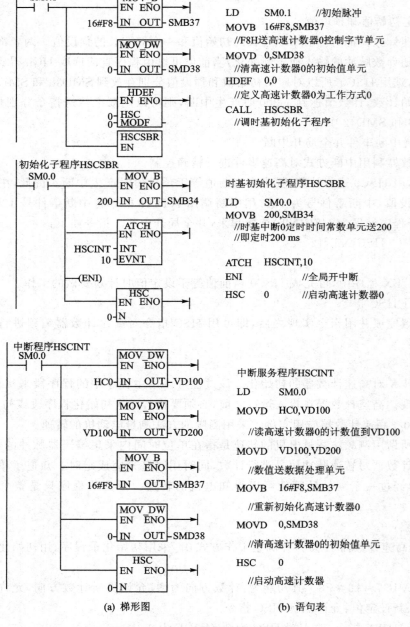

(a) 梯形图　　　　　　　(b) 语句表

图 5-32　高速计数器使用举例程序

例 5－31   在一个实际的自动控制系统项目中,用到了超高压(45 MPa 以上)的电动调节阀,该类产品非常少,进口产品的价格又非常昂贵,但超高压的手动调节阀则非常普通。所以,利用编码器和电机结合将手动调节阀改造成电动调节阀。

具体实施时,把高压手动调节阀手柄去掉,把它和一台小型电动机对接起来,并在联轴器中间安装一个增量式旋转编码器。其工作原理是在系统组态界面上输入所需要的阀门目标开度数值。该数值经量程转换成编码器的脉冲个数输入到 PLC,PLC 将阀门的实际开度和目标开度进行比较,若目标开度大于当前开度,PLC 就向电机发出正转信号,电动机就正转,编码器就增计数;反之,电动机就反转,编码器减计数。编码器的脉冲数传送到 PLC,并与目标脉冲数进行比较,当编码器的所设目标脉冲数等于实际旋转采集到的脉冲数时(利用高速计数器当前值等于预设值中断),电动机停止旋转,阀门即达到所设目标开度值。此时,阀门的实际开度经 PLC 传送回组态界面,并在画面上显示实际阀门开度。

设计步骤:

1)选择高速计数器 HSC4,并确定工作方式 0,并进行初始化,执行中断允许指令 ENI。

2)输入目标开度值存放在 PLC 的 VD14 单元,阀门的实际开度即从编码器读上来的实际脉冲数,存放在 PLC 的 VD10 单元。

3)当目标开度大于实际开度时,电动机应正转。此时,按以下步骤执行:

① 令 SMB147＝16♯F8,计数方向为增。

② 装入当前值,令 SMD148＝VD64(VD64 里存的是电动机启动前的阀门开度值)。

③ 装入预设值,令 SMD152＝VD14。

④ 启动高速计数器 4。

⑤ 执行中断连接 ATCH 指令,中断程序为 INT_STOPFORWARD,EVNT 为 29(当前值等于预设值中断)。

⑥ 当前值等于预设值时,执行中断程序 INT_ STOPFORWARD,电动机正转停止。

4)当目标开度小于实际开度时,电动机应反转。此时,按以下步骤执行:

① 令 SMB147＝16♯F0,计数方向为减。

② 装入当前值,令 SMD148＝VD64(VD64 里存的是电动机启动前的阀门开度值)。

③ 装入预设值,令 SMD152＝VD14。

④ 启动高速计数器 4。

⑤ 执行中断连接 ATCH 指令,中断程序为 INT_STOPBACK,EVNT 为 29(当前值等于预设值中断)。

⑥ 当前值等于预设值时,执行中断程序 INT_STOPBACK,电动机反转停止。

为节省版面,这里只给出了 STL 程序,而没有给出梯形图程序。

```
主程序:
LD      SM0.1              //初始脉冲
HDEF    4,0                //定义高速计数器 4 为工作方式 0
ENI                        //全局开中断
LDD<    VD14,VD10
EU
R       Q0.4,1             //目标开度小于实际开度时(VD14<VD10),上升沿使反转
                           //(Q0.4)复位,用于正反转互锁
```

```
LDD>      VD14, VD10
EU
R         Q0.5, 1                    //目标开度大于实际开度时(VD14>VD10),上升沿使正转
                                     //(Q0.5)复位,用于正反转互锁

LDD>      VD14, VD10
EU
S         Q0.4, 1                    //目标开度大于实际开度时(VD14>VD10),上升沿使正转
                                     //(Q0.4)置位,电动机正转

LDD>      VD14, HC4                  //目标开度大于实际开度
MOVD      VD64, SMD148               //装入当前值,令SMD148=VD64(VD64里存的是电动机
                                     //启动前的阀门初始开度值)
MOVB      16#F8, SMB147              //令SMB147=16#F8,计数方向为增
MOVD      VD14, SMD152               //装入预设值,令SMD152=VD14
HSC       4                          //启动高速计数器4
ATCH      INT_STOPFORWARD, 29        //执行中断连接ATCH指令,中断程序为INT_STOPFOR-
                                     //WARD, EVNT为29(当前值等于预设值)

LDD<      VD14, VD10
EU
S         Q0.5, 1                    //目标开度小于实际开度时(VD14<VD10),上升沿使反转
                                     //(Q0.5)置位,电动机反转

LDD<      VD14, HC4                  //目标开度小于实际开度
MOVD      VD64, SMD148               //装入当前值,令SMD148=VD64(VD64里存的是电动机
                                     //启动前的阀门初始开度值)
MOVB      16#F0, SMB147              //令SMB147=16#F0,计数方向为减
MOVD      VD14, SMD152               //装入预设值,令SMD152=VD14
HSC       4                          //启动高速计数器4
ATCH      INT_STOPBACK, 29           //执行中断连接ATCH指令,中断程序为INT_STOPBACK,
                                     //EVNT为29(当前值等于预设值)

LD        SM0.0
MOVD      HC4, VD10                  //编码器脉冲数送入VD10,即VD10中放的是阀门当前开度
LDD=      HC4, 0
MOVD      VD10, VD64                 //掉电再启动时,首先将VD10的值送入VD64,即VD64中放
                                     //的是阀门初始开度


中断程序 INT_STOPFORWARD
LD        SM0.0
R         Q0.4, 1                    //电动机正转过程中,当初始值等于预设值时,停止正转


中断程序 INT_STOPBACK
LD        SM0.0
R         Q0.5, 1                    //电动机反转过程中,当初始值等于预设值时,停止反转
```

注意:由于高速计数器增计数和减计数所用的条件不同,并且每次初始值和预设值随着电动机旋转到不同位置而不同。所以,每次启动高速计数器时都要重新装入初始值和预设值。

5.11　高速脉冲输出指令

高速脉冲输出功能是指在PLC的某些输出端产生高速脉冲,用来驱动负载实现精确位置

控制,这在运动控制中具有广泛应用。使用高速脉冲输出功能时,PLC 主机应选用晶体管输出型,以满足高速输出的频率要求。

5.11.1　几个基本概念

1. 高速脉冲输出的方式

高速脉冲输出有高速脉冲串输出 PTO(Pulse Train Output)和宽度可调脉冲输出 PWM(Pulse Width Modulation)两种方式。

PTO 可以输出一串脉冲(占空比 50 %),用户可以控制脉冲的周期和个数,如图 5 - 33(a)所示。PWM 可以输出一串占空比可调的脉冲,用户可以控制脉冲的周期和脉宽,如图 5 - 33(b)所示。

2. 输出端子的确定

高速脉冲的输出端不是任意选择的,必须按系统指定的输出点 Q0.0、Q0.1 和 Q0.3 来选择,高速脉冲输出点包括在一般数字量输出映像寄存

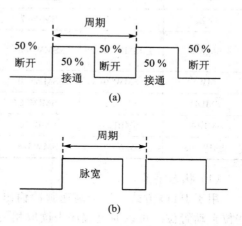

图 5 - 33　高速脉冲的输出方式

器编号范围内。同一个输出点只能用做一种功能,如果 Q0.0、Q0.1 或 Q0.3 在程序执行时用做高速脉冲输出,则只能被高速脉冲输出使用,其通用功能被自动禁止,任何输出刷新、输出强制、立即输出等指令都无效。只有不用高速脉冲输出时,Q0.0、Q0.1 或 Q0.3 才可能做普通数字量输出点使用。

在使用下面讲到的 PTO 和 PWM 操作之前,需要用普通位操作指令设置这 3 个输出位,将 Q0.0、Q0.1 和 Q0.3 置 0。

5.11.2　高速脉冲指令及特殊寄存器

1. 脉冲输出指令(Pulse Output)

指令格式:LAD 和 STL 格式如图 5 - 34 所示。

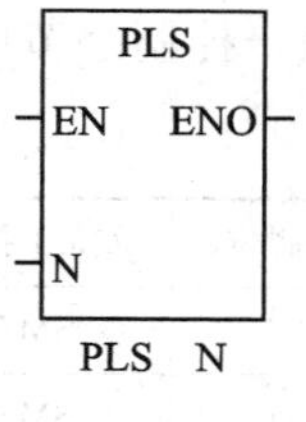

功能描述:检测用程序设置的特殊存储器位,激活由控制位定义的脉冲操作,从 Q0.0 、Q0.1 或 Q0.3 输出高速脉冲。高速脉冲串输出 PTO 和宽度可调脉冲输出 PWM 都由 PLS 指令激活输出。

数据类型:数据输入 N 属字型,必须是 0(＝Q0.0)、1(＝Q0.1)或 2(＝Q0.3)的常数。

```
      PLS
  EN       ENO

  N
     PLS  N
```

图 5 - 34　脉冲输出指令格式

说明:SMRAT SR20/ST20 可使用 2 个通道 Q0.0 和 Q0.1,其余 SR/ST 型 CPU 可使用全部 3 个通道。

2. 特殊标志寄存器

每个高速脉冲发生器对应一定数量的特殊寄存器,这些寄存器包括控制字节寄存器、状态字节寄存器和参数数值寄存器。它们用以控制高速脉冲的输出形式,反映输出状态和参数值。各寄存器的功能如表 5 - 19 所列。

表 5 - 19　相关寄存器功能表

Q0.0 的寄存器	Q0.1 的寄存器	Q0.3 的寄存器	名称及功能描述
SMB66	SMB76	SMB566	状态字节,在 PTO 方式下,跟踪脉冲串的输出状态
SMB67	SMB77	SMB567	控制字节,控制 PTO/PWM 脉冲输出的基本功能
SMW68	SMW78	SMW568	属字型,PTO 频率:1～65 535 Hz 或 PWM 的周期值:2 ms～65 535 ms
SMW70	SMW80	SMW570	脉宽值,属字型,PWM 的脉宽值,范围:0～65 535(ms 或 μs)
SMD72	SMD82	SMD572	脉冲数,属双字型,PTO 的脉冲数,范围:1～2 147 483 647
SMB166	SMB176	SMB576	段号,多段管线 PTO 进行中的段的编号
SMW168	SMW178	SMW578	多段管线 PTO 包络表起始字节的地址

（1）状态字节

用于 PTO 方式。每个高速脉冲输出都有一个状态字节,程序运行时根据运行状态使某些位自动置位。可以通过程序来读取相关位的状态,用此状态作为判断条件实现相应的操作。状态字节中各状态位的功能如表 5－20 所列。

表 5 - 20　状态字节表

状态位	SM66.0～ SM66.3 SM76.0～ SM76.3 SM566.0～ SM566.3	SM66.4 SM76.4 SM566.4	SM66.5 SM76.5 SM566.5	SM66.6 SM76.6 SM566.6	SM66.7 SM76.7 SM566.7
功能描述	不用	PTO 包络因增量计算错误终止 0＝无错;1＝终止	PTO 包络因用户命令终止 0＝无错;1＝终止	PTO 管线溢出 0＝无溢出;1＝溢出	PTO 空闲 0＝执行中;1＝空闲

（2）控制字节

每个高速脉冲输出都对应一个控制字节,通过对控制字节指定位的编程,设置字节中各控制位,如脉冲输出允许、PTO/PWM 模式选择、PTO 单段/多段选择、更新方式、时间基准和允许更新等。控制字节中各控制位的功能如表 5－21 所列。

表 5 - 21　控制位含义

Q0.0 控制位	Q0.1 控制位	Q0.3 控制位	功能描述
SM67.0	SM77.0	SM567.0	PTO/PWM 更新频率/周期值:0＝不更新;1＝允许更新
SM67.1	SM77.1	SM567.1	PWM 更新脉冲宽度值:0＝不更新;1＝允许更新
SM67.2	SM77.2	SM567.2	PTO 更新输出脉冲数:0＝不更新;1＝允许更新
SM67.3	SM77.3	SM567.3	PTO/PWM 时间基准选择:0＝μs 单位时基;1＝ms 单位时基
SM67.4	SM77.4	SM567.4	保留
SM67.5	SM77.5	SM567.5	PTO 单/多段方式:0＝单段管线;1＝多段管线
SM67.6	SM77.6	SM567.6	PTO/PWM 模式选择:0＝选用 PTO 模式;1＝选用 PWM 模式
SM67.7	SM77.7	SM567.7	PTO/PWM 脉冲输出:0＝禁止;1＝允许

例如,如果用 Q0.0 作为高速脉冲输出,则对应的控制字节为 SMB67。如果向 SMB67 写入 2#10101000,即 16#A8,则对 Q0.0 的功能设置为:允许脉冲输出,多段 PTO 脉冲串输出,时基为 ms,不允许更新周期值和脉冲数。

5.11.3　PTO 的使用

高速脉冲串输出 PTO,状态字节中的最高位用来指示脉冲串输出是否完成。在脉冲串输出完成的同时可以产生中断,因而可以调用中断程序完成指定操作。

1. 周期和脉冲数

频率:单位为 Hz,16 位无符号数据;多段时范围为:1~100 000 Hz,单段时范围为:1~65 535 Hz。如果编程时设定频率小于最小值,系统默认则按最小值进行设置。

脉冲数:用双字无符号数表示,脉冲数取值范围是 1~2 147 483 647 之间。如果编程时指定脉冲数为 0,则系统默认脉冲数为 1 个。

2. PTO 的种类

PTO 方式中,可输出多个脉冲串,并允许脉冲串排队,以形成管线。当前输出的脉冲串完成之后,立即输出新脉冲串,这保证了脉冲串顺序输出的连续性。根据管线的实现方式,将 PTO 分为两种:单段管线和多段管线。

(1) 单段管线

管线中只能存放一个脉冲串的控制参数(入口),一旦启动了一个脉冲串进行输出,就需要用指令立即为下一个脉冲串更新特殊寄存器,并再次执行脉冲串输出指令。当前脉冲串输出完成之后,自动输出下一个脉冲串。重复这一操作可以实现多个脉冲串的输出。

单段管线中的各脉冲段可以采用不同的时间基准。单段管线输出多个高速脉冲时,编程复杂,而且有时参数设置不当会造成脉冲串之间的不平滑转换。

(2) 多段管线

多段管线是指在变量 V 存储区建立一个包络表。包络表中存储各个脉冲串的参数,相当于有多个脉冲串的入口。多段管线可以用 PLS 指令启动,运行时,CPU 自动从包络表中按顺序读出每个脉冲串的参数进行输出。

编程时必须装入包络表的起始变量(V 存储区)的偏移地址,运行时只使用特殊存储区的控制字节和状态字节即可。包络表的首地址代表该包络表,它放在 SMW168、SMW178 或 SMW578 中。PTO 当前进行中的段的编号放在 SMB166、SMW178 或 SMB576 中。

包络表格式由包络段数和各段构成。整个包络表的段数(1~255)放在包络表首字节中(8 位),接下来的每段设定占用 8 个字节,包括:脉冲初始周期值(16 位)、周期增量值(16 位)和脉冲计数值(32 位)。以包络 3 段的包络表为例,若 VBn 为包络表起始字节地址,则包络表的结构如表 5-22 所列。表中周期单位为 ms。

多段管线编程非常简单,而且具有按照周期增量区的数值自动增减周期的功能,这在步进电动机的加速和减速控制时非常方便。

多段管线使用时的局限性是在包络表中的所有脉冲串的周期必须采用同一个基准,而且当多段管线执行时,包络表的各段参数不能改变。

表5-22 3段包络表格式

字节偏移地址	名　称	描　　述
VBn	段标号	段数，为1～255，数0将产生非致命性错误，不产生PTO输出
VWn+1	段1	起始频率(1～10 0000 Hz)
VWn+5		结束频率(1～100 000 Hz)
VDn+9		输出脉冲数(1～214 7483 647)
VWn+13	段2	起始频率(1～100 000 Hz)
VWn+17		结束频率(1～100 000 Hz)
VDn+21		输出脉冲数(1～2 147 483 647)
VWn+25	段3	起始频率(1～100 000 Hz)
VWn+29		结束频率(1～100 000 Hz)
VDn+33		输出脉冲数(1～2 147 483 647)

3. 中断事件号

高速脉冲串输出可以采用中断方式进行控制,高速脉冲串输出中断事件有3个,即中断事件19、20或34参见表5-3。

4. PTO 的使用

使用高速脉冲串输出时,要按以下步骤进行:

① 确定脉冲发生器及工作模式　它包括两方面工作:根据控制要求,一是选用高速脉冲串输出端(发生器);二是选择工作模式为PTO,并且确定多段或单段工作模式。如果要求有多个脉冲串连续输出,需要采用多段管线。

② 设置控制字节　按控制要求将控制字节写入SMB67、SMB77或SMB567的特殊寄存器。

③ 写入周期值、周期增量值和脉冲数　如果是单段脉冲,对以上各值分别设置;如果是多段脉冲,则需要建立多段脉冲的包络表,并对各段参数分别设置。

④ 装入包络表的首地址　本步为可选,只在多段脉冲输出中需要。

⑤ 设置中断事件并全局开中断　高速脉冲串输出PTO可利用中断方式对高速事件进行精确控制。中断事件是高速脉冲输出完成,中断事件号为19、20或34。用中断调用ATCH指令把中断事件号19、20或34与中断子程序(假设中断子程序编号为PTOINT)连接起来,并全局开中断。程序如下:

ATCH　　　PTOINT,19

ENI

注意:必须编写中断程序PTOINT与之相对应。

⑥ 执行PLS指令　经以上设置并执行指令后,即可用PLS指令启动高速脉冲串,并由Q0.0、Q0.1或Q0.2输出。

以上6步是对高速脉冲输出的初始化。该过程可以用主程序中的程序段来实现,也可以用子程序来实现,这称做高速脉冲串初始化子程序。高速脉冲串在运行之前,必须要执行一次初始化程序段或初始化子程序。

例 5 - 32　PTO 应用实例。

(1) 控制要求

步进电动机运行控制过程中,要从 A 点加速到 B 点后恒速运行,又从 C 点开始减速到 D 点,完成这一过程后用指示灯显示。电动机的转动受脉冲控制, A 点和 D 点的脉冲频率为 2 kHz, B 点和 C 点的频率为 10 kHz,加速过程的脉冲数为 400 个,恒速转动的脉冲数为 4 000 个,减速过程脉冲数为 200 个,工作过程如图 5 - 35 所示。

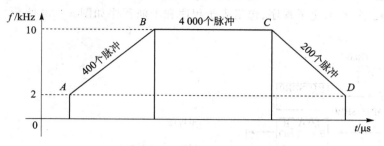

图 5 - 35　步进电动机工作过程

(2) 解题分析

① 确定脉冲发生器及工作模式　本例要求 PLC 输出一定数量的多串脉冲,因此确定用 PTO 输出的多段管线方式。选择如下:选用高速脉冲串发生器为 Q0.0,并且确定 PTO 为 3 段脉冲管线(AB、BC 和 CD 段)。

② 设置控制字节　最大脉冲频率为 10 kHz,对应的周期值为 100 μs,因此时基选择为微秒级。将 2♯10100000,即 16♯A0 写入控制字节 SMB67。功能为允许脉冲输出,多段 PTO 脉冲串输出,时基为 μs 级,不允许更新周期值和脉冲数。

③ 写入起始频率、结束频率和脉冲数　由于是 3 段脉冲,则需要建立 3 段脉冲的包络表,并对各段参数分别设置。

包络表结构如表 5 - 23 所列。

表 5 - 23　包络表内容

V 变量存储器地址	各块名称	实际功能	参数名称	参数值
VB400	段数	决定输出脉冲串数	总包络段数	3
VW401	段 1	电机加速阶段	起始频率	2 000 Hz
VW403			结束频率	1 0000 Hz
VD405			输出脉冲数	400
VW409	段 2	电机恒速运行阶段	起始频率	10 000 Hz
VW411			结束频率	10 000 Hz
VD413			输出脉冲数	4 000
VW417	段 3	电机减速阶段	起始频率	1 0000 Hz
VW419			结束频率	2 000 Hz
VD421			输出脉冲数	200

④ 装入包络表首地址　将包络表的起始变量 V 存储器地址装入 SMW168 中。

⑤ 中断调用　高速输出完成时,调用中断程序,则信号灯变亮(本例中 Q0.2＝1)。脉冲输出完成,中断事件号为 19。用中断调用 ATCH 指令将中断事件 19 与中断子程序 PTOINT 连接起来,并全局开中断。

⑥ 执行 PLS 指令。

经以上设置并执行指令后,即可用 PLS 指令启动多段脉冲串,并由 Q0.0 输出。

本系统主程序、初始化子程序、包络表子程序和中断程序如图 5-36 所示。

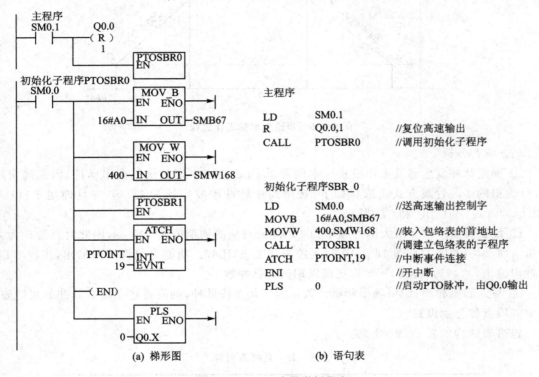

(a) 梯形图　　　　　　　　　　(b) 语句表

图 5-36　PTO 应用举例程序

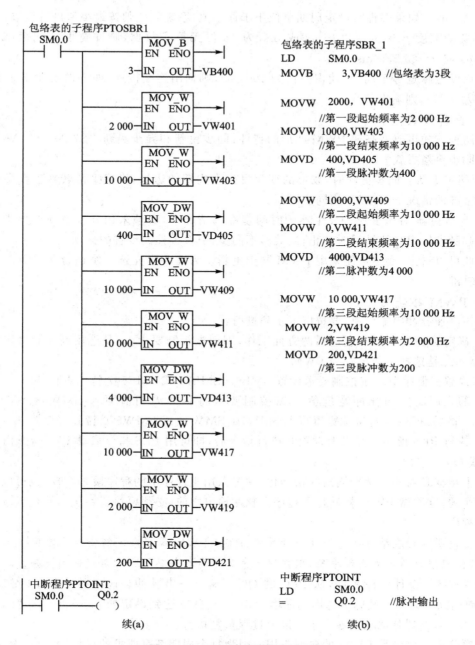

图 5 – 36　PTO 应用举例程序(续)

5.11.4　PWM 的使用

宽度可调脉冲输出 PWM,用来输出占空比可调的高速脉冲。用户可以控制脉冲的周期和脉冲宽度,完成特定的控制任务。

1. 周期和脉冲宽度

① 周期　单位可以是 μs 或 ms,为 16 位无符号数据,周期变化范围是 10~65 535 μs 或

2～65 535 ms。如果编程时设定周期单位小于最小值，系统默认则按最小值进行设置。

② 脉冲宽度　单位可以是 μs 或 ms，为 16 位无符号数据，脉冲宽度变化范围是 0～65 535 μs 或 0～65 535 ms。

如果设定脉宽等于周期（使占空比为 100 %），则输出连续接通；如果设定脉宽等于 0（使占空比为 0 %），则输出断开。

2. 更新方式

有两种方式可改变高速 PWM 波形的特性：同步更新和异步更新。S7-200 SMART PLC 只支持同步更新方式。

① 同步更新　同步更新时，波形的变化发生在周期的边缘，形成平滑转换。在不需要改变时间基准的情况下，可以采用同步更新。

② 异步更新　在改变脉冲发生器的时间基准的情况下，必须采用异步更新。异步更新有时会引起脉冲输出功能被瞬时禁止，或波形不同步，引发被控制设备的振动。

由此可以看出，要尽可能采用 PWM 同步更新。为此要事先选一个适合于所有时间周期的时间基准。

3. PWM 的使用

使用高速脉冲串输出时，要按以下步骤进行：

① 确定脉冲发生器　它包括两方面工作，即根据控制要求，一是选用高速脉冲串输出端（发生器）；二是选择工作模式为 PWM。

② 设置控制字节　按控制要求设置 SMB67、SMB77 或 SMB567 特殊寄存器。

③ 写入周期值和脉冲宽度值　按控制要求将脉冲周期值写入 SMW68、SMW78 或 SMW568 的特殊寄存器，将脉宽值写入 SMW70、SMW80 或 SMW570 特殊寄存器。

④ 执行 PLS 指令　经以上设置并执行指令后，即可用 PLS 指令启动 PWM，并由 Q0.0、Q0.1 或 Q0.3 输出。

以上步骤是对高速脉冲输出的初始化，它可以用主程序中的程序段来实现，也可以用子程序段来实现，这称做 PWM 初始化子程序。脉冲输出之前，必须要执行一次初始化程序段或初始化子程序。

重要说明　现在编程软件对高速计数器、PTO/PWM 等复杂功能指令的使用都提供向导功能，具体使用时请参考系统手册，但建议大家先学习其基础知识和常规使用方法。

例 5-33　设计一段程序，从 PLC 的 Q0.0 输出一串脉冲。该串脉冲脉宽的初始值为 0.5 s，周期固定为 5 s，其脉宽每周期递增 0.5 s。当脉宽达到设定的 4.5 s 时，脉宽改为每周期递减 0.5 s，直到脉宽减为零为止。以上过程重复执行。

解题分析　该题是 PWM 的典型应用。因为每个周期都有要求的操作，所以需要把 Q0.0 接到 I0.0，采用输入中断的方法完成控制任务。另外还要设置一个标志，来决定什么时候脉冲递增，什么时候脉冲递减。控制字设定为 16#DA，即 11011010，把它放到 SMB67 中，它表示输出端 Q0.0 为 PWM 方式，不允许更新周期，允许更新脉宽，时间基准单位为 ms；同步更新，且允许 PWM 输出。

梯形图程序如图 5-37 所示，它包括主程序、子程序和中断程序。

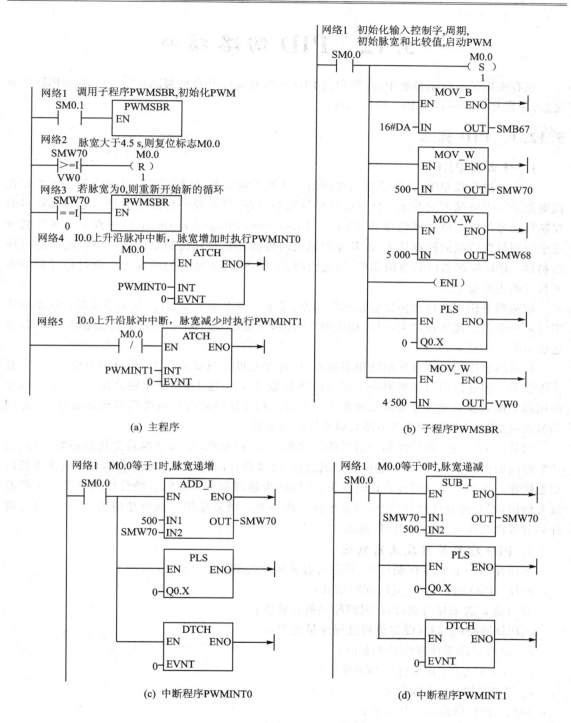

(a) 主程序

(b) 子程序PWMSBR

(c) 中断程序PWMINT0

(d) 中断程序PWMINT1

图 5-37　PWM 应用举例程序

5.12　PID 回路指令

在有模拟量的控制系统中,经常用到 PID 运算来执行 PID 回路的功能。在讲解 PID 指令之前,应先复习一下有关 PID 的基本概念。

5.12.1　PID 算法

1. 什么是 PID

在工业过程控制中,其特点就是要控制一些模拟量参数,使控制目标快速无误差地跟踪在设定值是一个最基本的要求。要完成这样的控制任务,就需要一种控制算法。尽管有众多的控制算法号称能完成这样的任务,但 PID(Proportion-Integral-Derivative)一直是众多控制方法中应用最为广泛的控制算法,以其原理组成的控制器是自动控制系统设计中最经典的一种控制器。PID 控制器以其结构简单、稳定性好、工作可靠、调整方便而成为工业过程控制中不可替代的主要技术之一。

比例调节作用是按比例反应系统的偏差,系统一旦出现了偏差,比例调节立即产生调节作用以减少偏差。比例作用大,可以加快调节时间,但是过大的比例,使系统的稳定性下降,甚至造成系统的不稳定。

积分调节作用是使系统消除稳态误差,提高无差度。只要有误差,积分调节就进行,直至消除误差。积分作用的强弱取决于积分时间常数 T_i,T_i 越小,积分作用就越强;反之则积分作用弱。加入积分调节可使系统动态响应变慢。积分作用常与另两种调节规律结合,组成 PI 调节器或 PID 调节器。PI 调节器是最常用的调节器。

微分调节作用反映系统偏差信号的变化率,具有预见性,能预见偏差变化的趋势,因此能产生超前的控制作用,在偏差还没有形成之前,已被微分调节作用消除,因此,可以改善系统的动态性能。在微分时间选择合适情况下,可以减少超调和调节时间。微分作用对噪声干扰有放大作用,因此过强的微分调节,对系统抗干扰不利。微分作用不能单独使用,需要与另外两种调节规律相结合,组成 PID 控制器。

2. PID 控制算法及其离散化

下面介绍一下 PID 控制算法,并对所有算式中的参数定义如下:

$M(t)$:PID 回路输出,是时间的函数;

Mn:第 n 次采样时刻,PID 回路输出的计算值;

e:PID 回路的偏差(设定值与过程变量之差);

e_n:在第 n 次采样时刻的偏差值;

e_{n-1}:在第 $n-1$ 次采样时刻的偏差值;

e_X:采样时刻 x 的偏差值;

$M_{initial}$:PID 回路输出初始值;

MX:积分项前值;

K_C:PID 回路增益;

K_I:积分项的比例常数;

K_D:微分项的比例常数;

T_S:采样周期(或控制周期);

T_I:积分项的比例常数;

T_D:微分项的比例常数;

SP_n:第 n 采样时刻的设定值;

SP_{n-1}:第 $n-1$ 采样时刻的设定值;

PV_n:第 n 采样时刻的过程变量值;

PV_{n-1}:第 $n-1$ 采样时刻的过程变量值。

如果一个 PID 回路的输出 M 是时间 t 的函数,则可以看做是比例项、积分项和微分项三部分之和。即

$$M(t) = K_\text{C} * e + K_\text{C} \int_0^t e \, \mathrm{d}t + M_\text{initial} + K_\text{C} * \mathrm{d}e/\mathrm{d}t \tag{5-1}$$

式(5-1)中各量都是连续量,第一项为比例项,最后一项为微分项,中间两项为积分项。用计算机处理这样的控制算式,即连续的算式必须周期性地采样并进行离散化,同时各信号也要离散化,公式为

$$M_n = K_\text{C} * e_n + K_\text{I} * \sum_1^n e_x + M_\text{initial} + K_\text{D} * (e_n - e_{n-1}) \tag{5-2}$$

从式(5-2)看出,比例项仅是当前采样的函数,积分项是从第一个采样周期到当前采样周期所有误差项的函数,微分项是当前采样和前一次采样的函数。对计算机系统来说,只要保存积分项前值和误差前值,就可以得到一个更简单的公式,如

$$M_n = K_\text{C} * e_n + K_\text{I} * e_n + MX + K_\text{D} * (e_n - e_{n-1}) \tag{5-3}$$

具体到 S7-200 SMART PLC 中,设定值为 SP(the value of setpoint),过程值为 PV(the value of process variable),系统增益系数只使用 K_C,积分时间控制积分项在整个输出结果中影响的大小,微分时间控制微分项在整个输出结果中影响的大小。具体的计算公式为

$$\begin{aligned} M_n = &K_\text{C} * (SP_n - PV_n) + K_\text{C} * (T_\text{S}/T_\text{I}) \cdot (SP_n - PV_n) + MX + \\ &K_\text{C} * (T_\text{D}/T_\text{S}) * [(SP_n - PV_n) - (SP_{n-1} - PV_{n-1})] \end{aligned} \tag{5-4}$$

一般来说,设定值不是经常改变的,所以 n 时刻和 $n-1$ 时刻的 SP 是相等的。对式(5-4)进行简化后,得出

$$\begin{aligned} M_n = &K_\text{C} * (SP_n - PV_n) + K_\text{C} * (T_\text{S}/T_\text{I}) \cdot (SP_n - PV_n) + MX + \\ &K_\text{C} * (T_\text{D}/T_\text{S}) * (PV_{n-1} - PV_n) \end{aligned} \tag{5-5}$$

这就是 PLC 中使用的 PID 算法。

3. PID 回路类型的选择

在大部分模拟量的控制中,使用的回路控制类型并不是比例、积分和微分三者俱全。例如大部分时候只需要比例积分回路。通过对常量参数的设置,可以关闭不需要的控制类型。

关闭积分回路:把积分时间 T_I 设置为无穷大,此时虽然由于有初值 MX 使积分项不为零,但积分作用可以忽略。

关闭微分回路:把微分时间 T_D 设置为 0,微分作用即可关闭。

关闭比例回路:把比例增益 K_C 设置为 0,则只保留积分和微分项。这时系统会在计算积分项和微分项时自动把增益当作 1.0 看待。

4. 模拟量控制的实质

对工业过程控制中的连续变化的参数,如温度、流量、压力、物位、阀门开度等,其物理量纲

不同。即使是同一种传感器,它们对实际物理量进行测量的范围也不一定相同。那它们是如何把所检测到的物理量准确地反映到计算机或 PLC 中的呢? 其实解决问题的实质就是"标准化"。不管它们是什么,通过相应的传感器和变送器后,给最终用户提供的都是标准信号,即 4～20 mA 或 1～5 V(有些传感器的信号也可能是 0～20 mA 或 0～10 V)。可以不用操心这些信号具体的物理意义,它们的上限(20 mA 或 5 V)对应的是测量物理量的上限,其下限(4 mA 或 1 V)对应的是测量物理量的下限。至于 10 mA 的电流信号代表的是 150℃,还是 200 MPa,用户不用去管,因为在传感器和变送器中已经设定好了。

　　同样对模拟量输出信号的控制,我们对控制对象(比如阀门开度)提供的也是一个 4～20 mA 或 1～5 V 的标准信号,当阀门的定位器接收到 PLC 模拟量信号输出端提供的 12 mA 的信号时,它自然会把阀门开度调节到 50% 的开度。

　　5. PID 在 PLC 中的实现

　　原来的 PLC 指令系统较弱,完成 PID 这样的任务需要编程人员编写烦琐的程序来实现,即编制程序实现式(5-5)的功能。现在 PID 回路指令使这一任务的编程和实现变得非常容易,PLC 的生产厂商把 PID 功能做成了一个功能块,编程人员不用再操心具体的算法,在使用时只需按照要求,设置一些参数,调用一条指令就完成了。

5.12.2　PID 回路指令及使用

1. PID 回路指令(Proportional Integral Derivative Loop)

　　指令格式:LAD 和 STL 格式如图 5-38 所示。

　　功能描述:该指令利用回路表中的输入信息和组态信息,进行 PID 运算。

　　数据类型:回路表的起始地址 TBL 为 VB 指定的字节型数据;回路号 LOOP 是 0～7 的常数。

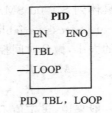

图 5-38　PID 指令格式

2. PID 回路号

　　用户程序中最多可有 8 条 PID 回路,不同的 PID 回路指令不能使用相同的回路号;否则,会产生意外的后果。

3. PID 指令的使用

　　使用 PID 指令的关键有 3 步:

　　① 建立 PID 回路表;

　　② 对输入采样数据进行归一化处理;

　　③ 对 PID 输出数据进行工程量转换。

　　(1) 建立 PID 回路表

　　公式(5-5)中包含 9 个用来控制和监视 PID 运算的参数,在 PID 指令使用时要建立一个所谓的 PID 回路表,用来给这些参数分配一个存放的地址单元。回路表中所有的地址都是双字地址,其格式如表 5-24 所列。建议在具体使用时找一个容易记忆的地址作为开始地址,这样便于编写程序,例如回路表的首地址可以设置为 VD100 或 VD200 等。

　　(2) 回路输入量的转换及归一化

　　如前所述,不同的实际工程应用场合,控制系统的测量输入值、设定值的大小、范围和工程单位都可能不一样。如果使用 PLC 中统一的 PID 指令来处理不同应用场合的 PID 调节问题,则在对这些实际项目中多种多样的工程值进行运算之前,必须把它们转换成标准的数据格式才行。数据归一化是一种简化计算的方法,是数据处理常用方法之一,它可以将有量纲的表达式,经过变换,化为无量纲的表达式,成为纯量,避免具有不同物理意义和量纲的输入变量不能统一使用。

表 5 - 24　PID 回路表

参　数	地址偏移量	数据格式	I/O 类型	描　述
过程变量当前值 PV_n	0	双字,实数	I	过程变量,0.0～1.0
给定值 SP_n	4	双字,实数	I	给定值,0.0～1.0
输出值 Mn	8	双字,实数	I/O	输出值,0.0～1.0
增益 K_C	12	双字,实数	I	比例常数,正、负
采样时间 T_S	16	双字,实数	I	单位为 s,正数
积分时间 T_I	20	双字,实数	I	单位为 min,正数
微分时间 T_D	24	双字,实数	I	单位为 min,正数
积分项前值 MX	28	双字,实数	I/O	积分项前值,0.0～1.0
过程变量前值 PV_{n-1}	32	双字,实数	I/O	最近一次 PID 变量值

第一步,将工程实际值由 16 位整数转化为实数。设模拟量采集数据通道地址为 AIW0,程序如下:

```
XORD        AC0,AC0        //清累加器 AC0
ITD         AIW0,AC0       //把整数转化为双整数
DTR         AC0,AC0        //把双整数转化为实数
```

第二步,将实数格式的工程实际值转化为 0.0～1.0 之间的无量纲相对值,用式(5-6)来完成这一过程:

$$R_{norm} = (R_{raw}/Span) + Offset \qquad (5-6)$$

式中: R_{norm} 为工程实际值的归一化值; R_{raw} 为工程实际值在未进行归一化处理的实数形式值。标准化实数又分为双极性(围绕 0.5 上下变化)和单极性(以 0.0 为起点在 0.0 和 1.0 之间的范围内变化)两种。对于双极性,偏移量 Offset 为 0.5;对于单极性,偏移量 Offset 为 0,Span表示值域的大小,SMART 200 PLC 规定,单极性时取 27 648,双极性时取 55 296。

以下程序段用于将 AC0 中的双极性模拟量进行归一化处理(可紧接上面的程序):

```
/R          55296.0,AC0    //将 AC0 中的双极性模拟量值进行归一化
+R          0.5,AC0        //Offset 处理(双极性时)
MOVR        AC0,VD200      //将归一化结果存入 TABLE 中(设 TABLE 表地址为 VB200)
```

(3) 回路控制输出转换为按工程量标定的整数值

程序执行时把各个标准化实数量用离散化 PID 算式进行处理,产生一个标准化实数运算结果。这一结果同样也要用程序将其转化为相应的 16 位整数,然后周期性地将其传送到指定的模拟量输出通道 AQW 输出,用以驱动模拟量的负载,实现模拟量的控制。这一转换实际上

是归一化过程的逆过程。

第一步,用下式将回路输出转换为按工程量标定的实数格式

$$R_{scal} = (M_n - Offset) \cdot Span \tag{5-7}$$

式中:R_{scal} 为已按工程量标定的实数格式的回路输出;M_n 为归一化实数格式的回路输出。程序如下:

MOVR	VD208,AC0	//将回路输出结果(设 TABLE 表地址为 VB200)放入 AC0
—R	0.5,AC0	//双极性场合时减去 0.5
*R	55296.0,AC0	//将 AC0 中的值按工程量标定

第二步,将已标定的实数格式的回路输出转化为 16 位的整数格式,并输出。程序如下:

TRUNC	AC0,AC0	//取整数
DTI	AC0,AC0	//双整数转换为整数
MOVW	AC0,AQW0	//把整数值送到模拟量输出通道(设为 AQW0)

说明:实际使用 PID 指令时,还有变量范围、控制方式等许多问题要具体考虑,所以更详细的内容请参考系统使用手册。

例 5-34 PID 指令应用实例。

(1)控制要求

某一水箱有一条进水管和一条出水管,进水管的水流量随时间不断变化,控制系统使用单极性的液位传感器测量液位。要求控制出水管阀门的开度,使水箱内的液位始终保持在水满时液位的一半。系统使用比例、积分及微分控制,假设采用下列控制参数值:K_c 为 0.4,T_s 为 0.2 s,T_i 为 30 min,T_d 为 15 min。

(2)解题分析

液位传感器对水箱液位信号进行测量采样,数据标准化时采用单极性方案;设定值是液位的 50 %,输出是单极性模拟量,用以控制阀门的开度,可以在 0~100 % 之间变化。

(3)程序实现

本程序只是模拟量控制系统的 PID 程序主干,对于现场实际问题,还要考虑诸多方面的影响因素。

本程序的主程序、回路表初始化子程序 PIDSBR0、初始化子程序 PIDSBR1 和中断程序 PIDINT 如图 5-39 所示。

本例中模拟量输入通道为 AIW2,模拟量输出通道为 AQW0。I0.4 是手动/自动转换开关信号,I0.4 为 1 时,为系统自动运行状态。

4. PID 自整定功能

在使用 PID 时,最难的地方是寻找合适的 PID 参数。S7-200 SMART PLC 支持 PID 自整定功能,STEP7 - Micro/WIN SMART 中也添加了 PID 自整定控制面板。PID 自整定的目的在于为用户的过程控制回路提供一套最优化的整定参数,使用这些整定值可以使系统达到极佳的控制效果,真正优化控制过程。根据控制过程的检测值和用户所选择的响应速度模式(快速响应、中速响应、慢速响应和极慢速响应等),PID 自整定自动向你推荐增益值、积分时间值和微分时间值。除此之外,还可以自动确定滞后值和过程变量峰值偏移。用户可以使用操作员面板中的用户程序或者 PID 整定控制面板来启动自整定功能。如果需要的话,所有的

8 个 PID 回路可以同时进行自整定。使用 PID 整定控制面板,可以启动或取消自整定过程,以及在图表中监视结果。控制面板会显示所有可能发生的错误和警告信息。

　　PID 自整定适用于双向调节、反向调节、P 调节、PI 调节、PD 调节和 PID 调节等各种调节回路。详细的使用说明参见 S7-200 SMART PLC 系统手册。

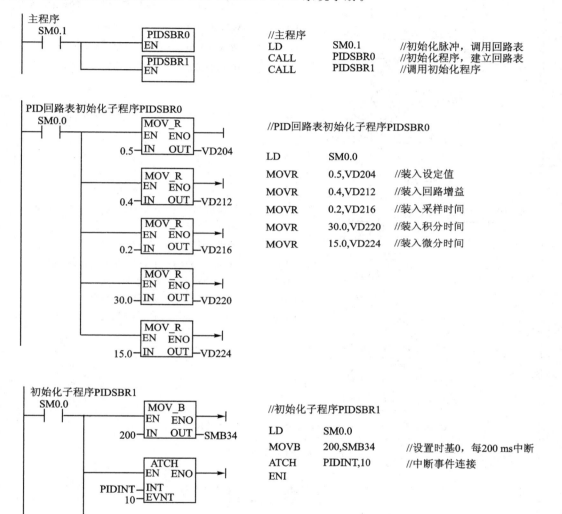

　　　　　　　　//主程序
　　　　　　　　LD　　　　　SM0.1　　　　//初始化脉冲,调用回路表
　　　　　　　　CALL　　　　PIDSBR0　　　//初始化程序,建立回路表
　　　　　　　　CALL　　　　PIDSBR1　　　//调用初始化程序

　　　　　　　　//PID 回路表初始化子程序 PIDSBR0

　　　　　　　　LD　　　　　SM0.0
　　　　　　　　MOVR　　　　0.5,VD204　　//装入设定值
　　　　　　　　MOVR　　　　0.4,VD212　　//装入回路增益
　　　　　　　　MOVR　　　　0.2,VD216　　//装入采样时间
　　　　　　　　MOVR　　　　30.0,VD220　 //装入积分时间
　　　　　　　　MOVR　　　　15.0,VD224　 //装入微分时间

　　　　　　　　//初始化子程序 PIDSBR1

　　　　　　　　LD　　　　　SM0.0
　　　　　　　　MOVB　　　　200,SMB34　　//设置时基0,每200 ms中断
　　　　　　　　ATCH　　　　PIDINT,10　　//中断事件连接
　　　　　　　　ENI

图 5 - 39　PID 控制举例

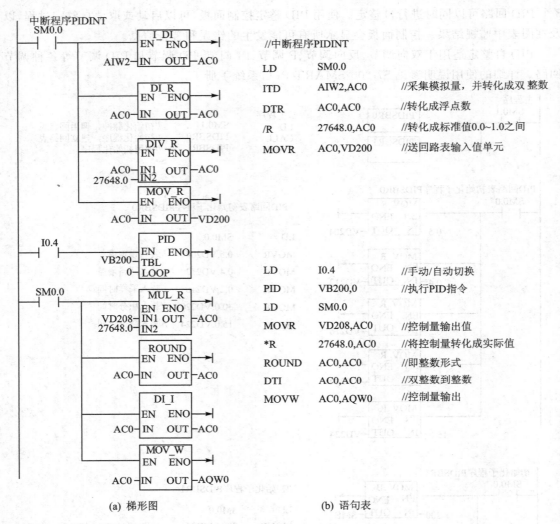

(a) 梯形图　　　　　　　　　　　(b) 语句表

图 5-39　PID 控制举例(续)

本章小结

　　本章重点介绍了 S7-200 SMART PLC 的功能指令及使用方法,给出了很多例题。通过学习,应了解功能指令在 PLC 中的主要作用,在使用时做到胸中有数。

　　① S7-200 SMART PLC 的程序包括用户程序、数据块和参数块。在每一个控制系统中,用户程序都是必须的。用户程序中又包括主程序、子程序和中断程序,其中主程序是必须的,而且是唯一的,而子程序和中断程序是可选的,可以根据具体任务的要求决定是否使用或使用多少个子程序和中断程序。

　　② 在程序设计过程中,经常会遇到功能相同的重复程序段或重复使用的典型环节,我们可以把它们用子程序的形式表现出来。子程序是进行复杂程序设计时必不可少的工具。编程软件会自动在主程序、子程序和中断程序结束时加上相应的结束指令,所以不需要人工处理。

③ 没有中断就实现不了复杂的控制任务,中断技术在可编程序控制器的人机联系、实时处理、通信处理和网络中占有重要地位。学习中断使用技术不仅需要深刻领会中断的实质内容,还要通过学习高速指令和通信指令等来掌握它的使用方法。

④ 数据处理指令主要涉及非数值运算的数据操作,包括传送类指令、移位指令、循环移位指令、字节交换指令、填充指令、数据类型转换指令和表功能指令等。在处理实际问题时,传送类指令和数据类型转换指令应用较多。在顺序控制的场合,顺序功能图完全能取代移位和循环指令的功能,所以,现在移位和循环指令已使用得不多。

⑤ 运算指令包括算术运算指令和逻辑运算指令,它们增强了 PLC 的数据处理能力,拓宽了 PLC 的应用领域。因为使用 STL 编程时的存储单元使用的特殊性,所以不熟练时,建议尽量使用 LAD 方式处理运算指令。学会使用这些指令的同时,还应学会结合数学方法灵活运用这些指令,以完成较为复杂的运算任务。增 1 和减 1 指令在长时间计时和大规模记数的场合有非常灵活的应用。

⑥ 利用时钟指令可以方便地设定和读取系统的实时时钟,时钟指令使得对实时时间的处理变得非常容易,使用时要注意 PLC 本身时钟的设定,以及时钟数据的存储形式。

⑦ 高速输入/输出指令可以用来方便地完成高精度的定位或位置控制等运动控制任务,这些指令都用到了一定数量的内部特殊功能存储器,使用时必须掌握相应的控制参数、状态参数和变量值等的设定方法。

⑧ 过程控制是工业控制领域的一个主要分支,其特点是模拟量参数多。PID 回路指令专为过程控制而设计,在学习 PID 回路指令时,要首先理解 PID 的基本概念及其控制算法,理解工业过程控制中对模拟量处理的实质。

思考题与练习题

1. S7-200 SMART PLC 的程序包括哪几部分? 其中的用户程序中又包含哪些部分?

2. 写一段梯形图程序,实现将 VD20 开始的 10 个双字型数据送到 VD400 开始的存储区,这 10 个数据的相对位置在移动前后不发生变化。

3. 有一组数据存放在 VB600 开始的 20 个字节中,采用间接寻址方式设计一段程序,将这 20 个字节的数据存储到从 VB300 开始的存储单元中。

4. 用功能指令实现时间为 6 个月的延时,试设计梯形图程序。

5. 编写一段程序计算 $\sin 50° + \cos 70° × (\tan 40° ÷ \sqrt{5})$ 的值。

6. 试设计一个记录某台设备运行时间的程序。I0.0 为该设备工作状态输入信号,要求记录其运行时的时、分、秒,并把秒值通过连接在 QB0 上的 7 段数码管显示出来。

7. 用时钟指令控制路灯的定时接通和断开,5 月 15 日到 10 月 15 日,每天 20:00 开灯,6:00 关灯;10 月 16 日到 5 月 14 日,每天 18:00 开灯,7:00 关灯,并可校准 PLC 的时钟。请编写梯形图程序。

8. 试设计一个计数器程序,要求如下:

① 计数范围是 0~255;

② 计数脉冲为 SM0.5;

③ 输入 I0.0 的状态改变时,则立即激活输入/输出中断程序。中断程序 0 和 1 分别将 M0.0 置成 1 或 0;

④ M0.0 为 1 时,计数器加计数;M0.0 为 0 时,计数器减计数。

⑤ 计数器的计数值通过连接在 QB0 上的 7 段数码管显示。

9. 试设计一个高速计数器的程序,要求如下:

① 信号源是一个编码器,通过脉冲信号;

② 当脉冲数为 500 的奇数倍时,点亮信号灯 A,关断信号灯 B;

③ 当脉冲数为 500 的偶数倍时,点亮信号灯 B,关断信号灯 A;

④ 当总计数值达到 50 000 时,计数器复位重新开始,整个过程一直循环进行下去。

10. 什么是 PID 控制? 其主要用途是什么? PID 中各项的主要作用是什么?

11. 在实际过程控制系统中,PLC 对模拟量的输入/输出处理的实质是什么?

12. 某一过程控制系统,其中一个单极性模拟量输入参数从 AIW0 采集到 PLC 中,通过 PID 指令计算出的控制结果从 AQW0 输出到控制对象。PID 参数表起始地址为 VB100。试设计一段程序完成下列任务:

① 每 200 ms 中断一次,执行中断程序;

② 在中断程序中完成对 AIW0 的采集、转换及归一化处理,完成回路控制输出值的工程量标定及输出。

第6章 PLC顺序控制指令及其使用

本章重点

● 顺序功能图的基本概念和实质
● 功能图的主要类型
● 使用功能图设计PLC程序

6.1 功能图的产生及基本概念

6.1.1 功能图的产生

应用基本指令和方法设计简单顺序控制问题的程序是可行的,但对于具有并发顺序和选择顺序的问题就显得力不从心了。因此,有必要进一步深入探讨解决更广泛的顺序控制问题的程序设计方法。

20世纪80年代初,法国科技人员根据PETRI NET理论,提出了可编程序控制器设计的Grafacet法。Grafacet法是专用于工业顺序控制程序设计的一种功能性说明语言,即顺序功能图(Sequential Function Chart,SFC)语言,现在已成为法国国家标准(NFC 03190)。IEC(国际电工委员会)也于1988年公布了类似的"控制系统功能图准备"标准(IEC 848)。在《可编程序控制器 第3部分:编程语言》的国际标准IEC 61131-3(1993年发布)和国家标准GB/T 15969.3-2005中对SFC进行了详细的描述。

顺序功能图(SFC)是一种真正的图形化的编程语言不管一个顺序控制问题,有多复杂,都可以用图形的方式把问题表达清楚。可想而知,这要比使用其他任何编程语言设计程序简单很多,而且设计出来的程序也清晰许多。现在大部分基于IEC 61131-3编程的PLC都支持SFC(参见本书第9章),即可以使用SFC直接编程。但多数非IEC 61131-3的PLC产品(包括S7-200 SMART PLC)都不接受SFC直接编制的程序。一般情况下,它们只是有专为使用功能图编程所设计的指令,使用功能图语言设计程序时,首先要根据控制要求设计功能流程图,然后根据功能图指令将其转化为梯形图程序,才能被PLC认可。即使这样,使用功能图也要比其他编程语言好很多。

本章重点讲解顺序功能图的基本概念,以及它在S7-200 SMART PLC中的具体使用方法。

6.1.2 功能图的基本概念

功能图又称做顺序功能图、功能流程图或状态转换图,它是一种描述顺序控制系统的图形表示方法,是专用于工业顺序控制程序设计的一种功能性说明语言。它能完整地描述控制系统的工作过程、功能和特性,是分析、设计电气控制系统控制程序的重要工具。

功能图主要由"状态""转换"及有向线段等元素组成。如果适当运用组成元素,就可得到控制系统的静态表示方法,再根据转换触发规则模拟系统的运行,就可以得到控制系统的动态过程。

1. 状　态

状态是控制系统中一个相对不变的性质,对应于一个稳定的情形。状态的符号如图6-1(a)所示。矩形框中可写上该状态的编号或代码。

① 初始状态　初始状态是功能图运行的起点,一个控制系统至少要有一个初始状态。初始状态的图形符号为双线的矩形框,如图6-1(b)所示。

② 工作状态　工作状态是控制系统正常运行时的状态。根据控制系统是否运行,状态可分为动状态和静状态两种。动状态是指当前正在运行的状态,静状态是当前没有运行的状态。动状态和静状态的概念不在此深入讨论。

③ 与状态对应的动作　在每个稳定的状态下,一般会有相应的动作。动作的表示方法如图6-2所示。

(a) 状态　　　　　(b) 初始状态

图6-1　状态的图形符号

图6-2　状态下动作的表示

2. 转　换

为了说明从一个状态到另一个状态的变化,要用转换概念。转换的方向用一个有向线段来表示,两个状态之间的有向线段上再用一段横线表示这一转换。转换的符号如图6-3所示。

转换是一种条件,当此条件成立时,称做转换使能。该转换如果能够使状态发生转换,则称做触发。一个转换能够触发必须满足:状态为动状态及转换使能。转换条件是指使系统从一个状态向另一个状态转换的必要条件,通常用文字、逻辑方程及符号来表示。

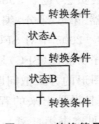

图6-3　转换符号

6.1.3　功能图的构成规则

控制系统功能图的绘制必须满足以下规则:

① 状态与状态不能相连,必须用转换分开;

② 转换与转换不能相连,必须用状态分开;

③ 状态与转换、转换与状态之间的连接采用有向线段,从上向下画时,可以省略箭头;当有向线段从下向上画时,必须画上箭头,以表示方向;

④ 一个功能图至少要有一个初始状态。

下面用一个例子来说明功能图的绘制。

　　某一冲压机的初始位置是冲头抬起,处于高位;当操作者按动启动按钮时,冲头向工件冲击;到最低位置时,触动低位行程开关;然后冲头抬起,回到高位,触动高位行程开关,停止运行。图 6-4 所示为功能图表示的冲压机运行过程。冲压机的工作顺序可分为三个状态:初始、下冲和返回状态。从初始状态到下冲状态的转换须满足启动信号和高位行程开关信号同时为 ON 时才能发生;从下冲状态到返回状态,须满足低位行程开关为 ON 时才能发生。

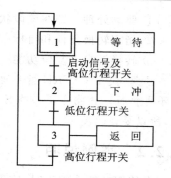

图 6-4　冲压机功能流程图

　　从该例可以进一步知道,功能图就是由许多个状态及连线组成的图形,它可以清晰地描述系统的工序要求,使复杂问题简单化,并且使 PLC 编程成为可能,而且编程的质量和效率也会大大提高。

6.2　顺序控制指令

6.2.1　顺序控制指令介绍

　　顺序控制指令是 PLC 生产厂家为用户提供的可使功能图编程简单化和规范化的指令。S7-200 SMART PLC 提供了四条顺序控制指令,其中最后一条条件顺序状态结束指令 CSCRE 使用较少。它们的 STL 形式、LAD 形式和功能如表 6-1 所列。

表 6-1　顺序控制指令的形式及功能

STL	LAD	功　能	操作对象
LSCR S_bit (Load Sequential Control Relay)	S_bit ┤SCR├	顺序状态开始	S(位)
SCRT S_bit (Sequential Control Relay Transition)	S_bit ——(SCRT)	顺序状态转换	S(位)
SCRE (Sequential Control Relay End)	——(SCRE)	顺序状态结束	无
CSCRE (Conditional Sequence Control Relay End)		条件顺序状态结束	无

　　从表中可以看出,顺序控制指令的操作对象为顺控继电器 S。S 也称做状态器,每一个 S 位都表示功能图中的一种状态。S 的范围为:S0.0～S31.7。

　　注意:这里使用的是 S 的位信息。

　　从 LSCR 指令开始到 SCRE 指令结束的所有指令组成一个顺序控制继电器(SCR)段。LSCR 指令标记一个 SCR 段的开始,当该段的状态器置位时,允许该 SCR 段工作。SCR 段必须用 SCRE 指令结束。当 SCRT 指令的输入端有效时,一方面置位下一个 SCR 段的状态器,以便使下一个 SCR 段开始工作;另一方面又同时使该段的状态器复位,使该段停止工作。由此可以总结出每一个 SCR 程序段一般有以下三种功能:

① 驱动处理　即在该段状态器有效时,要做什么工作,有时也可能不做任何工作;

② 指定转换条件和目标　即满足什么条件后状态转换到何处;

③ 转换源自动复位功能　状态发生转换后,置位下一个状态的同时,自动复位原状态。

注意:使用 CSCRE 指令可以结束正在执行的 SCR 段,使条件发生处和 SCRE 之间的指令不再执行。该指令不影响 S 位和堆栈。使用 CSCRE 指令后会改变正在进行的状态转换操作,所以要谨慎使用。

6.2.2　举例说明

在使用功能图编程时,应先画出功能图,然后对应于功能图画出梯形图。图 6-5 所示为顺序控制指令使用的一个简单例子。

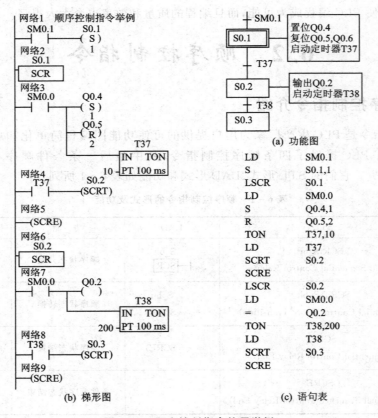

图 6-5　顺序控制指令使用举例

在该例中,初始化脉冲 SM0.1 用来置位 S0.1,即把 S0.1(状态 1)状态激活。在状态 1 的 SCR 段要做的工作是置位 Q0.4、复位 Q0.5 和 Q0.6,使 T37 同时计时。1 s 计时到后状态发生转换,T37 即为状态转换条件,T37 的常开触点将 S0.2(状态 2)置位(激活)的同时,自动使原状态 S0.1 复位。

在状态 2 的 SCR 段,要做的工作是输出 Q0.2,同时 T38 计时;20 s 计时到后,状态从状态 2(S0.2)转换到状态 3(S0.3),同时状态 2 复位。

注意:在 SCR 段输出时,常用特殊中间继电器 SM0.0(常 ON 继电器)执行 SCR 段的输出操作。因为线圈不能直接和母线相连,所以必须借助于一个常 ON 的 SM0.0 来完成任务。

6.2.3　使用说明

① 顺序控制指令仅对元件 S 有效,顺序控制继电器 S 也具有一般继电器的功能,所以对它能够使用其他指令。

② SCR 段程序能否执行取决于该状态器(S)是否被置位,SCRE 与下一个 LSCR 之间的指令逻辑不影响下一个 SCR 段程序的执行。

③ 不能把同一个 S 位用于不同程序中。例如:如果在主程序中用了 S0.1,则在子程序中就不能再使用它。

④ 在 SCR 段中不能使用 JMP 和 LBL 指令,就是说不允许跳入、跳出或在内部跳转。

⑤ 在 SCR 段中不能使用 FOR、NEXT 和 END 指令。

⑥ 在状态发生转换后,所有的 SCR 段的元器件一般也要复位;如果希望继续输出,可使用置位/复位指令,如图 6-5 中的 Q0.4。

⑦ 在使用功能图时,状态的编号可以不按顺序编排。

6.3　功能图的主要类型

6.3.1　单流程

这是最简单的功能图,其动作是一个接一个地完成。每个状态仅连接一个转换,每个转换也仅连接一个状态。如图 6-6 所示为单流程的功能图、梯形图和语句表。

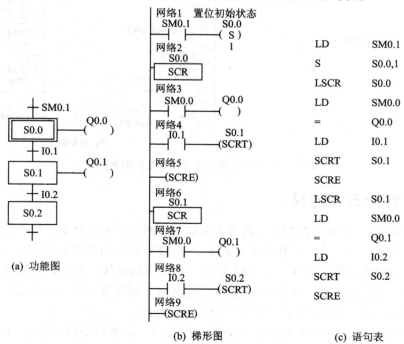

(a) 功能图　　　(b) 梯形图　　　(c) 语句表

图 6-6　单流程功能图举例

6.3.2　可选择的分支和连接

在生产实际中,对具有多流程的工作要进行流程选择或者分支选择,即一个控制流可能转入多个可能的控制流中的某一个,但不允许多路分支同时执行。到底进入哪一个分支,取决于控制流前面的转换条件哪一个为真。可选择分支和连接的功能图、梯形图如图6-7所示。

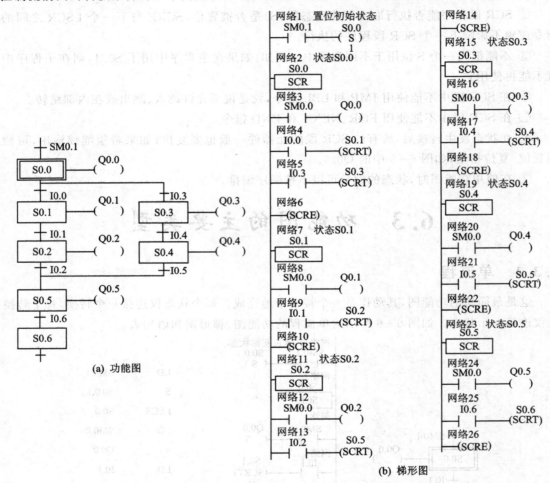

(a) 功能图

(b) 梯形图

图 6 - 7　可选择的分支和连接功能图举例

6.3.3　并行分支和连接

在许多应用中,一个顺序控制状态流必须分成两个或多个不同分支控制状态流,这就是并行分支或并发分支。当一个控制状态流分成多个分支时,所有的分支控制状态流必须同时激活。在最后把这些控制流合并成一个控制流,即并行分支的连接。在合并控制流时,所有的分支控制流必须都是完成了的。这样,在转换条件满足时才能转换到下一个状态。并发顺序一般用双水平线表示,同时结束若干个顺序也用双水平线表示。

图6-8所示为并行分支和连接的功能图和梯形图。需要特别说明的是,并行分支连接时,要同时使所有分支状态转换到新的状态,完成新状态的启动。另外在状态S0.2和S0.4的

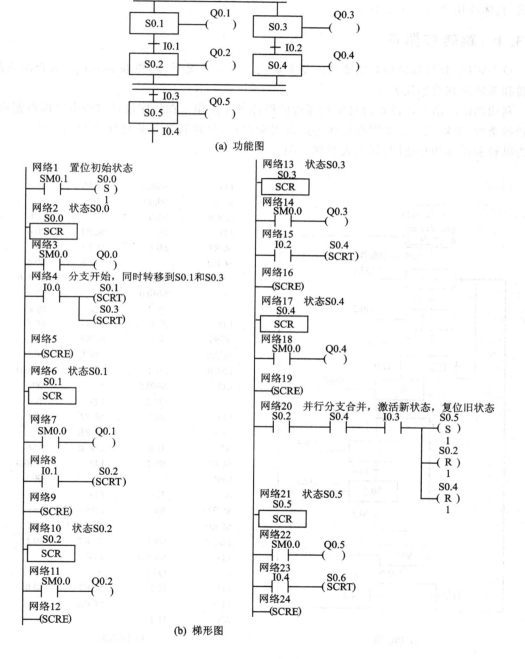

(a) 功能图

(b) 梯形图

图 6 - 8　并行分支和连接功能图举例

SCR 程序段中，由于没有使用 SCRT 指令，所以 S0.2 和 S0.4 的复位不能自动进行，最后要用复位指令对其进行复位。这种处理方法在并行分支的连接合并时会经常用到，而且在并行分支连接合并前的最后一个状态往往是"等待"过渡状态，它们要等待所有并行分支都为"活动状态"后一起转换到新的状态。这些"等待"状态不能自动复位，它们的复位就要使用复位指令来完成，具体应用参见 6.4.2 节。

6.3.4　跳转和循环

　　单一顺序、并发和选择是功能图的基本形式。多数情况下，这些基本形式是混合出现的，跳转和循环是其典型代表。

　　利用功能图语言可以很容易实现流程的循环重复操作。在程序设计过程中可以根据状态的转换条件，决定流程是单周期操作还是多周期循环，是跳转还是顺序向下执行。图 6-9 所示为跳转和循环的功能图、语句表和梯形图。

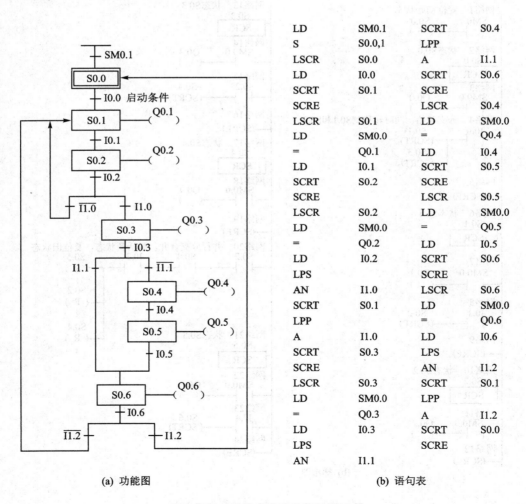

LD	SM0.1		SCRT	S0.4
S	S0.0,1		LPP	
LSCR	S0.0		A	I1.1
LD	I0.0		SCRT	S0.6
SCRT	S0.1		SCRE	
SCRE			LSCR	S0.4
LSCR	S0.1		LD	SM0.0
LD	SM0.0		=	Q0.4
=	Q0.1		LD	I0.4
LD	I0.1		SCRT	S0.5
SCRT	S0.2		SCRE	
SCRE			LSCR	S0.5
LSCR	S0.2		LD	SM0.0
LD	SM0.0		=	Q0.5
=	Q0.2		LD	I0.5
LD	I0.2		SCRT	S0.6
LPS			SCRE	
AN	I1.0		LSCR	S0.6
SCRT	S0.1		LD	SM0.0
LPP			=	Q0.6
A	I1.0		LD	I0.6
SCRT	S0.3		LPS	
SCRE			AN	I1.2
LSCR	S0.3		SCRT	S0.1
LD	SM0.0		LPP	
=	Q0.3		A	I1.2
LD	I0.3		SCRT	S0.0
LPS			SCRE	
AN	I1.1			

　　　　(a) 功能图　　　　　　　　　　　　　　　　　(b) 语句表

图 6-9　跳转和循环功能图举例

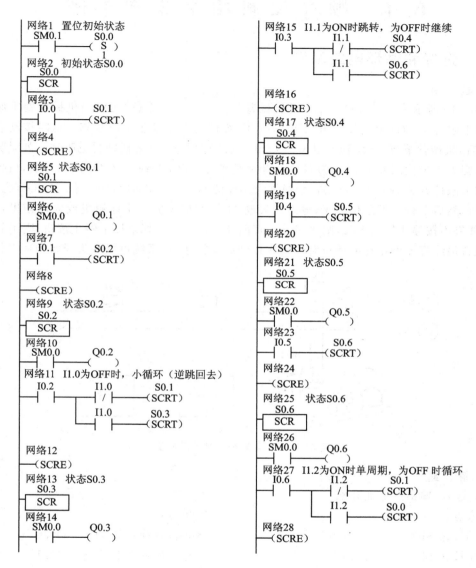

（c）梯形图

图 6-9　跳转和循环功能图举例（续）

图 6-9 中：I1.0 为 OFF 时进行局部循环操作，I1.0 为 ON 时正常顺序执行；I1.1 为 ON 时正向跳转，I1.1 为 OFF 时正常顺序执行；I1.2 为 OFF 时进行多周期循环操作，I1.2 为 ON 时进行单周期循环操作。

6.4　顺序控制指令应用举例

6.4.1　选择和循环电路举例

1. 题　目

图 6-10 所示为一台分捡大小球的机械臂装置。它的工作过程是：当机械臂处于原始位置时，即上限开关 BG1 和左限位开关 BG3 压下，抓球电磁铁处于失电状态。这时按动启动按钮 SF1 后，机械臂下行；若碰到下限位开关 BG2 后停止下行，且电磁铁得电吸球。如果吸住的是小球，则大小球检测开关 BG0 为 ON；如果吸住的是大球，则 BG0 为 OFF。1 s 后，机械臂上行，碰到上限位开关 BG1 后右行，它会根据大小球的不同，分别在 BG4（小球）和 BG5（大球）处停止右行，然后下行至下限位停止，电磁铁失电，机械臂把球放在小球箱里或大球箱里，1 s 后返回。如果不按停止按钮 SF2，则机械臂一直循环工作下去。如果按了停止按钮，则不管何时按，机械臂最终都要停止在原始位置。再次按动启动按钮后，系统可以从头开始循环工作。

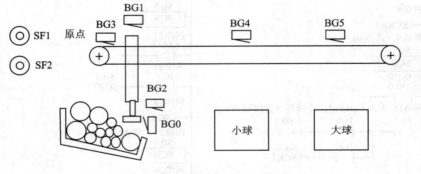

图 6-10　机械臂分捡装置示意图

2. 解　题

（1）输入/输出点地址分配

输入点：		输出点：	
启动按钮 SF1	I0.0	原始位置指示灯 PG	Q0.0
停止按钮 SF2	I0.1	抓球电磁铁 MB	Q0.1
上限位开关 BG1	I0.2	下行接触器 QA1	Q0.2
下限位开关 BG2	I0.3	上行接触器 QA2	Q0.3
左限位开关 BG3	I0.4	右行接触器 QA3	Q0.4
小球右限位开关 BG4	I0.5	左行接触器 QA4	Q0.5
大球右限位开关 BG5	I0.6		
大小球检测开关 BG0	I0.7		

（2）系统功能如图 6-11 所示，梯形图如图 6-12 所示。

3. 简要说明

① 由于大小球的不同，所以使用了分支选择电路，使机械臂能够在右行后向不同的位置下行，把大小球分别放进各自的箱子里去。

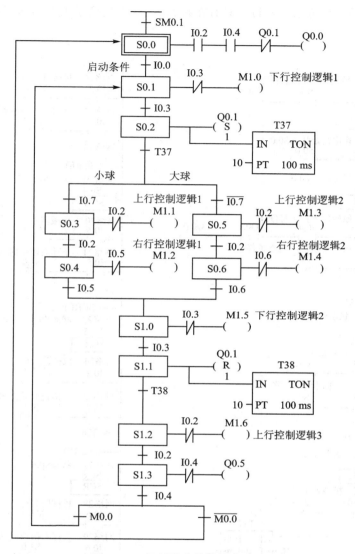

图 6 - 11　机械臂分捡装置功能图

② 在机械臂上、下、左、右行走的控制中,使用了一个软件联锁触点,替代了 SM0.0。

③ 图 6 - 11 中的 M0.0 是一个选择逻辑,其功能如图 6 - 12 中的网络 1 所示,它相当于一个开关,控制系统是进行单周期操作还是循环操作。

④ S7-200 SMART PLC 的顺控指令不支持直接输出(=)的双线圈操作。如果在图 6 - 11 中的状态 S0.1 的 SCR 段有 Q0.2(下行)输出,在状态 S1.0 的 SCR 段也有 Q0.2 输出,则不管在什么情况下,在前面的 Q0.2 永远不会有效。这是 S7-200 SMART PLC 顺控指令设计方面的缺陷,给用户的使用带来了极大的不便。所以,在使用 S7-200 SMART PLC 的顺控指令时一定不要有双线圈输出。为解决这个问题,可采用本例的办法,用中间继电器逻辑过渡一下,如本例中的机械臂进行上行、下行和右行的控制逻辑设计,凡是有重复使用的相同输出驱动,在 SCR 段中先用中间继电器表示其分段的输出逻辑,在程序的最后再进行合并输出处理。这

是解决这一缺陷的最佳方法。左行时只有在状态 S1.3 中用到了 Q0.5,所以就不用中间过渡处理了。

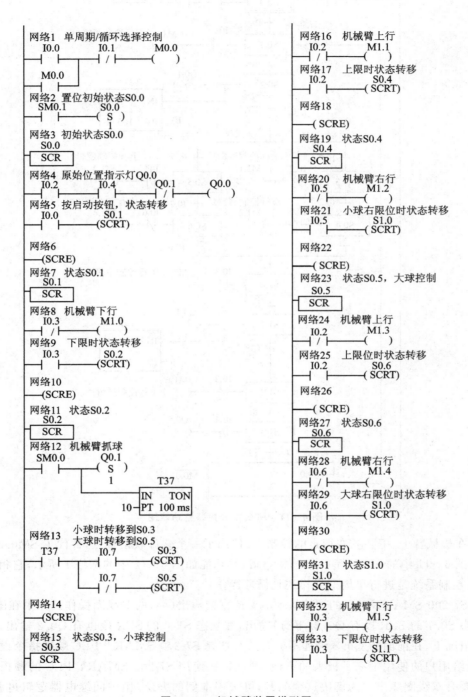

图 6-12　机械臂装置梯形图

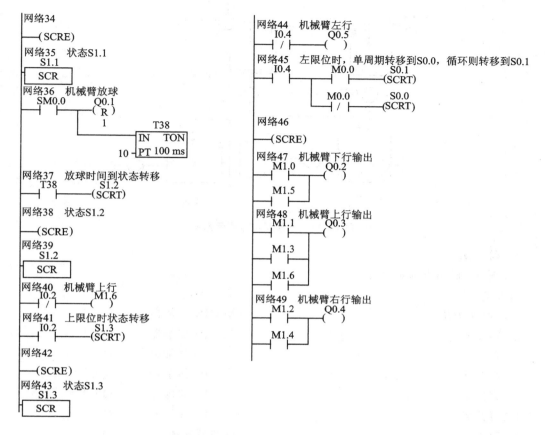

图 6 - 12　机械臂装置梯形图(续)

6.4.2　并行分支和连接电路举例

1. 题　目

某化学反应过程的装置由四个容器组成,容器之间用泵连接,以此来进行化学反应。每个容器都装有检测容器空满的传感器,2♯ 容器还带有加热器和温度传感器,3♯ 容器带有搅拌器。当 1♯、2♯ 容器中的液体抽入 3♯ 容器时,启动搅拌器。3♯、4♯ 容器是 1♯、2♯ 容器体积的两倍,可以由 1♯、2♯ 容器的液体装满。化学反应过程如图 6 - 13 所示。

该化学反应过程的工作原理是:按动启动按钮后,1♯、2♯ 容器分别用泵 GP1、GP2 从碱和聚合物库中将其抽满。抽满后传感器发出信号,GP1、GP2 关闭,然后 2♯ 容器加热到 60 ℃时,温度继电器发出信号,关掉加热器。GP3、GP4 分别将 1♯、2♯ 容器中的溶液送到 3♯ 容器反应器中,同时启动搅拌器,搅拌时间为 60 s。一旦 3♯ 容器满或 1♯、2♯ 容器空,则泵 GP3、GP4 停止并等待。当搅拌时间到,GP5 将混合液抽到产品池 4♯ 容器,直到 4♯ 容器满或 3♯ 容器空。成品用 GP6 抽走,直到 4♯ 容器空。至此,整个过程结束,再次按动启动按钮,新的循环可以开始。

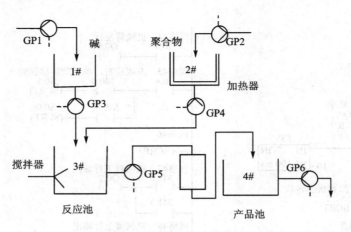

图 6 - 13　化学反应过程示意图

2. 解　题

(1) 输入/输出点地址分配

输入点：		输出点：	
手动启动按钮	I0.0	泵 GP1 接触器	Q0.0
1♯容器满	I0.1	泵 GP2 接触器	Q0.1
1♯容器空	I0.2	泵 GP3 接触器	Q0.2
2♯容器满	I0.3	泵 GP4 接触器	Q0.3
2♯容器空	I0.4	泵 GP5 接触器	Q0.4
3♯容器满	I0.5	泵 GP6 接触器	Q0.5
3♯容器空	I0.6	加热器接触器	Q0.6
4♯容器满	I0.7	搅拌器接触器	Q0.7
4♯容器空	I1.0		
温度继电器	I1.1		

(2) 绘制功能图和梯形图

根据系统控制要求绘制的功能如图 6 - 14 所示,由功能图设计出的梯形图程序如图 6 - 15 所示。

3. 简要说明

① 初始状态的设置　初始状态设泵 GP1、GP2、GP3、GP4、GP5、GP6 为停,加热器停和搅拌器停,并且使 4♯容器空。在使用编程软件画梯形图时受宽度以及教材排版的限制,所以用 M0.0 和 M0.1 做了一下过渡。

② 该例中的关键是进行并行分支的合并处理　在一些并行分支合并时,由于各分支不一定同时结束,所以设计一些等待状态是必需的,也是合理的。对这些等待状态的复位处理要使用复位指令。

③ 并行分支合并后转换到新的状态可以有转换条件,但有时看不到转换条件,其实这时的转换条件就是永远为"真",即只要所有合并的分支最后一个状态都为 ON 时就可以转换。永远为"真"的条件在功能图上可以写出来,也可以不写出来,在该例的功能图中都举了例子。

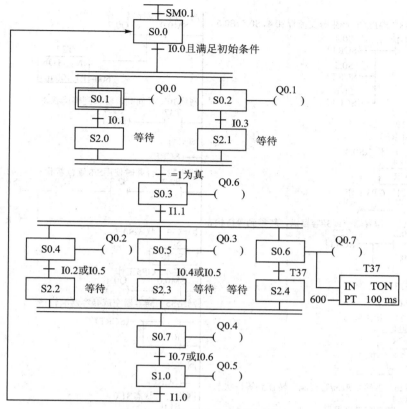

图 6－14　化学反应过程功能图

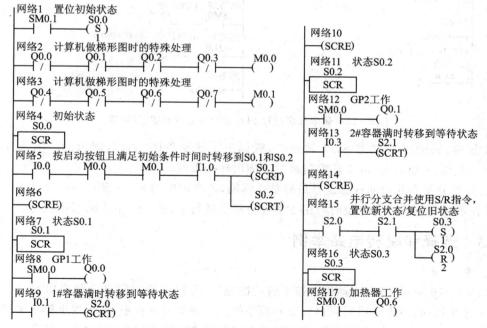

图 6－15　化学反应过程 PLC 控制系统梯形图程序

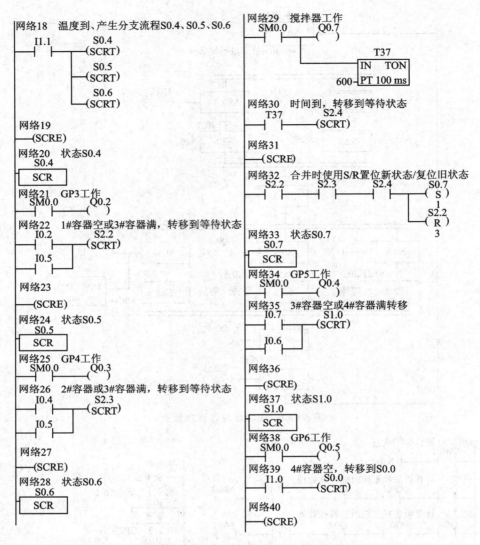

图 6-15　化学反应过程 PLC 控制系统梯形图程序(续)

分支状态 S2.0、S2.1 往状态 S0.3 转换时,就标出了转换条件"＝1",即为"真"的条件,而在 S2.2、S2.3、S2.4 往状态 S0.7 转换时就没有标出转换条件。

　　④ 并行分支合并前的状态编号最好是连续的,如本例中的 S2.0、S2.1 和 S2.2、S2.3、S2.4,这样在最后对它们进行复位时只用一条复位指令就行了,这是一个小的编程技巧。

6.4.3　选择和跳转电路举例

1. 题 目

　　如图 6-16 所示,三台电动机在按下启动按钮后,每隔一段时间自动顺序启动;启动完毕后,按下停止按钮,每隔一段时间自动反向顺序停止。在启动过程中,如果按下停止按钮,则立即中止启动过程,对已启动运行的电动机,马上进行反方向顺序停止,直到全部结束。

2. 解　题

该例控制系统的功能如图 6-17 所示,根据功能图设计的梯形图如图 6-18 所示。

PLC 的输入/输出地址分配如下:

启动按钮:I0.0

停止按钮:I0.1

电动机 MA1:Q0.0

电动机 MA2:Q0.1

电动机 MA3:Q0.2

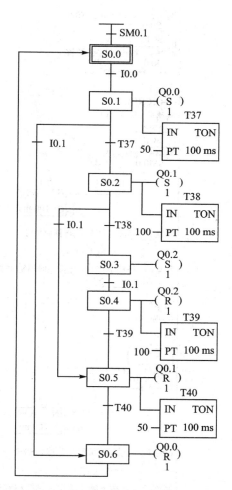

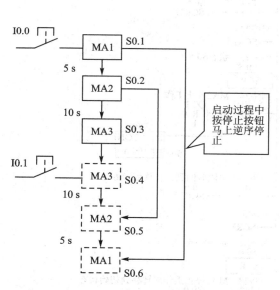

图 6-16　电动机顺序启动/停止控制示意图　　　　图 6-17　电动机顺序启动/停止功能图

3. 简要说明

① 在图 6-18 中加上了对所使用的顺序控制继电器 S 进行初始化的复位处理,在 S7-200 SMART PLC 中,S 不是掉电保持型的存储器,所以不对它进行初始化复位也是可以的。

② 在启动过程中如果按下停止按钮,则马上转换到相应的状态,原状态随之复位,定时器 T37 或 T38 也会复位。

③ 在图 6-17 中的最后一个状态 S0.6 后,要激活初始状态 S0.0,不然无法再次开始下一轮工作。按本例设计,则再次按下启动按钮后,系统又可继续工作。

④ 本例中最关键的是要设计好选择分支的条件和跳转的目标状态,处理好结束状态的转换目标。

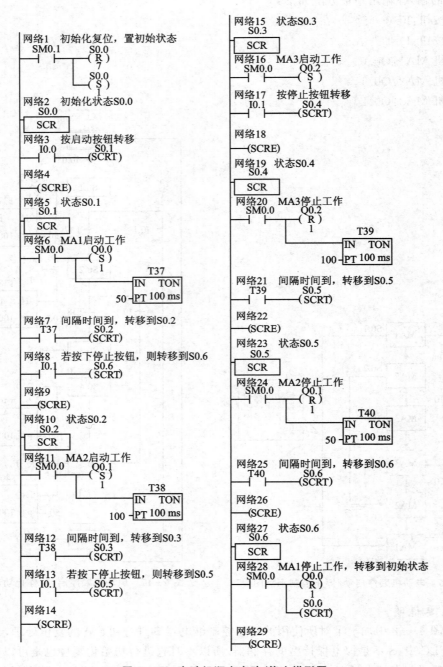

图 6 - 18　电动机顺序启动/停止梯形图

本章小结

　　本章详细讲解了顺序功能图的基本概念和具体应用。功能图编程语言在 PLC 的程序设计中占有重要的地位,使用它可以轻松地完成复杂顺序控制逻辑任务的程序设计,这也就是为什么本教材单独把顺序功能图语言列为一章进行重点讲解的原因。

　　① 在 6.1 节中,主要讲述了为什么要使用功能图以及功能图主要解决什么问题。

　　② 在 6.2 节中,主要介绍了 S7-200 SMART PLC 所提供的顺序控制指令。大家要理解 SCR 程序段的功能。

　　③ 6.3 节给出了功能图的几种类型及使用方法。

　　④ 6.4 节给出了三个应用实例。在这些应用实例中,希望大家学会其中的一些使用技巧,并注意理解简要说明中的内容。

　　⑤ S7-200 SMART PLC 的顺序控制指令的设计是有缺陷的,即它不支持双线圈输出,这为在不同的 SCR 段使用同一个线圈输出带来了不便,本书指出了该缺陷,并给出了最简单的解决方法。

思考题与练习题

　　1. 什么是功能图?功能图主要由哪些元素组成?

　　2. 顺序控制指令段有哪些功能?

　　3. 功能图的主要类型有哪些?

　　4. 本书利用电气原理图、PLC 一般指令和功能图三种方法设计了"三台电动机顺序启动/停止"的例子,试比较它们的设计原理、方法和结果的异同。

　　5. 用功能图方法完成第 4 章 4.7.2 节应用举例中例 4-2 的编程。要求画出功能图、梯形图。设计完成后,试分析两种编程方法在设计顺序控制逻辑程序时的不同之处。

　　6. 图 6-19(a)所示为人行道和马路的信号灯系统。当行人过马路时,可按下分别安装在马路两侧的按钮 I0.0 或 I0.1,则交通灯(红灯、黄灯、绿灯三种类型)系统按图 6-19(b)所示的形式工作。在工作期间,任何按钮按下都不起作用。

　　试设计该控制系统的功能图,并画出梯形图,写出语句表。

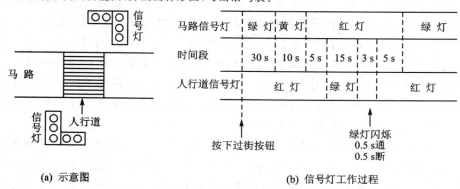

(a) 示意图　　　　　　　　　　**(b) 信号灯工作过程**

图 6-19　交通灯控制示意图

　　7. 用功能图方法完成第 4 章中习题 15、习题 16 的程序设计。要求:画出功能图、梯形图,写出语句表。设计完成后,试体会使用 SFC 设计顺序控制逻辑程序的好处。

第7章　PLC 网络通信技术及应用

本章重点

● 工业通信网络基础知识

● 通信协议

● S7-200 SMART PLC 的通信接口和网络配置

● 通信指令及其使用

随着计算机网络技术的发展以及各企业对工厂自动化程度要求的不断提高,自动控制从传统的集中式向分布式方向发展。现在各 PLC 生产厂家纷纷给自己的产品增加了通信及联网的功能,即使是微型和小型的 PLC 也都具有了网络通信接口。在现场总线技术成为工业自动化热点应用技术的今天,更要求 PLC 必须具备能和标准现场总线联网的功能,开放性和多功能的网络通信要求成为了 PLC 的必备条件。本章首先介绍一些工业通信网络基础知识,然后主要介绍西门子 S7-200 SMART PLC 的通信网络及其配置,通过举例介绍其通信指令的使用。

7.1　工业网络结构

工业网络是指应用于工业领域的计算机网络,它是一种应用技术,涉及局域网、广域网、现场总线以及网络互联等技术,是计算机技术、信息技术和控制技术在工业企业管理和控制中的有机统一。

工业网络具有确定性、集成性、安全性、限制性、可靠性和实时性的特点。确定性一般是指工业网络的地域范围、服务范围、控制对象和动作方式均是明确的,在一定时期内是稳定的。集成性是指工业网络通过技术集成实现了数据集成,从而得到了功能集成。安全性是指工业网络要严防不良入侵,同时确保系统的稳定和安全。限制性是指工业网络既是企业内部的纽带,也是联系外部客户的桥梁,要在确保安全的前提下实行有限制的对外开放。可靠性是指工业网络的底层处于连续生产的工业现场,要采取各种措施保证系统具有强大的抗干扰能力和抵御突发故障的能力,使系统能对各种各样的故障情况有足够的应对手段。实时性是指工业网络的底层网络必须有足够快的响应能力,来满足时刻变化的工业现场参数对控制算法和计算结果的要求,从而可靠、迅速地完成测控任务。

图 7-1 所示为工业网络的层次结构。按网络连接结构,一般可将企业的网络系统划分为三层,它以底层控制网(Infranet,Infrastructure Internet)为基础,中间为企业内部网(Intranet,Internal Internet),通过它延伸到外部世界的互联网(Internet),形成 Internet-Intranet-Infranet 的网络结构。如果按网络的功能结构,一般又将工业网络系统划分为以下三层:企业资源规划层 ERP(Enterprise Resource Planning)、制造执行层 MES(Manufacturing Execution System)以及现场控制层 FCS(Fieldbus Control System)。

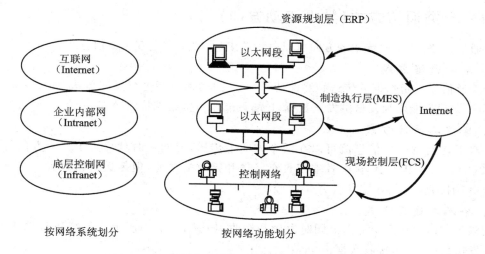

图 7 - 1　工业网络系统的层次结构及现场总线的位置

　　Internet 是由大量局域网连接形成的广域网,是由全球范围内成千上万个网络连接起来的。它已成为当今世界上最大的分布式计算机网络的集合,成为当代信息社会的高速公路和重要的基础设施。分布地域广泛是 Internet 的最大特点,它适合大范围的信息共享和高速传输,能为企业的生产、管理、经营提供供应链中从原料到市场等各方面的信息资源,是企业通向外部世界的通道。

　　Intranet 是企业内部网,属于局域网的一种。它是 Internet 技术在企业内部范围内改进应用的结果。它改进了 Internet 难于管理、安全性差等缺点,使其能适合在企业内部使用的需要。Intranet 可以改变企业内部的管理方式,改善企业内部的信息交流与共享状况,成为企业应用程序之间、雇主与雇员之间、雇员与雇员之间、企业与客户之间交换信息的主要手段与媒介。

　　Infranet 是处于底层的控制网。这种用于自动控制系统的下层网络,把具有通信功能的现场设备按一定的拓扑形式连接起来,形成低成本、高可靠性的分布式控制系统网络。它是 Intranet 的特殊网段,是 Intranet 的基础和支撑;它也可以直接和 Internet 相连,组成高性能的控制网络。现场总线网络以及 PLC 组成的网络等都属于底层控制网络。

　　工业网络各层次的相互配合和支持,为企业实现管控一体化提供了保证。现场总线网络以及 PLC 组成的网络等都属于底层控制网络,本章主要讲解简单的 PLC 级别的网络通信知识及应用,关于工业控制网络、现场总线技术及实时以太网技术的学习请查阅参考文献[3]。

7.2　工业通信网络基础知识

　　工业网络与通信必定和网络通信技术紧密相连,在本节中,简单介绍和工业网络与通信密切相关的基础知识。工业数据通信的技术基础主要涉及通信协议、数据传输和交换、安全、通信控制和软硬件平台等,下面对其中的主要概念进行讲解。

7.2.1　数据通信方式(数据流动方向)

在通信线路上,按照传送的方向可以分为单工、半双工和全双工通信方式。

1. 单工通信方式

单工通信就是指数据的传送始终保持同一个方向,而不能进行反向传送,如图 7-2(a)所示。其中 A 端只能作为发送端发送数据,B 端只能作为接收端接收数据。

2. 半双工通信方式

半双工通信就是指信息流可以在两个方向上传送,但同一时刻只限于一个方向传送,如图 7-2(b)所示。其中 A 端和 B 端都具有发送和接收的功能,但传送线路只有一条,或者 A 端发送 B 端接收,或者 B 端发送 A 端接收。

3. 全双工通信方式

全双工通信能在两个方向上同时发送和接收,如图 7-2(c)所示。A 端和 B 端双方都可以一边发送数据,一边接收数据。

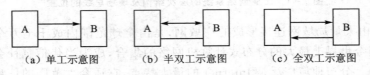

(a) 单工示意图　　　(b) 半双工示意图　　　(c) 全双工示意图

图 7-2　数据通信方式

7.2.2　数据传输方式

数据传输方式是指数据代码的传输顺序和数据信号传输时的同步方式,数据传输有串行传输和并行传输。为了保证数据发送端发出的信号被接收端准确无误地接收,通信的两端必须保证同步,在串行传输中,为了实现同步可采取同步传输和异步传输。

1. 并行传输和串行传输

并行传输(Parallel Transmission)是将数据以成组的形式在多条并行的通道上同时传输。例如传输 8 个数据位(一个字节)或传输 16 个数据位(一个字)。除数据位之外,还需要一条"选通"线来协调双方的收发。并行传输的通信速率高,但需要的数据线多,短距离通信时还可以忍受,但长距离通信时,由于其高成本和可靠性等问题就不会采用这种方式了。并行传输一般用于计算机和打印机之间以及其外设之间的通信。

串行传输(Serial Transmission)是指在数据传输时,数据流是以串行方式逐位地在一条信道上传输。在串行传输中,所需要的数据线大大减少,所需要解决的问题是判断传输字节的首字符位置等。串行传输具有成本低、实现容易、控制简单、在长距离通信中可靠性高等优点,所以在工业通信系统中,一般都采用串行传输。

除可以节约大量电缆外,串行传输的另外一个优点是没有信号传输干扰问题。从理论上来看,并行传输要比串行传输快,但在实际应用中,对并行传输来说,还要考虑许多其他因素,比如电缆间的电子干扰问题、线芯间的同步问题等。为减少干扰,并行传输的工作频率就不能太高。所以,在传输速度较高时,使用串行传输也不见得比并行传输慢,这也是今天串行传输被广泛使用的原因之一。工业通信网络中一般使用串行传输方式。

2. 同步传输和异步传输

在计算机系统中,做任何工作都要在时钟的协调下有条不紊地进行。对数据通信来说也不例外,它的各种处理工作都是在一定的时序脉冲控制下进行的。为保证信息传输端工作的协调一致和数据接收的正确,数据通信系统中的传输同步问题就显得异常重要了。

并行通信中一般用"选通"信号来协调收发双方的工作。而在串行通信中,二进制代码是以数据位为单位按时间顺序逐位发送和接收的,所以通常讲的同步传输是对串行传输而言的。异步传输和同步传输是串行通信中使用的两种同步方式。

（1）异步传输

该方法以字符为单位发送数据,一次传送一个字符,每个字符的数据位一般为 8 位,在每个字符前要加上一个起始位,用来指明字符的开始,每个字符的后面还要加上一个终止码,用来指明字符的结束。

异步传输使用的是字符同步方式。异步传输方式下的每一个字符的发送都是独立和随机的,它以不均匀的传输速率发送,字符间距是任意的,所以这种方式被称做异步传输。

因为在每个字符的开头和末尾要加上起始位和停止位,增加了传输代码的额外开销,所以异步传输方式实现简单,但传输效率较低。异步传输示意图如图 7-3 所示。

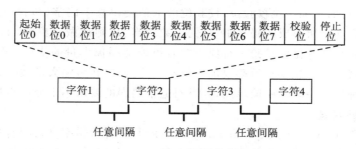

图 7-3　异步传输字符格式及传输过程

（2）同步传输

该方法是以数据块（帧）为单位进行传输的,数据块的组成可以是字符块,也可以是位块。很明显同步传输的效率要比异步传输高。

在同步传输中,发送端和接收端的时钟必须同步。实现同步的方法有外同步法和自同步法。外同步法是在发送数据前,发送端先向接收端发一串同步时钟,接收端按照这一时钟频率调制接收时序,把接收时钟频率锁定在该同步频率上,然后按照该频率接收数据;自同步法是从数据信号本身提取同步信号的方法,如数字信号采用曼彻斯特编码时,就可以使用每个位（码元）中间的跳变信号作为同步信号。显然自同步法要比外同步法优越,所以现在一般采取自同步法,即从所接收的数据中提取时钟特征信号。

一般使用曼彻斯特编码的数据通信时,采用同步传输的较多,因为它可以很容易地提取到自同步信号。

7.2.3　差错控制

数据在通信线路上传输时,由于各种各样的干扰和噪声的影响,往往会使接收端不能收到正确的数据,这就产生了差错,即误码。产生误码是不可避免的,但要尽量减小误码带来的影响。为了提高通信质量，就必须检测差错并纠正差错，把差错控制在能允许的尽可能小的范围内，这就是通信过程中的差错控制。

要想提高通信质量，可以采取两种方法：首先可以提高通信线缆的质量，但使用高质量的电缆只是降低了内部噪声，而对外部的干扰无能为力，并且明显地增加了硬件成本；另外一种最可行的方法是进行差错控制。差错控制方法可在一定限度内能容忍差错的存在，并能够发现错误，设法加以纠正。差错控制是目前通信系统中普遍采用的提高通信质量的方法。

进行差错控制的具体方法有两种策略：一是纠错码方案，这种方案是让传输的报文带上足够的冗余信息，在接收端不仅能检测错误，而且还能自动纠正错误；二是检错码方案，这种方案是让报文分组时包含足以使接收端发现错误的冗余信息，但不能确定哪一位是错误的，而且自己也不能纠正传输错误。纠错码方法虽然有优越之处，但实现复杂、造价高；另外它使用的冗余位多，所以编码效率低，一般情况下不会采用。检错码方法虽然需要重传机制达到纠错，但原理简单，代价小，容易实现，并且编码与解码的速度快，所以得到了广泛的使用。

下面简要介绍几种常用的检错码。

1. 奇偶检错码

奇偶检验（Parity Check）是最为简单的一种检错码，它的编码规则是：首先将要传递的信息分组，各组信息后面附加一位校验位，校验位的取值使得整个码字（包含校验位）中"1"的个数为奇数或偶数。如果所形成的码字中"1"的个数为奇数，则称做奇校验；如果所形成的码字中"1"的个数为偶数，则称做偶校验。奇偶检验有可能会漏掉大量的错误，但用起来简单。另外奇偶检验码在每一个信息字符后都要加一位校验位，所以在传输大量数据时，则会增加大量的额外开销。这种方法一般用于简单的，并且对通信错误的要求不十分严格的场合。

2. 循环冗余校验

循环冗余校验（CRC，Cyclic Redundancy Check）是一种检错率高，并且占用通信资源少的检测方法。循环冗余校验的思想是：在发送端对传输序列进行一次除法操作，将进行除法操作的余数附加在传输信息的后边。在接收端，也进行同样的除法过程，如果接收端的除法结果不是零，则表明数据传输出现了错误，这种方法能检测出大约 99.95% 的错误。

7.2.4　传送介质

目前普遍使用的传送介质有：双绞线、同轴电缆、光缆，其他介质如无线电、红外线、微波等在 PLC 网络中应用很少。其中双绞线（带屏蔽）成本低、安装简单；光缆质量轻、传输距离远，但成本高、安装维修需专用仪器，具体性能如表 7 - 1 所列。

表 7 - 1　传送介质性能比较

性　能	传　送　介　质		
	双绞线	同轴电缆	光　缆
传送速率	一般为：9.6 Kbit/s～2 Mbit/s 以太网双绞线：10 Mbit/s～1 000 Mbit/s	一般为：1～450 Mbit/s	一般为：10～500 Mbit/s
连接方法	点到点 多点	点到点 多点	点到点

性　能	传 送 介 质		
	双 绞 线	同 轴 电 缆	光　缆
传送信号	数字、调制信号、纯模拟信号（基带）	调制信号，数字（基带），数字、声音、图像（宽带）	数字、调制信号（基带）
支持网络	星形、环形、小型交换机	总线型、环形	总线型、环形
抗干扰	好（需外屏蔽）	很好	极好
抗恶劣环境	好	好，但须将电缆与腐蚀物隔开	极好，可抵御恶劣环境
使用情况	最多。在一般情况下，特别是控制层都使用	连接不便，使用很少	在管理层（以太网）使用较多，在电磁环境恶劣的场合也有较多使用

7.2.5　主要拓扑结构

　　网络中的拓扑形式就是指网络中的通信线路和节点间的几何排列方式，即节点的互联形式，它用来表示网络的整体结构和外貌，同时也反映了各个节点间的结构关系。常见的网络拓扑形式有总线型、环形、星形和树形等，如图 7 - 4 所示。

　　总线型拓扑连接示意图如图 7 - 4(a) 所示。它通过一条总线电缆作为传输介质，各节点通过接口接入总线，它是工业现场总线通信网络中最常用的一种拓扑形式。其特点是：通信可以是点对点方式，也可以是广播方式，而这两种方式也是工业控制网络中常用的通信方式。其接入容易，扩展方便，节省电缆，网络中某个节点发生故障时，对整个系统的影响较小，所以可靠性较高。现在工业以太网及实时以太网技术已开始普遍使用，基于交换机的星形和树形网络也成为了主流的拓普形式。

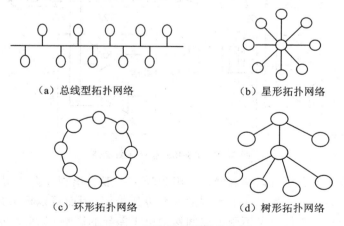

（a）总线型拓扑网络　　　　　　　（b）星形拓扑网络

（c）环形拓扑网络　　　　　　　（d）树形拓扑网络

图 7 - 4　网络拓扑形式示意图

　　当信号在总线上传输时，随着距离的增加，信号会逐渐减弱。另外当把一个节点连接到总线上时，由此所产生的分支电路还会引起信号的反射，从而对信号产生造成较大影响。所以，在一定长度的总线上，所连接的从站设备的数量、分支电路的多少和长度都要进行限制。

7.2.6 通信接口

目前工业网络中,通信接口大体上有2大类:串行通信接口和以太网接口。

1. 串行通信接口

在设备或网络之间大多采用串行通信方式传送数据,常用的几种串行通信接口都是美国电子工业协会(Electronic Industries Association,EIA)公布的。它们有 EIA-232、EIA-485、EIA-422 等,它们的前身是以字头 RS(Recommended Standard)(推荐标准)开始的,虽然经过修改,但差别不大,所以现在的串行通信接口标准在大多数情况下仍然使用 RS-232、RS-485 和 RS-422 等表示。

(1) RS-232

RS-232 接口既是一种协议标准,又是一种电气标准。它规定了终端和通信设备之间信息交换的方式和功能。RS-232 接口是工控计算机普遍配备的接口,使用简单、方便。它采用按位串行传输的方式,单端发送、单端接收,所以数据传送速率低,抗干扰能力差,传送波特率为 300 bit/s、600 bit/s、1 200 bit/s、4 800 bit/s、9 600 bit/s、19 200 bit/s 等。在通信距离近、传送速率和环境要求不高的场合应用较广泛。

(2) RS-485

RS-485 是一种最常用的串行通信协议。它使用双绞线作为传输介质,具有设备简单、成本低等特点。如图 7-5 所示,RS-485 接口采用二线差分平衡传输,其一根导线上的电压值是另一根上的电压值取反,接收端的输入电压为这二根导线电压值的差值。

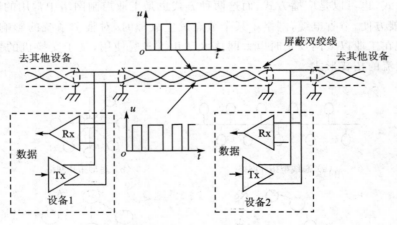

图 7-5   RS-485 差分平衡电路

差分电路的最大优点是可以抑制噪声。因为噪声一般会出现在两根导线上,其中的一根导线上的噪声电压会被另一根导线上出现的噪声电压抵消,因而可以极大地削弱噪声对信号的影响。差分电路另一个优点是不受节点间接地电平差异的影响,在非差分(即单端)电路中,多个信号共用一根接地线,长距离传输时,不同节点接地线的电平差异可能相差数伏,有时甚至会引起信号的误读,但差分电路则完全不会受到接地电平差异的影响。由于采用差动接收和平衡发送的方式传送数据,RS-485 接口的传输有较高的通信速率(可达 10 Mbit/s 以上)和较强的抑制共模干扰能力。这种接口适合远距离传输,是工业设备的通信中应用最多的一种接口。

（3）RS-422

RS-422 接口传输线采用差动接收和差动发送的方式传送数据，也有较高的通信速率（可达 10 Mbit/s 以上）和较强的抗干扰能力，适合远距离传输，工厂应用较多。

RS-422 与 RS-485 的区别在于 RS-485 采用的是半双工传送方式，RS-422 采用的是全双工传送方式；RS-422 用两对差分信号线，RS-485 只用一对差分信号线。

2. 以太网接口

以太网（Ethernet）中网络数据连接的端口就是以太网接口。以太网接口就是大家非常熟悉的网口，常用的有双绞线接口（俗称电口）和光纤接口（俗称光口）2 种。目前工业上使用的以太网是百兆以太网，100BASE – TX 是采用两对 5 类非屏蔽双绞线或屏蔽双绞线的以太网，100BASE – FX 是采用两个光纤的以太网。

电口传输距离标准为 100 m，一般采用 RJ45 接口。RJ45 插头是铜缆布线中的标准连接器，它和 RJ45 插座共同组成一个完整的连接器单元。RJ45 插头有 8 针，在 100 M 以太网时，其中一对发送数据，另外一对接收数据，剩余 4 根保留。RJ45 插头分为非屏蔽和屏蔽两种。屏蔽 RJ45 插头外围用金属屏蔽包层覆盖，工业上一般使用屏蔽的 RJ45 插头和屏蔽线缆。

7.2.7　通信协议

通信双方就如何交换信息所建立的一些规定和过程，称为通信协议。在可编程序控制器网络中配置的通信协议分为两大类：一类是通用协议，一类是公司专用协议。

在工业通信网络的各个层次中，高层管理网络中一般采用通用协议，如 PLC 网之间的互联及 PLC 网与其他局域网的互联，这表明工业网络向标准化和通用化发展的趋势。高层子网传送的是管理信息，与普通商业网络性质接近，同时要解决不同种类的网络互联。

常用的网络架构和协议：

① 工业以太网　物理层和数据链路层基于以太网，网络层和传输层采用因特网 TCP/IP 等开放式协议。

② 工业现场总线　底层采用基于 RS-485 的网络架构，通信协议为符合国际标准的现场总线协议，如 PROFIBUS、Modbus 等。

③ 实时工业以太网　普通的数据传输可以基于工业以太网和 TCP/IP，但实时控制和运动控制时则基于开放式的国际标准协议，如 PROFINET 等。

④ 专用协议　可以基于以太网或 RS-485 网络，但通信协议只能在自己公司产品之间使用。如 Siemens 公司专为其小型 PLC 开发的 PPI 协议，以及在 Siemens 产品之间通信使用的 MPI 协议等，它们只能在 Siemens 公司的特定产品中间使用。

1. 以太网

（1）以太网

以太网（Ethernet）是目前应用最广泛的局域网通信方式，同时也是一种协议。以太网协议定义了一系列软件和硬件标准，从而将不同的计算机设备连接在一起。以太网指的是由 Xerox 公司创建并由 Xerox、Intel 和 DEC 公司联合开发的基带局域网规范，是现有局域网采用的最通用的通信协议标准。最初以太网指的是 DIX2.0，现在 IEEE 802.3 成为了以太网的代名词，包括标准的以太网（10 Mbit/s）、快速以太网（100 Mbit/s）和 10 G（10 Gbit/s）以太网，它们都符合 IEEE 802.3。目前工业上使用的以太网一般是 100 Mbit/s 以太网。

以太网组网的基本元素有交换机、路由器、集线器、光纤和普通网线以及以太网协议和通信规则，它主要制定了其物理层和数据链路层的相关标准。

对于百兆电缆传输的以太网 100BASE－TX 来说，它是一种使用 5 类数据级无屏蔽双绞线或屏蔽双绞线的快速以太网技术。它使用两对双绞线，一对用于发送数据，一对用于接收数据。在传输中使用 4B/5B 编码方式，信号频率为 125 MHz，支持全双工的数据传输。使用 RJ45 连接器，它的最大网段长度为 100 m。现在的以太网拓扑结构为基于交换机的星形或树形。

以太网的数据链路层的介质访问控制方式采用 CSMA/CD（Carrier Sense Multiple Access/Collision Detection）带有冲突检测的载波侦听多路访问技术。它是一种争用协议，其控制过程为：

① 一个站点要发送信息，首先要监听总线，以确定介质上是否有其他站的发送信息存在；

② 如果介质是空闲的，则可以发送；

③ 如果介质是忙的，则等待一定间隔后重试；

④ 介质的最大利用率取决于帧的长度，帧愈长，传播时间愈短，则介质利用率愈高。

CSMA/CD 介质访问方式在每个站点发送帧期间，同时对冲突进行检测，一旦检测到冲突，就停止发送，并向总线上发一串阻塞信号，通知总线上各站点冲突已发生。

（2）MAC 地址

对以太网来说，另外一个重要的概念就是 MAC（Media Access Control）地址。网络的绝对寻址要求每一个站点本身都必须有可以访问的地址，这个地址就是 MAC 地址或硬件地址、以太网地址、网卡地址，它用来定义网络设备的位置。制造商会为每一个以太网接口配置一个固定的且全球范围内都明确的（Unequivocal Worldwide）地址。MAC 地址通常是由设备生产厂家烧入网卡的 EPROM 中。

MAC 地址的长度为 6byte，其中 24～47 位为组织唯一标识符 OUI（Organizationally Unique Identifier），从 IEEE 组织获得，是识别 LAN 节点的标识。0～23 位由厂家自己分配。

2. 因特网和 TCP/IP

Internet 是在美国早期的军用计算机网 ARPANET（阿帕网）和美国国家科学基金会计算机网络 NSFNET 的基础上经过不断发展变化而形成的。基于 TCP/IP 等许多开放式协议，因特网将各种不同类型、不同规模、位于不同地理位置的物理网络联接成一个整体，把分布在世界各地、各部门的电子计算机存储在信息总库里的信息资源通过电信网络连接起来，从而进行通信和信息交换，实现资源共享。

（1）IP

IP（Internet Protocol）属于因特网底层（网络层）协议。要实现的功能是把数据包由源节点送到目的节点。要实现这一功能，网络层需要解决报文格式定义、路由选择、阻塞控制和网际互联等一系列问题。TCP/IP 中的网络层基于无连接的不可靠数据报文服务（Unreliable Datagram Service），这就意味着每个数据报文都必须包含目的节点的地址。

其工作原理是：源节点的传输层把要传输的数据流分为一个个的数据报文（Datagram）交给网络层；网络层根据一定的算法，为每个数据报文单独选择路由；每个数据报文沿所选择的路由到达目的节点后，由目的节点的网络层拼装成原始的数据报文，然后上交给目的节点的传输层。

该层的核心和灵魂是因特网协议 IP。IP 协议不保证服务的可靠性，它不提供任何核查或追踪功能,不检查报文的遗失或丢弃,端到端的差错控制及数据报流的排序等工作都由高层协议负责。

在 IP 协议中最重要的概念是 IP 地址。

① IP 地址组成　IP 地址在因特网的数据传输中起着非常重要的作用,它用来在因特网中标识节点位置的节点地址。IPV4(版本 4)的节点地址由 32 位二进制数组成,分为 4 组,每组 8 位,中间用圆点隔开。因为二进制数字很难读懂,所以 IP 地址一般采用十进制数表示,如 204.163.25.39 就是一个 IP 地址。IP 地址由主机标识(Host ID)和网络标识(Network ID)两部分组成,网络 ID 对网络编址,而主机标识对网络中的站点编址,这样有利于将许多站点连成一个组,从而更加方便地找到实际的计算机。

② IP 地址的分类　IPV4 地址又分为 5 类(A、B、C、D、E),其中 A、B、C 类有实际应用。A 类地址最高的 1 位为 0,B 类地址最高的 2 位为 10,CA 类地址最高的 3 位为 110。在 A～C 类 IP 地址中,明确规定了哪个部分表示网络 ID,哪个部分表示主机 ID。网络 ID 长,网络中留给主机的地址数就少;网络 ID 短,网络中留给主机的地址数就多。

D 类地址是为多播设计的,地址范围在 224.×.×.×～239.×.×.×。E 类地址是为未来应用定义的,其地址范围在 240.×.×.×～255.×.×.×。

IP 地址的分类如图 7-6 所示。A、B、C 类网络的地址范围如表 7-2 所列。

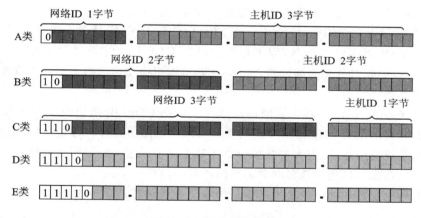

图 7-6　IP 地址的分类

表 7-2　IP 网络类型、地址范围和相应的子网掩码

网络类型	IP 地址范围	网络 ID	主机 ID	子网掩码
A	0.0.0.0～127.255.255.255	1B	3B	255.0.0.0
B	128.0.0.0～191.255.255.255	2B	2B	255.255.0.0
C	192.0.0.0～223.255.255.255	3B	1B	255.255.255.0

说明:表中 IP 地址范围中的地址不全是有效的 IP 地址,有些地址有特殊用途,如广播地址、回环地址和保留地址等。

③ 子网掩码　使用子网是为了减少 IP 的浪费。因为随着互联网的发展,越来越多的网络产生,有的网络多则几百台设备,有的只有区区几台,这样就浪费了很多 IP 地址。为了提高 IP 地址的使用效率,可以把一个网络通过子网掩码(subnet mask,SM)划分为多个子网。通

过交换机相连的设备都处于同一个子网内。一个子网内的所有设备相互之间可以直接通信。在同一个子网内所有设备的子网掩码都是相同的，子网在物理上受路由器的限制。

子网掩码的引入可以将 IP 地址中的网络部分掩盖掉，从而把 IP 地址中的网络部分和实际站点部分分开，提高了搜索效率。

子网掩码的组成就是把代表网络地址的部分均置位 1，把表示主机部分的各个 bit 都置为 0，所以可以明确地标识出网络部分的地址到何处为止。和 A、B、C 类网络对应的子网掩码如所表 7 - 2 所列。

（2）TCP 和 UDP

① TCP 和 UDP 协议　因特网传输层协议有两种：传输控制协议（TCP）和用户数据报协议（UDP）。

TCP 提供面向连接的、端到端的可靠的通信协议。TCP 速度慢、效率低，但可靠性和安全性高。TCP 通常和无连接的 IP 一起使用。

TCP 是一个因特网核心协议。在通过以太网通信的主机上运行的应用程序之间，TCP 提供了可靠、有序并能够进行错误校验的消息发送功能。TCP 能保证接收和发送的所有字节内容和顺序完全相同。TCP 协议在主动设备（发起连接的设备）和被动设备（接受连接的设备）之间创建连接。一旦连接建立，任一方均可发起数据传送。TCP 协议是一种"流"协议，其消息中不存在结束标志，所有接收到的消息均被认为是数据流的一部分。

UDP 是传输层上与 TCP 并行的一个独立协议，它和 IP 一样是无连接的协议，UDP 协议中没有握手机制，所以它的效率高，但不可靠。每个 UDP 报文中除了包含用户发送的数据外，还有报文的目的端口号和源端口号，从而 UDP 可以把报文传送给正确的接收者。UDP 适合在简单的交互场合使用。

② 端口　在 Internet 上，各主机间通过 TCP/IP 或 UDP/IP 协议发送和接收数据包，各个数据包根据其目的主机的 IP 地址来进行互联网络中的路由选择。可见，把数据包顺利地传送到目的主机是没有问题的，但大多数操作系统都支持多程序（进程）同时运行，那么目的主机应该把接收到的数据包传送给众多同时运行的进程中的哪一个呢？

传输层与网络层在功能上的最大区别是传输层提供进程通信能力，其基本目的是为通信双方的主机提供端到端的服务，从这个意义上讲，网络通信的最终地址就不仅仅是主机地址了，还包括可以描述进程的某种标识符。为此，TCP/IP 或 UDP/IP 协议使用了协议端口（Protocol Port，简称端口）的概念，用于标识通信的进程。

端口是一种抽象的软件结构（包括一些数据结构和 I/O 缓冲区）。应用程序（进程）通过系统调用与某端口建立连接（binding，绑定），之后传输层传给该端口的数据都被相应进程所接收，相应进程发给传输层的数据都通过该端口输出。

每个端口都拥有一个叫端口号（Port Number）的整数型标识符，用于区别不同端口，该端口号可用于寻址。由于传输层的两个协议 TCP 和 UDP 是完全独立的两个软件模块，因此各自的端口号也相互独立。

端口号必须在 1～49 151 的范围内，建议端口号在 2 000～5 000 之间选择。

3. ISO - on - TCP

（1）协　议

ISO（International Orgnization for Standardization）传输协议最大的优势是通过数据包来

进行数据传递。然而由于网络的增加,其不支持路由功能的劣势会逐渐体现。TCP/IP 协议兼容了路由功能后,对以太网产生了重要的影响。为了集合了两个协议的优点,在扩展的 RFC1006(Request for Comments)"ISO on top of TCP"(也称为"ISO on TCP")中进行了定义,即在 TCP/IP 协议中定义了 ISO 传输的属性。ISO-on-TCP 也是位于 ISO-OSI 参考模型的第四层,并且默认的数据传输端口是 102。

ISO-on-TCP 的主要优点是数据有一个明确的结束标志,这样就可以知道何时接收到了整条消息。ISO-on-TCP 仅使用 102 端口,并利用 TSAP(传输服务访问点),而非 TCP 中的某个端口将消息路由至相应的接收方。ISO-on-TCP 协议对接收到的每条消息进行划分。例如:客户端使用 ISO-on-TCP 协议向服务器发送三条消息。即使服务器在对收到的消息进行校验前会等待集齐所有消息,每条消息一经发出,服务器仍会接收每条消息且明确看到的是三条不同消息。这是 TCP 协议与 ISO-on-TCP 协议的不同之处。此协议在当前的西门子 SI-SIMATIC S7 体系中使用。

(2) TSAP

ISO-on-TCP 协议允许对单个 IP 地址的多个连接,传输服务访问点 TSAP(Transport Service Access Point)可唯一标识连接到同一个 IP 地址的这些通信端点连接。创建了 ISO-on-TCP 的连接后,系统会自动分配 TSAP ID。可以在连接参数分配中更改预分配的 TSAP,以保证 SAP 的唯一性。

TSAP 规则如下:

① TSAP 须为 S7-200 SMART 字符串数据类型;

② TSAP 长度必须至少为 2 个字符,但不得超过 16 个 ASCII 字符;

③ 如果本地 TSAP 恰好为 2 个字符,则必须以十六进制字符"0xE0"开头。

4. PROFIBUS

PROFIBUS 是 Process Field Bus(过程现场总线)的缩写,在现场总线国际标准 IEC 61158 中为第三种(Type3)类型,PROFIBUS 不仅有适合于以逻辑顺序控制为主的制造业领域的 PROFIBUS DP 技术,也有适合于控制过程复杂、安全性要求严格的石油、化工等以模拟量为主的过程控制领域的 PA 技术。PROFIBUS DP 一般用于车间设备级(Devices)的高速数据通信,主站(PLC 或 IPC 等)通过标准的 PROFIBUS DP 专用电缆与分散的现场设备(远程 I/O、驱动器、阀门、智能传感器或下层网络等)进行通信,对整个 DP 网络进行管理和控制。在 PROFIBUS DP 中多数数据交换是周期性的,第一类主站(Master)循环地读取各从站 (Slaves)的输入信息并向它们发出有关的输出信息。PROFIBUS DP 交换数据使用异步传输技术和 NRZ(Non Return to Zero)编码,DP 采用 RS-485 双绞线或光缆作为传输介质,传输速率从 9.6 kbps~12 Mbps。

在 PROFIBUS DP 网络中,主站和从站之间基于 PROFIBUS 协议实现数据交换。DP 是多主站网络,最大设备数为 126,一般来说,大中型 PLC 为主站(如 S7-300/400PLC),小型 PLC 只能作为从站。

关于详细的 PRROFIBUS 技术及应用讲解请参见参考文献[3]。

5. OPC

(1) 服务器和客户端

在工业通信网络中,服务器(Server)与客户端(Client)的关系有些像从站与主站的关系。

服务器提供智能设备的相关数据,客户端则作为数据使用方从服务器请求服务,即服务器总是等待客户端发起数据访问。在 OPC(OLE for Process Control)技术在工业控制领域得到广泛应用的今天,这个概念在解决不同的通信协议设备或软件之间的通信中经常使用。

（2）OPC 技术

OPC 技术是最近 10 多年来工业自动化技术发展过程中的最重要的技术成果之一,它也是现场总线技术和工业以太网技术中实现数据交互和标准化的重要支撑技术。随着自动化技术的发展,在一个自动化系统中可能集成了不同操作平台上的不同厂商的不同的硬件和软件产品,如何实现各平台之间、各设备之间和各软件之间的数据交换和信息共享,如何实现整个工业企业网中数据的交互,就成为了急需解决的问题。OPC 技术提供了一种最佳的解决方案,现在它已成为工业数据交换的最有效的工具。

OPC 是 OLE for Process Control 的缩写,这里的 OLE(Object Linking and Embedding)是微软的对象链接与嵌入技术,所以 OPC 就是应用于过程控制中的对象链接与嵌入技术。它是一套组件对象模型标准接口,用于在基于 Windows 操作平台的工业应用程序之间提供高效的信息集成和数据交换功能。OPC 以微软的 OLE/COM/DCOM 技术为基础,采用客户/服务器模式,定义了一套适用于过程控制应用,支持过程数据访问、报警、事件与历史数据访问等的功能接口。在使用过程中,OPC 的服务器是数据的供应方,负责为 OPC 的客户提供所需要的数据;OPC 客户是数据的使用方,可以对 OPC 服务器提供的数据按需要进行处理。OPC 服务器不必知道它的客户的来源,OPC 客户可根据需要,接通或断开与 OPC 服务器的连接。所以只要各种现场设备等都具有标准的 OPC 接口,服务器通过这些标准接口把数据传送出去,需要使用这些数据的客户也以标准的 OPC 读写方式对 OPC 标准接口进行访问即可获得所需要的数据。这里的标准接口是保证开放式数据交换的关键,它使得一个 OPC 服务器可以为多个客户提供数据,而一个客户也可以从多个 OPC 服务器获得数据。OPC 最本质的作用就是实现了工业过程数据交换的标准化和开放性。

（3）PC Access SMART

西门子最新推出的 PC AccessSMART 软件是专用于 S7-200 SMART PLC 的 OPC Server(服务器)软件,它向 OPC 客户端提供数据信息,可以与任何标准的 OPC Client(客户端)通信。PC Access SMART 软件自带 OPC 客户测试端,用户可以方便地检测其项目的通信及配置的正确性。PC Access SMART 可以用于连接西门子,或者第三方的支持 OPC 技术的上位机软件。

7.3　SMART PLC 的通信接口及网络连接

7.3.1　通信接口、协议及网络配置

紧凑型 SMART PLC(C 型)为经济型产品,在通信能力方面和标准型 SMART PLC 有较大区别,它们没有以太网接口,不支持信号板和通信模块的扩展功能,所以以下讲解 SMART PLC 的通信技术均以标准型(ST/SR 型)SMART PLC 为例。

每个 S7-200 SMART CPU 都提供一个以太网端口和一个 RS-485 端口(端口 0),标准型 CPU 额外支持 SB CM01 信号板(端口 1),信号板可通过 STEP 7 – Micro/WIN SMART 软件

组态为 RS-232 通信端口或 RS-485 通信端口。另外标准型 CPU 还可以扩展 PROFIBUS DP 模块 EM DP01,可以使 SMART PLC 作为 PROFIBUS 从站接入 PROFIBUS 网络中。

下面就不同的通信接口所支持的通信类型和通信能力进行详细介绍。

1. 以太网接口

① 编程通信　支持一个编程设备的连接,实现 CPU 与 STEP 7 – Micro/WIN SMART 软件之间的数据交换,如图 7 – 7(a)所示。

② HMI 通信　基于以太网的 HMI 与 CPU 之间的数据交换,如图 7 – 7(b)所示。最多支持 8 个专用的 HMI/OPC 服务器连接。

③ 对等的数据交换　基于 S7 协议,使用 GET/PUT 指令实现与其他 S7-200 SMART PLC 之间的对等通信。最多支持 8 个主动(客户端)连接和 8 个被动(服务器)连接。该功能相当于原来 S7-200 PLC 中使用 RS-485 串口,基于 PPI 通信的网络读写功能。

④ 开放式用户通信(OUC)　基于 UDP、TCP 或 ISO-on-TCP 的开放式协议,实现与其他具有以太网接口的设备或 SMART CPU 之间的开放式通信(OUC)。最多支持 8 个主动(客户端)连接和 8 个被动(服务器)连接,如图 7 – 7(c)所示。

说明:CPU 上的以太网端口不包含以太网交换设备。编程设备或 HMI 与 CPU 之间的直接连接不需要以太网交换机。但含有两个以上的 CPU 或 HMI 设备的网络需要以太网交换机实现所有网络设备的连接,如图 7 – 7(c)所示。

(a) 编程设备的连接　　　　(b) HMI连接到CPU　　　　(c) 多设备的以太网连接

图 7 – 7　基于以太网接口的设备连接

2. RS-485 接口(端口 0)

① 编程通信　支持一个编程设备的连接,使用 USB – PPI 电缆实现 CPU 与 STEP 7 – Micro/WIN SMART 软件之间的数据交换。

② HMI 通信　基于 PPI 协议实现 TD400C 和触摸屏等 HMI 与 CPU 之间的数据交换,最多支持 4 个 HMI 设备的连接。

点到点 PPI(Point to Point Interface)通信协议是 S7-200 SMART PLC 的专用通信协议。PPI 是一个主站/从站协议,支持的波特率为 9.6 Kbits/s、19.2 Kbits/s 和 187.5 Kbits/s。

在通信网络中的各种设备一般有两种角色:主站和从站。主站可以主动发起数据通信,读写其他站点的数据;从站不能主动发起通信数据交换,只能响应主站的访问,提供或接受数据,从站不能访问其他从站。

只有一个主站,其他通信设备都处于从站通信模式的网络就是单主站网络。如果一个通信网络中有多个通信主站就称为多主站网络。在多主站网络中,主站要轮流控制网络上的通信,这就要求它们有交换令牌的能力,但不是所有的设备都有这个能力。

作为从站,SMART PLC 支持单主站和多主站 HMI/TD 和 CPU 之间的 PPI 网络通信。如图 7 – 8(a)所示为单主站 PPI 网络,HMI 设备(例如 TD400C 或触摸屏 TP)为网络主站,而 CPU 是响应主站请求的从站。图 7 – 8(b)所示为多主站 PPI 网络,HMI 可以共享一个从站。

图 7-8(c)所示为多台主站与多台从站进行通信的复杂 PPI 网络,在本示例中,HMI 可以向任意 CPU 从站请求数据。

说明:S7-200 PLC 支持 CPU 之间的 PPI 通信,但 S7-200 SMART PLC 由于增加了基于以太网的数据读写功能,所以不再支持 CPU 之间的 PPI 通信。

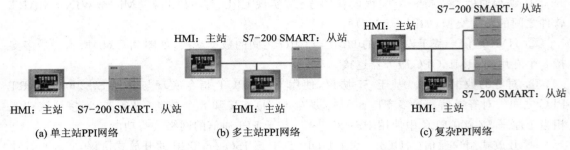

图 7-8　基于 RS-485 接口的设备连接

③ 自由口通信　基于自由端口模式使用 XMT/RCV 通信指令、Modbus RTU 通信库指令、USS 通信库指令等实现与其他设备之间的串行通信。SMART PLC 总共支持 126 个可寻址设备(每个网段 32 个设备)的自由口通信配置。

图 7-9(a)所示为 CPU 之间的基于自由口方式的通信网络。图 7-9(b)所示为 CPU 和变频器之间的网络连接,CPU 为主站,提供 USS 库。图 7-9(c)所示为把 CPU 连接到 MODBUS 网络应用举例,CPU 作为从站,提供 MODBUS 库。

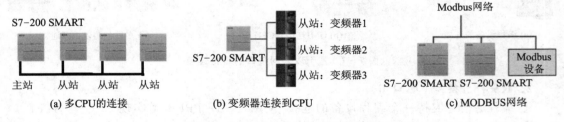

图 7-9　基于自由口通信的设备连接

3. RS-485/RS432 信号板(端口 1)

这是 S7-200 SMART PLC 的一个特色功能,在标准型 CPU 的面板上,根据需要可以插接一个信号板 CM01,它可以作为一个 RS-485 口或者 RS-232 接口使用。

① HMI 通信　使用 RS-485 或者 RS-232 方式,基于 PPI 协议实现 TD400C 和触摸屏等 HMI 与 CPU 之间的数据交换,最多支持 4 个 HMI 设备的连接。

② 自由口通信　基于自由端口模式使用 XMT/RCV 通信指令、Modbus RTU 通信库指令、USS 通信库指令(仅 RS-485 口支持)等实现与其他设备之间的串行通信。

SMART PLC 连接具有 RS-232 串口设备时,如果使用 CM01 的 RS-432 方式,则可以直接连接。如果使用 CPU 上面的 RS-485 口,则要购置 RS-232/PPI 电缆才能实现连接。RS-232 网络为两台设备之间的点对点连接,最大通信距离为 15 m,通信速率最大为 115.2 Kbit/s。常用的串口设备有条码扫描器、电子秤、打印机、调制解调器等。RS-232 通信网络抗干扰能力差,传输距离较短,通信速率低,现在使用不多。

4. PROFIBUS 通信端口

① PROFIBUS DP 通信 标准型 SMART PLC 可以扩展 EM DP01 模块,使 SMART CPU 作为从站连接到 PROFIBUS DP 网络中。DP01 上面的 PROFIBUS DP 通信口实际上也是一个 RS-485 接口,但该模块支持的通信协议 PROFIBUS DP。

SMART PLC 只能作为从站。每个 S7-200 SMART PLC 最多可以扩展 2 个 DP01 模块,用于 PROFIBUS DP 与 HMI 的通信连接。图 7-10 所示为一个 PROFIBUS DP 网络示例。

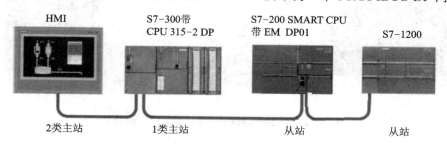

图 7-10 典型的 PROFIBUS DP 网络

② MPI 通信 借助于 DP01 模块组成的总线型网络,基于 MPI 协议,SMART PLC 作为从站支持西门子设备之间的 MPI 通信。

MPI(Multi-Point Interface)多点通信协议是 SIEMENS 公司产品之间进行通信的一种协议。图 7-11 所示为 S7-300 PLC 和 SMART PLC 组成的 MPI 网络,S7-300 PLC 可以使用 XGET 和 XPUT 指令读写从站 SMART PLC 中的数据。

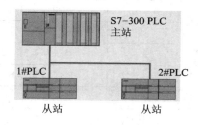

图 7-11 MPI 网络

7.3.2 SMART PLC 的网络连接

要想实现可靠的通信,必须使用合适的网络部件,并且使用正确的方法进行网络连接才可。常用的网络部件有网络连接器、电缆、中继器和连接工具等。

1. 基于串口的网络连接

在 S7-200 SMART PLC 中,CPU 上的通信口和 PROFIBUS DP 扩展模块 DP01 上的通信端口都是符合 RS-485 电气标准,但前者是非隔离型的,最高通信速率 187.5 Kbits/s,而后者是隔离的,最高通信速率 12 Mbits/s,并且速率自适应。PPI、MPI 和 PROFIBUS DP 等通信协议都可以在 RS-485 的硬件基础上实现通信。

(1)通信接口的物理定义

图 7-12(a)所示为 CPU 面板和 DP01 控制模块上通信接口的物理连接口及外形图,图 7-12(b)所示为信号板 CM01 的外形图,它采用螺丝物理连接方式。表 7-3 列出了通信口插针对应关系的分配表。

(2)网络连接器

利用西门子提供的两种网络连接器可以把多个设备很容易地连到网络中。一种连接器仅提供连接到 CPU 的接口(见图 7-13(a)),而另一种连接器则增加了一个背插式的编程接口,如图 7-13(b)所示。带有编程接口的连接器可以把其他设备,如诊断工具、编程器或操作面板增加到网络中,而不用改动现有的网络连接。如图 7 – 13 所示为两种不同的连接器,其中右边是带编程口的连接器。

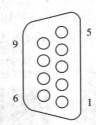

(a) RS–485接口外形　　　　　　　　　　　　　(b) 信号板CM01

图 7 – 12　S7-200 SMART CPU 通信口引脚分配

表 7 – 3　S7-200 SMART 通信口引脚分配

针　号	DP01 端口	CPU 面板端口 0	信号板 CM01 端口 1
1	屏蔽	机壳地	机壳地
2	24 V 返回	逻辑地	RS-232 – Tx/RS-485 – B
3	RS-485 信号 B	RS-485 信号 B	RTS(TTL)
4	发送申请	RTS(TTL)	逻辑地
5	5 V 返回	逻辑地	RS-232 – Rx/RS-485 – A
6	+5 V(隔离)	+5 V,100 Ω 串联电阻	+5 V,100 Ω 串联电阻
7	+24 V	+24 V	
8	RS-485 信号 A	RS-485 信号 A	
9	不用	10 位协议选择(输入)	
连接器外壳	屏蔽	机壳接地	

(a) RS–485连接器　　　　　(b) 带编程口的连接器　　　　　(c) 剥线器

图 7 – 13　RS-458 网络连接器

连接器有以下特点:

① 连接器中集成有终端电阻,可以方便地接入或去除;

② 可以快速方便地连接数据线和屏蔽线;

③ 提供独立的输入和输出电缆接口;

④ 当接入终端电阻时,输出电缆端自动隔离;

⑤ 带编程口的连接器提供方便的诊断和编程工具连接接口。

S7-200 SMART PLC 系统中用到的电缆、插头等都有特定的要求,强烈建议使用正规的西门子的电缆,并使用标准的剥线器(见图 7-13(c))按规范剥制 RS-485 电缆接头。

（3）通信距离和中继器

网络是由各个网段(Segement)组成的,每个网段之间由中继器隔开,也许有的网络只包含一个网段。每个网段的长度最主要的决定因素是通信的波特率和通信口是否隔离。S7-200 SMART PLC 面板上的通信口(端口 0)是非隔离的,所以通信距离较短;DP01 的通信口(端口 1)是带隔离的,所以通信距离较长。不论是 PPI、MPI,还是 PROFIBUS,这些基于 RS-485 通信的网络其网段的长度如表 7-4 所列。

表 7-4　网段通信最大长度

波特率/bps	非隔离的 PLC 通信接口 (串口 0)	中继器或 DP01 模块 (端口 1)
9.6 K～187.5 K	50 m	1 000 m
500 K	不支持	400 m
1 M～1.5 M	不支持	200 m
3 M～12 M	不支持	100 m

如果想增加 RS-485 网络距离或者增加网络中的设备数量,最常用的方法就是使用中继器。中继器的作用是:

① 增加网络长度　如图 7-14 所示,使用中继器可以使网络的长度最少扩展 50 m,如果在两个中继器之间没有其他网络设备(节点),则网段的长度能达到波特率允许的最大距离。在一个串联的总线型网络中,最多可以使用 9 个中继器,但网络长度不能超过 9 600 m。其实在某些文献的介绍中,中继器的最大使用数量一般在 4～5 个。

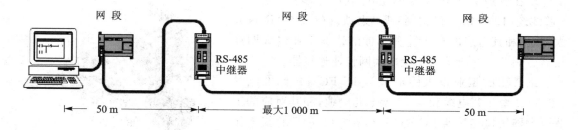

图 7-14　使用中继器对网络进行扩展

② 增加设备数量　一个网段的最大设备数量为 32 个,如果使用中继器则可以再增加 32 个设备。中继器不占用地址资源,但它也算作 32 个设备中的一个。

③ 电气隔离　如果不同网段的地电位不同,则可能会烧毁通信接口,使用中继器,可以隔离不同的电位,提高通信质量。

（4）电　缆

符合 IEC 61158-3 和 EN50170 标准的 PROFIBUS DP A 型电缆的数据如表 7-5 所列。

该电缆也作为标准的 RS-485 通信的标准电缆使用。标准电缆可以保证通信的质量和可靠性。

表 7 - 5　标准的 PROFIBUS DP A 型电缆的数据

参　数	数　值
阻　抗	在频率为 3～20 MHz 时为 135～165 Ω
电　容	<30 pF/m
电　阻	≤110 Ω/km
线　径	>0.64 mm
导体面积	>0.34 mm²

注：加上外壳后的电缆直径为 8.0+/−0.5 mm。

（5）保持通信端口（驱动电路）之间的共模电压差在一定范围内

对于非隔离的通信口（如 CPU 主机上的通信口 0），保证它们之间等电位非常重要。在 S7-200 SMART PLC 联网时，可以将所有 CPU 模块的传感器电源输出的 L+/M 中的 M 端子，用导线串接起来。在 S7-200 SMART PLC 与变频器通信时，要将所有变频器通信端口的 M（在西门子 MM4x0 系列是 2 号端子）连接起来，并与 CPU 上的传感器电源 M 连接。

（6）屏蔽（PE）端的连接

所有 CPU 模块或者 PROFIBUS DP 通信模块 EM DP01 上的 PE（保护接地）端子必须连接到大地或者柜壳上。否则电缆的屏蔽层等于没有用。

2. 基于以太网口的网络连接

工业以太网连接主要需要以下几种设备：交换机、连接器和网线。

如果不是实时以太网控制系统（如 PROFINET），则一般的交换机即可在 SMART PLC 中使用，但必须满足工业现场的要求。

现在使用的工业以太网电缆型号有多种，可以是 4 芯线缆（100 Mbps 以太网）或 8 芯线缆（1 000 Mbps 以太网）。和其对应的有 4 针和 8 针的快速工业以太网连接器。图 7 - 15 所示为工业以太网快速连接器。

最常用的工业以太网电缆为 IE FC TP 标准电缆 GP 2×2 型 4 芯电缆和 4×2 型 8 芯电缆，和其对应的工业以太网接口连接器 FC RJ45 Plug 2×2 用于直接连接长达 100 m 的 IE FC 2×2 电缆，FC RJ45 Plug 4×2 用于直接连接长达 85 m 的 IE FC 4×2 电缆，或用于控制

Pin8

Pin1

图 7 - 15　工业以太网快速连接器

室内的 IE FC 4×2 柔性电缆。使用快速连接器可以不使用接插工艺，其 4 个集成的夹紧-穿刺接线柱使得以太网电缆的连接简单而可靠。连接时，打开插头外壳，触点盖板上的彩色标记可方便用户将电缆中的导线连接到 IDC 插针。图 7 - 15 所示为 8 针的以太网快速连接器，4 针的连接器外形尺寸和尺寸和 8 针连接器一样，只是缺少了 4、5、7 和 8 针。表 7 - 6 所列为 4 针插头和 8 针插头所对应的电缆颜色及插针含义。

表 7-6　FC 连接器针脚分配

8 针连接器				4 针连接器		
针脚号	导线颜色	1 000BaseT 功能	10BaseT，100BaseTX 功能	针脚号	导线颜色	10BaseT，100BaseTX 功能
1	绿/白	D1+	Tx+	1	黄	Tx+
2	绿	D1-	Tx-	2	橙	Tx-
3	橙/白	D2+	Rx+	3	白	Rx+
4	蓝	D3+	—			
5	蓝/白	D3-	—			
6	橙	D2-	Rx-	6	蓝	Rx-
7	棕/白	D4+	—			
8	棕	D4-	—			

7.4　SMART PLC 的通信指令及应用

S7-200 SMART PLC 的通信指令包括应基于以太网 S7 协议的网络读写指令、开放式以太网 TCP/UDP/ISO-on-TCP 的库指令、用于自由口通信模式的发送和接收指令，以及使用 USS 协议库和 Modbus 协议库的指令。以太网技术（包括工业以太网和实时以太网）是现代自动化应用技术领域的一个标志性技术。

7.4.1　网络读/网络写指令及应用

1. GET 和 PUT（以太网）

在 S7-200 SMART PLC 中，这两条指令的使用是基于 RS-485 口实现的，但在 SMART PLC 中，GET 和 PUT 指令通过以太网实现 SMART CPU 之间的通信，这两条指令属于西门子 S7 协议，实际上使用了 ISO-on-TCP 协议，指令如图 7-16 所示。

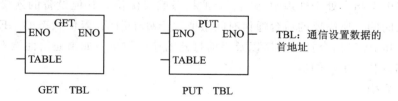

图 7-16　GET/PUT 指令格式

GET 通信操作指令启动以太网端口上的通信操作，从远程设备获取数据（如说明表（TBL）中的通信设置）。GET 指令可从远程站读取最多 222 个字节的信息。

PUT 通信操作指令启动以太网端口上的通信操作，将数据写入远程设备（如说明表（TBL）中的通信设置）。PUT 指令可以向远程站写入最多 212 个字节的信息。

缓冲区（TBL）参数的定义如图 7-17 所示。

字节偏移量	位7	位6	位5	位4	位3	位2	位1	位0
字节0	D	A	E	0	错误代码			
字节1 字节2 字节3 字节4	远程站IP地址							
字节5	保留=0(必须设置为零)							
字节6	保留=0(必须设置为零)							
字节7 字节8 字节9 字节10	远程站的数据指针							
字节11	数据长度							
字节12 字节13 字节14 字节15	本地站的数据指针							

通信操作的状态信息字节。其中
D：操作是否完成，　　　　0：未完成，1：完成
A：激活(函数已排队)，　　0：无效，　1：有效
E：错误(函数返回错误)，　0：无错误,1：错误
远程站IP地址：要访问PLC的地址
远程站的数据指针：要访问数据的间接指针，
　　　　　　　　如(&VB100)
数据长度：要访问的数据字节数
本地站的数据地址：本地PLC的数据间接指针，
　　　　　　　　如(&VB200)

图 7-17　GET 和 PUT 指令 TABLE 参数的定义

GET 指令可以从远程站点上读最多 222 个字节的信息,PUT 指令则可以向远程站点写最多 212 个字节的信息。在程序中可以使用任意多条网络读写指令,但在任何同一时间,最多只能同时执行 16 条 GET 或 PUT 指令。例如,给定的 CPU 中可以同时激活 8 个 GET 和 8 个 PUT 指令,或 6 个 GET 和 10 个 PUT 指令。

当执行 GET 或 PUT 指令时,CPU 与 GET 或 PUT 表中的远程 IP 地址建立以太网连接。该 CPU 可同时保持最多八个连接。建立连接后,该连接将一直保持在 CPU 进入 STOP 模式为止。

针对所有与同一 IP 地址直接相连的 GET/PUT 指令,CPU 采用单一连接。例如,远程 IP 地址为 192.168.2.10,如果同时启动 3 个 GET 指令,则会在一个 IP 地址为 192.168.2.10 的以太网连接上按顺序执行这些 GET 指令。

如果尝试创建第九个连接(第九个 IP 地址),CPU 将在所有的连接中搜索,查找处于未激活时间最久的一个连接。CPU 将断开该连接,然后再与新的 IP 地址创建连接。

GET 和 PUT 指令处于处理中/激活/繁忙状态或仅保持与其他设备的连接时,会需要额外的后台通信时间。所需要的后台通信时间量取决于处于激活/繁忙状态的 GET 和 PUT 指令数量、GET 和 PUT 指令执行频率以及当前打开的连接数量。如果通信性能不佳,则应当将后台通信时间调整为更高的值。

2. 应用举例

例 7-1　一条生产线正在灌装黄油桶并将其送到 4 台包装机(打包机)上包装,打包机把 8 个黄油桶包装到一个纸箱中。一个分流机控制着黄油桶流向各个打包机。4 个 CPU 控制打包机,一个 CPU 安装了 TD400 操作器人机界面,用于控制分流机。图 7-18 所示为系统组成示意图。

分流机对打包机的控制主要是负责将纸箱、粘结剂和黄油桶分配给不同的打包机,而分配的依据就是各个打包机的工作状态,因此分流机要实时地知道各个打包机的工作状态,另外,为了统计的方便各个打包机打包完成的数量应上传至分流机,以便记录和通过 TD400 查阅。

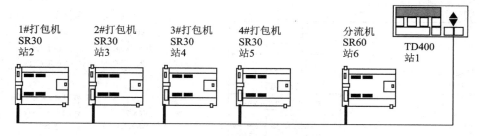

图 7 - 18　系统组成示意图

　　4 个打包机(SR30)的站地址分别为 2、3、4 和 5,分流机(SR60)的站地址为 6,TD400 的站地址为 1,将各个 CPU 的站地址在系统块中设定好,随程序一块下载到 PLC 中,TD400 的地址在 TD400 中直接设定。

　　在这个例子中,TD400 和 6♯站分流机作为 PPI 以太网网络的主站,其他 PLC 作为从站。6♯站分流机的程序包括控制程序、与 TD400 的通信程序以及与其他站的通信程序,其他站只有控制程序,下面给出的只是 6♯站与其他站的通信程序,其他程序可根据控制要求编写。

　　假设各个打包机的工作状态存储在各自 CPU 的 VB100 中,其中:

　　V100.7 为打包机检测到错误;

　　V100.6～V100.4 为打包机错误代码;

　　V100.2 为黏结剂缺的标志,应增加黏结剂;

　　V100.1 为纸箱缺的标志,应增加纸箱;

　　V100.0 为没有可包装黄油桶的标志。

　　各个打包机已经完成的打包箱数分别存储在各自 CPU 的 VW101 中。

　　定义 6♯站分流机对各打包机接收和发送的缓冲区的起始地址分别为:VB200、VB220、VB240、VB260 和 VB300、VB320、VB340、VB360。

　　分流机读/写 1♯打包机(2♯站)的工作状态和完成打包数量的程序清单如图 7 - 19 所示。对其他站的读写操作程序只需将站地址号与缓冲区指针作相应的改变即可。

7.4.2　基于自由口模式的发送和接收指令及应用

1. 概　述

　　自由通信口(Freeport Mode)模式是 S7-200 SMART PLC 一个很有特色的功能。借助于自由口通信,可以通过用户程序对通信口进行操作,自己定义通信协议(例如 ASCII 协议)。自由口通信方式使 S7-200 SMART PLC 可以与任何通信协议已知、具有串口的智能设备和控制器(例如打印机、条形码阅读器、调制解调器、变频器、上位 PC 机等)进行通信,当然也可以用于两个 CPU 之间简单的数据交换。该通信方式使可通信的范围大大增大,使控制系统配置更加灵活、方便。当连接的智能设备具有 RS-485 接口时,可以通过双绞线进行连接;如果连接的智能设备具有 RS-232 接口时,可以通过 PC/PPI 电缆连接起来进行自由口通信。

　　S7-200 SMART CPU 上的通信口在电气上是标准的 RS-485 半双工串行通信口。串行字符通信的格式可以包括:

　　① 一个起始位;

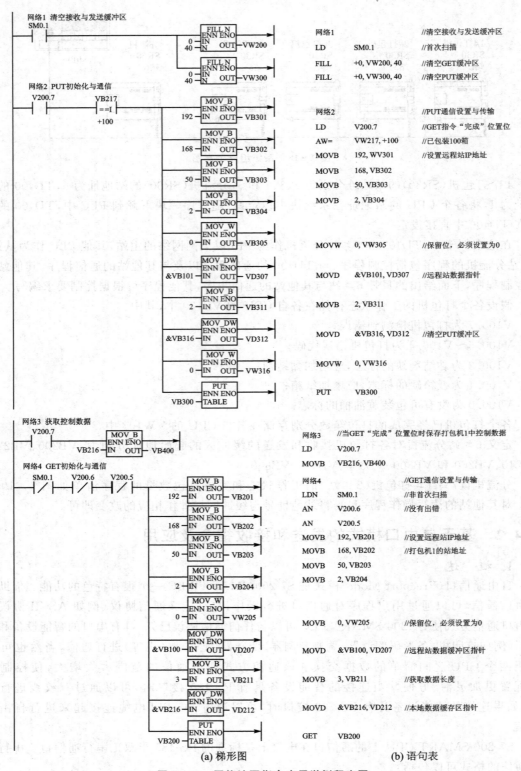

(a) 梯形图　　　　　　　　　(b) 语句表

图 7-19　网络读写指令应用举例程序图

② 7 或 8 位字符（数据字节）；

③ 一个奇/偶校验位，或者没有校验位；

④ 一个停止位。

自由口通信速率可以设置为 1 200、2 400、4 800、9 600、19 200、38 400、57 600 或 112 500，单位是 bit/s。凡是符合这些格式的串行通信设备，理论上都可以和 S7-200 SMART CPU 通信。

2. XMT(Transmit)/RCV(Receive)发送与接收指令

XMT/RCV 指令格式如图 7-20 所示，XMT/RCV 指令用于当 S7-200 SMART PLC 被定义为自由端口通信模式时，由通信端口发送或接收数据。

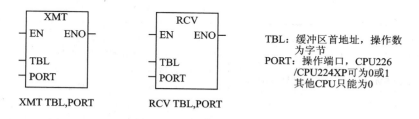

图 7-20　XMT/RCV 指令格式

使用发送指令（XMT）可以将发送数据缓冲区（TBL）中的数据通过指令指定的通信端口（PORT）发送出去，发送完成时将产生一个中断事件，数据缓冲区的第一个数据指明了要发送的字节数。

使用接收指令（RCV）可以通过指令指定的通信端口（PORT）接收信息并存储于接收数据缓冲区（TBL）中，接收完成也将产生一个中断事件，数据缓冲区的第一个数据指明了接收的字节数。

3. 自由端口模式

CPU 的串行通信口可由用户程序控制，这种操作模式称做自由端口模式。当选择了自由端口模式时，用户程序可以使用接收中断、发送中断、发送指令（XMT）和接收指令（RCV）来进行通信操作。在自由端口模式下，通信协议完全由用户程序控制。SMB30（用于端口 0）和 SMB130（如果 CPU 有两个端口，则用于端口 1）用于选择波特率、奇偶校验、数据位数和通信协议。

只有 CPU 处于 RUN 模式时，才能进行自由端口通信。通过向 SMB30（端口 0）或 SMB130（端口 1）的协议选择区置 1，可以允许自由端口模式。处于自由端口模式时，PPI 通信被禁止，此时不能与编程设备通信（如使用编程设备对程序状态监视或对 CPU 进行操作）。在一般情况下，可以用发送指令（XMT）向打印机或显示器发送信息，也可以连接条码阅读器和重量计等。在这种情况下，用户都必须编写用户程序，以支持自由端口模式下设备同 CPU 通信的协议。

当 CPU 处于 STOP 模式，自由端口模式被禁止，通信口自动切换为 PPI 协议的操作，重新建立与编程设备的正常通信。

4. 端口的初始化与控制字节

SMB30 和 SMB130 分别配置通信端口 0 和 1，为自由端口通信选择波特率、奇偶校验和数据位数。自由端口的控制字节定义如表 7-7 所列。

表 7 - 7　特殊存储器位 SMB30 和 SMB130

端口 0	端口 1	描述自由口模式控制字节
SMB30 格式	SMB130 格式	MSB　　　　　　　　　　LSB P　P　D　B　B　B　M　M
SM30.6 和 SM30.7	SM130.6 和 SM130.7	PP:校验选择 00=无奇偶校验;01=偶校验;10=无奇偶校验 11=奇校验
SM30.5	SM130.5	D:每个字符的数据位 0=每个字符 8 位;1=每个字符 7 位
SM30.2 到 SM30.4	SM130.2 到 SM130.4	BBB:自由口波特率 000=38 400 波特;001=19 200 波特 010=9 600 波特 011=4 800 波特;100=2 400 波特 101=1 200 波特 110=115.2 k 波特;111=57.6 k 波特
SM30.0 和 SM30.1	SM130.0 和 SM130.1	MM:协议选择 00=PPI/从站模式(默认设置);01=自由口协议 10=PPI/主站模式;11=保留

5. 用 XMT 指令发送数据

用 XMT 指令可以方便地发送一个或多个字节缓冲区的内容,最多为 255 个字节。XMT 缓冲区的数据格式如图 7 - 21 所示。

如果有一个中断服务程序连接到发送结束事件上,在发完缓冲区中的最后一个字符时,则会产生一个中断(对端口 0 为中断事件 9,对端口 1 为中断事件 26)。当然也可以不用中断来判断发送指令(如向打印机发送信息)是否完成,而是监视 SM4.5 或 SM4.6 的状态,以此来判断发送是否完成。

SM4.5 为特殊继电器,当通信口 0 发送空闲时,将该位置 1;

SM4.6 为特殊继电器,当通信口 1 发送空闲时,将该位置 1。

6. 用 RCV 指令接收数据

用 RCV 接收指令可以方便地接收一个或多个字节缓冲区的内容,最多为 255 个字节,这些字符存储在接收缓冲区中,接收缓冲区的格式如图 7 - 22 所示。

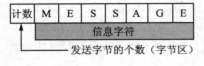

图 7 - 21　XMT 缓冲区的格式

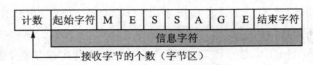

图 7 - 22　RCV 缓冲区格式

如果有一个中断程序连接到接收完成事件上,在接收到缓冲区中的最后一个字符时,则会产生一个中断(对端口 0 为中断事件 23,对端口 1 为中断事件 24)。当然也可以不使用中断,而是通过监视 SMB86(对端口 0)或 SMB186(对端口 1)状态的变化,进行接收信息状态的判断。当接收指令没有被激活或接收已经结束时,SMB86 或 SMB186 为 1;当正在接收时,它们为 0。

使用接收指令时,允许用户选择信息接收开始和信息接收结束的条件。如表 7 - 8 所列,用 SMB86~SMB94 对端口 0 进行设置,用 SMB186~SMB194 对端口 1 进行设置。应该注意的是,当接收信息缓冲区超界或奇偶校验错误时,接收信息功能会自动终止,所以必须为接收信息功能操作定义一个启动条件和一个结束条件。接收指令支持的启动条件有:空闲线检测、起始字符检测、空闲线和起始字符检测、断点检测、断点和起始字符检测和任意字符检测。支持的结束信息的方式有:结束字符检测、字符间隔定时器、信息定时器、最大字符记数、校验错误、用户结束或以上几种结束方式的组合。

表 7 - 8　特殊存储器字节 SMB86 到 SMB94,SMB186 到 SMB194

端口 0	端口 1	描　述
SMB86	SMB186	接收信息状态字节 7　　　　　　　　　　0 | n | r | e | 0 | 0 | t | c | p | n:1＝用户通过禁止命令结束接收信息 r:1＝接收信息结束:输入参数错误或缺少起始和结束条件 e:1＝收到结束字符 t:1＝接收信息结束:超时 c:1＝接收信息结束:字符数超长 p:1＝接收信息结束:奇偶校验错误接收信息控制字节
SMB87	SMB187	接收信息控制字节 7　　　　　　　　　　　0 | en | sc | ec | il | c/m | tmr | bk | 0 | en:　0＝禁止接收信息功能 　　　1＝允许接收信息功能 　　　每次执行 RCV 指令时检查允许/禁止接收信息位 sc:　0＝忽略 SMB88 或 SMB188 　　　1＝使用 SMB88 或 SMB188 的值检测起始信息 ec:　0＝忽略 SMB89 或 SMB189 　　　1＝使用 SMB89 或 SMB189 的值检测结束信息 il:　0＝忽略 SMB90 或 SMB190 　　　1＝使用 SMB90 或 SMB190 值检测空闲状态 c/m:0＝定时器是内部字符定时器 　　　1＝定时器是信息定时器 tmr:0＝忽略 SMW92 或 SMW192 　　　1＝当执行 SMW92 或 SMW192 时终止接收 bk:　0＝忽略中断条件 　　　1＝使用中断条件来检测起始信息 　　　信息的中断控制字节位用来定义识别信息的标准。信息的起始和结束需定义 　　　起始信息＝il * sc＋bk * sc 　　　结束信息＝ec＋tmr＋最大字符数

端口0	端口1	描述
SMB87	SMB187	起始信息编程: 1. 空闲检测: il=1,sc=0,bk=0,SMW90>0 2. 起始字符检测: il=0,sc=1,bk=0,SMW90 被忽略 3. 中断检测: il=0,sc=1,bk=1,SMW90 被忽略 4. 对一个信息的响应: il=1,sc=0,bk=0,SMW90=0 (信息定时器用来终止没有响应的接收) 5. 中断一个起始字符: il=0,sc=1,bk=1,SMW90 被忽略 6. 空闲和一个起始字符: il=1,sc=1,bk=0,SMW90>0 7. 空闲和起始字符(非法): il=1,sc=1,bk=0,SMW90=0 注意:通过超时和奇偶校验错误(如果允许),可以自动结束接收过程
SMB88	SMB188	信息字符的开始
SMB89	SMB189	描述信息字符的结束
SMB90 SMB91	SMB190 SMB191	空闲线时间段按毫秒设定。空闲线时间溢出后接收的第一个字符是新的信息的开始字符。SMB90(或 SMB190)是最高有效字节,SMB91(或 SMB191)是最低有效字节
SMB92 SMB93	SMB192 SMB193	中间字符/信息计时器溢出值按毫秒设定。如果超过这个时间段,则终止接收信息。SMB92(或 SMB192)是最高有效字节,SMB93(或 SMB193)是最低有效字节
SMB94	SMB194	要接收的最大字符数(1~255 字节) 注:这个范围必须设置到所希望的最大缓冲区大小,即使信息的字符数始终达不到

7. 使用字符中断控制接收数据

为了完全适应对各种通信协议的支持,可以使用字符中断控制的方式来接收数据。每接收一个字符时都会产生中断。在执行连接到接收字符中断事件上的中断程序前,接收到的字符存储在 SMB2 中,校验状态(如果允许的话)存储在 SM3.0 中。

SMB2 是自由端口接收字符缓冲区。在自由端口模式下,每一个接收到的字符都会被存储在这个单元中,以方便用户程序访问。

SMB3 用于自由端口模式,它包含一个校验错误标志位。当接收字符的同时检测到奇偶校验错误时,SM3.0 被置位,可使用该位丢弃本信息或产生对本信息的否定确认。该字节的所有其他位(SMB3.1~SMB3.7)保留。

注意:SMB2 和 SMB3 是端口0和端口1共用的。当接收的字符来自端口0时,执行与事件(中断事件8)相连接的中断程序,此时 SMB2 中存储从端口0接收的字符,SMB3 中存储该字符的校验状态;当接收的字符来自端口1,执行与事件(中断事件25)相连接的中断程序,此时 SMB2 中存储从端口1接收的字符,SMB3 中存储该字符的校验状态。

8. 指令应用举例

例7-2 本程序功能为上位 PC 机和 PLC 之间的通信,PLC 接收上位 PC 发送的一串字符,直到接收到回车符为止,PLC 又将信息发送回 PC 机。

程序清单如图7-23所示。

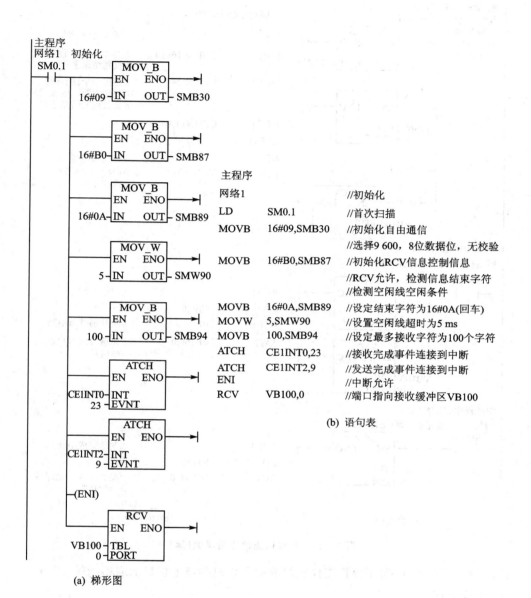

(a) 梯形图

主程序
网络1   //初始化
LD   SM0.1   //首次扫描
MOVB   16#09,SMB30   //初始化自由通信
                                       //选择9 600，8位数据位，无校验
MOVB   16#B0,SMB87   //初始化RCV信息控制信息
                                       //RCV允许，检测信息结束字符
                                       //检测空闲线空闲条件
MOVB   16#0A,SMB89   //设定结束字符为16#0A(回车)
MOVW   5,SMW90   //设置空闲线超时为5 ms
MOVB   100,SMB94   //设定最多接收字符为100个字符
ATCH   CE1INT0,23   //接收完成事件连接到中断
ATCH   CE1INT2,9   //发送完成事件连接到中断
ENI   //中断允许
RCV   VB100,0   //端口指向接收缓冲区VB100

(b) 语句表

图 7 - 23   自由口通信应用举例

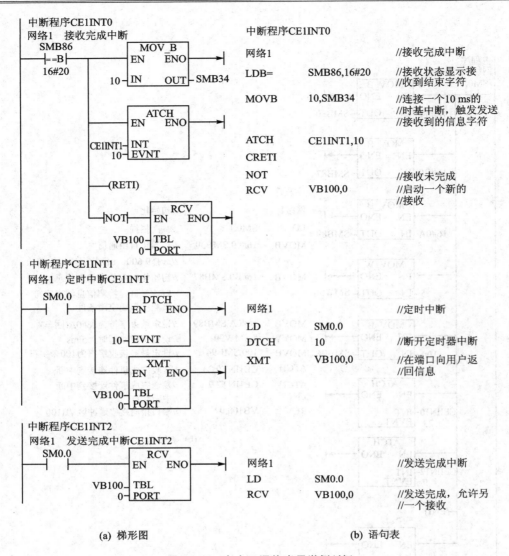

(a) 梯形图　　　　　　　　　　　(b) 语句表

图 7 - 23　自由口通信应用举例(续)

例 7 - 3　多台 PLC 和多台智能仪表组成的下位机群与上位机的通信系统。

(1) 系统概述

在电信行业的动力配电系统中,需要把电参数及开关信号的状态及时反映出来并进行控制,这就需要现场的下位机和控制室的上位机之间必须有可靠的数据通信。本系统上位机采用 IPC,下位机由 9 台西门子 S7-200 SMART PLC 和 2 台进口智能仪表组成,系统组成如图 7 - 24 所示。PLC 部分共使用了 4 台 SR30 和 5 台 SR40。

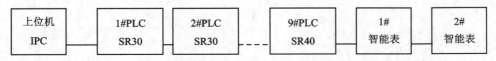

图 7 - 24　多台 PLC 和多台智能仪表组成的下位机群与上位机的通信系统

（2）通信方案设计

系统通信包括读/写两种操作，它们的功能码不同，数据地址及传递的数据字节数也不同，厂方选定的测量系统电参数的智能仪表具备串行通信功能，它的通信格式也已经固定。所以，计算机与下位机群进行通信时必须符合智能仪表的通信格式要求。在此基础上编制了计算机与 PLC 及智能表之间的通信格式，如图 7 - 25 所示。

| 设备地址 | 功能码 | 数据地址 | 数据字数 | CRC-16校验码 |

(a) 数据读命令和写命令格式

| 设备地址 | 功能码 | 数据地址 | 数据 | CRC-16校验码 |

(b) PLC响应格式

图(b)中：功能码=03时为读命令；功能码=06时为写命令。

图 7 - 25　系统数据通信格式

本系统为单主站系统，上位机作为主站与下位机群进行通信。对下位机 PLC 来说，发送数据时可用 XMT 指令完成。但再接收数据时，因为有其他控制设备串接在网络中，每台下位机接收的数据字节数不同，所以接收过程不能使用 RCV 指令。此处选择自由口通信方式中的字符中断控制方式来接收数据。

（3）关于 PLC 程序中的 CRC 校验程序设计

实现 CRC 校验的方法有很多，在这里采用的是一种比较适合 PLC 编程的方法，即 CRC - 16 的求和校验。为了大家阅读程序方便，简要介绍一下该方法的详细步骤：

① 选择一个有意义的生成多项式，这里选择 1010000000000001，即 16#A001；

② 把初始值 16#FF 放入到一个 16 位（一个字）的寄存器中；

③ 被校验数据的第一个字节和寄存器中的低字节进行 XOR 运算，结果存入寄存器中；

④ 按位对寄存器进行右移，如果移出位为 1，则执行⑤步；否则执行⑥步；

⑤ 寄存器的值与生成多项式进行 XOR 运算，结果存入寄存器中；

⑥ 重复④步直到右移 8 次完成；

⑦ 被校验数据的下一个字节和寄存器的低字节进行 XOR 运算，结果存入寄存器中；

⑧ 重复④步到⑦步直到被校验数据的所有字节全部与寄存器进行完 XOR 运算并且右移 8 次；

⑨ 最后，寄存器中的数据（一个字）就是 CRC - 16 的校验码。

（4）程序设计

整个程序由主程序、子程序和 6 个中断程序组成。

主程序主要完成初始化操作、调用子程序及其他逻辑控制。因为系统对通信部分的要求较高，所以通信数据采用 CRC 码进行校验。子程序的工作就是计算所提供数据的 CRC 码。所有的中断程序都用来实现通信功能，通信程序流程图如图 7 - 26 所示。图中中断事件 8 为每个接收字符到时的中断；中断事件 10 为时基中断 0，即通信线空闲等待时间中断；中断事件 9 为发送完数据中断。

上位机程序采用 C++编程来实现与下位机的通信，这里不再详述。需要指出的是对画

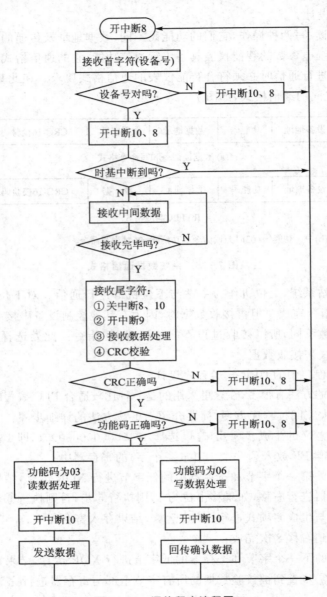

图 7-26　通信程序流程图

面显示、报警回顾、历史趋势、报表统计等方面要求较高的控制系统,上位机软件选择现成的工业组态软件效果更好,它们和下位机的通信驱动程序由软件公司专门设计。

```
主程序:
NETWORK 1                    //初始化
//VB100~VB107 中存放上位机发送过来的信息
//VB0 中存放设备号
//VB300~VB308:PLC 发送数据存放单元;VB300:总发送字节个数;VB301:设备号
//VB302:功能码,有 03 和 06 两种;VB303:发送数据字节个数
//VB304~VB307:PLC 输入端子信息;VB308~VB309:CRC 校验码
```

```
LD          SM0.1
MOVB        16#09,SMB30        //初始化自由口:9 600 波特率,8 位数据,无奇偶校验
FILL        0,VW100,5          //中间存储器清零
MOVB        2,VB0              //设备地址号
MOVB        100,SMB34          //时基中断时间 100 ms
MOVB        8,VB99             //06 时发送字节个数
MOVB        9,VB300            //03 时发送字节个数
MOVB        VB0,VB301
MOVB        3,VB302            //功能号 03,发送 PLC 输入口信息
MOVB        4,VB303            //4 个字节
ENI
ATCH        CE2INT6,8
ATCH        CE2INT0,10
NETWORK2                       //计算 PLC 输入端子状态数据
LD          SM0.0
MOVB        IB0,VB307
MOVB        IB1,VB306
MOVB        IB2,VB305
MOVB        IB3,VB304
BMB         VB301,VB400,7      //VB301~VB307 的数据存放到 VB400~VB406 中
MOVW        7,VW455            //外层循环次数 7 存放到 VW455 中
CALL        CE2SBR0
MOVB        VB470,VB308        //调用子程序后计算出的 CRC 校验码存放到 VB308 和 VB309 中
MOVB        VB471,VB309

子程序:CE2SBR0

//计算 CRC 校验码
NETWORK1
LD          SM0.0
MOVD        &VB400,AC1
MOVB        *AC1,VB201
NETWORK2                       //计算 CRC 值
LD          SM0.0
FOR         VW450,1,VW455      //外层循环为求 CRC 值的字节个数
NETWORK3
LDW=        VW450,1
MOVW        16#FFFF,VW210      //首字节与 FFFF 进行 XOR
XORW        VW200,VW210
NETWORK4
LDW>        VW450,1
XORW        VW240,VW210
NETWORK5                       //计算 CRC 值
```

```
LD          SM0.0
FOR         VW460,1,8
NETWORK6                    //计算 CRC 值
LD          SM0.0
SRW         VW210,1
A           SM1.1
XORW        16＃A001,VW210
NETWORK7
NEXT
NETWORK8                    //计算 CRC 值
LD          SM0.0
INCB        AC1
MOVB        ＊AC1,VB241
NETWORK9
NEXT
NETWORK10                   //CRC 值存放在 VW470 中
LD          SM0.0
MOVW        VW210,VW470
```

中断程序:CE2INT0

//时基中断处理程序

```
NETWORK1
LD          SM0.0
ATCH        CE2INT3,8
```

中断程序:CE2INT1

//接收首字符时,非真正设备号时处理程序

```
NETWORK1
LD          SM0.0
ATCH        CE2INT0,10
ATCH        CE2INT6,8
```

中断程序:CE2INT2

//发送结束程序

```
NETWORK1
LD          SM0.0
DTCH        9
ATCH        CE2INT0,10
ATCH        CE2INT6,8
```

中断程序:CE2INT3

//接收首字符程序

```
NETWORK1
```

```
        LDB=        SMB2,VB0
        MOVB        VB0,VB100           //设备号是否对
        MOVD        &VB101,VD600        //采用间接寻址方式,指针为 VD600
        MOVB        6,VB10
        ATCH        CE2INT1,10          //非真正的设备号时到 CE2INT1
        ATCH        CE2INT4,8
        CRETI
        NETWORK2
        LD          SM0.0
        ATCH        CE2INT0,10
        ATCH        CE2INT6,8
```

中断程序:CE2INT4

//接收 6 个字符程序

```
        NETWORK1
        LD          SM0.0
        MOVB        SMB2,*VD600
        INCD        VD600
        DECB        VB10
        LD          SM1.0
        ATCH        CE2INT5,8
```

中断程序:CE2INT5

//接收最后一个字符,并进行处理。必须把接收最后一个字符单独做一个中断程序,不然不好进行结
//束处理

```
        NETWORK1
        DTCH        8
        DTCH        10
        ATCH        CE2INT2,9
        MOVB        SMB2,VB107
        BMB         VB100,VB400,8       //PLC 接收到的数据首先放到 VB400～VB407 中
        MOVW        8,VW455
        CALL        CE2SBR0             //调用子程序进行 CRC 校验
        LDW=        VW470,0             //CRC 校验正确吗
        LPS
        AB=         VB101,3             //功能号
        ATCH        CE2INT0,10
        XMT         VB300,0             //输出 PLC 输入端子状态到上位机
        LPP
        AB=         VB101,6             //功能号
        MOVB        VB105,QB0
```

```
MOVB      VB104,QB1        //输出处理
ATCH      CE2INT0,10
XMT       VB99,0           //把上位机发送来的数据回送到上位机
LDW=      VW470,0          //CRC校验正确
AB<>      VB101,3          //但功能码不是3或6时程序的出口
AB<>      VB101,6
OW<>      VW470,0          //CRC校验错误时,开中断
ATCH      CE2INT0,10
ATCH      CE2INT6,8

中断程序:CE2INT6

//非正常接收到字符后,重新激活时基中断
NETWORK 1
LD        SM0.0
ATCH      CE2INT0,10
```

(5) 几点重要经验

① 一定要设计好静止线定时器和静止线接收器。应根据通信网络中最长数据块的接收时间和网络中正常的两组传输数据块间距确定好静止线的长度,以准确判断数据块首字符的位置。

② 对数据块长度不等的 PLC 通信系统,要做好中间字符的接收和尾字符位置的判断工作。

③ 程序中应有对干扰字符和低质量数据块的辨别和剔除功能。

④ 在程序中对每种可能出现的情况都必须留有可靠的出口。

⑤ 在可靠性要求较高的通信系统中,一定要使用工程 CRC 码方法校验传输数据。

⑥ 在 PLC 和智能仪表混杂的通信网络中,对通信协议已确定的智能仪表,利用 S7-200 SMART 的自由通信模式进行系统通信设计是可行和可靠的方案。

⑦ 在进行通信程序设计时,要考虑电缆的切换时间。即当 SMART PLC 由接收信号到发送信号,或者由发送信号转换为接收信号时,要考虑传输信号电缆物理特性的转换问题,之间要留有一定的时间间隔。

(6) 说　明

① 本例来自于作者的一个实际工程项目,考虑到教材例题和实际项目的差异,本例题中去掉了一些环节,如系统密码的设定、校验程序,以及对电缆切换时间的考虑等。本例可作为实际应用的参考,但不保证实际应用的可靠性和严密性。

② 该例既是学习通信指令的例子,也是学习使用复杂中断、间接寻址、循环指令和传送指令的很好例子。

7.4.3　基于以太网的开放式协议指令库

1. 开放式用户通信指令库

针对基于以太网的三种应用层开放式用户协议 TCP、UDP 和 ISO-on-TCP,STEP 7 - Micro/WIN SMART 提供了开放式用户通信指令库,来实现 PLC 之间的信息交互。

库指令有如下 7 条：

① TCP_CONNECT：创建 TCP 连接。LAD 指令盒如图 7－27(a)所示。

② ISO_CONNECT：创建 ISO-on-TCP 连接。LAD 指令盒如图 7－27(b)所示。

③ UDP_CONNECT：创建 UDP 连接。LAD 指令盒如图 7－27(c)所示。

④ TCP_SEND：发送用于 TCP 和 ISO-on-TCP 连接的数据指令。LAD 指令盒如图 7－27(d)所示。

⑤ TCP_RECV：接收用于 TCP 和 ISO-on-TCP 连接的数据指令。LAD 指令盒如图 7－27(e)所示。

⑥ UDP_SEND：发送用于 UDP 连接的数据指令。LAD 指令盒如图 7－27(f)所示。

⑦ UDP_RECV：接收用于 UDP 连接的数据指令。LAD 指令盒如图 7－27(g)所示。

⑧ DISCONNECT：终止所有协议的连接。LAD 指令盒如图 7－27(h)所示。

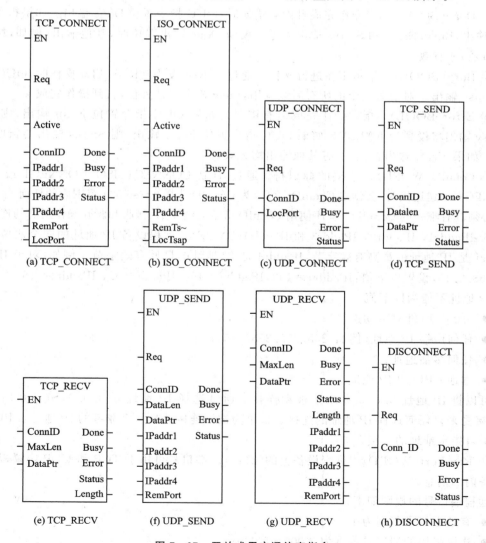

图 7－27　开放式用户通信库指令

2. 指令各输入/输出端数据类型及意义

① EN（BOOL）　将 EN 输入设置为 TRUE 以调用指令。必须将 EN 输入设置为 TRUE，直到指令完成（直到 Done 或 Error 置位）。仅当程序置位 EN 并且调用指令时，CPU 才会更新输出。

② Req（BOOL）　Req（请求）输入用于发起操作。Req 输入位由电平触发。应通过上升沿指令将 Req 输入连接到库指令，以便操作仅启动一次。指令为 Busy 时程序会忽略 Req 输入。

③ Active（BOOL）　用于指定连接指令是创建主动客户端连接（Active＝TRUE）还是创建被动服务器连接（Active＝FALSE）。在主动连接中，本地 CPU 启动到远程设备的通信。在被动连接中，本地 CPU 等待远程设备启动通信。对于开放式用户通信，S7-200 SMART CPU 支持八个主动连接和八个被动连接。

④ Done（BOOL）　当操作完成且没有错误时，OUC 指令置位 Done 输出。如果指令置位 Done 输出，Busy、Error 和 Status 输出为零。仅当 Done 输出置位时，其他输出（例如，接收到的字节数）才有效。

⑤ Busy（BOOL）　指示正在进行操作。通过将 Req 设为 TRUE 启动操作时，OUC 指令置位 Busy 输出。对于对指令的所有后续调用，Busy 输出保持置位，直到操作完成。

⑥ Error（BOOL）　指示操作完成但有错误。如果 OUC 指令置位 Error 输出，则 Done 和 Busy 输出将设置为 FALSE。如果 OUC 指令置位 Error 输出，则 Status 输出会指明错误原因。如果 Error 输出置位，所有其他输出均无效。

⑦ ConnID（WORD）　连接的标识符。通过 TCP_CONNECT、ISO_CONNECT 或 UDP_CONNECT 创建连接时，会创建 ConnID。可以为 ConnID 选择 0～65 534 范围内的任何值。每个连接必须具有唯一的 ConnID。程序使用 ConnID 指定后续发送、接收和断开操作所需的连接。

⑧ IPaddr1，IPaddr2，IPaddr3 和 IPaddr4（BYTE）　远程设备 IP 地址的四个八位字节。IPaddr1 是 IP 地址的最高有效字节，IPaddr4 是 IP 地址的最低有效字节。例如：对于 IP 地址 192.168.2.15，设置以下值：IPaddr1＝192，IPaddr2＝168，IPaddr3＝2，IPaddr4＝15

IP 地址不能为以下值：

● 0.0.0.0（针对主动连接）；
● 任何广播 IP 地址（例如，255.255.255.255）；
● 任何多播地址；
● 本地 CPU 的 IP 地址。

可以将 IP 地址 0.0.0.0 用于被动连接。通过选择 IP 地址 0.0.0.0，S7-200 SMART CPU 接受来自任何远程 IP 地址的连接。如果为被动连接选择一个非零的 IP 地址，CPU 将仅接受来自指定地址的连接。

⑨ RemPort（WORD）　远程设备上的端口号。端口号可用于 TCP 和 UDP 协议，从而路由设备内的消息。

远程端口号的规则如下：

● 有效端口号范围为 1～49 151；
● 建议采用的端口号范围为 2 000～5 000；
● 对于被动连接，CPU 会忽略远程端口号（可以将其设置为零）。

⑩ LocPort(WORD)　　本地 CPU 上的端口号。端口号可用于 TCP 和 UDP 协议,从而路由设备内的消息。对于所有被动连接,本地端口号必须唯一。

本地端口号的规则如下:

● 有效端口号范围为 1～4 9151;
● 不能使用端口号 20、21、25、80、102、135、161、162、443 以及 34 962～34 964,这些端口具有特定用途;
● 建议采用的端口号范围为 2 000～5 000;
● 对于被动连接,本地端口号必须唯一(不重复)。

⑪ RemTsap(DWORD)　　远程传输服务访问点(TSAP)参数是指向 S7-200 SMART 字符串数据类型的指针。只能将 RemTsap 参数用于 ISO-on-TCP 协议。在将消息路由到适当的连接方面,远程 TSAP 字符串与端口号作用相同。

RemTsap 的规则如下:

● TSAP 为 S7-200 SMART 字符串数据类型(长度字节,后接字符);
● TSAP 字符串长度必须至少为 2 个字符,但不得超过 16 个字符。

⑫ LocTsap(DWORD)　　本地传输服务访问点(TSAP)参数是指向 S7-200 SMART 字符串数据类型的指针。只能将本地 TSAP 参数用于 ISO-on-TCP 协议。在将消息路由到适当的连接方面,本地 TSAP 字符串与端口号作用相同。

LocTsap 的规则如下:

● TSAP 为 S7-200 SMART 字符串数据类型(长度字节,后接字符);
● TSAP 字符串长度必须至少为 2 个字符,但不得超过 16 个字符;
● 如果 TSAP 为 2 个字符,第一个字符必须是十六进制"E0";
● TSAP 不能以字符串"SIMATIC –"开头。

⑬ Status(BYTE)　　如果指令置位 Error 输出,Status 输出会显示错误代码。如果指令置位 Busy 或 Done 输出,Status 为零(无错误)。

⑭ DataLen(WORD)　　要发送的字节数(1 到 1 024)。

⑮ DataPtr(DWORD)　　指向待发送数据的指针,即指向 I、Q、M 或 V 存储器的 S7-200 SMART 指针(例如,&VB100)。

⑯ MaxLen(WORD)　　接收的最大字节数(例如,DataPtr 中缓冲区的大小(1～1 024))。

⑰ Length(WORD)　　实际接收的字节数。仅当指令置位 Done 或 Error 输出时,Length 才有效。如果指令置位 Done 输出,则指令接收整条消息。如果指令置位 Error 输出,则消息超出缓冲区大小(MaxLen)并被截短。

3. 举　例

例 7 - 4　现有两个 SMART PLC 需要进行 TCP/IP 通信,1 号 PLC 作为客户端,IP 地址是 192.168.50.2,通信端口号为 2001,VB100～VB110 是发送数据地址区,VB200 作为接收数据区首地址,设置最多接收字节数为 100。2 号 PLC 作为服务器,IP 地址是 192.168.50.1,通信端口号为 2002,VB100～VB110 是发送数据地址区,VB200 作为接收数据区首地址,设置最多接收字节数为 100。

程序中,1 号 PLC(客户端)与 2 号 PLC(服务器)触发信号如表 7 - 9 所列。1 号 PLC(客户端)的程序如图 7 - 28(a)所示,2 号 PLC(服务器)的程序如图 7 - 28(b)所示。

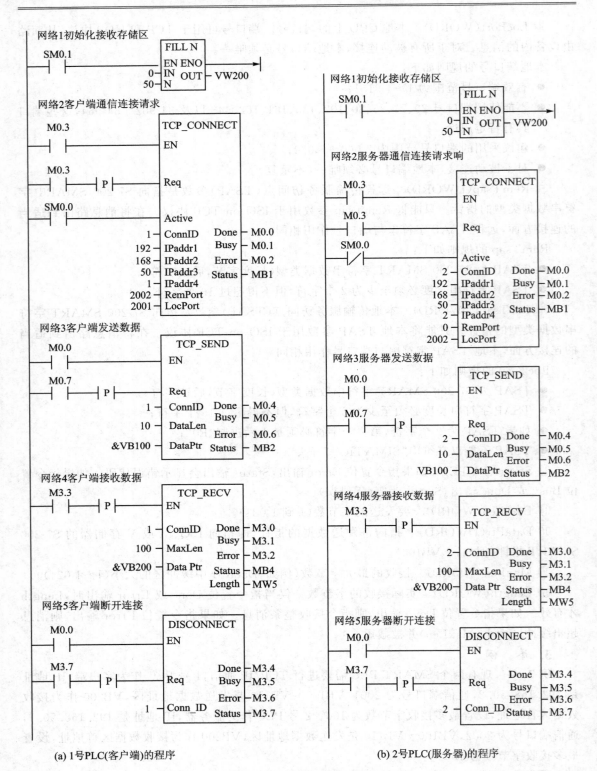

(a) 1号PLC(客户端)的程序　　　　(b) 2号PLC(服务器)的程序

图 7-28　基于 TCP/IP 的开放式协议通信

表 7 - 9　触发信号说明表

站　　点	触发信号	作　　用
主动伙伴（客户端）1 号 PLC	M0.3	连接请求触发信号,在本例中当它有上升沿变化时,程序会开始向服务器端发起连接请求;若此时服务器端有回应,则完成标志位 M0.0 置 1,否则错误标志位 M0.1 置 1
	M0.7	发送触发信号,在连接标志位为 1 的时候才能正确触发,在本例中每出现一次上升沿变化,它就会发送一次数据
	M3.3	接收触发信号,与连接状态无关,在本例中每出现一次上升沿变化,它就会接收对应连接号的服务器发送的数据,可能一次接收数据包含多次发送的数据,数据总长度要小于设定最大数据长度,超过的字节会被丢弃
	M3.7	断开连接触发信号,在本例中当它出现上升沿变化时,断开客户端与服务器连接
被动伙伴（服务器）2 号 PLC	M0.3	连接请求响应触发信号,在本例中当它置 1 时服务器端准备好连接请求响应,忙碌标志位置 1;当客户端发送连接请求时完成标志位 M0.0 置 1,忙碌标志位 M0.2 置 0。注意必须要先启动服务器端的接收响应,再在客户端建立通信连接
	M0.7	发送触发信号,在连接标志位为 1 的时候才能正确触发,在本例中每出现一次上升沿变化,它就会发送一次数据
	M3.3	接收触发信号,与连接状态无关,在本例中每出现一次上升沿变化,它就会接收对应连接号的客户端发送的数据,可能一次接收数据包含多次发送的数据,数据总长度要小于设定最大数据长度。超过的字节会被丢弃
	M3.7	断开连接触发信号,在本例中当它出现上升沿变化时,断开客户端与服务器连接

　　程序设计好后下载到各自的 PLC 中,启动两个 PLC,打开在线调试功能,打开状态监控表。按下面步骤调试:

　　① 将服务器的 M0.3 置 1,此时已经启动了服务器的连接响应,此时服务器的忙碌位 M0.1 为 1,并不断侦听客户端 TCP 通信连接请求;

　　② 将客户端的 M0.3 由 0 置 1,此时客户端的连接完成位 M0.0 为 1,表示连接成功;此时服务器的忙碌位 M0.1 由 1 变为 0,连接完成位 M0.0 由 0 变成 1;

　　③ 客户端发送数据到服务器:在客户端的状态监控表中写入数据到 VB100～VB110 中,然后将 M3.6 置 1;此时在服务器中将 M3.7 设置为 1,并查看监控表中 VB200～VB210 是否接收到发送过来的数据并与客户端写入数据比较;

　　④ 服务器发送数据到客户端:在服务器的状态监控表中写入数据到 VB100～VB110 中,然后将 M3.6 置 1;此时在服务器中将 M3.7 设置为 1,并查看监控表中 VB200～VB210 是否接收到发送过来的数据并与客户端写入数据比较;

　　⑤ 在客户端将 M0.7 由 0 置为 1,查看连接完成位 M0.0 是否由 1 变成 0。重复步骤 5,再次建立连接,在服务器中将 M0.7 由 0 置为 1,查看连接完成位时 M0.0 是否由 1 变成 0。

7.4.4　Modbus 库指令及应用

1. Modbus 概述

　　Modbus 是 Modicon 公司在 1979 年开发出来的一种通信协议。它被用于在智能设备间建立主—从或客户端—服务器方式的通信。Modbus 通信标准协议可以通过各种传输方式传播,如 RS-232C、RS-485、光纤、无线电等。其最简单的串行通信部分仅规定了在串行线路的基本数据传输格式，在 OSI 七层协议模型中只到 1、2 层。Modbus 具有两种串行传输模式，ASCII 和 RTU（Remote Terminal Unit，远程测控终端），RTU 方式最为常用。

Modbus 是一种单主站的主/从通信模式。Modbus 网络上只能有一个主站存在，主站在 Modbus 网络上没有地址，从站的地址范围为 0～247，其中 0 为广播地址，从站的实际地址范围为 1～247。

通过 S7-200 SMART CPU 通信口的自由口模式实现 Modbus 通信协议，这为组成 S7-200 SMART PLC 之间的简单无线通信网络提供了便利。S7-200 SMART PLC 可使用 STEP 7 - Micro/WIN SMART 提供的 Modbus 库，使用用户程序完成 Modbus 网络数据通信。

2. Modbus 寻址

Modbus 地址为 5～6 位数，包含了数据类型和地址值。

如果 S7-200 SMART PLC 的通信口配置为主站，主站运用数据读取/写入功能码读取外部从站的数据或写数据，其读取/写入地址表如 7－10 所列。

如果 S7-200 SMART PLC 通信口配置为从站，作为 Modbus 从站的 SMART PLC 将自身相应地址对应到主站读取/写入的地址区，从站地址寻址如表 7－11 所列。

表 7－10　主站寻址地址表

Modbus 地址区	地址含义
00001－09999	离散输出线圈
10001－19999	离散输入触点
30001－39999	输入寄存器（AI）
40001－49999 和 400001－465535	保持寄存器

表 7－11　从站寻址地址表

Modbus 地址区	SMART PLC 对应地址
00001－00256	Q0.0－Q31.7
10001－10256	I0.0－I31.7
30001－30056	AIW0－AIW110
40001－49999 和 400001－465535	V 区地址区 （每次＋2 递增）

3. Modbus 数据读取功能码

Modbus 主站或者从站采用不同功能码实现单个或者多个数据交换，如表 7－12 所列。

表 7－12　S7-200 Modbus 指令库功能码

功能码 （DEC）	功能码 （HEX）	Modbus 地址	功能描述
1	01	离散输出 00001－09999	读取单个/多个线圈的实际输出状态。功能 1 返回任意数量输出点的接通/断开状态（Q）
2	02	离散输入 10001－19999	读取单个/多个线圈的实际输入状态。功能 2 返回任意数量输入点的接通/断开状态（I）
3	03	保持寄存器 40001－49999 400001－465535	读多个保持寄存器。功能 3 返回 V 存储区的内容。保持寄存器在 Modbus 下是字类型，在一个请求中最多可读 120 个字
4	04	输入寄存器（AI） 30001－39999	读单个/多个输入寄存器，返回模拟输入值
5	05	离散输出 00001－09999	写单个线圈（实际输出）。功能 5 将实际输出点设置为指定值。该输出点不是被强制，用户程序可以重写由 Modbus 的请求而写入的值
6	06	保持寄存器 40001－49999 400001－465535	写单个保持寄存器。功能 6 写一个单个保持寄存器的值到 S7-200 的 V 存储区

续表 7-12

功能码 (DEC)	功能码 (HEX)	Modbus 地址	功能描述
15	0F	离散输出 00001－09999	写多个线圈(实际输出)。功能 15 写多个实际输出值到 S7-200 的 Q 映像区。起始输出点必须是一个字节的开始(如 Q0.0 或 Q2.0),并且要写的输出的数量是 8 的倍数。这是 Modbus 从站协议指令的限定。这些点不是被强制,用户程序可以重写由 Modbus 的请求而写入的值
16	10	保持寄存器 40001－49999 400001－465535	写多个保持寄存器。功能 16 写多个保持寄存器到 S7-200 的 V 区。在一个请求中最多可写 120 个字

注:其他功能码暂不支持。

4. Modbus 指令库主站指令盒

主站指令盒如图 7－29 所示。

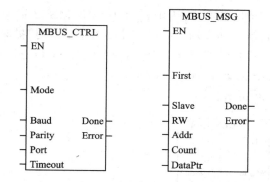

图 7－29　Modbus 主站初始化指令及数据交换指令

(1) MBUS_CTRL/MB_CTRL2

用于初始化主站通信,用于启动对 Modbus 从站的请求并处理应答,使分配的 CPU 通信接口(0 或 1)专用于 Modbus 主站通信。需要在每个扫描周期调用,以便监视 MBUS_MSG 指令启动的任何突发消息进程。MBUS_CTRL 用于单个 Modbus RTU 主站,MBUS_CTRL2 用于第二个 Modbus RTU 主站。

指令各输入/输出端数据类型及意义:

① EN(布尔):调用使能,每个扫描周期需要调用;

② Mode(布尔):1 为端口分配给 Modbus 并使用该协议,0 为 PPI 协议;

③ Baud(双字):波特率,1 200、2 400、4 800、9 600、19 200、38 400、57 600 或 115 200 bit/s;

④ Parity(字节):奇偶校验,0 为无校验,1 为奇校验,2 为偶校验;

⑤ Port(字节):设置物理通信端口(0＝CPU 中集成的 RS-485,1＝可选 CM01 信号板上的 RS-485 或 RS-232);

⑥ Timeout(字):从站应答超时参数,单位毫秒,典型值 1 000(1 s);

⑦ Done(布尔):MBUS_CTRL 指令完成,完成输出 1,否则为 0;

⑧ Error(字节):错误代码。

（2）MBUS_MSG/MBUS_MSG2

启动对 Modbus 从站的请求并处理应答。程序中每次只能启动一条 MBUS_MSG 指令，发送请求、等待应答、并处理应答通常需要多次扫描，EN 使能需保持"Done"位置位。MBUS_MSG 用于单个 Modbus RTU 主站。MB_MSG2 用于第二个 Modbus RTU 主站。

指令各输入/输出端数据类型及意义：

① EN(布尔)：指令使能；

② First(布尔)：首次参数，参数变化新请求要发送，需边沿触发 First 位；

③ Slave(字节)：读取从站的从站地址，允许范围 0～247；

④ RW(字节)：读写参数，0 为读，1 为写；

⑤ Addr(双字)：读取数据的起始地址；

⑥ Count(整型)：从起始地址开始读写的数据的个数；

⑦ DataPtr(双字)：指向 V 区与读取或写入相关数据的间接地址指针；

⑧ Done(布尔)：完成输出；

⑨ Error(字节)：错误代码。具体代码请参见"系统手册"。

EN 输入和 First 输入同时接通时，MBUS_MSG/MB_MSG2 指令会向 Modbus 从站发起主站请求。发送请求、等待响应和处理响应通常需要多个 PLC 扫描时间。EN 输入必须接通才能启用发送请求，并且必须保持接通状态，直到指令为 Done 位返回接通。

5. Modbus 指令库从站指令盒

从站指令盒如图 7-30 所示。

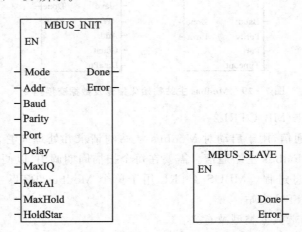

图 7-30　Modbus 从站初始化指令及从站数据应答指令

（1）MBUS_INIT

初始化或禁止 Modbus 通信。从站 Modbus 初始化只需首次扫描一次即可。

指令各输入/输出端数据类型及意义：

① EN(布尔)：调用使能；

② Mode(布尔)：1 为启动，0 为停止；

③ Addr(字节)：从站地址，Modbus 从站地址设定，取值 1～247；

④ Baud(双字)：波特率，1 200、2 400、4 800、9 600、19 200、38 400、57 600 或 115 200 bit/s；

⑤ Parity(字节):奇偶校验,0 为无校验,1 为奇校验,2 为偶校验;

⑥ Port(字节):设置物理通信端口(0＝CPU 中集成的 RS-485,1＝可选信号板上的 RS-485 或 RS-232)。

⑦ Delay(字):延时,附加字符间延时,默认值为 0;

⑧ MaxIQ:最大 I/Q 位,参与通信的最大 I/Q 点数,SMART PLC 的 I/O 映像区为 256/256;

⑨ MaxAI:最大 AI 字数,参与通信的最大 AI 通道数,范围为 0～56;

⑩ MaxHold:用于设置 Modbus 地址 4xxxx 或 4yyyyy 可访问的 V 存储器中的字保持寄存器数;

⑪ HoldSt:保持寄存器起始地址,以 &VBx 间接寻址方式指定;

⑫ Done(布尔):初始化完成标志,成功初始化后置 1;

⑬ Error(字节):错误代码。具体代码请参见"系统手册"。

(2) MBUS_SLAVE

该指令被用于为 Modbus 主设备发出的请求服务,并且必须在每次扫描时执行,以便允许该指令检查和回答 Modbus 请求。在使用 MBUS_SLAVE 指令之前,必须正确执行 MBUS_INIT 指令。

指令各输入/输出端数据类型及意义:

① EN(布尔):指令使能;

② Done(布尔):Modbus 执行通信中时为 1,无 Modbus 通信活动时为 0;

③ Error(字节):错误代码。具体代码请参见"系统手册"。

6. Modbus 通信调试

进行通信程序编写时,初期的通信调试显得尤为重要,这里不建议编写完程序就直接进行主/从站之间的数据交换,如果通信不能正常进行就不太容易查找错误。应该先单独进行通信测试,正确接线,采用串口调试助手和 Modbus 主/从站仿真器捕捉线上的通信信号,对捕捉的信号进行分析,可直观便捷的查找指令码是否正确。

7. Modbus 主站/从站通信举例

(1) 主站应用举例

图 7 - 31 所示为一个简单的主站应用示例。每当输入 I0.0 接通时,使用 Modbus 主站指令对 Modbus 从站的四个保持寄存器执行读写操作。CPU 将从 VW100 开始的四个字写入 Modbus 从站从地址 40001 开始的保持寄存器,CPU 随后会读取 Modbus 从站从 40010 到 40013 的四个保持寄存器,并将数据存入 CPU 中从 VW200 开始的 V 存储器中。

(2) 从站应用举例

图 7 - 32 所示为一个简单的主站应用示例。先对通信端口进行 Modbus 从站设置,只需在 PLC 运行的第一个扫描周期执行即可。将通信口 Mode 设置为启动 Modbus 从站通信功能,从站地址为 1,使用端口 0,其通信速率设置为 9 600 bps,无校验,无延时,从站最大的 IO 点数为 64,最大模拟量输入为 16 个,最大的数据地址保持区长度为 100 个字,数据保持地址区从 VW4000 开始。初始化完成置位 M1.0,如有错误,错误代码传送至 VB5。

初始化完成后,每个扫描周期都执行 MBUS_SLAVE 以保证 Modbus 主站的数据通信帧得到从站的及时响应,需要注意的是,一个数据通信帧的响应可能需要多次扫描该指令才能完成。

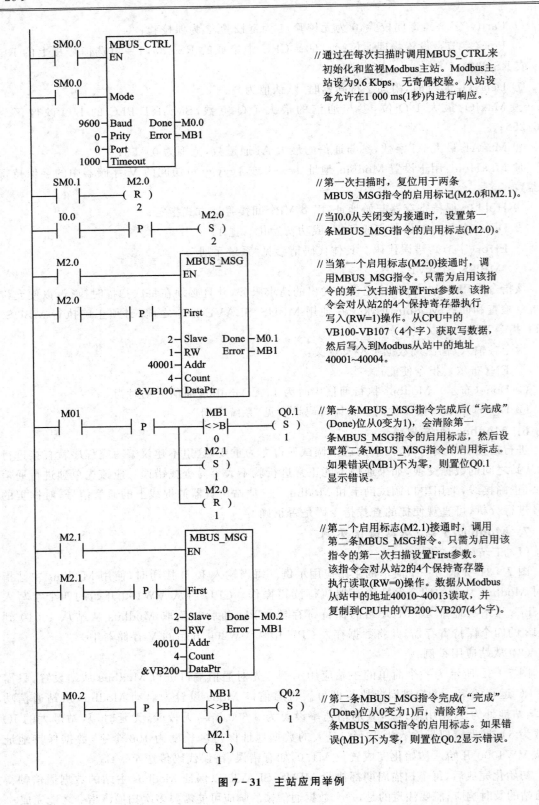

// 通过在每次扫描时调用MBUS_CTRL来
初始化和监视Modbus主站。Modbus主
站设为9.6 Kbps，无奇偶校验。从站设
备允许在1 000 ms(1秒)内进行响应。

// 第一次扫描时，复位用于两条
MBUS_MSG指令的启用标记(M2.0和M2.1)。

// 当I0.0从关闭变为接通时，设置第一
条MBUS_MSG指令的启用标志(M2.0)。

// 当第一个启用标志(M2.0)接通时，调
用MBUS_MSG指令。只需为启用该指
令的第一次扫描设置First参数。该指
令会对从站2的4个保持寄存器执行
写入(RW=1)操作。从CPU中的
VB100-VB107（4个字）获取写数据，
然后写入到Modbus从站中的地址
40001~40004。

// 第一条MBUS_MSG指令完成后("完成"
(Done)位从0变为1)，会清除第一
条MBUS_MSG指令的启用标志，然后设
置第二条MBUS_MSG指令的启用标志。
如果错误(MB1)不为零，则置位Q0.1
显示错误。

// 第二个启用标志(M2.1)接通时，调用
第二条MBUS_MSG指令。只需为启用该
指令的第一次扫描设置First参数。
该指令会对从站2的4个保持寄存器
执行读取(RW=0)操作。数据从Modbus
从站中的地址40010~40013读取，并
复制到CPU中的VB200~VB207(4个字)。

// 第二条MBUS_MSG指令完成("完成"
(Done)位从0变为1)后，清除第二
条MBUS_MSG指令的启用标志。如果错
误(MB1)不为零，则置位Q0.2显示错误。

图 7 - 31　主站应用举例

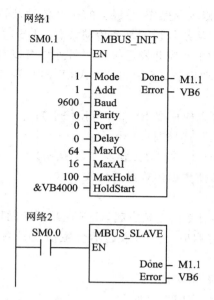

图 7 - 32   从站应用举例

7.4.5   USS 协议

1. USS 协议

电气传动始终是一个极为重要的自动化控制领域,是基础自动化的重要组成部分。驱动装置与其他控制设备组成能够实现具体任务的控制系统。随着自动化技术的发展和推广,驱动装置越来越多地与 PLC 配合应用。PLC 与驱动装置连接配合,主要实现的任务是:

① 控制驱动装置的启动、停止等运行状态;

② 控制驱动装置的转速等参数;

③ 获取驱动装置的状态和参数。

根据控制任务的具体要求,并考虑到 PLC 和驱动装置的性能特点,S7-200 SMART PLC 和西门子传动装置主要可以通过以下几种方式连接在一起工作:

① 通过数字量(DI/DO)信号控制驱动装置的运行状态和速度;

② 通过数字量信号控制驱动装置的运行状态,通过模拟量(AI/AO)信号控制转速等参数;

③ 通过串行通信控制驱动装置的运行和各种参数。

下面介绍的就是最后一种情况。

通用串行通信接口 USS(Universal Serial Interface)是西门子专为驱动装置开发的通信协议,USS 因其协议简单、硬件要求较低,越来越多地用于和控制器(如 PLC)的通信,实现一般水平的通信控制。由于其本身的设计,USS 不能用在对通信速率和数据传输量有较高要求的场合。在这些对通信要求高的场合,应当选择实时性更好的通信方式,如 PROFINET 等。S7-200 SMART CPU 上的通信口在自由口模式下,可以支持 USS 通信协议。S7-200 SMART PLC 提供 USS 协议库指令,用户使用这些指令可以方便地实现对变频器的控制。

通过串行 USS 总线可连接多台变频器(从站),然后用一个主站(PLC)进行控制,包括变频器的启/停、频率设定、参数修改等操作,总线上的每个传动装置都有一个从站号（在传动设备的参数中设定）,主站依靠此从站号识别每个传动装置。USS 协议是一种主—从总线结构,从站只是对主站发来的报文做出回应并发送报文。另外也可以是一种广播通信方式,一个报文同时发给所有 USS 总线传动设备。S7-200 SMART PLC 在 USS 通信中作为主站。USS 协议的基本特点如下:

① 支持多点通信（因而可以应用在 RS-485 等网络上）;

② 采用单主站的"主—从"访问机制;

③ 一个网络上最多可以有 32 个节点（最多 31 个从站）;

④ 简单可靠的报文格式,使数据传输灵活高效;

⑤ 容易实现,成本较低。

USS 的工作机制是,通信总是由主站发起,USS 主站不断循环轮询各个从站,从站根据收到的指令,决定是否以及如何响应。从站永远不会主动发送数据,从站在以下条件满足时应答:

① 接收到的主站报文没有错误;

② 本从站在接收到主站报文中被寻址。

上述条件不满足,或者主站发出的是广播报文,从站不会做任何响应。对于主站来说,从站必须在接收到主站报文之后的一定时间内发回响应,否则主站将视为出错。

2. USS 网络配置举例

支持 USS 通信的驱动装置可能有不止一个 USS 通信端口,以 MicroMaster 系列的 MM 440 为例,它在操作面板 BOP 接口上支持 USS 的 RS-232 连接,在端子上支持 USS 的 RS-485 连接。S7-200 CPU 的通信端口就是 RS-485 规格的,因此将 S7-200 SMART PLC 的通信端口与驱动装置的 RS-485 端口连接,在 RS-485 网络上实现 USS 通信无疑是最方便经济的。在规划网络时,S7-200 SMART CPU 既可以放在整个总线型网络的一端,也可以放在网络的中间。

图 7-33 所示为一个 S7-200 SMART PLC 和 MM440 连接的应用实例。

图 7-33 中:

a. 屏蔽/保护接地母排,或可靠的多点接地。此连接对抑制干扰有重要意义;

b. PROFIBUS 网络插头,内置偏置和终端电阻;

c. MM 440 端的偏置和终端电阻,随包装提供;

d. 通信口的等电位连接。可以保护通信口不致因共模电压差损坏或通信中断。M 未必需要和 PE 连接;

e. 双绞屏蔽电缆（PROFIBUS）电缆,因是高速通信,电缆的屏蔽层须双端接地（接 PE）。

注意:以下几点对网络的性能有极为重要的影响。几乎所有网络通信质量方面的问题都与未考虑到下列事项有关:

① 偏置电阻用于在复杂的环境下确保通信线上的电平在总线未被驱动时保持稳定,终端电阻用于吸收网络上的反射信号。一个完善的总线型网络必须在两端接偏置和终端电阻。

② 通信口的 M 等电位连接建议单独采用较粗的导线,而不要使用 PROFIBUS 的屏蔽层,因为此连接上可能有较大的电流,以致通信中断。

③ PROFIBUS 电缆的屏蔽层要尽量大面积接 PE。一个实用的做法是在靠近插头、接线

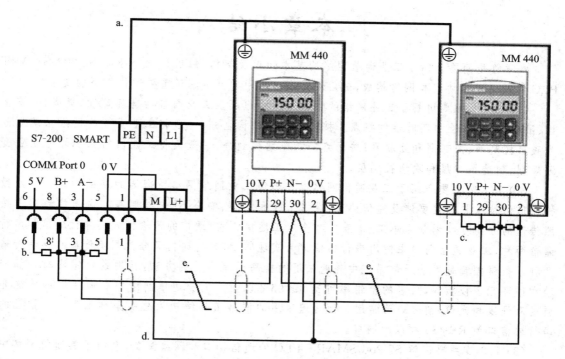

图 7-33 S7-200 SMART PLC 与 MM440 的 USS 通信接线

端子处环剥外皮,用压箍将裸露的屏蔽层压紧在 PE 接地体上(如 PE 母排或良好接地的裸露金属安装板)。

④ 通信线与动力线分开布线,紧贴金属板安装也能改善抗干扰能力。驱动装置的输入/输出端要尽量采用滤波装置,并使用屏蔽电缆。

3. USS 通信指令库

USS 通信指令用于 PLC 与变频器等驱动设备的通信及控制。

将 USS 通信指令置于用户程序中,经编译后自动地将相关子程序和中断程序添加到用户程序中。另外用户需要将一个 V 存储器地址分配给 USS 全局变量表的第一个存储单元,从这个地址开始,以后连续的 400 个字节的 V 存储器将被 USS 指令使用,不能用作它用。

使用 USS 指令对变频器进行控制时,变频器的参数应做适当的设定,USS 通信指令包括:

① USS_INIT 初始化指令;

② USS_CTRL 控制变频器指令;

③ USS_RPM_W(D、R)读无符号字类型(双字类型、实数类型)参数指令;

④ USS_WPM_W(D、R)写无符号字类型(双字类型、实数类型)参数指令。

限于篇幅,具体的变频器参数设定和 USS 指令的详细使用请参考相关变频器的操作手册和 S7-200 SMART PLC 系统手册。

本章小结

本章首先简要介绍了工业通信网络的基本知识及架构，然后详细介绍了 S7-200 SMART PLC 的网络通信协议和网络构成，最后通过实际应用举例讲解了重要通信指令的使用。

（1）7.1 节主要讲解了工业网络的特点及结构组成。工业网络具有确定性、集成性、安全性、限制性、可靠性和实时性的特点。按网络连接结构划分，一般将工业企业的网络系统划分为底层控制网、内部网和互联网；按网络的功能结构划分，一般又将工业网络系统划分企业资源规划、制造执行层和现场控制层。

（2）7.2 节主要介绍了工业通信网络以及学习工业通信网络所需要的基础知识。工业数据通信的技术基础主要涉及通信协议、数据传输和交换、安全、通信控制等。在通信线路上按照传送的方向可以划分为单工、半双工和全双工通信方式，通信的传输方式有并行通信和串行通信两种，工业通信网络中使用串行通信。为实现同步，串行通信又分为同步传输和异步传输两种。差错控制是目前通信系统中普遍采用的提高通信质量的方法，常用的检错码有奇偶校验和循环冗余校验等，后者的检错率可达 99.95% 以上。工业通信网络中普遍使用的传送介质是双绞线和光缆，前者最为常用。而普遍采用的网络拓扑结构为总线型和星形。最常见的串行通信口为 RS-485 和以太网口。

（3）7.3 节主要讲解 S7-200 SMART PLC 的通信接口和网络配置，介绍了其通信网络中所使用的设备，重点介绍它所支持的通信协议。其支持的通信协议有：PPI、MPI、PROFIBUS、Modbus、TCP、UDP、ISO-on-TCP、自由口、USS 等等，也可以通过 PCAccess OPC 服务器为其他平台进行数据交换。基于开放式协议的以太网通信现在是工业通信网络的主流方式。

（4）7.4 节对 S7-200 SMART PLC 的各种通信指令及应用进行了详细的讲解，并通过实际应用的例子介绍了 PLC 通信网络的程序设计，对这些指令的深入理解需要通过大量的实验来配合。

思考题与练习题

1. 什么是工业通信网络？它有什么特点？它的层次一般是如何划分的？

2. 数据通信的方式有哪几种？请叙述之。

3. 工业通信网络中常用的数据传输方式是什么？它们分别使用了什么样的同步技术？

4. 网络通信时数据传输的方式有哪几种？它们各有什么特点？

5. 在工业通信网络中，常用的检错码有哪些？它们各有什么特点？

6. 工业通信网络中常用的传输介质是什么？常用的是哪一种网络拓扑结构？

7. RS-485 串行通信方式的特点是什么？

8. 什么是以太网？以太网的主要技术内容有哪些？

9. MAC 地址是如何定义的？

10. 什么是因特网？因特网的主要技术内容有哪些？

11. IP 地址是如何分配的？

12. IP 协议、TCP 协议和 UDP 协议的作用是什么？

13. TCP 和 UDP 的主要区别是什么？

14. 如何理解因特网传输层中端口的概念？它的作用是什么？

15. TCP 和 ISO-on-TCP 的主要区别是什么？

16. 如何理解 TSAP 的概念？它的作用是什么？

17. S7-200 SMART PLC 支持的通信协议有哪几种？各有什么特点？

18. S7-200 SMART PLC 如何实现和 PROFIBUS DP 网络的连接？

19. 什么是 OPC 技术？S7-200 SMART PLC 是如何使用 OPC 技术的？

20. 如何理解自由口通信的功能？

21. 参照例 7-1，编写分流机读写 2#打包机（站 3）的工作状态和完成打包数量的程序。

22. 利用自由口通信的功能和指令，设计一个 PLC 通信程序，要求上位计算机能够对 S7-200 SMART PLC 中的 VB100～VB107 中的数据进行读写操作。（提示：在编制程序前，应首先指定通信的帧格式，包括起始符、目标地址、操作种类、数据区、停止符等的顺序和字节数；当 PLC 收到信息后，应根据指定好的帧格式进行解码分析，然后再根据要求做出响应。）

23. 使用开放式协议中的 TCP、UDP 和 ISO-on-TCP 协议，分别设计出对应的发送端和接收端程序通信程序，要求把发送端地址区 VB100～VB110 中的数据发送给接收端地址区 VB200～VB210。

第 8 章　PLC 控制系统综合设计

本章重点

● PLC 控制系统的设计方法
● HMI 及其使用
● 变频器和 PLC 的配合
● 双恒压供水系统的设计
● 工业自动化监控系统及应用
● 设计实际 PLC 控制系统的注意事项

　　本章首先讲解了如何设计一个 PLC 控制系统,对硬件系统设计、设备选型和软件系统设计进行了详细的介绍。在简单的控制系统中,一般只使用 PLC 就行了;但在那些有特殊要求的复杂的控制系统中,人机界面和变频器就成了 PLC 控制系统中不可或缺的设备。在 8.2 和 8.3 节,增加了对这两种重要设备的介绍及其使用方法的讲解。本章提供了 2 个非常翔实的 PLC 控制系统的例子。通过例子大家可以更进一步地了解和深入学习 S7-200 SMART PLC 控制系统的设计。最后给读者讲解实际工程项目中必须注意和遵守的安装技术和规范。

8.1　PLC 控制系统设计步骤及内容

　　学习了 PLC 的硬件系统、指令系统和编程方法以后,当设计一个 PLC 控制系统时,要全面考虑许多因素,不管所设计的控制系统规模的大小,一般都要按图 8-1 所示的设计步骤进行系统设计。

8.1.1　分析评估控制任务

　　随着 PLC 功能的不断提高和完善,PLC 几乎可以完成工业控制领域的所有任务。但 PLC 还是有它最适合应用的场合,所以,在接到一个控制任务后,要分析被控对象的控制过程和要求,确定用什么控制装备(PLC、单片机、FCS、DCS 或 IPC)来完成该任务最合适。比如测试仪器及仪表装置、智能玩具、家用电器的控制器等就要用单片机来做;大型的过程控制系统大部分要用 FCS 或 DCS 来完成。而 PLC 最适合的控制对象是:工业环境较差,对安全性、可靠性要求较高,系统工艺复杂,输入/输出以开关量为主的工业自控系统或装置。其实,现在的可编程序控制器不仅能够处理开关量,而且对模拟量的处理能力也很强,再加上其强大的网络通信功能。所以,在很多情况下,PLC 可以作为主控制器,来完成复杂的工业自动控制任务。

　　控制对象及控制装置(选定为 PLC)确定后,还要进一步确定 PLC 的控制范围。一般来说,能够反映生产过程的运行情况,能用传感器进行直接测量的参数,控制逻辑复杂的部分都由 PLC 完成。另外的特殊要求,如紧急停车等环节,对主要控制对象增加手动控制功能等,这就需要在设计电气系统原理图与编程时统一考虑。

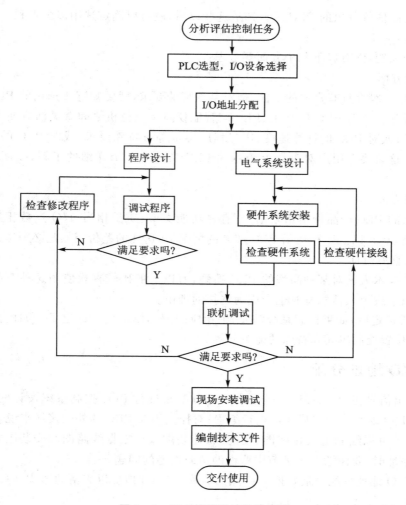

图 8-1　PLC 控制系统设计步骤

8.1.2　PLC 的选型

当某一个控制任务决定由 PLC 来完成后,选择 PLC 就成为最重要的事情。一方面是选择多大容量的 PLC,另一方面是选择什么公司的 PLC 及外设。

对第一个问题,首先要对控制任务进行详细的分析,把所有的 I/O 点找出来,包括开关量 I/O 和模拟量 I/O 以及这些 I/O 点的性质。I/O 点的性质主要指它们是直流信号还是交流信号,它们的电源电压,以及输出是用继电器型还是晶体管型。控制系统输出点的类型非常关键,如果它们之中既有交流 220 V 的接触器、电磁阀,又有直流 24 V 的指示灯,则最后选用的 PLC 的输出点数有可能大于实际点数。因为 PLC 的输出点一般是几个一组共用一个公共端,这一组输出只能用相同种类和等级的电源。所以一旦它们是供交流 220 V 的负载使用,则直流 24 V 的负载只能使用其他组的输出端了。这样有可能造成输出点数的浪费,增加成本。所以,要尽可能选择相同等级和种类的负载,比如使用交流 220 V 的指示灯等。一般情况下继电器输出的 PLC 使用最多,但对于要求高速输出的情况,如运动控制时的高速脉冲输出,就要使用无触点的晶体管输出的 PLC 了。知道这些以后，就可以确定选用多少点和 I/O 是什么类型的 PLC 了。

对第二个问题，则有以下几个方面要考虑：

（1）功能方面

所有 PLC 一般都具有常规的功能，但对某些特殊要求，就要知道所选用的 PLC 是否有能力完成控制任务。如对 PLC 与 PLC、PLC 与智能仪表及上位机之间有灵活方便、开放标准的通信联网要求；或对 PLC 的计算速度、用户程序容量等有特殊要求；或对 PLC 的位置控制有特殊要求等。这就要求用户对市场上流行的 PLC 品牌有一个详细的了解，以便做出正确的选择。

（2）价格方面

不同厂家的 PLC 产品价格相差很大，有些功能类似、质量相当、I/O 点数相当的 PLC 的价格却能相差 40 ％以上。在使用 PLC 较多的情况下，这样的差价当然是必须考虑的因素。

（3）个人喜好方面

有些工程技术人员对某种品牌的 PLC 熟悉，所以一般比较喜欢使用这种产品。另外，甚至一些政治因素或个人情感有时也会成为选择的理由。

PLC 主机选定后，如果控制系统需要，则相应的配套模块也就选定了。如模拟量单元、显示设定单元、位置控制单元和特殊功能单元等。

8.1.3　I/O 地址分配

输入/输出信号在 PLC 接线端子上的地址分配是进行 PLC 控制系统设计的基础。对软件设计来说，I/O 地址分配以后才可进行编程；对控制柜及 PLC 的外围接线来说，只有 I/O 地址确定以后，才可以绘制电气接线图、装配图，让装配人员根据线路图和安装图安装控制柜。分配输出点地址时，要注意 8.1.2 节中所说的负载类型的问题。

在进行 I/O 地址分配时最好把 I/O 点的名称、代码和地址以表格的形式列写出来。

8.1.4　分解控制任务

一般情况下，在设计系统前，应该把控制任务和控制过程分解一下，使其成为独立或相对独立的部分，这样既可以决定控制单元之间的界限，也可以提高项目设计人员的工作效率。在分解任务的同时，要把各部分操作的功能描述、逻辑关系、接口条件等详细罗列出来，为后面的系统设计做好准备工作。

8.1.5　系统设计

系统设计包括硬件系统设计和软件系统设计。硬件系统设计主要包括 PLC 及外围线路的设计、电气线路的设计、安全电路的设计和抗干扰措施的设计等。软件系统设计主要指编制 PLC 控制程序和 HMI 的组态画面。

选定 PLC 及其扩展模块（如需要的话），分配好 I/O 地址后，硬件设计的主要内容就是电气控制系统原理图的设计，电气控制元器件的选择和控制柜的设计。电气控制系统原理图包括主电路和控制电路。控制电路中包括 PLC 的 I/O 接线和自动部分、手动部分的详细连接等，有时还要在电气原理图中标上器件代号或另外配上安装图、端子接线图等，以方便控制柜的安装。电气元器件的选择主要是根据控制要求选择按钮、开关、传感器、保护电器、接触器、指示灯和电磁阀等。

在硬件系统设计中，最主要的任务是绘制控制系统原理图、安装接线图；如果需要，则还须绘制元器件布置图。这部分的内容请参考第 2 章 2.1 节的讲解。选择设备和器件、编制元器件清单也是硬件系统设计的重要组成部分。

控制系统软件设计的难易程度因控制任务而异，也因人而异。对经验丰富的工程技术人员来说，在长时间的专业工作中，受到过各种各样的磨炼，积累了许多经验，除了一般的编程方法外，更有自己的编程技巧和方法。但不管怎么说，平时多注意积累和总结是很重要的。

HMI 组态画面设计取决于需要实现的功能。这些功能主要包括实时画面和数据显示、参数设置、报警处理等。除要具备一定的美术方面的特长以保证画面美观外，正确配置 HMI 和 PLC 之间交换数据所使用的变量就显得非常重要。

在 PLC 程序设计时，除 I/O 地址列表外，有时还要把在程序中用到的中间继电器(M)、定时器(T)、计数器(C)和存储单元(V)以及它们的作用或功能列写出来，以便编写程序和阅读程序。在编程语言的选择上，用梯形图编程还是用语句表编程或使用功能图编程，这主要取决于以下几点：

① 绝大多数情况下，建议使用梯形图来编写 PLC 控制程序。

② 有些需要计算或程序较大的特殊情况，如以非逻辑运算为主的 PID 调节、运动控制、网络通信等，则可用语句表编程。

③ 经验丰富的人员可用语句表语言直接编程，但梯形图总比语句表直观。

④ 如果是清晰的单顺序、选择顺序或并发顺序的控制任务，则最好是用功能图来设计程序。

软件设计和硬件安装可同时进行，这样做可以缩短工期，这也是 PLC 控制系统优于继电器控制系统的地方。

8.1.6　安全电路设计

在一些较为重要的场合或系统中，突发的或不可预知的安全因素必须重点考虑。这种安全因素主要指当控制系统或控制设备在不安全的条件下或非正常的操作条件下出现故障，造成 PLC 控制系统不可预料的启动，或者其输出操作的改变，从而造成人身伤害和财产损失。为此，就必须考虑采用独立于 PLC 的机电冗余来防止不安全的操作。

在设计安全电路时，主要考虑以下几点：

① 确定可能的非法操作会造成哪些输出执行机构来产生危险的动作；

② 确定不发生危害结果的条件，并确定如何使 PLC 能够检测到这些条件；

③ 确定在上电和断电时，PLC 控制系统的输出有没有产生危害动作的可能，并设计避免危害发生的措施；

④ 系统中应设计有独立于 PLC 的手动或机电冗余措施来阻止危险的操作；

⑤ 系统中应设计有各种故障的显示和提示环节，以便操作员能够及时得到需要的信息。

8.1.7　系统调试

系统调试分模拟调试和联机调试。

　　硬件部分的模拟调试可在断开主电路的情况下进行,主要试一试手动控制部分是否正确。现在大部分手动功能的实现也是借助于 PLC 来完成的,而不是像过去那样另外搞一套纯手动的电气控制系统。

　　软件部分的模拟调试可借助于模拟开关和 PLC 输出端的输出指示灯进行。需要模拟量信号 I/O 时,可用电位器和万用表配合进行,或使用信号发生器来进行模拟。调试时,可利用上述外围设备模拟各种现场开关和传感器状态,然后观察 PLC 的输出逻辑是否正确。如果有错误则修改后反复调试。现在,PLC 的主流产品都可在 PC 机上编程,并可在计算机上直接进行模拟调试。

　　联机调试时,可把编制好的程序下载到现场的 PLC 中。有时 PLC 也许只有这一台,这时就要把 PLC 安装到控制柜相应的位置上。调试时一定要先将主电路断电,只对控制电路进行联调即可。

　　通过现场联调信号的接入常常还会发现软硬件中的问题,有时厂家还会提出对某些控制功能进行改进,这些情况下,都要经过反复调试系统后,才能最后交付使用。

8.1.8　文档编制

　　系统完成后一定要及时整理技术材料并存档,不然,日后会需要几倍的辛苦来做这件事。这也是工程技术人员良好的习惯之一。编制文档既是工程完工交接的需要,也是保留技术档案的需要。对一个工业电气控制系统项目来说,需要编制的文档主要有:

　　① 系统设计方案　包括总体设计方案、分项设计方案、系统结构等;

　　② 系统元器件清单;

　　③ 软件系统结构和组成　包括流程图、带有详细注释的程序、有关软件中各变量的名称、地址等;

　　④ 系统使用说明书。

8.2　HMI 及其使用

8.2.1　HMI 概述

1. 什么是 HMI

　　在工业自动化控制系统中,作为主控制器,PLC 扮演着不可替代的作用。在大多数情况下,参数设定和信息显示是最普遍的功能要求。这就是说,在 PLC 控制系统的运行过程中,操作人员需要实时改变某些系统参数,也需要了解、掌握控制系统中的一些实时信息。为实现这样的功能,就需要在"人"和"机器"之间架起一座桥梁,即需要一些设备来完成这些功能。这些能在"人"和"机器"之间实现数据交换的设备就是 HMI(Human Machine Interface),即人机界面或人机接口。

　　在 20 世纪 90 年代中期之前,完成人机之间数据交换的手段比较落后,如使用七段数码管组来显示所需要观测的实时数据,使用 BCD 码的拨码开关组来完成某些参数的外部输入设定。使用这些方法既占用了大量的 PLC 输出、输入点,又要在控制台的面板上开孔来安装这些器件,接线也非常麻烦,并且不容易完成大量数据的设定和显示,更谈不上显示画面和其他高级的人机界面功能了。20 世纪 90 年代中期以后出现了设定显示单元,它们是一种物美价廉的人机界面,除了不能显示画面外,可以实现大部分的数据设定和显示、报警等功能。在 2000 年之前已出现了触摸屏,但价格较贵。随着技术的发展和进步,现在触摸屏几乎已成了人机界面的代名词。它不仅可用于参数的设置、数据的显示和存储,还可以以曲线、图形等形式直观反映工业控制系统的流程,其稳定性和可靠性可以与 PLC 相当,能够在恶劣的工业环境中长时间运行,是现代工业自动化控制领域中不可或缺的辅助设备。其实计算机也是一种 HMI,只要配上合适的接口和通信软件,计算机上也能完成参数设定和显示功能。

2. HMI 的功能

HMI 可以实现的功能主要有:

① 参数设定及发布控制命令　通过 HMI 可以在 PLC 外部进行相关输入参数的设定,或通过画面上的输入按钮、开关等来发出控制命令;

② 控制过程的动态显示　PLC 内部的信息和实时控制过程的画面可以通过触摸屏或显示面板显示;

③ 报警功能　当报警信号出现时,可以通过屏幕显示报警画面,也可以对报警信息进行处理;

④ 信息处理功能　可以对需要的参数进行列表显示、曲线分析,也可以进行有关信息的打印;

⑤ 数据记录　用来记录过程数据或重要的设定参数;

⑥ 远程通信　通过网络或通信系统访问和控制远程数据。

3. HMI 的分类

常用的 HMI 大致有二类:

(1) 文本显示设定单元(Text Display,TD)

它是一种小型的和廉价的 HMI,只能进行最基本的参数设定和文字信息显示,不能显示画面,而且处理的信息量也有限。它主要用于对 HMI 要求较低的场合。西门子 TD400C 文本显示器如图 8 - 2 所示。

(2) 触摸屏(Touch Panel,TP)

只需用手轻触屏幕的相应位置即可实现参数设定、发布命令等操作。触摸屏直观、美观,安装方便,占用位置少,是现在 HMI 的主流产品。西门子 SMART LINE 触摸屏如图 8 - 3 所示。

此外,现在也有一些按键和触摸屏组合使用的 KTP(Key and Touch Panel),以及简单应用中使用的只有按键的 KP(Key Panel)。

4. HMI 和 PLC 的联系

为了实现 HMI 和 PLC 之间数据的相互交换,就必须解决两者之间的通信问题。一般来说,HMI 的生产厂家给用户配置了相应的组态软件。使用组态软件就可以非常方便和简单地完成它们之间的数据交互。

实际使用时,首先在装有组态软件的 PC 机中对 HMI 进行组态。组态包括画面设计、表格设计、报警功能设计等。各种画面和表格中设置有 PLC 控制系统中所需要设定的输入参数、操作元素,也有要实时显示的输出参数。所以,进行组态最重要的是要建立 HMI 和 PLC 之间交换数据所使用的变量表。用户不用去管 HMI 和 PLC 之间是如何完成通信的,而只须把组态程序设计好即可。

HMI 不一定只和一家的 PLC 产品配合，它们可以适应许多厂家的 PLC，只要在组态软件中有它们的驱动程序就行。

组态程序在 PC 机上设计好后需下载到 HMI 中，然后 HMI 使用合适的电缆连接到 PLC 的通信口上，这时就可以进行调试了。反复调试没问题后，即可投入正式使用。

对 S7-200 SMART 系列 PLC 来说，可以通过串口或以太网等方式将 HMI 与其相连，然后使用组态软件进行组态设计。

8.2.2　HMI 在 S7-200 SMART PLC 控制系统中的使用

1. 组态软件及其功能

（1）SMART PLC 使用的组态软件

在 S7-200 SMART PLC 控制系统中，对于文本显示器 TD 类的 HMI，使用 Micro/WIN 即可对其进行组态。对于 TP 类的 HMI，西门子提供的组态软件是 WinCC flexible，它是一种功能强大的组态软件，适合所有的 HMI 产品使用。可以满足更多的需求，从单用户、多用户到基于网络的工厂自动化控制与监视。

WinCC flexible 使自动化控制过程更加透明化，组态更加简单，更容易设计出个性化的人机界面，能够实现用于具有不同性能设备的操作和应用。

（2）组态软件的主要功能

对于 HMI 的组态软件，不管是西门子的或其他公司的软件，也不管其功能如何，一般都具有以下一些主要功能：

① 组态画面对象　软件中提供有设计画面用的按钮、开关等元素，用户可以设置输入数据、可以实时改变输入元素的状态；也可以显示输出元素的实时值。画面和图表中相应的元素可以根据所连接对象的状态实时改变颜色、形状等。时间、日期也是经常用到的元素。一个小控制系统，可能也有十几幅画面，使用几十个变量。

这是 HMI 的最主要和最基本的功能。

② 用户管理　可以设定不同级别的密码进行分级管理，不同的人员所享有的权限不同，比如只有较高级别的人才能修改重要的参数，而级别较低的人则只能观看画面。

③ 报警及报警处理　当控制系统产生故障或者某些参数满足报警的条件时，可以通过 HMI 进行报警信息显示和记录等工作。

④ 趋势图显示　使用对时间轴的变化曲线来显示参数的实时值。因为实际意义不大，所以一般较少使用这种功能。

⑤ 数据记录　可以开辟一个数据保存区来记录需要保存的历史数据，但因为 HMI 不是 PC 或 IPC，所以它的存储能力有限，不可能使其保存大量的数据。数据存储或历史数据处理不是 HMI 的强项，要么不使用该功能，即使使用也是存储一定范围和时间段内的数据。

⑥ 报表功能　可以把参数以表格的形式显示、输出，但对普通组态软件来说，一般不具备表格的管理功能和复杂数据处理功能。

⑦ 运行脚本　可以在 HMI 的元素中增加逻辑控制功能，即可以编写简单的程序来限定这些元素的逻辑功能。

⑧ 其他功能　有些高端 HMI 还具备打印、参数配方及管理、OPC 数据交换等功能。

2. 文本显示器及其应用

　　西门子的 TD 400C 是 HMI 的一种,它是 S7-200 SMART PLC 专用的文本显示器,用户可以自定义面板的背景颜色、图标及按键功能,它有 15 个按键,液晶显示屏最大可以显示 2 行(大字体)或 4 行(小字体)中文字符,能够显示 80 条报警信息;可以设置 8 个用户菜单,每个用户菜单又可以显示 8 个屏幕,一共可显示 64 个屏幕;每个报警或屏幕中可嵌入 6 个变量。TD 400C 标准面板如图 8 - 2 所示。

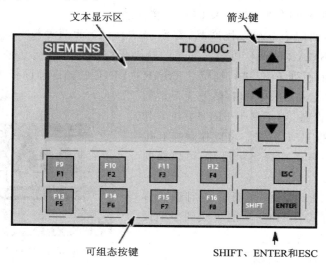

图 8 - 2　TD400C 标准面板

　　(1) TD 400C 主要功能

　　① 显示由 CPU 中的特定位触发的报警或消息;

　　② 查看、监视或更改指定的过程变量;

　　③ 能够对输入/输出点进行强制或取消强制;

　　④ 能够为具有实时时钟 CPU 设置时间和日期;

　　⑤ 查看层级用户菜单及屏幕,为人机对话提供窗口;

　　⑥ 对存储在 CPU 存储区中的数据进行访问和编辑。

　　(2) 按　　键

　　TD 400C 的操作面板上提供 8 个功能键和 7 个命令键,功能键用来控制 V 存储区的某一字节的各位(置位或瞬时接通),PLC 程序可分别用这些位去触发某一动作。命令键是 TD 400C 定义的控制操作系统的按键。

　　(3) 与 SMART PLC 的连接及网络形式

　　TD 400C 的通信端口是一个 9 针 D 型连接器,专用的 TD/CPU 电缆通过此端口使 TD 与 S7-200 SMART PLC 之间建立通信联系。一个 TD 400C 作为网络的主站可以与一个或多个 S7-200 SMART PLC 连接,同时,多个 TD 400C 也可以与同一个网络上的一个或多个 S7-200 SMART PLC 一起使用。

　　(4) 组态应用

　　TD 400C 的组态不需要专门的组态软件,在 STEP 7 - Micro/WIN SMART 中,使用 Keypad Designer 组态自定义键盘,使用"文本显示向导"组态文本显示屏幕和报警信息。根据需要，按照"文本显示向导"的提示完成设置后，也就完成了 TD 400C 的组态。然后把组态信息下载到 S7-200 SMART CPU 中，组态的信息就会在 TD 400C 中生效。组态完成后，在 STEP 7 – Micro/WIN SMART 数据块中会以参数块的形式显示 TD 配置信息，报警信息及用户信息，对按键定义的功能及报警使能位会在符号表中显示。

3. 触摸屏及其应用

（1）SMART PLC 使用的触摸屏

有多种产品和型号可以和 SMATR PLC 连接使用。

SMART LINE：西门子全新一代产品，有宽屏 7 寸、10 寸两种尺寸，支持横向和竖向安装。与新的 S7-200 SMART PLC 可组成完美的自动化控制与人机交互平台。集成以太网口可与 S7-200 SMART 系列 PLC 进行通信。SMART LINE 触摸屏前面板如图 8 - 3 所示。

SIMATIC HMI Comfort Panel：精致面板系列触摸屏是高端 HMI 设备，用于基于 PROFINET 和 PROFIBUS 中先进的 HMI 任务。可以在触摸和按键面板中 4～22 寸中自由选择显示尺寸，可以横向和竖向安装触摸面板。

SIMATIC Basic Panel：精简面板系列触摸屏可以以非常经济的方式将 HMI 功能集成到小型设备或者简单的工程应用中。

图 8 - 3　SMART LINE 触摸屏

（2）使用触摸屏的 2 个阶段

触摸屏实现参与过程控制的功能，需要经过两个阶段。

首先用 RS-485 电缆（或以太网电缆、USB 电缆等）将触摸屏与计算机连接，在组态软件中创建含有按钮、图形、文字等信息的画面，然后将组态好的项目下载到 PLC 中的 CPU 中，这个过程称为组态阶段。

第二个阶段是运行阶段，用电缆将触摸屏与 PLC 相连接，这样，操作单元就可以与 PLC 进行通信，从而参与工业控制过程，使工艺流程更加透明化。

（3）在组态软件中创建和下载项目

WinCC flexible 不仅可以在组态计算机的 Windows 系统下创建和组态项目，也可以执行菜单命令"项目"→"编译器"→"启动运行系统"，或单击工具栏中的" "按钮，启动运行系统，模拟所编译的项目文件。模拟时可以是离线模拟（没有 HMI 设备和 PLC）、在线模拟（没有 HMI 设备但是有 PLC）或集成模拟（将 WinCC flexible 项目集成在 STEP 7 中）。

使用 WinCC flexible 可以创建不同类型的项目：

① 单用户项目 用于单个 HMI 设备的项目；

② 多用户项目 用于多个 HMI 设备的项目，这样可以在同一个项目中对所有 HMI 设备进行管理；

③ 在不同 HMI 设备上使用的项目 可以为指定的 HMI 设备创建一个项目，并将其下载到多个不同 HMI 设备上，只有那些 HMI 设备支持的数据才能够装载。

单击 WinCC flexible 图标 ，进入首页，从项目向导的五个选项中选择"创建一个空项目"，在"设备选择"对话框中双击你所使用的触摸屏图标，单击"确定"，创建一个新项目。在项目视图中，单击"通信"文件夹中的"连接"图标打开"连接编辑器"，在连接表中选择 PLC 类型，连接属性视图中的参数一般采用默认值,当然也可以修改这些参数。

完成画面的组态之后,执行菜单命令"项目"→"传送"→"传送设置",或单击工具栏中的下载按钮 ⬇,在打开的对话框中设置传送参数,然后单击"传送"按钮,这样组态的画面信息就下载到了触摸屏中。

(4) 组　态

在 WinCC flexible 组态界面中所显示的组件和编辑器与操作面板有关,不同的面板能组态的内容也有差别。

① 画面　画面是组态信息的载体,融美观与功能于一体,所以设计画面时既要拥有完整的过程控制功能,又要方便操作,还要让画面看起来美观。

在 WinCC flexible"项目视图"中右击"画面"图标,在出现的下拉菜单中选择"添加画面",或直接双击"画面"文件夹下的"添加画面"图标➔,新建一个画面。右击"项目视图"下所创建的画面,在下拉菜单中选择"属性",可以根据需要更改画面的名称、背景颜色等信息。

模板中的对象会在所有使用模板的画面中自动显示,如果某一画面不要求显示模板中的对象,可以在属性视图中单击"常规"属性,去掉"使用模板"复选框中的"√"。改动模板中的对象,所有画面中使用模板的对象都会有相应的改动。

在组态画面中用鼠标将画面顶部的粗线向下拖动,则粗线上方的部分即为永久性窗口,在此窗口创建的对象会在所有的画面中显示,并且在任意一个画面中更改永久性窗口中的对象,其他画面永久性窗口中的对象中也会发生相应的变化。

可以创建文件夹对画面进行管理,通过画面中的按钮或使用"设备管理"中的"画面浏览"编辑器来实现不同画面之间的切换。

② 组态控件和显示元素　显示元素用来将 PLC 的过程值、操作模式以及故障等信息,显示为数字值、语言或图形的形式,使控制过程可视化。元素可分为静态元素和动态元素两大类。所谓静态是指没有连接变量的文本和图形。也就是说,在触摸屏上的显示形式不会随着变量的变化而改变,如图形、文本域等元素;而动态元素是指该元素通过变量以字母、数字或图形形式显示变量值的变化,如输出域、棒图及图形列表等元素。

控件用于指定设定值、触发功能、打开画面和确认消息,直接参与控制过程,如输入域、按钮等。

无论是控件或显示元素,都可以通过属性视图或通过右击,在下拉菜单中进行复制、更改属性等操作。

③ 变量　变量是触摸屏与 PLC 交换信息的纽带,正是由于变量的存在,两者之间的协调工作才能有条不紊的进行。例如要显示 S7-200 SMART CPU 中 VW100 中的数值,只需将输出域对应的变量设置为 VW100,则触摸屏与 PLC 通信后,触摸屏上就会自动读取并显示 VW100 中的值。每个变量有一个符号名和一个定义的数据类型,变量的值会随 PLC 程序的执行而改变。与 PLC 链接的变量称为外部变量,在 PLC 上占据一个定义的存储器地址,从操作单元与 PLC 上都可以对之进行"读"与"写"访问。不与 PLC 链接的变量称为内部变量,存储在操作单元上,PLC 不能对此变量进行操作。触摸屏与 PLC 连接时,外部变量有以下几种:一般变量,数组变量、指针化变量和结构变量。常用的是最简单的一般变量。

④ 报警管理　WinCC flexible 可以组态自定义报警和系统报警,由 HMI 设备或 PLC 触发,用来报告在系统中可能发生的事件或状态,引起操作员的注意,保护系统的安全。自定义

报警分为模拟量报警和开关量报警,用来在 HMI 设备上显示状态变化或过程值;或反映系统运行到哪种状态、处于哪种阶段;或显示紧急或危险的操作或运行状态。系统报警是设备自动形成的,可直接显示 HMI 设备或 PLC 中特定的系统状态。

⑤ 配方　配方是一组变量在取不同数值时的一种组合,可以将大量相关数据一起并且同步地从操作单元传输给 PLC,也可以再传回操作单元。组态时,命名一个结构体,添加若干个变量元素,这些变量有具体的存储单元,但没有存放具体的数据。

⑥ 设置操作员权限　WinCC flexible 为用户组分配不同的访问权限,属于同一个组的用户具有相同的访问权限;在组态过程中为操作元素设置权限,这样只有经授权的人员才能对参数进行设置与修改,并且可以根据操作员职责的不同,设置不同的权限级别。例如,操作员只能访问指定的按键,而工程师在运行时可以不受限制地进行访问。

⑦ 报表　WinCC flexible 报表具有相同的基本结构,使用报表可以打印报警信息,配方数据以及整个项目的组态数据(包括画面、变量列表等)。

⑧ 多语言显示　WinCC flexible 能够实现多语言在线切换,例如同一按钮的文本既可以显示中文也可以显示英文,不用分别对不同的语言重复制作画面。

4. 一个例子

该例是作者完成的一个实际工程项目。帘子布是轮胎橡胶行业的主要材料,其质量的好坏直接影响着轮胎的质量。在帘子布生产过程中,白匹布要经过胶槽挂上一层浆液,经挤压、烘干后使帘子布定型。单位长度的白匹布上浸胶量的多少就是吸液率。吸液率是决定帘子布质量的重要参数之一,及时准确地获得吸液率的有关信息就能对帘子布的浸胶过程进行适当的调整,从而提高帘子布的质量。本项目使用西门子的 PLC 和触摸屏来组成控制系统。

本系统有 7 个参数需要设定,3 个参数需要实时显示。使用触摸屏使得整个系统的设定和显示部分结构简单,显示实时性强,显示画面形象生动、可靠性高。本系统的 HMI 画面有多幅,图 8-4(a)所示为主画面,它完成帘子布浸胶过程,完成吸液率、平均吸液率和胶槽液位的实时显示。图 8-4(b)所示为设定画面,它完成各种参数的设定和确认工作。

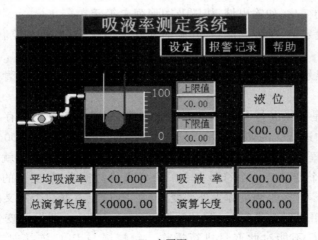

(a) 主画面

图 8-4　触摸屏使用举例

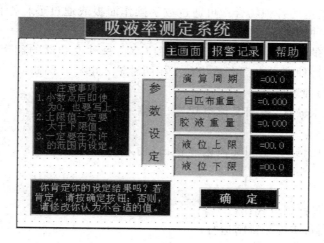

(b) 参数设定画面

图 8－4　触摸屏使用举例(续)

8.3　变频器和 PLC 之间的配合

在第 2 章中已经对变频调速和变频器的基本原理进行了讲解,这里主要以西门子的 MM440 系列变频器为例,讲解变频器在工程上的一些实际应用。

8.3.1　变频器和 PLC 的关系

在工业自动化应用技术领域,速度调节和控制是经常用到的环节。变频器具有高效的驱动性能和良好的控制特性,在提高控制质量、减少维护费用和节能等方面都取得了明显的经济效益。在这些场合,变频器所发挥的作用是其他任何控制设备和装置都不能取代的。

虽然变频器可以单独使用,但大多数情况还是作为一个组成部分在工业自动化控制系统中使用。所以,作为主控制器的 PLC 和作为执行及检测器件(设备或装置)的变频器之间就必须相互配合来完成控制任务。PLC 可以控制变频器的频率给定信号,以使变频器输出相应的速度控制曲线,控制工艺指标;变频器上的检测信号和其他智能控制信号也可以接入 PLC,完成系统的报警和速度控制,比如通过变频器控制电机的启动、停止及正、反转,也可以使用一个变频器去控制若干台电动机的运行。

8.3.2　MM440 变频器

生产变频器的公司很多,变频器的种类也很多。由于功能不同,不同的变频器虽然在使用上稍有差别,但大部分的使用方法是一样的。下面以西门子 MICROMASTER 440(简称 MM440)为例,简要说明变频器的使用。

1. 型　号

MM440 是一种集多种功能于一体的变频器,该系列有多个型号供用户选择,其恒定转矩控制方式的额定功率范围为 120 W~200 kW,可变转矩控制方式的额定功率可达 250 kW,它适用于电动机需要调速的各种场合。可通过数字操作面板或通过远程操作器方式,修改其内置参数,即可满足各种调速场合的要求。

MM440 变频器的型号有 8 种:A~F、FX 和 GX。每种变频器的额定功能按字母顺序排列越来越大,另外在每种型号中都有单相和三相两种输入电压。例如:

A 型变频器的两种规格是:

① 单相交流电压输入/三相交流电压输出,输入电压为 200~240 VAC,功率为 0.12~0.75 kW。

② 三相交流电压输入/三相交流电压输出,输入电压为 380~480 VAC,功率为 0.37~1.5 kW。

2. 主要特点

① 内置多种运行控制方式;

② 快速电流限制,实现无跳闸运行;

③ 内置式制动斩波器,实现直流注入制动;

④ 具有 PID 控制功能的闭环控制,控制器参数可自动整定;

⑤ 多组参数设定且可相互切换,变频器可用于控制多个交替工作的生产过程;

⑥ 多功能数字、模拟输入/输出口,可任意定义其功能和具有完善的保护功能。

3. 控制方式

变频器运行控制方式,即变频器输出电压与频率的控制关系。控制方式的选择,可通过变频器相应的参数设置选择。MM440 系列变频器主要有以下几种控制方式:

① 线性 V/F 控制　变频器输出电压与频率为线性关系,用于恒定转矩负载。

② 带磁通电流控制(FCC)的线性 V/F 控制　在这种模式下,变频器根据电动机特性实时计算所需要的输出电压,以此来保持电动机的磁通处于最佳状态。此方式可提高电动机效率和改善电动机动态响应特性。

③ 平方 V/F 控制　变频器输出电压平方与频率为线性关系,用于变转矩负载,如风机和泵。

④ 特性曲线可编程的 V/F 控制　变频器输出电压与频率为分段线性关系,此种控制方式可应用于在某一特定频率下为电动机提供特定的转矩。

⑤ 带"能量优化控制(ECO)"的线性 V/F 控制　此方式的特点是变频器自动增加或降低电动机电压,搜寻并使电动机运行在损耗最小的工作点。

⑥ 有/无传感器矢量控制　用固有的滑差补偿对电动机的速度进行控制。采用这一控制方式时,可以得到大的转矩,改善瞬态响应特性和具有优良的速度稳定性,而且在低频时可提高电动机的转矩。

⑦ 有/无传感器的矢量转矩控制　变频器可以直接控制电动机的转矩。当负载要求具有恒定的转矩时,变频器通过改变向电动机输出的电流,使转矩维持在设定的数值。

4. 保护功能

MM440 系列变频器所具有的保护功能有:过电压及欠电压保护、变频器过热保护、接地故障保护、短路保护、I^2T 电动机过热保护和 PTC/KTY 电动机过载保护等。

8.3.3　MM440 变频器的功能方框图

MM440 的主电路由电源端输入单相或三相恒压恒频的标准正弦交流电压,经整流电路将其转换成恒定的直流电压,供给逆变电路。在微控制器的控制下,逆变电路将恒定的直流电压逆变成电压和频率均可调节的三相交流电供给电动机负载。因为其直流环节是使用电容进行滤波的,所以 MM440 属于电压型的交—直—交变频器。

图 8-5 所示为 MM440 变频器的内部功能方框图。其控制电路由 CPU、模拟输入/输出、数字输入/输出、操作面板等部分组成。该变频器共有 20 多个控制端子,分为 4 类:输入信号端子、频率模拟设定输入端子、监视信号输出端子和通信端子。

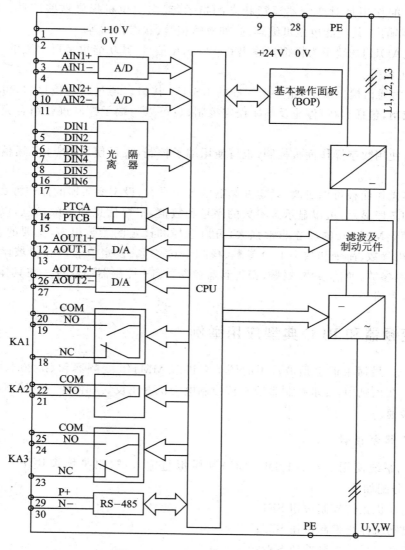

图 8-5　变频器内部功能方框图

DIN1~DIN6 为数字输入端子,一般用于变频器外部控制,其具体功能由相应设置决定。例如出厂时设置 DIN1 为正向运行、DIN2 为反向运行等,根据需要通过修改参数可改变其相应的功能。使用输入信号端子可以完成对电动机的正反转控制、复位、多级速度设定、自由停车、点动等控制操作。PTC 端子为 PTC 传感器输入端,用于电动机内置 PTC 测温保护。

AIN1、AIN2 为模拟信号输入端子，分别作为频率给定信号和闭环时反馈信号输入。变频器提供了 3 种频率模拟设定方式：外接电位器设定、0～10 V 电压设定和 4～20 mA 电流设定。当用电压或电流设定时，最大的电压或电流对应变频器输出频率设定的最大值。变频器有两路频率设定通道，开环控制时只用 AIN1 通道，闭环控制时使用 AIN2 通道作为反馈输入。端子 1、2 提供了一个高精度的 10 V 直流电源，当使用模拟电压信号输入方式设定频率时，为了提高变频调速的控制精度，最好使用这样高精度的电源。

输出信号的作用是对变频器运行状态的指示，或向上位机提供这些信息。KA1、KA2、KA3 为继电器输出，其功能也是可编程的，如故障报警、状态指示等。

AOUT1、AOUT2 端子为模拟量输出 0～20 mA 信号，其功能也是可编程的，用于输出指示运行频率、电流等。

P＋、N－ 为通信接口端子，是一个标准的 RS-485 接口。通过此通信接口，可以实现对变频器的远程控制，包括运行/停止及频率设定控制，也可以与端子控制进行组合完成对变频器的控制。

变频器可使用数字操作面板控制，也可使用端子控制，也可使用 RS-485 通信接口对其远程控制。

利用基本操作面板可以更改、设定变频器的各个参数，设定变频器的操作方式。基本面板为 5 位数字的 7 段显示，可以显示各参数的序号和数值、报警信息和故障信息，以及参数的设定值和实际值。MM440 的功能非常强大，可以选择和设定的参数很多，主要的参数是：变频器参数、电动机参数、命令和数字 I/O 参数、模拟 I/O 参数、设定值通道和斜坡函数发生器参数、电动机控制参数、通信参数、报警、警告和监控参数、PI 控制器参数等。在具体使用时可参考详细的技术手册。

8.3.4 变频器和 PLC 典型应用举例

下面以一个最简单但也是最常用的例子来讲解 MM440 变频器和 S7-200 SMART PLC 的配合使用。在该例中，要求控制系统能够控制电动机的正反转和停止，另外还能够平滑地调节电动机的转速。

1. PLC 部分设计

PLC 控制系统使用 SR20（12DI，8DO）和模拟量输入/输出扩展模块 EM AM03（2AI/1AO）。地址分配如下：

I0.0 电动机正转控制按钮 SF1；

I0.1 电动机停止控制按钮 SF2；

I0.2 电动机反转控制按钮 SF3；

Q0.0 电动机正转控制端（接 MM440 的端口 5）；

Q0.1 电动机反转控制端（接 MM440 的端口 6）；

AIW0 EM AM03 模拟量输入通道 1，接一个精密电位器；

AQW0 EM AM03 模拟量输出通道 1（接 MM440 的端口 3 和 4）。

整个控制系统的接线原理如图 8-6 所示。

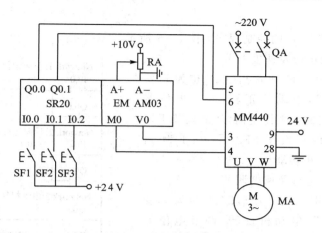

图 8 - 6 SMART PLC 和 MM440 变频器控制系统的接线原理图

2. 变频器参数设定

使用基本操作面板对变频器进行参数设置。首先按下 P 键对变频器进行复位，使变频器的参数值回到出厂时的状态。

假设选择的电动机型号为 JW7114，使用变频器前必须设置电动机参数，以使电动机与变频器相配。电动机参数如表 8 - 1 所列。

表 8 - 1 设置电动机参数表

参数号	出厂值	设置值	说　明	参数号	出厂值	设置值	说　明
P0003	1	1	用户访问级为标准级	P0305	3.25	1.05	电动机额定电流/A
P0010	0	1	快速调试	P0307	0.75	0.37	电动机额定功率/kW
P0100	0	0	功率以 kW 为单位，频率为 50 Hz	P0310	50	50	电动机额定频率/Hz
P0304	230	380	电动机额定电压/V	P0311	0	1 400	电动机额定转速 (r/min)

电动机参数设置完成后，设置 P0010 为 0，使变频器处于准备状态。然后设置变频器控制端口开关操作控制参数，如表 8 - 2 所列。

表 8 - 2 控制端口开关操作控制参数

参数号	出厂值	设置值	说　明	参数号	出厂值	设置值	说　明
P0003	1	1	用户访问级为标准级	P0003	1	1	用户访问级为标准级
P0004	0	7	命令和数字 I/O	P0004	0	10	设定值通道和斜坡函数发生器
P0700	2	2	命令源选择"由端子排输入"	P1000	2	2	频率设定值选择为"模拟输入"
P0003	1	2	用户访问级为扩展级	P1080	0	0	电动机运行的最低频率/Hz
P0004	0	7	命令和数字 I/O	P1082	50	50	电动机运行的最高频率/Hz
* P0701	1	1	数字输入端 1 接通正转，断开停止	* P1120	10	5	斜坡上升时间/s
* P0702	1	2	数字输入端 2 接通反转，断开停止	* P1121	10	5	斜坡下降时间/s

3. 控制程序

S7-200 SMART PLC 的控制程序如图 8 - 7 所示。

（1）电动机正向运行及速度调节

按下正转按钮 SF1，I0.0 为 1，Q0.0 也为 1，变频器端口 5 为"ON"，电动机正转，调节电位器 RA，则可改变变频器的频率设定值，从而调节正转速度的高低。按下停车按钮 SF2 后，I0.1 为 1，Q0.0 失电，电动机停止转动。

（2）电动机反向运行及速度调节

按下反转按钮 SF3，I0.2 为 1，Q0.1 也为 1，变频器端口 6 为"ON"，电动机反转，调节电位器 RA，则可改变变频器的频率设定值，从而调节反转速度的高低。按下停车按钮 SF2 后，I0.1 为 1，Q0.1 失电，电动机停止转动。

（3）互　锁

正转和反转之间在梯形图程序上设计有互锁控制。

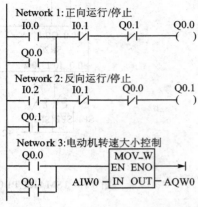

图 8 - 7　SMART PLC 和 MM440
变频器控制系统程序

8.4　工业自动化监控系统及应用

8.4.1　概　述

1. SCADA 简介

工业自动化监控系统，或数据采集监控系统 SCADA（Supervisory Control and Data Acquisition）是自动化应用的重要组成部分，其主要功能是架起人-机之间的桥梁，完成自动化监控任务。

SCADA 的核心是组态软件平台。常用的组态软件平台有 WinCC、INTOUCH、iFIX、力控、亚控等。几乎所有运行于 Windows 平台的组态软件都采用类型资源浏览器的窗口结构，并对工业控制系统中的各种资源进行配置和编辑，能够处理数据报警以及系统报警，提供多种驱动程序，各类报表的生成和打印输出，历史数据存储和查询，使用脚本语言提供二次开发的功能。

本教材以西门子的 WinCC 组态软件平台来讲解。

2. WinCC 简介

西门子视窗控制中心 SIMATIC WinCC（Windows Control Center）集成了 SCADA、组态、脚本语言和 OPC 等先进技术，适合于世界上主要自动化制造商的控制系统，还可以通过 OPC 的方式与更多的第三方控制器进行通信。

WinCC 采用标准的 Microsoft SQL 2005（WinCC V6.0 以前版本采用 Sybase）数据库进行生产数据归档，同时具有 Web 浏览器功能，管理人员在办公室就可以看到生产流程的动态画面，从而更好地调度指挥生产。

3. WinCC 的体系结构

WinCC 项目管理器(WinCC Explorer)类似于 Windows 中的资源管理器,它组合了控制系统所有必要的数据,以树形目录的形式分层排列显示。WinCC 产品分为基本系统、WinCC 选件和 WinCC 附加件。WinCC 基本系统分为完全版和运行版。完全版包括运行和组态版本的授权,运行版仅有 WinCC 运行的授权。

如图 8-8 所示,WinCC 基本系统包含以下部件。

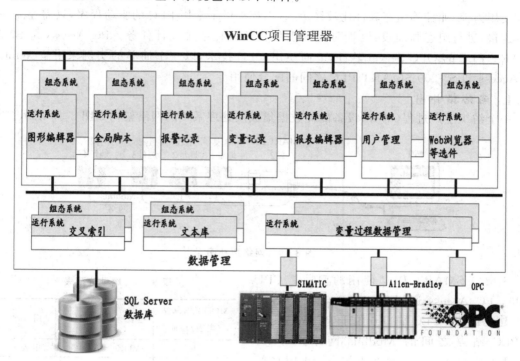

图 8-8 WinCC 系统构成

(1) 变量管理器

变量管理器管理 WinCC 中所使用的外部变量、内部变量和通信驱动程序。

(2) 图形编辑器

图形编辑器用于设计各种图形画面。

(3) 报警记录

报警记录负责采集和归档报警消息。

(4) 变量归档

变量归档负责处理测量值,并长期存储所记录的过程值。

(5) 报表编辑器

报表编辑器提供许多标准的报表,可以设计各种格式的报表,并可按照预定的时间打印。

(6) 全局脚本

全局脚本允许使用 ANSI-C 和 Visual Basic 编写的代码,以满足项目的需要。

(7) 文本库

文本库可以编辑不同语言版本下的文本消息。

（8）用户管理器

用户管理器用来分配、管理和监控用户对组态和运行系统的访问权限。

（9）交叉索引

交叉索引负责搜索在画面、函数、归档和消息中所使用的对象。

8.4.2　WinCC 和 PC Access 的应用举例

使用力控、亚控等组态软件比较简单，它们都提供了常用 PLC 的驱动程序，只需建立一些变量连接，进行组态画面设计，即可完成上位机的监控系统设计任务。PC Access 是 S7-200 SMART PLC 的 OPC Server 软件，下面使用 OPC 技术，以一个简单的实例来讲解 WinCC、PC Access 和 S7-200 SMART PLC 之间的配合使用。

1. 网络拓扑图

一个纺织生产过程（部分）设备能耗数据集成及处理系统的网络架构如图 8-9 所示。

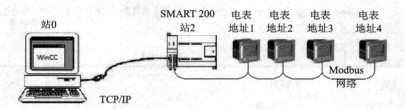

图 8-9　网络拓扑图

S7-200 SMART PLC 使用的型号是 CPU ST30。PC Access 通过 TCP/IP 电缆与各个 PLC 建立通信。PLC 端口 0 用于 PC Access 及各 PLC 站点之间的 Modbus 网络。S7-200 SMART 作为 Modbus 网络主站，使用 PLC 端口 1 与各智能电表（即 Modbus 从站）通信，用来采集各个电表的电能数据，然后分批次写入到对应的数据区。其中 2 号站 S7-200 SMART PLC 的数据区分配地址如表 8-3 所列。

表 8-3　地址分配表

MODBUS 从站 （电表）地址	电表所占数据区域	用　途
1	VD400～VD428	电表1
2	VD550～VD578	电表2
3	VD700～VD728	电表3
4	VD850～VD878	电表4

2. S7-200 SMART PLC 的 PC Access 配置

（1）设置 PG/PC 接口

PC Access 软件支持多种通信方式，并且 PC Access 可与 STEP7-Micro/WIN SMART 共享通信路径，因此凡是 STEP7-Micro/WIN SMART 能够访问的通信方式，PC Acces 都支持。在设置通信路径时（设置 PG/PC 接口），只需要设置 STEP7-Micro/WIN SMART 路径。

（2）设置 PLC 的名称和网络地址

新建 PLC 站时，或者用鼠标右键单击 PLC 进入 Properties（属性）时，设置 PLC 名称及网络地址。

（3）建立新文件夹和连接变量

右击"PLC"图标，选择：新＞(Folder)文件夹，可以为每个电表单独建立一个文件夹，便于区分和浏览。

　　右击"文件夹"图标,选择:新＞(Item)项目,按照地址分配表建立每个电表参数的连接变量,如图 8-10 所示。

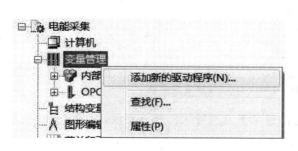

图 8-10　WinCC 系统构成

　　注意:PLC 名称、Folder 名称和 Item 名称都应该使用英文,便于后面 WinCC OPC 驱动程序连接这些变量。

　　(4)测试连接变量并保存项目

　　将所创建的变量拖拽到 PC Access 集成客户端,单击测试客户机状态按钮。当质量为"好"时,表示通信成功。保存所建项目。

3. WinCC 组态

　　(1)添加 OPC 驱动程序

　　建立新项目,在 WinCC 中添加 OPC 驱动,对变量管理右键,选择"添加新的驱动程序"。在驱动程序选中对话框中选择"OPC.chn",如图 8-11 所示。

　　(2)配置 OPC 驱动程序

　　对 OPC 驱动程序右键,选择"系统参数",出现"OPC 条目管理器"对话框,如图 8-12 所示。

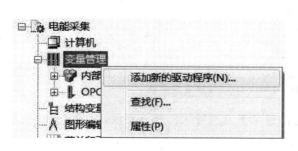

图 8-11　添加新的驱动程序

图 8-12　配置 OPC 驱动程序

　　(3)选择 S7-200 SMART OPC 服务器

　　在"OPC 条目管理器"对话框中,单击＜LOCAL＞,选择"S7-200 SMART. OPCServer",如图 8-13 所示。

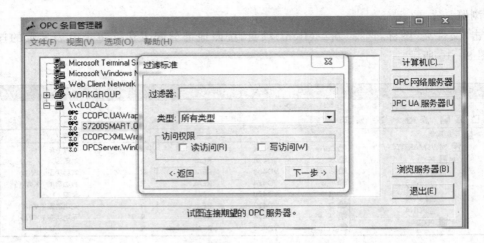

图 8 - 13　S7-200 SMART OPC 驱动程序配置

（4）建立新连接，添加变量

选中"PLC1""DN1"所建条目，单击"添加条目"，此时系统会提示建立一个连接，输入新的连接名称，然后在"添加变量"对话框中，在前缀添加"PLC1"，后缀添加"DN1"。依次建立完所有 PLC 的电表连接变量，如图 8 - 14 所示。

图 8 - 14　S7-200 SMART OPC 连接变量配置

单击完成，此时可以在 OPC 驱动程序的目录下看到导入的连接变量，如图 8 - 15 所示。

（5）创建界面

创建相关画面，将变量与画面的 I/O 域连接。

（6）变量记录

在变量记录中，为重要电能参数建立变量记录。

整个实际电表数据采集及监控系统的画面有许多，图 8 - 16 所示为其中的一幅。

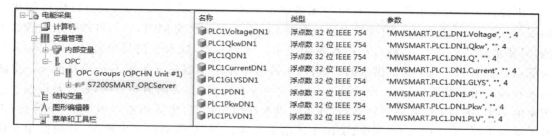

图 8-15　WinCC OPC 连接变量

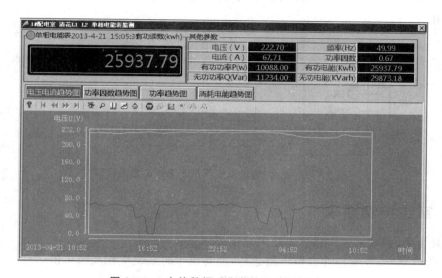

图 8-16　电能数据采集监控系统画面之一

8.5　双恒压无塔供水控制系统设计

本例综合了 PLC 在多方面的应用,既有开关量 I/O,也有模拟量 I/O;既有 PID 调节的典型使用,又有复杂的逻辑控制。另外,本例中还使用了变频器和电动机软启动控制。

说明:本例的最佳解决方案是:PLC+HMI+变频器,在本书的附录 B 中,可以把这些作为课程设计或毕业设计的题目进行介绍。下面的讲解虽然还采用原版中的程序,但它仍然是学习 PLC 控制系统设计和程序设计的精品例子。

8.5.1　工艺过程

随着社会的发展和进步,城市高层建筑的供水问题日益突出。一方面要求提高供水质量,不要因为压力的波动造成供水障碍;另一方面要求保证供水的可靠性和安全性,在发生火灾时能够可靠供水。针对这两方面的要求,新的供水方式和控制系统应运而生,这就是 PLC 控制的恒压无塔供水系统。恒压供水包括生活用水的恒压控制和消防用水的恒压控制——即双恒压系统。恒压供水保证了供水的质量,以 PLC 为主机的控制系统丰富了系统的控制功能,提高了系统的可靠性。

下面以一个三泵生活/消防双恒压无塔供水系统为例来说明其工艺过程（已做过简化）。如图 8-17 所示，市网来水用高低水位控制器 EQ 来控制注水阀 MB1，它们自动把水注满储水池，只要水位低于高水位，则自动往水箱中注水。水池的高/低水位信号也直接送给 PLC，作为低水位报警用。为了保证供水的连续性，水位上下限传感器高低距离不是相差很大。生活用水和消防用水共用三台泵，电磁阀 MB2 平时处于失电状态，关闭消防管网，三台泵根据生活用水的多少，按一定的控制逻辑运行，使生活供水在恒压状态（生活用水低恒压值）下进行；当有火灾发生时，电磁阀 MB2 得电，关闭生活用水管网，三台泵供消防用水使用，并根据用水量的大小，使消防供水也在恒压状态（消防用水高恒压值）下进行。火灾结束后，三台泵再改为生活供水使用。

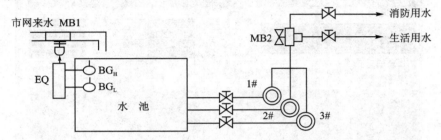

图 8-17　生活/消防双恒压供水系统工艺流程图

8.5.2　系统控制要求

对三泵生活/消防双恒压供水系统的基本要求是：

① 生活供水时，系统应在低恒压值运行，消防供水时系统应在高恒压值运行；

② 三台泵根据恒压的需要，采取"先开先停"的原则接入和退出；

③ 在用水量小的情况下，如果一台泵连续运行时间超过 3 h，则要切换到下一台泵，即系统具有"倒泵功能"，避免某一台泵工作时间过长；

④ 三台泵在启动时要有软启动功能；

⑤ 要有完善的报警功能；

⑥ 对泵的操作要有手动控制功能，手动只在应急或检修时临时使用。

8.5.3　控制系统的 I/O 点及地址分配

控制系统的输入/输出信号的名称、代码及地址编号如表 8-4 所列。水位上下限信号分别为 I0.1、I0.2，它们在水淹没时为 0，露出时为 1。

表 8-4　输入/输出点代码和地址编号

名　称	代　码	地址编号
输入信号		
消防信号	SF0	I0.0
水池水位下限信号	BG_L	I0.1
水池水位上限信号	BG_H	I0.2

续表 8 - 4

名 称	代 码	地址编号
变频器报警信号	KFU	I0.3
消铃按钮	SF9	I0.4
试灯按钮	SF10	I0.5
远程压力表模拟量电压值	U_P	AIW0
输 出 信 号		
1#泵工频运行接触器及指示灯	QA1,PG1	Q0.0
1#泵变频运行接触器及指示灯	QA2,PG2	Q0.1
2#泵工频运行接触器及指示灯	QA3,PG3	Q0.2
2#泵变频运行接触器及指示灯	QA4,PG4	Q0.3
3#泵工频运行接触器及指示灯	QA5,PG5	Q0.4
3#泵变频运行接触器及指示灯	QA6,PG6	Q0.5
生活/消防供水转换电磁阀	MB2	Q1.0
水池水位下限报警指示灯	PG7	Q1.1
变频器故障报警指示灯	PG8	Q1.2
火灾报警指示灯	PG9	Q1.3
报警电铃	PB	Q1.4
变频器频率复位控制	KF(EMG)	Q1.5
控制变频器频率电压信号	V_f	AQW0

8.5.4 PLC 系统选型

从上面分析可以知道,系统共有开关量输入点 6 个、开关量输出点 12 个;模拟量输入点 1 个、模拟量输出点 1 个。本系统可选用主机为 SR20(12 入/8 继电器输出)1 台,加上 1 台扩展模块 EM DR08(8 继电器输出),再扩展一个模拟量模块 EM AM03(2AI/1AO)。整个 PLC 系统的配置如图 8 - 18 所示。

图 8 - 18 PLC 系统组成

8.5.5 电气控制系统原理图

电气控制系统原理图包括主电路图、控制电路图及 PLC 外围接线图。

1. 主电路图

如图 8 - 19 所示为电控系统主电路。三台电动机分别为 MA1、MA2、MA3。接触器

QA1、QA3、QA5 分别控制 MA1、MA2、MA3 的工频运行；接触器 QA2、QA4、QA6 分别控制
MA1、MA2、MA3 的变频运行，BB1、BB2、BB3 分别为三台水泵电动机过载保护用的热继电
器；QA10、QA20、QA30、QA40 分别为变频器和三台水泵电动机主电路的隔离开关；QA0 为
主电源电路总开关，VVVF 为简单的一般变频器。

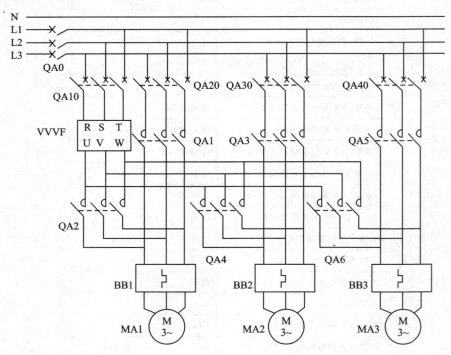

图 8-19　电控系统主电路

2. 控制电路图

如图 8-20 所示为电控系统控制电路图。图中 SF 为手动/自动转换开关，SF 打在 1 的位
置为手动控制状态；打在 2 的状态为自动控制状态。手动运行时，可用按钮 SF1～SF8 控制三
台泵的启/停和电磁阀 MB2 的通/断；自动运行时，系统在 PLC 程序控制下运行。由于电磁阀
MB2 没有触点，所以要使用一个中间继电器 KF1 间接控制 MB2，来实现 MB2 的手动自锁功
能。图中的 PG10 为自动运行状态电源指示灯。对变频器频率进行复位时只提供一个干触点
信号。由于 PLC 为 4 个输出点可作为一组共用一个 COM 端，而本系统又没有剩下单独的
COM 端输出组，所以通过一个中间继电器 KF 的触点对变频器进行复频控制。图中的 Q0.0～
Q0.5 及 Q1.0～Q1.5 为 PLC 的输出继电器触点，它们旁边的 4、6、8 等数字为接线编号。

3. PLC 外围接线图

如图 8-21 所示为 PLC 及扩展模块外围接线图。火灾时，火灾信号 SF0 被触动，I0.0 为 1。
本例只是一个教学例子，实际使用时还必须考虑许多其他因素。这些因素主要包括：

① 直流电源的容量；

② 电源方面的抗干扰措施；

③ 输出方面的保护措施；

④ 系统保护措施。

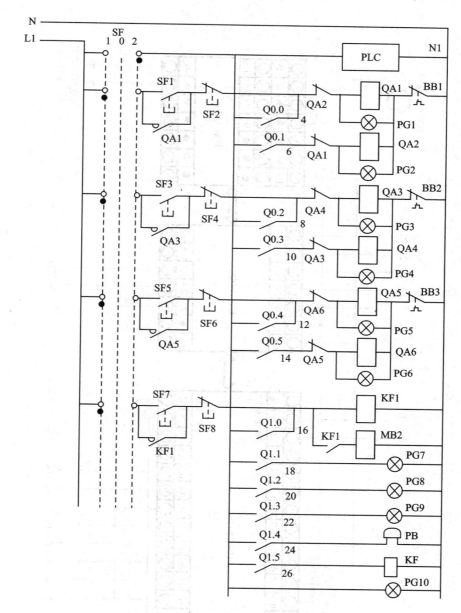

图 8 - 20　电控系统控制电路

8.5.6　系统程序设计

本程序分为三部分：主程序、子程序和中断程序。

逻辑运算及报警处理等放在主程序。系统初始化的一些工作放在初始化子程序中完成，这样可节省扫描时间。利用定时器中断功能实现 PID 控制的定时采样及输出控制。生活供水时系统设定值为满量程的 70 ％，消防供水时系统设定值为满量程的 90 ％。在本系统中，只是用比例（P）和积分（I）控制，其回路增益和时间常数可通过工程计算初步确定，但还需要进一

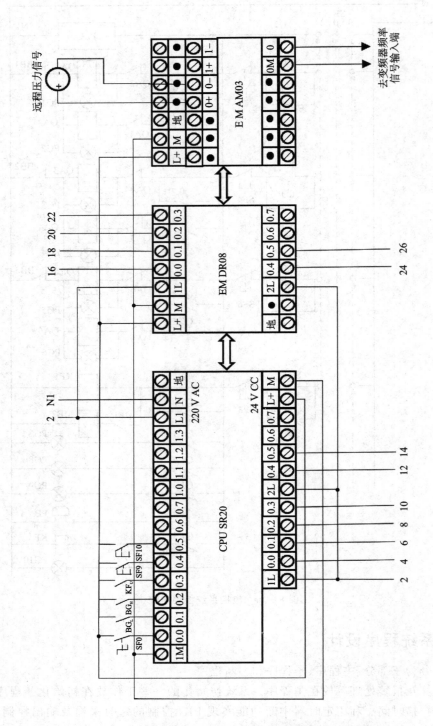

图 8 – 21 恒压供水控制系统 PLC 及扩展模块外围接线

步调整以达到最优控制效果。初步确定的增益和时间常数为(参考本书PID指令的使用一节)：

增益 $K_c=0.25$；

采样时间 $T_s=0.2$ s；

积分时间 $T_i=30$ min。

程序中使用的PLC元器件及其功能如表8-5所列。

表 8-5　程序中使用的元器件及功能

器件地址	功　能	器件地址	功　能
VD100	过程变量标准化值	T38	工频泵减泵滤波时间控制
VD104	压力给定值	T39	工频/变频转换逻辑控制
VD108	PI计算值	M0.0	故障结束脉冲信号
VD112	比例系数	M0.1	泵变频启动脉冲
VD116	采样时间	M0.3	倒泵变频启动脉冲
VD120	积分时间	M0.4	复位当前变频运行泵脉冲
VD124	微分时间	M0.5	当前泵工频运行启动脉冲
VD204	变频器运行频率下限值	M0.6	新泵变频启动脉冲
VD208	生活供水变频器运行频率上限值	M2.0	泵工频/变频转换逻辑控制
VD212	消防供水变频器运行频率上限值	M2.1	泵工频/变频转换逻辑控制
VD250	PI调节结果存储单元	M2.2	泵工频/变频转换逻辑控制
VB300	变频工作泵的泵号	M3.0	故障信号汇总
VB301	工频运行的泵的总台数	M3.1	水池水位下限故障逻辑
VD310	倒泵时间存储器	M3.2	水池水位下限故障消铃逻辑
T33	工频/变频转换逻辑控制	M3.3	变频器故障消铃逻辑
T34	工频/变频转换逻辑控制	M3.4	火灾消铃逻辑
T37	工频泵增泵滤波时间控制		

双恒压供水系统的梯形图程序及程序注释如图8-22所示。

对该程序有几点说明：

① 因为程序较长，所以读图时请按网络标号的顺序进行；

② 本程序的控制逻辑设计针对的是较少泵数的供水系统；

③ 本程序不是最优设计；

④ 程序中的PID参数需按具体的实际系统要求经过多次调整才能最后使用；

⑤ 本程序已做过大量简化，不能作为实际使用的程序。

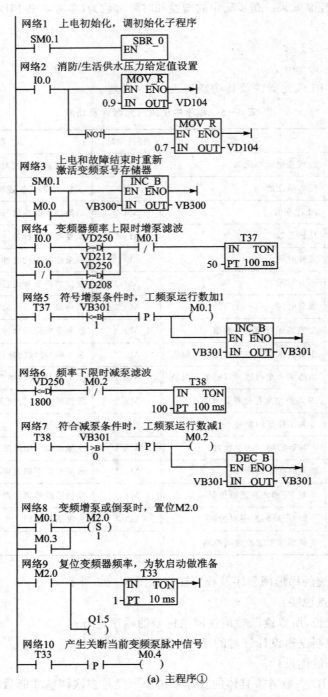

(a) 主程序①

图 8 - 22　双恒压供水系统梯形图程序

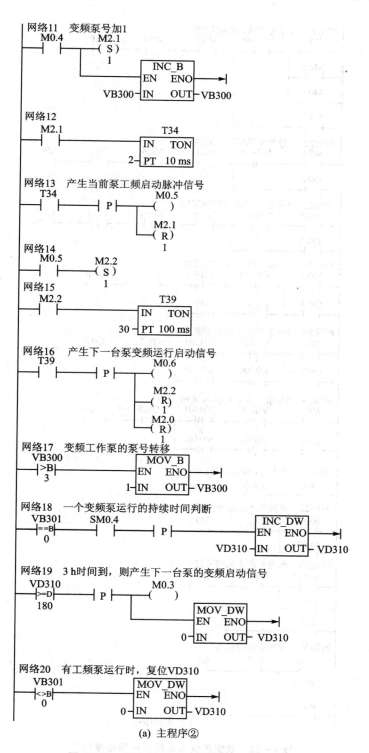

(a) 主程序②

图 8－22　双恒压供水系统梯形图程序(续)

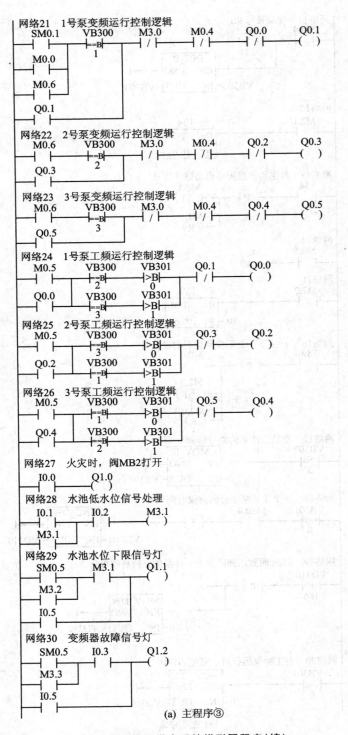

(a) 主程序③

图 8-22　双恒压供水系统梯形图程序（续）

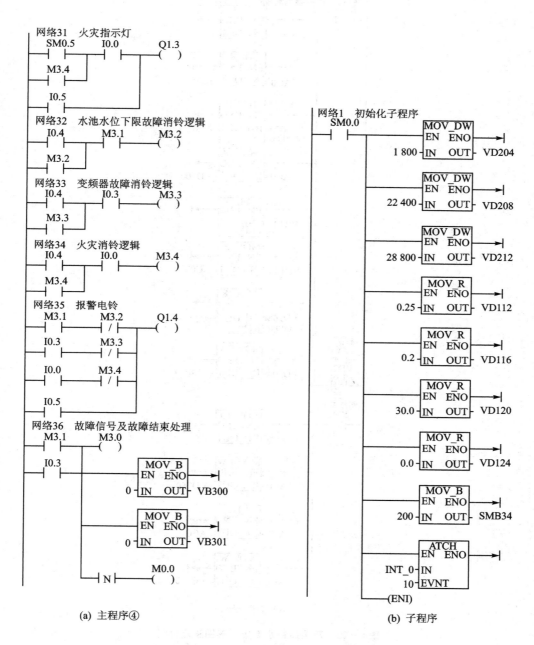

(a) 主程序④　　　　　　　　(b) 子程序

图 8 - 22　双恒压供水系统梯形图程序 (续)

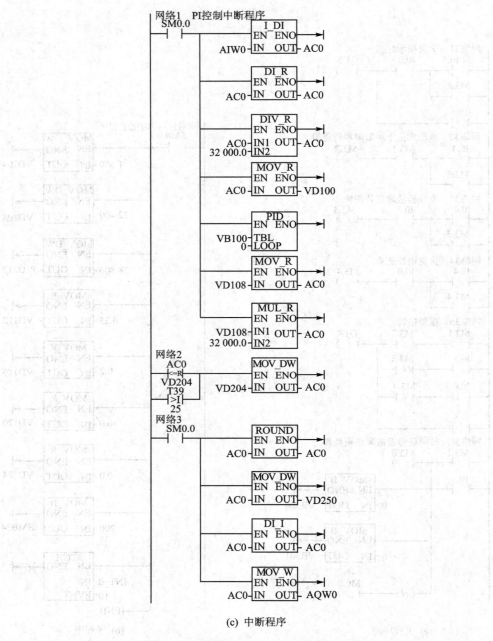

(c) 中断程序

图 8 - 22　双恒压供水系统梯形图程序（续）

8.6　电热锅炉供热控制系统设计

　　随着对环保要求的不断提高，以及一些用电优惠政策的出台，使用电锅炉供热的用户越来越多，其安全性、经济性及较高的自动化程度也已被认同。下面以一台四组电加热管的承压电热水锅炉供热控制系统为例来说明其控制系统的设计。本例提供详细的电气控制系统电路图,但未提供控制程序,其控制程序留作毕业设计课题的任务(见附录 B)。

8.6.1　工艺过程

图 8－23 所示为用一台电热锅炉供暖系统工作原理图。其工作过程为:电锅炉(具有超温保护装置 BT、超压保护装置 BP1)根据设定出水温度 BT_O 或回水温度 BT_B(亦可根据室外气温的变化自动确定 BT_O 或 BT_B)确定电加热管投入的组数;锅炉提供的热量通过循环泵直接向供暖系统供热;供暖系统的定压由补水泵及落地膨胀水箱完成,通过压力控制器 BP2 控制。

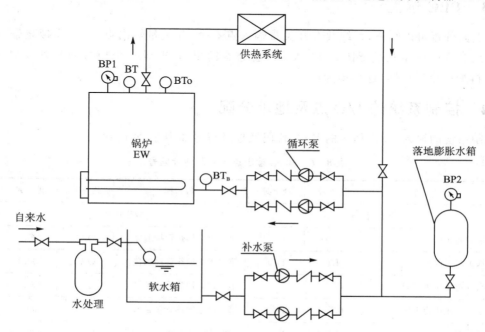

图 8－23　电热锅炉供暖系统工作原理图

8.6.2　系统控制要求

1. 对锅炉控制的基本要求

1) 电加热管"梯式"加(减)载,循环投切。

2) 保护功能齐全:

① 具有缺相、短路、过流、漏电等保护功能;

② 具有温度控制、超温保护功能;

③ 具有炉水超压保护功能。

3) 具有出水(回水)控制或显示功能。

4) 具有定时控制功能。

5) 具有手动/自动控制选择功能。

6) 可根据室外气温的变化自动调节出(回)水温度(选配功能)。

7) 缺相报警,电加热管停止加热。

8) 故障停机后,手动复位。

2. 对系统控制的要求

① 循环泵主/备用泵可选择,具有定时控制、手/自动控制功能;

② 补水泵交替运行,互为备用;

③ 所有水泵均具有过载、短路、缺相保护功能;

④ 缺相报警,水泵停止运行;

⑤ 故障停机后,手动复位。

8.6.3　PLC 选型

从上面分析可以知道,系统共有开关量输入点 5 个、开关量输出点 9 个、模拟量输入点 3 个。本系统可选用主机为 SR30(18 入/12 继电器输出),扩展一个模拟量模块 EM AE04 (4AI),再配一个触摸屏,这样最为经济。

8.6.4　控制系统的 I/O 点及地址分配

控制系统的输入/输出信号的名称、代码及地址编号如表 8-6 所列。

表 8-6　输入/输出点代号及地址编号

名　称	代　号	地　址	名　称	代　号	地　址
输入信号			输出信号		
锅炉超压保护	BP1	I0.0	第一组电加热管接触器	QA1	Q0.0
锅炉超温保护	BT	I0.1	第二组电加热管接触器	QA2	Q0.1
系统定压压力下限	$BP2_L$	I0.2	第三组电加热管接触器	QA3	Q0.2
系统定压压力上限	$BP2_U$	I0.3	第四组电加热管接触器	QA4	Q0.3
缺相保护	KF	I0.4	1♯ 循环泵接触器	QA5	Q0.4
出水温度模拟量	BT_O	AIW0	2♯ 循环泵接触器	QA6	Q0.5
回水温度模拟量	BT_B	AIW2	1♯ 补水泵接触器	QA7	Q0.6
室外温度模拟量	BT_T	AIW4	2♯ 补水泵接触器	QA8	Q0.7
			报警电铃	PB	Q1.0

8.6.5　电气控制系统原理图

电气控制原理图包括主电路图、控制电路图及 PLC 外接线图。

1. 主电路图

如图 8-24 所示为主电路图。四组电加热管分别由接触器 QA1、QA2、QA3、QA4 控制, QA11、QA12、QA13、QA14 为其短路、过载保护空气开关;循环泵分别由接触器 QA5、QA6 控制,QA15、QA16 为其短路保护空气开关,BB1、BB2 为其电动机过载保护用热继电器;补水泵分别由接触器 QA7、QA8 控制,QA17、QA18 为其短路保护空气开关,BB3、BB4 为其电动机过载保护用热继电器。

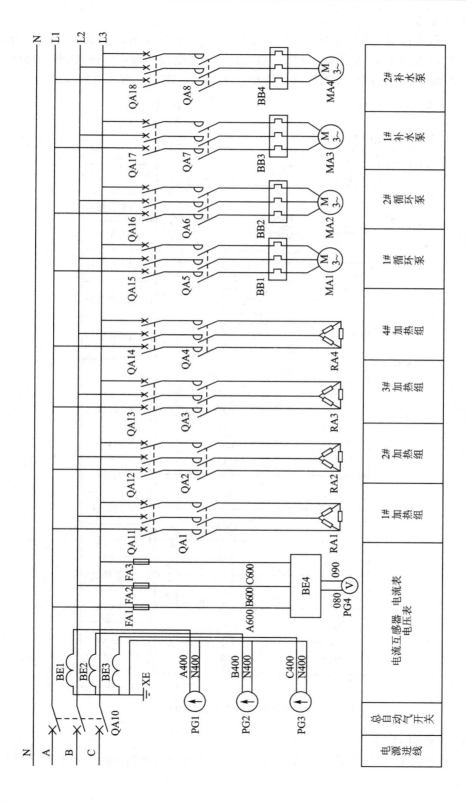

图8-24　电热锅炉供热系统主电路图

2. 控制电路图

图 8 - 25 所示为控制电路图。图中:SF 为急停开关,KF 为缺相保护继电器,TA 为隔离变压器,专为 PLC 提供电源,抗干扰,另配置 DC24 V 直流电源为触摸屏供电,各接触器及电铃 PB 的控制均由 PLC 的继电器控制,图中 Q0.0~Q1.0 为 PLC 的继电器触点。

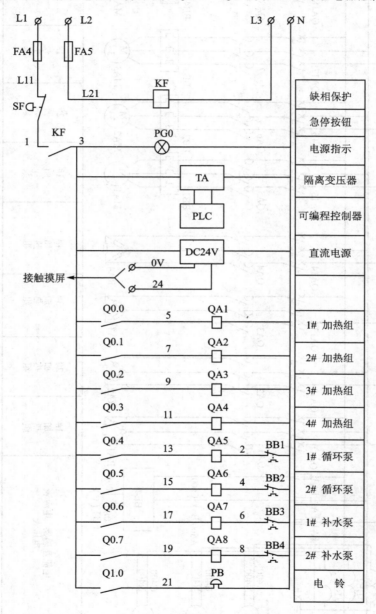

图 8 - 25　电热锅炉供热系统控制电路图

3. PLC 的外接线图

图 8 - 26 所示为 PLC 及扩展模块的外接线图。工作时通过触摸屏的设定及操作,即可按规定的程序运行。

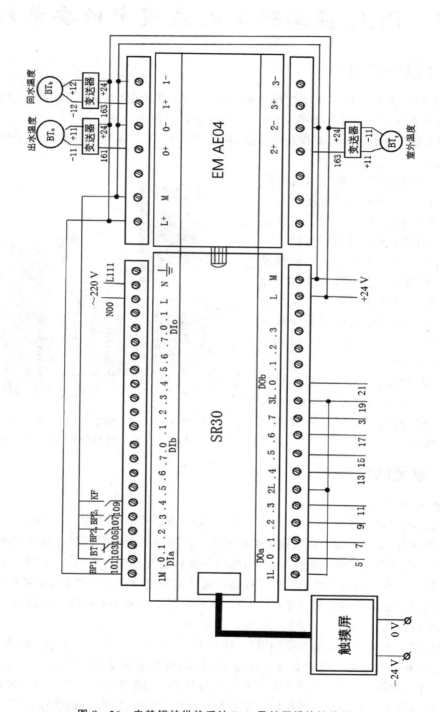

图 8 - 26　电热锅炉供热系统 PLC 及扩展模块接线图

8.7　PLC 在实际工程应用中的安装技术

8.7.1　PLC 的安装

可以利用模块上的 DIN 夹子把模块固定在一个标准的 DIN 道轨上,这样既可以水平安装,也可以垂直安装。但安装到控制柜中时,应注意以下两个问题。

① 为了防止高电子噪声对模块的干扰,应尽可能将 PLC 模块与产生高电子噪声的设备（如变频器）高电压设备分隔开。

② PLC 模块是采用自然对流方式散热的,所以在安装时应尽可能不与产生高热量的设备安装在一起。而且在安装 PLC 模块时,模块的周围应留出一定的空间,以便于正常散热。一般情况下,PLC 主机及扩展模块均采用 DIN 导轨安装方式,模块的上方和下方至少留出 25 mm 的空间,控制柜门前面板与 PLC 前面板之间至少留出 25 mm 的空间,如图 8 - 27 所示。

③ 在控制柜内,要避免将低压信号线和通信电缆与交流电源线和高能量、开关频率较高的直流信号线布置在同一个走线槽中。

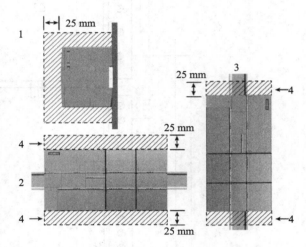

1—侧视图;2—水平安装;3—垂直安装;4—间距

图 8 - 27　S7-200 SMART PLC 的安装

8.7.2　电源的设计

1. 供电电源

可编程控制器（一般为 AC/DC/RLY 型的 PLC）使用市电（220 V AC,50 Hz）获得供电电源。电网的冲击、频率的波动将直接影响到可编程控制器系统实时控制的精度和可靠性;有时电网的冲击,可给系统带来毁灭性的破坏;电网的瞬间变化也是经常发生的,由此产生的干扰也会传播到可编程控制器系统中。为了提高系统的可靠性和抗干扰性能,在对可编程控制器的供电系统中一般采用隔离变压器,这样可以隔离掉供电电源中的各种干扰信号,从而提高了系统的抗干扰性能。

如果使用开关电源为可编程控制器（一般为 DC/DC/DC 型的 PLC）提供 24 V 直流电源,一般情况下,对开关电源供电的交流电源也应采用隔离变压器与电源隔离。

对于 PLC 的供电电源,应该设计一个独立的开关,它能够同时切断 CPU、输入电路和输出电路的所有供电,如有可能,可使用熔断器或直接使用断路器等过电流保护装置来限制供电线路中的电流。

2. S7-200 SMART CPU 内部直流电源

每个 S7-200 SMART CPU 模块均提供一个 24 V 直流传感器电源和一个 5 V 直流电源。

24 V 直流传感器电源可以作为 CPU 本机和数字量扩展模块的输入、扩展模块(如模拟量模块)的供电电源以及外部传感器电源使用。如果容量不能满足所有需求,则必须增加外部 24 V 直流电源,此时外部电源不能与模块的传感器电源并联使用,以防止两个电源电位的不平衡造成对电源的破坏,但为了加强电子噪音保护,这两个电源的公共端(M)应连接在一起。

当 S7-200 SMART CPU 与扩展模块连接时,CPU 模块为扩展模块提供 5 V 直流电源。如果扩展模块的 5 V 直流电源需求超出 CPU 模块 5 V 直流电源的容量,则必须减少扩展模块的数量。

有关 S7-200 SMART 内部直流电源容量的设计与计算请参阅其系统手册。

8.7.3　系统的接地

1. 接地要求及地线类型

在可编程控制器系统中,接地是抑制干扰、使系统可靠工作的主要方法。在设计与施工中,如果把接地与屏蔽正确结合起来,可以解决大部分的干扰问题。

接地有两个目的:一是消除各电流流经公共地线阻抗时所产生的噪声电压;二是避免磁场与电位差的影响。正确的接地是一个重要而复杂的问题,理想的情况是一个系统的所有接地点与大地之间的阻抗为零,但这是很难做到的。

对 PLC 控制系统,在一般的接地过程中,有如下要求:

① 接地电阻应小于 100 Ω;

② 接地线具有足够的机械强度;

③ 具有耐腐蚀性能及防腐处理;

④ 可编程控制器系统单独接地。

在可编程控制器系统中常见的地线有:

① 数字地:也叫逻辑地,是各种开关量(数字量)信号的零电位;

② 模拟地:是各种模拟量信号的零电位;

③ 信号地:通常为传感器的地;

④ 交流地:交流供电电源的地线,这种地线是产生噪声的地;

⑤ 直流地:直流供电电源的地;

⑥ 屏蔽地:机壳地,为防止静电感应和磁场感应而设置的地。

2. 接地方法

不同的地线,处理方法也是不同的。常用的方法有以下几种:

(1) 一点接地和多点接地

一般情况下,高频电路应就近多点接地,低频电路应一点接地。在低频电路中,布线和元件间的电感并不是什么大问题,然而接地形成的环路的干扰影响很大,因此常以一点作为接地点。但一点接地不适合高频,因为高频时地线上具有电感,因而增大了地线阻抗,同时各地线之间又产生电感耦合。一般来说,频率在 1 MHz 以下,可用一点接地;高于 10 MHz 时,采用多点接地;在 1~10 MHz 之间可用一点接地,也可采用多点接地。根据这些原则,可编程控制器组成的系统一般采用一点接地。

（2）交流地与信号地不能共用

由于在一段电源地线的两点之间会有数毫伏、甚至几伏的电压。因此对低电平信号来说，这是一个非常严重的干扰，必须加以隔离和防止，使设备可靠运行。

（3）浮地与接地

全机浮空，即系统各个部分与大地浮置起来，这种方法简单，但整个系统与大地的绝缘电阻不能小于 50 MΩ。这种方法具有一定的抗干扰能力，但一旦绝缘下降就会带来干扰。

还有一种方法，就是将机壳接地，其余部分浮空。这种方法抗干扰能力强，安全可靠，但实现起来比较复杂。

由此可见，可编程控制器系统还是以接地（不采用浮地）为好。

（4）模拟地

模拟地的接地方法十分重要，为了提高抗共模干扰能力，对于模拟信号可采用屏蔽浮地技术。

（5）屏蔽地

在控制系统中，为了减少信号中电容耦合噪声，准确检测和控制，对信号采用屏蔽措施是十分必要的。根据屏蔽目的的不同，屏蔽地的接法也不一样。

3．S7-200 SMART PLC 的接地

对 S7-200 SMART PLC 来说，其接地要求如下：

① 将 S7-200 SMART PLC 及其相关设备的所有接地点连在一起并一点接地，该接地点和系统地相接；

② 将系统中所有直流电源的公共点连接到同一个单一接地点上；

③ 将直流 24 V 传感器供电的公共点（M）接地；

④ 所有的接地线应该尽量短并且用较粗的线径（2 mm²）。

8.7.4　电缆设计与铺设

一般来说，工业现场的环境都比较恶劣。例如，现场的各种动力线会通过电磁耦合产生干扰；电焊机、火焰切割机和电动机会产生高频火花电流造成干扰；高速电子开关的接通和关断将产生高次谐波，从而形成高频干扰；大功率机械设备的启停、负载的变化将引起电网电压的波动，产生低频干扰，这些干扰都会通过与现场设备相连的电缆引入可编程控制器组成的系统中，影响系统的安全可靠工作。所以合理地设计、选择和铺设电缆在可编程控制器系统中十分重要。

对可编程控制器组成的系统而言，电缆包括供电系统的动力电缆及各种开关量、模拟量、高速脉冲、远程通信等信号电缆。一般情况下，对系统供电系统的动力电缆和距离比较近的开关量信号使用的电缆无特殊要求；对模拟量信号、高速脉冲信号以及开关量比较远时，为防止干扰信号，保证系统的控制精度，通常选用双层屏蔽电缆；对通信用的电缆一般采用厂家提供的专用电缆，也可采用带屏蔽的双绞线电缆。必须保证电缆屏蔽层的可靠接地。

传输线之间的相互干扰是数字控制系统中较难解决的问题，这些干扰主要来自传输导线间分布电容、电感引起的电磁耦合。防止这种干扰的有效方法，使信号线远离动力线或电网，将动力线、控制线和信号线严格分开，分别布线。无论是在可编程控制器控制柜中的接线，还是在控制柜与现场设备之间的接线，都必须注意防止动力线、控制线和信号线之间的干扰。

8.7.5　PLC 输入信号的接线

1. PNP 型和 NPN 型传感器

除了普通的干触点信号外,接近开关、光电开关、光栅等传感器常作为 PLC 的输入信号,这些直流输出信号的传感器有 PNP 型和 NPN 型。如图 8-28(a)左侧部分所示,PNP 是指当有信号触发时,传感器信号输出端 OUT 和电源线 V_{cc}(24 V)连接,电流从传感器信号输出端流出,输出高电平的信号。如图 8-28(b)左侧部分所示,NPN 是指当有信号触发时,传感器信号输出端 OUT 和 0 V 连接,电流从传感器信号输出端流入,输出低电平信号。

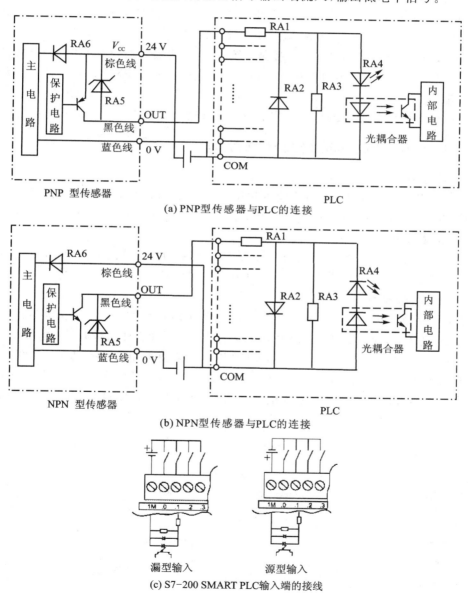

(a) PNP 型传感器与 PLC 的连接

(b) NPN 型传感器与 PLC 的连接

(c) S7-200 SMART PLC 输入端的接线

图 8-28　传感器与 PLC 输入点的连接

对三线制的传感器来说，黑色线（Black）一般为输出端，常用的传感器为 NO 型，即输出为常开型；棕色线（Brown）一般为电源线，接电源正极；蓝色线（Blue）一般为另外一根电源线，接电源负极。

2. PLC 的漏型输入和源型输入

PLC 的输入端类型分漏型和源型，有些 PLC 的输入点只能用作漏型输入，有些只能用作源型输入，有些则两者皆可。

对 PLC 漏型输入和源型输入的定义，欧美的 PLC 和日本、中国台湾的 PLC 截然相反。

对以西门子 S7-200 SMART PLC 为代表的欧美 PLC，其漏型输入是指电流流入 PLC 的输入点，其公共接线端 COM（或实际 PLC 中的 M、L，下同）端连接电源的 0 V；其源型输入是指电流流出 PLC 的输入点，其 COM 端连接电源的 24 V。

由于在设计 S7-200 SMART PLC 控制系统时，一般将输入端的 COM 作为公共端连接电源的 0V，且选择的输入信号多为常开型（NO）高电平有效，所以 PNP 型传感器一般为西门子 PLC 的首选。

西门子 S7-200 SMART PLC 的漏型输入和源型输入连接如图 8-28(c)所示。

8.7.6 PLC 输出端的接线及特殊处理

1. 常规接线

PLC 的输出点驱动常规负载分直流负载和交流负载，直流负载的输出一般是源型的。一般情况下，PLC 的输出端接线如图 8-29 所示。

2. 大容量负载

当负载容量较大时，不宜直接使用 PLC 的输出点驱动。正确的做法是 PLC 先驱动一个中间继电器，然后通过中间继电器的触点去驱动大容量的负载。

3. 对 PLC 输出端的保护

当可编程控制器的输出负载为电感性负载时，为了防止负载关断产生的高电压对可编程控制器输出点的损害，应对输出点加以保护电路，保护电路的主要作用是抑制高电压的产生。当负载为交流感性负载时，可在负载两端并联压敏电阻，或者并联阻容吸收电路。如图 8-30(a)所示，阻容吸收电路可选 0.5 W、$100\sim120\ \Omega$ 的电阻和 0.1 μF 的电容；当负载为直流感性负载时，可在负载两端并联续流二极管或齐纳二极管（可满足更快的关断速度要求）加以抑制，如图 8-30(b)所示，续流二极管可选额定电流为 1 A 左右的二极管。

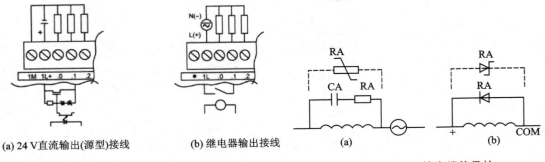

(a) 24 V 直流输出（源型）接线   (b) 继电器输出接线   (a)   (b)

图 8-29 PLC 输出端接线   图 8-30 PLC 输出端的保护

本章小结

本章主要讲解 PLC 控制系统的设计方法和实际工程应用。

（1）在设计一个 PLC 控制系统时应遵循一些步骤和原则，最主要的几个环节包括 PLC 选型、软硬件设计、系统调试等。另外安全电路的设计和文档的整理及保存也非常重要。大家应掌握其中的精髓，领会 PLC 控制系统设计中实质性的东西。

（2）在现代 PLC 控制系统中，参数设定和实时信息显示已成为最常用的功能要求，而功能强大的 HMI 就可以完成这样的任务。HMI 包括简单的设定/显示单元和触摸屏，触摸屏可以实时显示图形和曲线等，它具有更高级的人机界面功能。

（3）在工业自动化应用技术领域，速度调节和控制是经常用到的环节，变频器具有高效的驱动性能和良好的控制特性。在这些场合，变频器所发挥的作用是其他任何控制设备和装置都不能取代的。变频器可以单独使用，但在大多数情况下，它还是和 PLC 配合使用，来完成更复杂的逻辑控制任务。

（4）本书提供了作者完成的 2 个实际项目的例子，通过对它们的详细介绍，可以清楚地了解和学习到一个 PLC 实际课题是如何完成的。在这些例子中，我们从题目分析、PLC 选型到系统软硬件设计都进行了详细的讲解，并给出了相关的硬件电路图和梯形图程序。大家可以对其设计过程和程序的细节进行分析，从而掌握 PLC 系统设计的深层次的内容。

（5）在 PLC 控制系统设计中要注意很多安装方面的实际问题，安装技术是一个 PLC 控制系统能否可靠运行的关键。而 PLC 控制系统如果出现问题，80% 以上也是由于安装不规范引起的。安装技术主要包括接地、电源设计、电缆铺设等。

思考题与练习题

1. 一般来说，中小型 PLC 最适合在什么类型的控制系统中使用？

2. 选择 PLC 时，一般要考虑哪些方面的因素？

3. 设计一个 PLC 控制系统一般包括哪几个重要环节？其中硬件系统设计又包括哪些主要内容？

4. 人机界面的主要作用有哪些？常用的人机界面产品类型有哪些？

5. 在恒压供水的例子中，三台泵采取"先开先停"的原则接入和退出，但本例给出的程序设计不适合多泵的情况，请使用移位寄存器的方法设计一个适合多泵（即多控制对象）控制系统的程序，使控制对象满足"先开先停"的原则接入和退出。

6. 任何一个控制系统的接地设计都非常重要，请结合本章的讲解掌握 PLC 控制系统的接地方法，领会接地在抗干扰和系统保护方面的重要性。

7. 如果是感性负载时，如何完成对 PLC 输出端的保护？

8. 对大容量负载，PLC 输出端应该采取什么措施？

第9章 标准工业控制编程语言 IEC 61131-3

IEC 61131-3 是工业自动化技术发展过程中最重要的技术成果。它们也是现场总线技术和工业以太网技术中标准化的重要支撑技术,作为现代工业自动化领域中的标准的编程语言,必将得到越来越广泛的应用。

9.1 IEC 61131-3 概述

工业自动化技术已进入到现场总线和实时工业以太网时代,在中大型控制系统中,虽然纯粹的 PLC 控制系统可能会逐渐淡出这个市场,但现场总线、实时以太网等新技术的核心——用户程序设计部分,仍然是基于 PLC 的编程系统,所以 PLC 程序设计在现场总线控制系统中仍然非常重要。

那么现在我们要学习什么样的 PLC 程序设计语言? 很多电气工程师对 PLC 的使用非常熟悉,在过去的使用过程中,不同厂家的 PLC 产品,甚至同一个厂家不同型号或不同系列的 PLC 产品,由于其硬件结构和软件编程等方面的不同规定,给应用带来过或多或少的麻烦,也浪费过不少精力去重新学习或熟悉这些不同的使用环境。IEC 61131-3 是 PLCopen 组织推广使用的一种标准化的 PLC 编程语言,也是现在的绝大多数 PLC 制造商认同并且努力靠拢的编程语言,其强大的功能和独立于任何制造商的标准远非过去的 PLC 编程系统所能比拟。现在大部分自动化设备制造商都支持 IEC 61131-3,使用 IEC 61131-3 语言进行程序设计已成为一种趋势和现实。

因为本书不是一本专门讲解 IEC 61131-3 的教材且受篇幅所限等,所以只简要讲解它的基本概念和功能,进一步的学习还需要参考本书附录中所罗列的有关专著,另外多上机练习是更好的学习方法,它可以帮助大家尽快掌握 IEC 61131-3 的编程技术。

9.1.1 IEC 61131 产生的原因和发展历程

1. 产生原因

自 PLC 诞生以来,世界上大大小小的电气设备制造商几乎都推出了自己的 PLC 产品,多的时候达到上千家(20 世纪 90 年代初)。尽管最常用的 PLC 品牌只有几十家,但由于没有一个统一的规范和标准,各种 PLC 产品在使用上,特别是在程序设计语言方面都存在着一些差别,而这些差别的存在对 PLC 产品制造商和用户都是不利的。一方面它增加了制造商的开发费用;另一方面它也增加了用户的学习和培训负担。这些非标准化的使用结果,使得程序的重复使用和可移植性都成为不可能的事情。除此之外,过去传统的 PLC 编程语言和编程系统的不足之处或局限性还体现在以下几个方面:

(1)对制造商的依赖性

不同厂家的 PLC 产品或相同厂家不同系列的产品,由于其编程语言和系统方面的差异,用户在掌握其中的一种后,不再愿意更换和使用其他产品,即使这种产品在价格或性能上不如其他产品。一般来说,编程人员和系统维护人员不是同一个人或同一个公司的人,他们所熟悉的 PLC 可能不一样,这些时候就会给系统维护带来麻烦。

(2)编程语言功能不强

这体现在某些 PLC 提供不了功能更强大的编程语言(如文本化的编程语言),使用户不能编制更灵活或质量更高的程序;另一方面,编程系统不能提供详尽的注释功能,使得程序的阅读非常不便。

(3)程序结构化功能欠缺

大多数传统的 PLC 不能提供结构化的编程功能,对大型系统进行程序设计时,程序开发人员不能协同工作。由于程序结构过于死板,在编程软件中,不能同时观察多个程序段的运行情况,在调试时也非常不方便。

(4)地址设置不灵活

对 PLC 的 I/O 和内部元器件的地址,大多数情况下不提供地址的参数化配置功能,而是直接一对一的物理设定。这种情况下,当对某一个地址进行调整时就会影响到程序中所有和它有关的地址。

(5)数据处理能力不够

很多传统的 PLC 不进行数据类型说明,而不同类型的数据有可能参与同一个公式的计算,这就会引起潜在的错误,甚至造成系统停机。

(6)控制程序执行路径的功能不强

过去的 PLC 程序中一般只有主程序,需要时才有子程序、中断程序,这在实时性或同步功能要求高的场合就满足不了要求,更不能满足多任务的控制系统要求。

由此看来,在 PLC 的硬件组成、软件设计等方面形成一个都认可的国际标准是必要的,而且该标准和在该标准下生产的产品必须具备开放性,这样才能使产品的互换和程序移植成为可能,才能使用不同厂家的产品组成更大的系统,才能在当今工业标准和技术"开放性"的潮流中处于主动地位。幸运的是,国际电工委员会(International Electro - technical Commission,IEC)很早就开始着手解决这个问题了,只不过这样的标准制定起来难度非常大,经过 10 多年的努力才逐步完成,而且有些还在进一步完善中。

2. 发展历程

1979 年,IEC 开始着手成立工作组来解决 PLC 的标准化问题,他们要推出的是一种全方位的解决方案,包括硬件设计、安装、测试、文档、编程和通信等。IEC 的 TC65 技术委员会是专门负责制定和工业过程装置及控制有关的标准组织,它下面分有三个组,其中第二组专门负责制定有关装置方面的标准,第二组下面的第七工作小组,即 TC65B/WG7(Technical Committee 65B/Working Group 7)来负责 PLC 标准的制定。

关于 IEC 61131 的主要内容和完成时间如下:

第一部分 通用信息 主要定义 PLC 的基本特性和概念,1992 年发布,2003 年发布第 2 版。

第二部分 装置需求和测试 主要定义对装置的电气、机械方面的结构和功能要求,以及相应的合格性测试的标准,1992 年发布,现在还在修订中。

第三部分 编程语言 定义 PLC 的软件结构、编程语言和程序执行方式,它综合了世界上广泛流行的编程语言的特点，并且使其成为一种面向未来的 PLC 编程语言。该部分就是所谓的 IEC 61131-3，即我们讲课和学习的重点。该部分于 1993 年发布。

第四部分　用户指导　该部分试图从 PLC 的选择、安装和维护等方面给用户提供一个指导性的规则。该部分计划在 1995 年发布，但一直未发布。

第五部分　通信服务规范　该部分是关于 PLC 之间进行通信，以及 PLC 和其他设备之间进行基于 MMS（Manufacturing Messaging Services）通信的规范。该部分于 2000 年发布。

第六部分　通过现场总线的通信　关于使用 IEC 标准现场总线的 PLC 的通信标准，等待发布。

第七部分　模糊控制语言　关于使用 PLC 处理模糊逻辑的标准功能块的标准。2000 年发布。

第八部分　PLC 编程语言执行的导则　指导 IEC 61131-3 编程语言的应用和执行的文件。计划在 1998 年发布，实际在 2003 年发布。

在以上的 IEC 61131 标准中，我们最关心的是第三部分。和第三部分有关的文件还包括 2 个技术报告、一个勘误文件和一个修订文件，这些文件和 IEC 61131-3 是不可分离的。其中技术报告 2（IEC TR2 - 94）是"对扩展 IEC 61131-3 的建议"，它描述了对 IEC 61131-3 的替代、扩展和修改方案；技术报告 3（IEC TR3 - 94）是"可编程序控制器编程语言应用和实现的导则"，即上面的第八部分；一个勘误是"对 IEC 61131-3 进行技术勘误的建议"，在该勘误中纠正了在标准公布后发现的存在于标准中的错误；一个修订是"对 IEC 61131-3 进行修订的建议"。

需要指出的是 IEC 61131-3 是着重描述单个程序及其执行条件的标准，对于复杂的分布式自动化控制系统来说，需要有一个扩展的通信和执行机构，还需要配置用于物理上不同且地理位置上分离的硬件，并且需要系统达到同步执行，所有这些课题都是 IEC 61499 的内容。作为 IEC 61131-3 的补充，IEC 61499 正在制定和完善中。

IEC 61131-3 是一个非常好的标准，它不仅在 PLC 系统中被广泛采用，在其他的工业计算机控制系统、工业编程软件中也得到了广泛的应用。越来越多的 PLC 制造商都在尽量往该标准上靠拢，尽管由于硬件和成本等因素的制约，不同的 PLC 和 IEC 61131-3 兼容的程度有大有小，但 IEC 61131-3 毕竟已成为了一种趋势。

现在基于 IEC 61131-3 的产品越来越多，但这些产品对其标准的符合程度不尽相同，国际 PLCopen 组织制定了一些认证和测试标准，来认定 IEC 61131-3 产品和标准的兼容等级，这些等级有基本级、移植级和全兼容级等。需要指出的是，由于 IEC 61131-3 的功能极其强大，从而 PLC 编程系统和操作系统要实现其所有功能非常之难，所以对小型 PLC 的制造商来说，考虑到实现 IEC 61131-3 全部功能的昂贵的成本，他们的产品往往根据实际市场需要，不包含一些不必要的功能。这一点在下面使用的软件产品中会有所体现，比如 IEC 61131-3 中提供的某些梯形图 LD 的编程元素，编程软件中就没有，这时你就必须通过其他麻烦的方法来完成你的程序设计。

在以下讲解 IEC 61131-3 前需要说明一下，在标准 GB/T 15969.3 - 2005/IEC 61131-3 中，顺序功能图 SFC 不是作为一种编程语言，而是作为一种公共元素（简单语言元素、数据类型、变量等都属于公共元素）出现的，其目的是要把它定义为构成 PLC 程序和功能块内部组织的元素。但 SFC 的实质还是一种编程语言，有关 IEC 61131-3 比较著名的出版物，如参考文献〔8〕等都是把它作为一种编程语言来介绍的，世界上所有的关于 IEC 61131-3 的编程环境（软件系统),如 CoDeSys,ISaGraf,InControl 都是把 SFC 作为一种编程语言来对待的,所以本书也把 SFC 作为一种图形语言,来介绍它的内容和应用。

9.1.2　IEC 61131-3 简介

IEC 61131-3 提供了 5 种 PLC 的标准编程语言,其中有三种图形语言,即梯形图(Ladder Diagram,LD)、功能块图(Function Block Diagram,FBD)和顺序功能图(Sequential Function Chart,SFC);两种文本语言,即结构化文本(Structured Text,ST)和指令表(Instruction List, IL)。有些文献把文本化的 SFC 作为一种 IEC 61131-3 的文本语言,但在实际中很少会用到,有些文献中也未提到。

不同的编程语言各有其特点和适用场合,世界上不同地区的电气工程师对它们的偏爱程度也不一样。在我国,大家对 LD、IL 和 SFC 比较熟悉,而很少有人使用 FBD。ST 是一种在传统的 PLC 编程系统中没有的或很少见的编程语言,不过相信以后会越来越多地使用 ST 的。

1. LD

梯形图是最早使用的一种 PLC 的编程语言,也是现在最常用的编程语言。它继承了继电器/接触器控制系统中的基本工作原理和电气逻辑关系的表示方法,在逻辑顺序控制系统中得到了广泛的使用。它的最大特点就是直观、清晰。在 IEC 61131-3 中,LD 的功能比传统的 LD 编程语言更加强大,它甚至可以和 FBD 一起使用。

2. FBD

功能块图是另外一种图形形式的 PLC 编程语言。它使用像电子电路中的各种门电路,加上输入、输出,通过一定的逻辑连接方式来完成控制逻辑,它也可以把函数(FUN)和功能块(FB)连接到电路中,完成各种复杂的功能和计算。使用 FBD,用户可以编制出自己的 FUN 或 FB。较早的 PLC 没有提供 FBD 编程功能,另外由于使用习惯的问题,在我们国家使用 FBD 编程的人不多。

3. SFC

SFC 编程方法是法国人开发的,它特别适合在复杂的顺序控制系统中使用。在 SFC 中,最重要的三个元素是状态(步)、和状态相关的动作、转换。在 IEC 61131-3 中,SFC 的使用更加灵活。它的转换条件可以使用多种语言实现,另外还提供了和步有关的多种元素供用户使用。越来越多的人已开始使用 SFC 编程。

4. ST

对目前使用 PLC 的人来说,结构化文本是一种较新的编程语言,但原来学习过 PASCAL 或 C 语言的人都知道结构化编程的好处,ST 就是这样的一种用于 PLC 的结构化方式编程的语言。使用 ST 可以编制出非常复杂的数据处理或逻辑控制程序。随着 IEC 61131-3 的推广和发展,相信使用 ST 的人会越来越多。

5. IL

指令表也是一种比较早的 PLC 的编程语言,它使用一些逻辑和功能指令的缩略语来表示相应的指令功能,按照一定的语法和句法编写出一行一行的程序,来实现所要求的控制任务的逻辑关系或运算。在我们刚学习 PLC 时,都知道它是和梯形图语言一一对应的。IL 像汇编语言一样,机器码编码效率较高,但理解起来不方便。IL 在使用时会出现一些麻烦,如缩写符号不容易记忆,不容易在字面上理解,使用 FUN 或 FB 时也很烦琐,等等,所以使用 IL 的人不是很多,现在有了 ST,以后使用 IL 的人可能会越来越少了。

9.1.3　IEC 61131-3 的突出特点

和过去的 PLC 编程系统相比,IEC 61131-3 在以下几方面有着突出的特点:

1. 良好的结构化编程环境

IEC 61131-3 鼓励充分使用结构化的编程技术,把一个程序有效地分解成多个等级化的子结构,该子结构可能是程序组织单元(POU)中的任何元素形式,即它可以是一段程序、一个函数或一个功能块,然后按照"自上而下"(top - down)或"自下而上"(bottom - up)的编程思想来编制程序。

2. 极强的数据类型检测功能

在 IEC 61131-3 中定义了完整的数据类型,在进行参数定义时就要求把数据类型说清楚,否则就无法通过编译,这样在程序正式运行时,由于数据类型错误引起的大量麻烦就被提前避免了。而在以往的 PLC,特别是小型 PLC 中,对数据类型的检测不是十分严格。

3. 支持全面的程序执行控制功能

在一个系统中,所有任务的执行方式(比如扫描方式和速度)不一定相同,有些任务需要定期扫描执行,有些任务只需执行一次或在某些条件满足的情况下执行。需要定期扫描执行的程序,它们需要的扫描速度可能也不一样。IEC 61131-3 中就提供了全方位的程序执行控制功能,满足灵活的程序执行控制的需要。

4. 极强的复杂顺序控制功能

IEC 61131-3 中提供的顺序功能图(SFC)编程语言可以方便地完成极为复杂的顺序控制程序设计。在使用 SFC 时,你还可以在相应的动作或转换中使用 SFC 或其他编程语言来实现所需要的功能,这一点也是传统 PLC 中的顺序功能图编程语言不能比拟的。

5. 可以进行数据结构定义

除了可以对单个的数据进行定义外,还可以把一组数据作为一个整体进行定义,这一组数据中可能有多种不同的数据形式。这样在外界看起来,它们就像一个数据一样,这就给程序中的不同部分进行数据传递带来了较大的方便,而且可以提高程序的可读性,减少和数据类型定义有关的错误。

6. 编程语言的灵活选择

一个大的系统中,不同的控制部分其特点也不一样,对不同的部分用最方便和最合适的编程语言进行编程是原来的 PLC 工程师梦寐以求的事情,在 IEC 61131-3 中,这些都变成了现实。比如逻辑顺序控制部分可以使用顺序功能图编程语言编程,有大量计算和判断的过程控制部分可以使用结构化文本(ST)编程语言进行编程。在 IEC 61131-3 中,一个程序可能由多个部分组成,而每个部分所使用的编程语言不一定是相同的,用户可以根据自己的需要在 5 种编程语言中自由选择。

7. 丰富的独立于制造商的软件产品

IEC 61131-3 提供了标准的编程语言和程序执行方法,因此在工业生产过程中,许多典型控制环节或其他技术问题都可以通过编制可复用的程序或功能块来实现和解决。而这些程序和功能块是独立于任何制造商的,基于 IEC 61131-3 的 PLC 都可以使用这些标准的软件产品。

9.2　IEC 61131-3 基础

IEC 61131-3 中涉及很多概念和术语,本节简要介绍其中一些最基本的概念,如 POU、变量的属性和定义、系统组态等,从而为后面的编程打下基础。

9.2.1　程序组织单元 POU

1. 定　义

模块化程序设计环境下,程序组织单元(Program Organization Unit,POU)是用户程序中最小的、独立的软件单元,它是全面理解新语言概念的基础。它相当于传统编程系统中的块(Blocks),POU 之间可以带参数或不带参数地相互调用。在 IEC 61131-3 中定义了三种类型的 POU,按其功能的递增顺序依次为:函数(Function,FUN)、功能块(Function Block,FB)和程序(Program,PROG)。

FUN 是可以赋予参数但没有静态变量(没有记忆)的 POU,当以相同的输入参数调用时,它总是生成相同的结果作为函数输出。例如过去常用的算术运算指令。

FB 是可以赋予参数并具有静态变量(有记忆)的 POU,当以相同的输入参数调用时,它的输出状态取决于其内部变量和外部变量的状态,它能记忆状态信息,例如定时器和计数器等。

PROG 代表 PLC 用户的最高层,即程序,它能存取 PLC 的 I/O 变量,这些 I/O 变量必须在该 POU 或其上层(资源、配置)中予以说明。在其他方面 PROG 和 FB 一样。

2. 组　成

POU 中的元素组成如图 9－1 所示。这些元素是:

① POU 的类型和名称(对函数来说,后面还要有数据类型);

② 带有变量说明的说明部分;

③ 带有指令的 POU 主体。

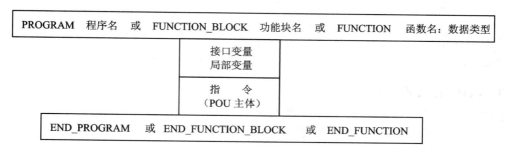

图 9－1　POU 中组成元素

说明部分是对变量进行说明,在 IEC 61131-3 中,变量用于对用户数据进行初始化、处理和存储,在每个 POU 的开始部分必须对变量进行说明,即要明确定义变量的数据类型、初始值或物理地址等属性。

POU 的指令或代码部分(主体)紧接着说明部分,它包含 PLC 的执行指令,该主体部分可以用 IEC 61131-3 提供的任何编程语言编写。

POU 中的变量类型和使用规定如表 9－1 所列。

表 9 - 1　POU 中的变量类型和使用规定

变量类型		存取权限		允许使用		
名　称	表　示	外　部	内　部	PROG	FB	FUN
局部变量	VAR	—	读,写	是	是	是
输入变量	VAR – INPUT	写	读	是	是	是
输出变量	VAR – OUTPUT	读	读,写	是	是	否
输入/输出变量	VAR – IN – OUT	读,写	读,写	是	是	否
外部变量	VAR – EXTERNAL	读,写	读,写	是	是	否
全局变量	VAR – GLOBAL	读,写	读,写	是	否	否
存取路径	VAR – ACCESS	读,写	读,写	是	否	否

例 9 - 1　下面以一个标准函数"二值选择"为例来介绍 POU 的组成。

"二值选择"这个标准函数有三个输入端,其规则是:若 $G=0$,则输出取 IN0 的值;若 $G=1$,则输出取 IN1 的值。用结构化文本编程语言描述的该 POU 如下所示:

```
FUNCTION        SEL   :   ANY     (＊POU 定义开始,该例的 POU 是个 FUN ＊)
    VAR_INPUT      (＊ 以下属于定义接口变量和局部变量部分,该例中的变量只有输入变量 ＊)
        G : BOOL;
        IN0 : ANY;
        IN1 : ANY;
    END_VAR
    IF G=0 THEN    (＊    以下是 POU 的主体,即指令部分 ＊)
        SEL := IN0;
    ELSE
        SEL := IN1;
    END_IF;
END_FUNCTION    (＊    POU 定义结束,要写上 END_…… ＊)
```

3. POU 的相互调用

POU 之间可以相互调用,所遵守的规则是:

① PROG 可以调用 FB 和 FUN,但不允许反方向调用;

② FB 可以调用 FB;

③ FB 可以调用 FUN,但不允许反方向调用;

④ POU 不能进行递归调用,即 POU 不能直接或间接地调用它自身。

图 9 - 2 所示为 POU 之间的调用关系。

9.2.2　简单语言元素

PLC 程序是由一定数量的基本语言元素(最小单元)组成的,把它们组合在一起以形成"说明"或"语句"。简单语言元素包括分界符、关键字、直接量和标识符等。

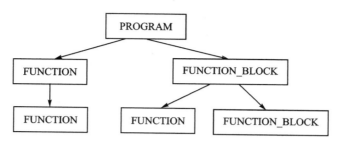

图 9 - 2 POU 之间的调用关系

1. 分界符

分界符是具有一定含义的专用字符,用在"说明"或"语句"中起隔离、标示等作用。主要的分界符有逗号、单括号、星号、井号、加号、减号、等号、空格、分号等。

一般来说,逗号用于隔开多个变量;分号表示 ST 编程语言中一条语句的结束;(* *)之间存放对程序和语句的解释部分;冒号加等号表示 ST 编程语言中的赋值等等。随着学习的深入,大家会逐渐掌握它们的使用方法。

2. 关键字

关键字是标准的标识符,它的拼写和具体意思在 IEC 61131-3 中有明确的规定,用户不可以对其进行任何更改,关键字也不能用于用户定义的变量或其他名称。

关键字对大小写没有严格规定,即不论大小写还是其混合形式,都表示同一个关键字。在实际使用中,通常使用大写来表示关键字。

保留的关键字一般包括:

① 数据类型的名称;

② 标准 FUN、FB 的名称,以及它们的输入(仅 FB)/输出参数名称;

③ IEC 61131-3 编程语言中的某些变量、运算符和语言元素。

3. 直接量

直接量表示某些常数的数值,它有三种类型:

① 数字直接量(布尔值、各种数制的数值、整数和浮点数等);

② 字符串;

③ 时间直接量(时间、持续时间和日期等)。

表 9 - 2 所列为直接量表达式的典型示例。

在 IEC 61131-3 中,日期和时间的表示方法非常灵活,为了方便可以使用简单的,为了表达清晰也可以用复杂的。表 9 - 3 所列为日期和时间的各种表示方法。

4. 标识符

在使用 IEC 61131-3 设计程序时,需要给许多元素起一个名字,如各种变量、程序、配置、资源、任务、标号、动作、步、存取路径等,这个名字就是标识符。标识符是由数字、字母和单个的下画线按一定的规则组成的一个字符串。组成规则一般有:

① 标识符以字母或下画线开始,而不能以数字开始;

② 字母没有大小写之分;

③ 下画线不能连续使用,即在一个地方只能使用单个的下画线;

④ 标识符的前 6 位必须是唯一的,当然也许有的系统允许的有效位会更长。

表 9 - 2   直接量表达式的典型示例

数据类型	数的表达	说　明
布尔值	0,1 或 FALSE,TRUE	位值
不同数制	58, 2#00111010, 16#3A	数 58 的不同数制表示
整数	1963,−59	有符号或无符号整数
浮点数	63.9, −0.76, 669E+9	浮点数
字符串	" ","fieldbusTech"	可以是空串和实串
持续时间	t#8d3h9m30s88ms Time#19h−7m−2s TIME#−10m−5s	日、时、分、秒、毫秒, 大小写或混写均可, 也可以有负值
日期	D#1980−09−01	年、月、日
一天中的时间	Tod#16:20:59.28	时:分:秒.百分秒
日期和时间	dt#1984−07−12−19:18:36.7	日期和时间的组合

表 9 - 3   日期和时间的各种表示方法

持续时间	日　期	一天中的时间	日期和时间
TIME#	DATE#	TIME−OF−DAY#	DATE−AND−TIME#
T#	D#	TOD#	DT#
time#	date#	time−of−day#	date−and−time#
t#	d#	tod#	dt#
Time#	Date#	Time−of−day#	Date−and−time#

例 9 - 2　简单语言元素使用举例。

```
FUNCTION   RealAdd:REAL      (*函数定义,包括其名称和数据类型*)
    VAR_INPUT                (*定义变量类型,该例为输入变量*)
        Inp1,Inp2:REAL;      (* 变量说明 *)
    END_VAR                  (*变量定义结束*)
    RealAdd:=Inp1+Inp2+5.369E−6;   (*ST编程语言编写的计算公式*)
END_FUNCTION                 (*函数定义结束*)
```

该例用 ST 编程语言定义一个函数,从该例中可以发现使用了冒号、逗号、分号、星号和括号等,请体会它们的使用方法。

9.2.3　数据类型

1. 常规数据类型概述

现在的 PLC 在工业自动化系统中使用得越来越广,需要使用的数据类型也越来越多。过去不同的 PLC 编程系统定义的数据类型在表示方法、数据范围、存储方法等方面存在着许多不兼容的地方,给用户的使用带来了不便。IEC 61131-3 详细定义了 PLC 编程最常用的数据类型,另外也允许用户自己定义导出的数据类型。这里不再对基本数据类型分别讲解,而是使用类(Generic)数据类型的表示方法把 IEC 61131-3 的数据类型清晰地罗列出来,如图 9 - 3 所示。图中,前缀 ANY 表示"类"的概念,例如所有整数的数据类型(INT)为 ANY－INT。类数据类型就是由单个的数据类型集合而成的。

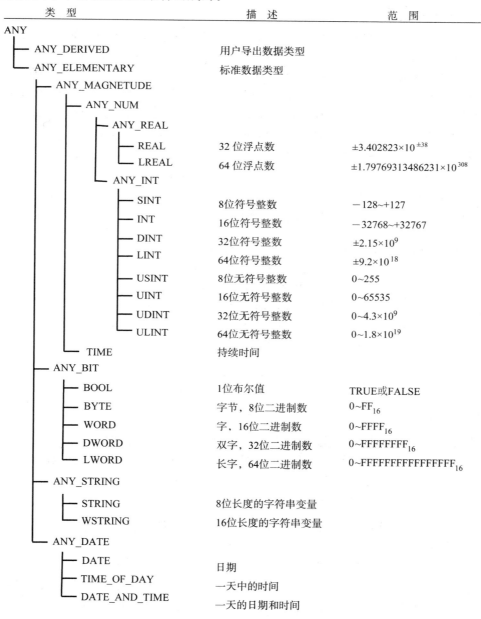

类　型	描　述	范　围
ANY		
ANY_DERIVED	用户导出数据类型	
ANY_ELEMENTARY	标准数据类型	
ANY_MAGNETUDE		
ANY_NUM		
ANY_REAL		
REAL	32 位浮点数	$\pm 3.402823 \times 10^{\pm 38}$
LREAL	64 位浮点数	$\pm 1.79769313486231 \times 10^{308}$
ANY_INT		
SINT	8位符号整数	$-128 \sim +127$
INT	16位符号整数	$-32768 \sim +32767$
DINT	32位符号整数	$\pm 2.15 \times 10^9$
LINT	64位符号整数	$\pm 9.2 \times 10^{18}$
USINT	8位无符号整数	$0 \sim 255$
UINT	16位无符号整数	$0 \sim 65535$
UDINT	32位无符号整数	$0 \sim 4.3 \times 10^9$
ULINT	64位无符号整数	$0 \sim 1.8 \times 10^{19}$
TIME	持续时间	
ANY_BIT		
BOOL	1位布尔值	TRUE或FALSE
BYTE	字节,8位二进制数	$0 \sim FF_{16}$
WORD	字,16位二进制数	$0 \sim FFFF_{16}$
DWORD	双字,32位二进制数	$0 \sim FFFFFFFF_{16}$
LWORD	长字,64位二进制数	$0 \sim FFFFFFFFFFFFFFFF_{16}$
ANY_STRING		
STRING	8位长度的字符串变量	
WSTRING	16位长度的字符串变量	
ANY_DATE		
DATE	日期	
TIME_OF_DAY	一天中的时间	
DATE_AND_TIME	一天的日期和时间	

图 9－3　IEC 61131-3 的数据类型

2. 几个重要概念

(1) 导出的数据类型

为了保证程序的可靠性和使用数据时的一致性,在基本数据类型的基础上,用户可以建立自己的"用户定义"的数据类型,这个过程称为导出或类型定义,这种用新名称定义的数据类型称为导出数据类型。

对数据类型定义时要使用文本表示方式，声明时以 TYPE 开始，最后以 END_TYPE 结束。

（2）结构化数据类型

如果在同一个小的典型对象中有一组变量，则可以对这一组变量进行统一定义，该组变量的定义具有结构化的性质，它们是从已经存在的数据类型中导出的新的复合型数据类型。定义结构化数据类型是以 STRUCT 开始，以 END_STRUCT 结束。例 9-3 是一个压力传感器的结构化的数据类型定义。在该例中的变量包括：当前压力的模拟量实时值、传感器的状态（操作是否正常）、校正日期、所允许的最大安全操作值和在目前操作阶段的报警次数等。这个新的导出的数据类型是 PRESSURE_SENSOR，它是一个结构化的数据类型。

例 9-3　导出数据类型和结构化数据类型使用举例。

```
TYPE
      PRESSURE:      REAL;
   END_TYPE


   TYPE PRESSURE_SENSOR:
      STRUCT
         INPUT:              PRESSURE;
         STATUS:             BOOL;
         CALIBRATION:        DATE;
         HIGH_LIMIT:         REAL;
         ALARM_COUNT:        INT;
      END_STRUCT
   END_TYPE
```

（3）枚　举

枚举是个特殊的数据类型，它允许对同一变量的不同状态（不同值）定义不同的名字。如在实际项目中经常用到的设备工作状态，如初始状态、运行状态、停止状态和故障状态等，这个设备工作状态就可以定义成枚举数据类型，例 9-4 所示。

例 9-4　枚举数据类型使用举例 1。

```
TYPE DEVICE_MODE:
    (INITIALISING, RUNNING,STANDBY,FAULTY);
END_TYPE
```

其实枚举数据类型并不是导出数据类型，因为它不是从任何基本的数据类型中导出的。因为使用整型（INT）来实现枚举数据类型，所以给人以导出数据类型的印象。为了不引起混淆，在编程中使用导出数据类型时，不直接使用括号中的名字，而是使用"数据类型♯具体变量名"的方法，使用方法如例 9-5 所示。

例 9-5　枚举数据类型使用举例 2。

```
TYPE
    VALVE_MODE:     (OPEN,SHUT,FAULTY);
    PUMP_MODE:      (RUNNING,OFF,FAULTY);
END_TYPE
```

......
```
IF AX100=PUMP_MODE#FAULTY   THEN
    XV2:=VALVE_MODE#OPEN;
```
......

（4）数　组

现在的 PLC 允许使用数组来表示一组在数据存储区中具有相同数据类型的定向连续的数据元素。例 9-6 所示为数组的使用举例，在该例中，PRESSURE 是个导出数据类型。

例 9-6　数组使用举例。

```
TYPE VESSEL_PRESS_DATA:
    ARRAY[1..20] OF PRESSURE;
END_TYPE
```

（5）数据范围

在对变量进行数据类型定义时，还可以增加一个属性，即数据范围的大小。使用举例见例 9-7。

（6）初始值

在 IEC 61131-3 中，数据变量的初始默认值是"0"，字符串的初始缺省值是空串，日期的默认值是"D#0001-01-01"。也可以对变量的初始值进行定义，当程序开始启动（有热启动和冷启动之分）时，这些初始值会自动生效。外部变量和输入/输出变量不能定义初始值。使用举例见例 9-7。

例 9-7　变量数据类型综合应用举例。

```
TYPE
    PRESSURE:        REAL(0.1..30.0):=1.0;（*压力范围是 0.1～30.0bar,初始值是 1.0bar*）
END_TYPE
TYPE PRESSURE_SENSOR:
    STRUCT
        INPUT:            PRESSURE:=2.0;
        STATUS:           BOOL:=0;
        CALIBRATION:      DATE:=DT#2005-08-01;
        HIGH_LIMIT:       REAL:=28.0;
        ALARM_COUNT:      INT:=0;    （*不报警*）
    END_STRUCT
END_TYPE
TYPE
    VALVE_MODE:     (OPEN,SHUT,FAULTY):=SHUT;
    PUMP_MODE:      (RUNNING,OFF,FAULTY):=OFF;
END_TYPE
TYPE VESSEL_PRESS_DATA:
    ARRAY[1..20] OF PRESSURE
    :=[10(1.0),5(1.2),1.4,1.5,1.6,1.8,1.7];
END_TYPE
```

9.2.4 变 量

1. 主要变量简介

在编制 POU 之前，必须对变量进行定义和声明，使用变量的地方不同，所使用的变量也会有区别。表 9-1 中列了 IEC 61131-3 中的变量类型，下面我们再简要介绍一下主要的变量。

① 输入变量　在某种意义上，就像传统 PLC 中的输入量一样，为 POU 提供外部接口的输入数据，但它也可以是专为 FUN 或 FB 定义的没有外部物理输入接口的变量。

② 输出变量　在某种意义上，就像传统 PLC 中的输出量一样，POU 提供输出数据到外部接口，但它也可以仅仅是 FUN 或 FB 的输出，而没有相对应的外部物理输出接口。

③ 输入/输出变量　具有输入变量和输出变量的功能，但它没有传统意义上的物理接口。在编写 FUN、FB 时会用到。

④ 全局变量　如果希望一个变量在结构、源或程序中的任何 POU(FB 除外)中使用，则该变量必须定义为全局变量。

⑤ 外部变量　在 POU 中，可以定义变量为外部变量，它可以提供连接结构、源或程序层的全局变量的通道。外部变量解决了全局变量、直接地址变量和 FB 之间的连接问题。

⑥ 临时变量　在 POU 内部定义的一种可以存储中间计算结果的变量。

⑦ 存取通径(ACCESS)变量　它提供了一种配置(Configuration)之间进行数据交换(通信)的渠道，见图 9-4 说明。

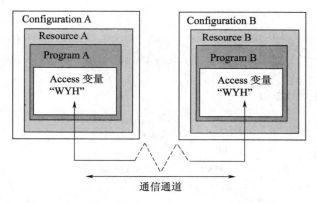

图 9-4　IEC 61131-3 中通过 ACCESS 通径的通信

2. 定义变量

在对变量进行定义时，一般应包括的内容和形式如图 9-5 所示。

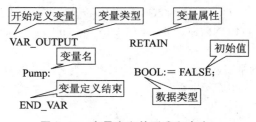

图 9-5　变量定义的形式和内容

如果定义几个类型相同的变量,则可以用逗号把它们隔开,一起定义。

对存取路径 ACCESS 进行定义时稍有区别,其举例说明如图 9-6 所示,对 ACCESS 的使用见 9.2.5 节"系统配置"中的应用举例。

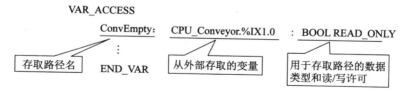

图 9-6　ACCESS 变量定义的形式和内容

例 9-8　变量定义举例。

```
VAR_INPUT
    SB1，SB2，SB3 : BOOL;
    Max_Counter : USINT;
END_VAR
VAR_OUTPUT
    Motor1 :     BOOL;
    Message : STRING(10);
END_VAR
VAR_EXTERNAL
    Line_Speed : LREAL;
    Job_Number : INT;
END_VAR
VAR
    PER : INT;
END_VAR
```

3. 变量地址的直接表示

在传统的 PLC 中,当使用其内部资源(如输入继电器、输出继电器、中间继电器等)时,可用它们的直接地址。在 IEC 61131-3 中,这种变量也可以用地址直接表达或以符号变量的形式出现。它们以"%"开始,然后是表示 I(输入)、Q(输出)和 M(中间继电器)的字母,接下来是表示 PLC 地址数据宽度的字母,如 X(位)、B(字节)、W(字)、D(双字)等,最后是用分级地址(Hierarchical Address)表示的具体的直接地址。在对这种变量进行说明时,要通过关键字"AT"指定。

IEC 61131-3 地址的直接表示方法和举例如表 9-4 所列。

表 9-4　变量地址的直接表示方法和举例

直接地址表示			说　明
%			引导字符
	I		输入继电器
	Q		输出继电器
	M		中间继电器

直接地址表示			说　明
		none	位
		e	位
		X	位
		B	字节
		W	字
		D	双字
		L	长字
		V、W、X、Y、Z	分级地址,位置的数量和解释取决于制造商。Z－位、Y－字、X－模块、W－机架、V－PLC
举　例			
%	I	100	输入位 100
%	Q	X	10	输出位 10
%	M	X	2.3.2.1	机架 2 模块 3 字 2 的中间继电器位 1
%	I	W	1.2.8	机架 1 模块 2 的输入字 8
%	Q	W	3	输出字 3

例 9 - 9　直接表达变量和符号变量举例。

```
VAR
  (＊直接表达的变量＊)
AT　 % I3 : BOOL;　 (＊输入位 3＊)
AT　 % QB2 : INT;　 (＊输出字节 2＊)
  (＊符号变量的表示＊)
WYH　AT % ML9 : LREAL;　 (＊在地址 9 的中间继电器长字＊)
KM　　AT % Q8 : BOOL;　　 (＊在地址 8 的输出位＊)
END_VAR
```

在 IEC 61131-3 的应用中,PLC 系统的层次划分更加宽泛,程序也可以编制得很大。尽管过去比较熟悉使用直接物理地址,但在以后的 PLC 程序设计中,建议尽可能放弃原来的习惯,即不再使用直接的物理地址,而多使用符号变量,这样编程效率会有较大的提高,也会给阅读者带来极大的方便。

4. 变量类型的属性

在 IEC 61131-3 中设置了一些限定符,使用它们可以将附加的特性赋给变量。这些限定符和它们的解释如下:

① RETAIN 具有带电保持功能的变量。即在系统掉电后,该变量的当前值可以通过后备电池保持。VAR、VAR_OUTPUT、VAR_GLOBAL 可以使用 RETAIN。

② CONSTANT 常数变量。这种变量其实是个常数,不过它有一个变量名。VAR、VAR_GLOBAL 可以使用 CONSTANT。

③ R_EDGE 上升沿。可以识别上升沿的变量。

④ Q_EDGE 下降沿。可以识别下降沿的变量。

上述两种属性只对 VAR_INPUT 有效。其实在编程时，当用到上升沿或下降沿功能时，更多的会使用相应的标准功能块。

⑤ READ_ONLY 只读。

⑥ READ_WRITE 读写。

上述两种属性只对 VAR_ACCESS 有效。

在使用这些限定符时，RETAIN 和 CONSTANT 是在变量类型的关键字后立即指定，这两个限定符对变量说明的整个段有效。其他四个限定符是单独地分配给不同的变量说明，它们不能与前两个限定符组合使用。

例 9 - 10 变量类型的属性使用举例。

```
VAR_OUTPUT   RETAIN
    Speed : BYTE;
END_VAR
VAR   CONSTANT
    SpeedRatio : BYTE:=16#80;
END_VAR
```

9.2.5 系统配置

在讲系统配置或 PLC 配置之前，先介绍两个重要概念，即资源（Resource）和任务（Task）。

在 IEC 61131-3 中，使用的 PLC 可以是原来熟悉的只有一个 CPU 的简单的 PLC，也可以是包含多个处理单元（CPU）或专用处理器的 PLC，这些处理器就称为资源。对资源可以进行定义或说明，定义从关键字 RESOURCE 开始，以 END_RESOURCE 结束。在资源说明中，其内容一般包括：全局变量说明、通径变量说明、程序说明和任务定义等。一个资源的元素构成示意图如图 9 - 7 所示。

在实时控制系统中，由于控制对象不同阶段的任务和工作过程不同，相应的程序也不同，并且需要对这些不同的程序进行灵活的调用和组态。在 IEC 61131-3 中，若干个程序能同时运行于同一个资源，它们可以有不同的优先权和类型，即程序可以是单周期执行的（在需要时只执行一次），可以是循环执行的（按一定的时间间隔循环执行），也可以是按照不同的优先级执行（优先级为 0、1、2 …，0 的优先级最高）。实现这样的功能由任务（TASK）

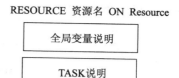

RESOURCE 资源名 ON Resource

| 全局变量说明 |
| TASK说明 |

END_RESOURCE

图 9 - 7 资源元素的构成

来完成，每一个程序与一个任务（TASK）相关联（使用关键字 WITH），这样就可以使程序进入运行期。在一个资源内定义的关键字 PROGRAM，与 POU 开始部分进行类型说明的 PROGRAM 的含义是不同的。在一个资源内，关键字 PROGRAM…WITH 用于将一个任务链接到类型为 PROGRAM 的一个 POU。由此看来，定义任务的目的就在于规定程序以及功能块的运行期特性。在配置时，没有被说明的程序也可以运行，但它们的优先级最低，在编制一个小的程序时，因为比较简单，所以不对其进行说明。

IEC 61131-3 使用配置或组态将 PLC 系统的所有资源集合起来，除了将任务（Task）分配给 PLC 系统的物理资源外，还提供其数据交换的手段，一个配置包含的元素如图 9-8 所示。

在一个配置内，可以做出对整个 PLC 项目全局有效的类型定义。全局变量仅在一个配置内有效，所以配置与配置之间的通信则由 ACCESS 定义的存取路径变量完成。IEC 61131-3 中只提供了不同配置的程序间交换数据的外部通信功能，更加强大的网络间的数据交换在 IEC 61131-5 中定义。通过 ACCESS 通径进行通信的示意图如图 9-4 所示。

图 9-9 所示为一个典型的 IEC 61131-3 软件结构图。

```
CONFIGURATION    配置名

┌─────────────────────┐
│ 类型定义             │
│ 全局变量说明         │
├─────────────────────┤
│ RESOURCE 说明        │
├─────────────────────┤
│ ACCESS 说明          │
└─────────────────────┘

END_CONFIGURATION
```

图 9-8　配置元素的构成

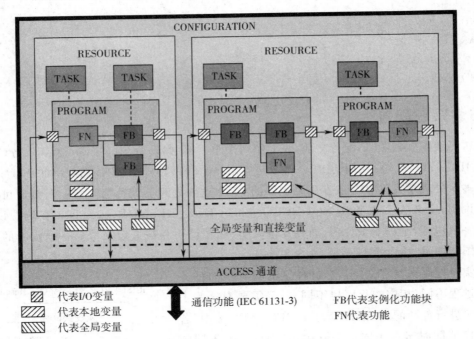

图 9-9　IEC 61131-3 软件构成示意图

例 9-11　IEC 61131-3 系统组态举例。一个完整的系统配置如下：

```
CONFIGURATION Cell_1
    VAR_GLOBAL W: WORD; END_VAR
    RESOURCE Station_1 ON Processor_Type_1
        VAR_GLOBAL
            X1: REAL;
            Start AT %IX10: BOOL;
            AnIn AT %IW2: UINT;
        END_VAR
```

```
            TASK Slow_Cyclic(INTERVAL:=T#1s, PRIORITY:=2);
            TASK Fast_Cyclic(INTERVAL:=T#50ms, PRIORITY:=1);
            PROGRAM Prog_1 WITH Slow_Cyclic: SlowProg;
            PROGRAM Prog_2 WITH Fast_Cyclic: FastProg;
        END_RESOURCE

        RESOURCE Station_2 ON Processor_Type_3
            VAR_GLOBAL
                Clock AT %MX1900.0 : BOOL;
            END_VAR
            TASK Cyclic(INTERVAL:=T#100ms, PRIORITY:=2);
            TASK Interrupt(SINGLE:=Clock, PRIORITY:=1);
            PROGRAM P_1 WITH Cyclic: Prog_3;
            PROGRAM P_2 WITH Interrupt: Prog_4;
        END_RESOURCE

        VAR_ACCESS
            Master_Start: Station_1.Start: BOOL READ_ONLY;
            Master_Stop: Station_1.%IX1.2: BOOL READ_WRITE;
        END_VAR
    END_CONFIGURATION
```

本例是一个较完整的系统配置示例。在该例中,PLC 有两个资源,名字是 Station_1 和 Station_2,和其相对应的处理器为 Processor_Type_1 和 Processor_Type_3。

Station_1 有 3 个全局变量:X1、Start 和 AnIn,其中后两个有相对应的硬件输入地址。Station_1 运行两个循环执行任务:Slow_Cyclic 和 Fast_Cyclic,后者有较短的扫描时间和较高的优先级。在每一个扫描周期,Slow_Cyclic 调用程序 Prog_1,Fast_Cyclic 调用程序 Prog_2。

Station_2 有 1 个全局变量 Clock,它的地址是中间继电器 1900 的位 0。它有两个任务,任务 Cyclic 每 100 ms 执行一次,任务 Interupt 在布尔变量 Clock 的上升沿时执行,Interupt 有较高的优先级,所以它可以中断 Cyclic 的运行,在某种意义上,这就相当于原来使用中断程序一样。Cyclic 和 Interrupt 分别调用程序 Prog_3 和 Prog_4。

本例有 2 个资源 Station_1 和资源 Station_2 共享的 ACCESS 变量,其中 Master_Start 是在资源 Station_1 中定义的外部存取变量 Start,它在资源 Station_1 中可以进行读写操作,但由于 Master_Start 是一个只读的 ACCESS 变量,所以在资源 Station_2 中只能进行读操作,而不能进行写操作。ACCESS 变量 Master_Stop 在 2 个资源中都可以进行读写操作。

9.3　标准函数及功能块

IEC 61131-3 不仅对编程语言进行了标准化,而且还前进了一大步。它统一了典型 PLC 函数的实现方法,即在 IEC 61131-3 中定义了典型的 PLC 的函数和功能块,并且精确地描述了它们的行为特性。如我们所熟悉的 PLC 的各种功能指令、定时器、计数器等都属于这个范畴，这些元素就是标准函数和标准功能块。它们是独立于任何 PLC 制造商的。它们的名字作为关键字保留。当然制造商也可以提供其他的函数或功能块，去支持其 PLC 特殊的硬件性能和 PLC 系统的其他特性。

9.3.1　标准函数

1. 函数的基本概念

函数（FUN）是一个可以重复使用的最基本的软件元素。一个函数可以有一个或多个输入参数，它没有输出参数，但它能正确地返回（产生）一个元素作为函数（返回）值。通俗地理解，过去在传统 PLC 中使用的很多功能指令，如运算、数学、数制转换、移位等等都是现在的所谓"函数"。除此之外，用户也可以自己编写函数。在使用函数时要注意以下几点：

① 对同一个函数来说，相同的输入值总是产生相同的结果（返回值）；

② 和功能块 FB 不同，函数不存储暂态结果、状态信息或内部数据，函数没有存储器，也就是说它进行的是"无记忆"的操作；

③ 函数不可调用诸如定时器、计数器或边沿检测等功能块；

④ 不允许在函数内使用全局变量，也不允许把局部变量的属性设置为"保持"；

⑤ IEC 61131-3 对数据类型有严格的规定，所以使用 FUN 时必须保证数据类型设置正确；

⑥ 对于不同的 IEC 61131-3 的编程语言，FUN 的使用还有一些差别，如 EN（使能输入）和 ENO（使能输出）的使用。

2. 标准函数

（1）标准函数

为了简化和统一 PLC 编程系统的基本函数，IEC 61131-3 为经常使用的基本函数预定义了标准函数集，并对这些函数的性能、运行时的行为特性以及调用接口都进行了标准化。IEC 61131-3 定义了以下 8 组标准函数：

① 数据类型转换函数；

② 数值函数；

③ 算术函数；

④ 位一串函数（移位和按位运算的布尔函数）；

⑤ 选择和比较函数；

⑥ 字符串函数；

⑦ 用于时间数据类型的函数；

⑧ 用于枚举数据类型的函数。

表 9－5 所列为 IEC 61131-3 中定义的全部标准函数，其中用于时间数据类型（ADD、SUB、MUL、DIV、CONCAT）和枚举数据类型（SEL、MUX、EQ、NE）的函数没有单独列出，而是与其他函数一起成组地列入算术、比较、选择和字符串的范畴中。

标准函数的具体使用请参考本章的编程语言一节。另外编程软件中的"帮助"和"向导"也可以为使用标准函数提供帮助。

（2）多载和可扩展函数

在表 9－5 中提到了多载和可扩展两个概念，下面做一下简要解释。

表 9－5　IEC 61131-3 的标准函数

标准函数(具有输入变量的数据类型)		函数值的数据类型	简要描述	多载	可扩展
类型转换					
* _TO_ *	(ANY)	ANY	数据类型转换	是	否
TRUNC	(ANYR_REAL)	ANY_INT	四舍五入	是	否
BCD_TO_ * *	(ANYR_BIT)	ANY	从 BCD 转换	是	否
* TO_BCD	(ANYR_INT)	ANY_BIT	转换为 BCD	是	否
DATE_AND_TIME_TO_TIME_OF_DAY	(DT)	TOD	转换为一天中的时间	否	否
DATE_AND_TIME_TO_DATE	(DT)	DATE	转化为日期		否
数　值					
ABS	(ANY_NUM)	(ANY_NUM)	绝对数	是	否
SQRT	(ANY_REAL)	(ANY_REAL)	平方根	是	否
LN	(ANY_REAL)	(ANY_REAL)	自然对数	是	否
LOG	(ANY_REAL)	(ANY_REAL)	常用对数(底为 10)	是	否
EXP	(ANY_REAL)	(ANY _ REAL)	指数	是	否
SIN	(ANY_REAL)	(ANY_REAL)	正弦	是	否
COS	(ANY_REAL)	(ANY_REAL)	余弦	是	否
TAN	(ANY_REAL)	(ANY_REAL)	正切	是	否
ASIN	(ANY_REAL)	(ANY_REAL)	反正弦	是	否
ACOS	(ANY_REAL)	(ANY_REAL)	反余弦	是	否
ATAN	(ANY_REAL)	(ANY_REAL)	反正切	是	否
算术运算	(IN1，IN2)				
ADD{＋}	(ANY_NUM, ANY_NUM)	ANY_NUM	加法	是	否
ADD{＋}[a]	(TIME,TIME)	TIME	时间加法	是	否
ADD{＋}[a]	(TOD,TIME)	TOD	一天中的时间加法	是	否
ADD{＋}[a]	(DT,TIME)	DT	日期加法	是	否
MUL{＊}	(ANY_NUM, ANY_NUM)	ANY_NUM	乘法	是	否
MUL{＊}[a]	(TIME, ANY_NUM)	TIME	时间乘法	是	否
SUB{−}	(ANY_NUM, ANY_NUM)	ANY_NUM	减法	是	否
SUB{−}[a]	(TIME,TIME)	TIME	时间减法	是	否
SUB{−}[a]	(DATE,DATE)	TIME	日期减法	是	否
SUB{−}[a]	(TOD,TIME)	TOD	一天中的时间减法	是	否
SUB{−}[a]	(TOD,TOD)	TIME	一天中的时间减法	是	否
SUB{−}[a]	(DT,TIME)	DT	日期和时间减法	是	否
SUB{−}[a]	(DT,DT)	TIME	日期和时间减法	是	否
DIV{/}	(ANY_NUM, ANY_NUM)	ANY_NUM	除法	是	否
DIV{/}[a]	(TIME, ANY_NUM)	TIME	时间除法	是	否
MOD	(ANY_NUM, ANY_NUM)	ANY_NUM	余数	是	否
EXPT{ ＊ ＊ }	(ANY_NUM, ANY_NUM)	ANY_NUM	指数	是	否
MOVE{ : ＝}	(ANY_NUM, ANY_NUM)	ANY_NUM	赋值	是	否

标准函数(具有输入变量的数据类型)		函数值的数据类型	简要描述	多载	可扩展
移　位	(IN1,N)				
SHL	(ANY_BIT，N)	ANY_BIT	左移	有	否
SHR	(ANY_BIT，N)	ANY_BIT	右移	有	否
ROR	(ANY_BIT，N)	ANY_BIT	循环右移	有	否
ROL	(ANY_BIT，N)	ANY_BIT	循环左移	有	否
按位运算	(IN1,IN2)				
AND{ &.}	(ANY_BIT,ANY_BIT)	ANY_BIT	按位的 AND	有	否
OR{>=1}	(ANY_BIT,ANY_BIT)	ANY_BIT	按位的 OR	有	否
XOR{=2k+1}	(ANY_BIT,ANY_BIT)	ANY_BIT	按位的 EXOR	有	否
NOT	(ANY_BIT,ANY_BIT)	ANY_BIT	按位取反	有	否
选　择	(IN1,IN2)				
SEL	(G,ANY,ANY)	ANY	二进制的选择(二取一)	有	否
SEL[b]	(G,ENUM,ENUM)	ENUM	二进制的选择(二取一)	无	否
MAX	(ANY,ANY)	ANY	最大	有	有
MIN	(ANY,ANY)	ANY	最小	有	有
LIMIT	(MN,ANY,MX)	ANY	限位	有	有
MUX	(K,ANY,…ANY)	ANY	多路器(N 中选 1)	无	有
MUX[b]	(K,ENUM,…ENUM)	ENUM	多路器(N 中选 1)		否
比　较	(IN1,IN2)				
GT{>}	(ANY,ANY)	BOOL	大于	有	有
GT{>=}	(ANY,ANY)	BOOL	大于或等于	有	有
EQ{>=}	(ANY,ANY)	BOOL	等于	有	有
EQ{>=}[b]	(ENUM,ENUM)	BOOL	等于	无	否
LT{<}	(ANY,ANY)	BOOL	小于	有	有
LE{<=}	(ANY,ANY)	BOOL	小于或等于	有	有
NE{<>}	(ANY,ANY)	BOOL	不等于	无	否
NE{<>}[b]	(ENUM,ENUM)	BOOL	不等于		否
字符串	(IN1,IN2)				
LEN	(STRING)	INT	字符串的长度	无	否
LEFT	(STRING,L)	STRING	字符串的左方	有	否
RIGHT	(STRING,L)	STRING	字符串的右方	有	否
MID	(STRING,L,P)	STRING	从字符串的中部	有	否
CONCAT	(STRING, STRING)	STRING	拼接	无	有
CONCAT[a]	(DATE,TOD)	DT	时间拼接	无	否
INSERT	(STRING,STRING,P)	STRING	插入(进入)、	有	有
DELETE	(STRING,L,P)	STRING	删除(在内部)	有	有
REPLACE	(STRING,STRING,L,P)	STRING	替代(在内部)	有	有
FIND	(STRING,STRING)	INT	寻找位置	有	有

注：a 表示用于时间数据类型的专门函数；b 表示用于枚举数据类型的专门函数。

说明：

① 表 9-5 中的一些缩写符号的含义如下：

N：待移位的位数。数据类型是 UINT；

L：在字符串内的左侧位置。数据类型是 UINT；

P：在字符串内的位置。数据类型是 UINT；

G：在 2 个输入中选择。数据类型是 BOOL；

K：在 n 个输入中选择。数据类型是 ANY - INT；

MN：限制的最小值。数据类型是 ANY；

MX：限制的最大值。数据类型是 ANY；

ENUM：枚举的数据类型；

　*　：表示输入变量的数据类型；

　**　：表示函数值的数据类型。

② 大括号{ }中是该标准函数的简单替代名，如 ADD 可以用"+"代替。

① 重载　对某一个函数来说，如果其输入变量以类数据类型描述，则称为重载（Overload）。这表示该函数的输入变量不限于单一的一种数据类型，而是可用于不同的数据类型。

例如，如果一个 PLC 编程系统能识别 INT、DINT 和 SINT，则它支持类数据类型 ANY_INT 的重载函数 ADD。也可以把一个标准函数限制为某一个数据类型，这时要把一个下画线以及相应的数据类型附加到该函数名字后，例如 ADD_INT 是一个限于数据类型 INT 的加法函数，这样的标准函数称为类型化（Typed）的标准函数。这样看来多载函数是独立于类型的。重载标准函数的说明如图 9-10 所示。

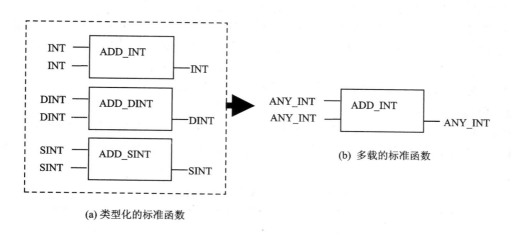

(a) 类型化的标准函数　　(b) 多载的标准函数

图 9-10　多载标准函数的说明

当使用重载函数时，编程系统会自动选择合适的类型化函数。例如，如果调用 ADD 的实际参数的数据类型是 DINT，则系统会自动选择和调用 ADD_DINT 标准函数。

② 可扩展　对一个标准函数来说，如果其输入变量的数量是可变的，则称为可扩展的（Extensible）。如一个加法函数 ADD，其输入端可以有 2 个数据，也可以有 3 个、4 个数据，但对除法函数 DIV 就不行。该类函数的扩展程度受 PLC 所强制的上限或图形编程语言中方框高度限制。

9.3.2　标准功能块

1. 功能块的基本概念

功能块是一种重要的 POU，它按一定的算法和动作组成一段程序，在一定的给定条件下产生新的输出数据。在控制系统中，经常会用到功能块，如 PID 闭环控制块、滤波块等，在某种程度上，它有点像原来我们使用的子程序或带参数的子程序。

功能块有输入变量、输出变量、内部变量以及临时变量等。功能块的程序段由各种算法、动作和传递等组成，当功能块被执行时，它会组合属于它的变量和程序来产生新的输出数据和内部数据。

功能块和函数之间的最大区别就是它有存储功能，所以它被广泛地应用于需要有数据保持功能的地方。

使用功能块时，最重要的一点就是要把功能块实例化。通俗地说，实例化就是给要使用的功能块起一个专用的名字。就像原来使用定时器一样，例如要用一个西门子 PLC 中通电延时型的定时器 TON 时，要指定其中的一个，如 T37，这个 T37 就是一个名字，只不过现在不再使用这样和具体的硬件紧密结合的名字了。在 IEC 61131-3 中，当使用一个定时器时，只需给它定义一个有意义的符号即可。编程系统会自动生成该定时器的内部绝对编号。这一方面保证了功能块的重复使用性，也保证了它的独立性。

使用功能块时有下列注意事项：

① 可以在外部存取实例功能块的输入和输出参数，但不能存取内部参数；

② 可以在其他功能块或程序中使用实例化的功能块；

③ 使用功能块时，一般要在 POU 中用参数说明的形式对实例功能块进行说明，如果不说明，则它的使用范围仅限于所连接的 POU；如果它被说明为全局变量，则它可以在本资源内的任何程序或功能块中使用；

④ 实例化功能块的输入/输出数据的当前值也可以被存取使用。

2. 标准功能块

IEC 61131-3 定义了 5 组标准功能块，这包含了最重要的带有保持行为特性的 PLC 功能。该 5 种标准功能块组如表 9-6 所列，表 9-7 为表 9-6 中的输入/输出变量缩写的含义和数据类型。

表 9-6　IEC 61131-3 标准功能块

带输入参数名的标准功能块名		输出参数名	简要描述
双稳态元素			
SR	(S1,R,	Q1)	置位优先
RS	(S,R1,	Q1)	复位优先
边沿检测			
R_TRIG{->}	(CLK,	Q)	上升沿检测
F_TRIG{-<}	(CLK,	Q)	下降沿检测

续表 9 - 6

带输入参数名的标准功能块名		输出参数名	简要描述
计数器			
CTU	(CU,R,PV,	Q,CV)	加计数器
CTD	(CD,LD,PV,	Q,CV)	减计数器
CTUD	(CU,CD,R,LD,PV,	QU,QD,CV)	加/减计数器
定时器			
TP	(IN,PT,	Q,ET)	脉冲
TON{T--0}	(IN,PT,	Q,ET)	接通延时
TOF{0--T}	(IN,PT,	Q,ET)	断开延时
RTC	(EN,PDT,	Q,CDT)	实时时钟
通　信			参阅 IEC 61131-5

表 9 - 7　表 9 - 6 中输入/输出变量缩写的含义和数据类型

输入/输出	含　义	数据类型
R	复位输入	BOOL
S	置位输入	BOOL
RI	复位优先	BOOL
SI	置位优先	BOOL
Q	输出(标准)	BOOL
Q1	输出(只用于触发器)	BOOL
CLK	时钟	BOOL
CU	用于加计数器的输入	R_EDGE
CD	用于减计数器的输入	R_EDGE
LD	装入(计数器)的值	INT
PV	预置(计数器)的值	INT
QD	输出(减计数器)	BOOL
QU	输出(加计数器)	BOOL
CV	当前(计数器)的值	INT
IN	输入(定时器)	BOOL
PT	预设的时间值	TIME
ET	结束时间输出	TIME
PDT	预设的日期和时间值	DT
CDT	当前的日期和时间	DT

在本书编程语言一节和最后一节都使用了不少标准功能块,也有功能块的设计举例,所以对于功能块的使用可参考后面这两节的讲解。另外,编程软件中的"帮助"和"向导"也可以为使用标准功能块提供帮助。

9.4　编程语言及使用举例

IEC 61131-3 提供了 4 种编程语言,其中结构化文本 ST 和指令表 IL 属于文本化的编程语言,梯形图 LD 和功能块图 FBD 属于图形化的编程语言。顺序功能图 SFC 属于公共元素,但现在一般把它作为一种最常用的编程语言,和 SFC 对应的还有一个文本版本的 SFC,在实际中使用很少,另外我们国家使用 FBD 的人也不是太多,考虑到本书的篇幅所限,对 FBD 和文本 SFC 就不讲解了。

9.4.1　梯形图(LD)

1. 基本概念

梯形图(Ladder)编程语言是从继电器控制系统原理图的基础上演变而来的。其直观、易懂的特点,使它得到了广泛的应用。它通常在以开关量为主的简单的顺序逻辑控制系统中使用,在复杂的具有数值计算的过程控制系统或复杂的逻辑判断系统中,梯形图往往显得不够方便和灵活。有关梯形图的详细讲解参见本书第 4 章。

现在的 IEC 61131-3 提供了多种编程语言,而且还可以组合使用,大家会发现,ST 和 SFC 比 LD 好用得多,所以和原来相比,以后使用 LD 的机会会少一些。

2. 编程基本元素

IEC 61131-3 为用户提供了线条连接、触点、线圈、执行控制等常用的基本元素。线条连接元素包括水平连接和垂直连接,这是最基础和最简单的内容。执行控制类的元素包括返回和跳转,在 LD 中不建议使用执行控制类的指令,使用时可参考软件中的帮助或其他资料。表 9 − 8 所列为触点、线圈的元素符号和相应的功能。需要说明的是,这其中的有些元素在一些编程软件中没有提供,所以使用这些软件编程时,还要采取其他替代方法。

表 9 − 8　IEC 61131-3 触点、线圈元素表

图形符号	名　称	简要解释
─┤├─	常开触点	若该触点的变量为 1,则触点闭合;为 0,则触点打开
─┤/├─	常闭触点	若该触点的变量为 1,则触点断开;为 0,则触点闭合
─┤P├─	上升沿触点	当该触点的变量从 0 变为 1 时,它产生一个脉冲,宽度为 1 个扫描周期
─┤N├─	下降沿触点	当该触点的变量从 1 变为 0 时,它产生一个脉冲,宽度为 1 个扫描周期
─( )─	输出线圈	其值和其左侧的逻辑计算结果一致
─(/)─	线圈取反	其值和其左侧的逻辑计算结果相反
─(S)─	置位线圈	当其左侧的逻辑计算结果为 1 时,该线圈被置位
─(R)─	复位线圈	当其左侧的逻辑计算结果为 1 时,该线圈被复位
─(M)─	记忆线圈	其值和其左侧的逻辑计算结果一致,具有掉电保持功能
─(SM)─	置位记忆线圈	当其左侧的逻辑计算结果为 1 时,该记忆线圈被置位

图形符号	名　称	简要解释
—（RM）—	复位记忆线圈	当其左侧的逻辑计算结果为 1 时,该记忆线圈被复位
—（P）—	上升沿线圈	当该线圈左侧的逻辑计算结果从 0 变为 1 时,它产生一个脉冲,脉冲宽度为 1 个扫描周期
—（N）—	下降沿线圈	当该线圈左侧的逻辑计算结果从 1 变为 0 时,它产生一个脉冲,脉冲宽度为 1 个扫描周期

在 LD 中,还可以调用 FB 和 FUN,其使用方法见下面的例子。

3. 编程举例

以本书例 5 - 2"液体混合搅拌控制装置"为例来讲解 IEC 61131-3 中 LD 的使用,具体的装置结构和工艺要求参见例 5 - 2。

（1）程序设计

以下是变量说明:

```
VAR_INPUT
    Start_SB1：          BOOL；
    Stop_SB2：           BOOL；
    SensorL_SL1：        BOOL；
    SensorM_SL2：        BOOL；
    SensorH_SL3：        BOOL；
END_VAR
VAR_OUTPUT
    ValveA_YV1：         BOOL；
    ValveB_YV2：         BOOL；
    ValveAB_YV3：        BOOL；
    Motor：              BOOL；
END_VAR
VAR
    WorkState：          BOOL；
    WorkCondition：SR；
    Open_YV1：R_TRIG；
    Close_YV1：R_TRIG；
    Open_YV2：R_TRIG；
    Close_YV2：R_TRIG；
    Open_Motor：R_TRIG；
    Motor_Run：TON；
    Motor_Time：BOOL；
    Close_Motor：R_TRIG；
    Open_YV3：R_TRIG；
    YV3_Run：TON；
    YV3_Time：BOOL；
    Close_YV3：R_TRIG；
END_VAR
```

（2）梯形图程序（见图 9 - 11）

在设计上面的程序时，所使用的软件中没有触点的直接上升沿和下降沿等指令，所以使用上升沿功能块来解决问题。IEC 61131-3 标准中规定的函数，实际的编程软件不一定都能提供，大家一定要注意这一点。

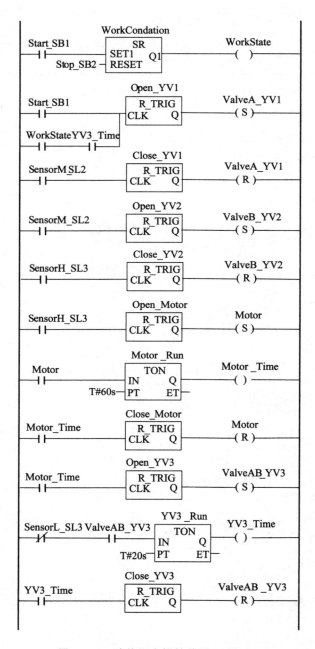

图 9 - 11 液体混合搅拌装置 LD 程序

9.4.2 结构化文本(ST)

结构化文本编程语言是一种文本化的高级编程语言,就像我们熟悉的 PASCAL、C 一样,在使用时非常灵活和方便。和 LD、IL 比起来,使用 ST 编写的程序具有很强的可读性,书写起来也很方便。其显著的特点是可以用一个表达式编写高度压缩化的程序,程序结构清晰,可以构成强大的控制命令流结构。虽然高级语言在编译成机器语言时效率较低,但在 CPU 性能大幅度地提高和存储区容量不成问题的今天,这已不是主要问题了。所以以后使用 ST 的机会会非常多。

1. 表达式和操作符

ST 中最基本的元素就是表达式,表达式一般由操作数和操作符组成。操作数可以是数字、时间等直接量,可以是变量,也可以是函数调用的结果。操作符的优先级决定一个表达式中的计算顺序。表 9-9 所列为 IEC 61131-3 的 ST 操作符,按在表中的位置从高到低的排列顺序,其优先级的顺序为从高到低。

表 9-9 ST 的操作符

操作符	说　明	优先级
( )	括　号	高
FUNCTION(…)	函数调用	
* *	求　幂	
—	求　反	
NOT	逻辑求反	
*	乘　法	
/	除　法	
MOD	取　模	
+	加　法	
—	减　法	
<,>,<=,>=	比　较	
=	等　于	
<>	不等于	
AND, &	逻辑与	
XOR	逻辑异或	
OR	逻辑或	低

2. 语　句

一个 ST 程序由一定数量的语句组成,语句和语句之间用分号(;)隔开,一行中可以只有一条语句,也可以有多个语句,一条语句也可以占用几行。表达式属于语句中的一部分。可以对语句进行说明,说明的内容(注释)必须放在符号(*　*)中,注释可以放在任何空置的地方,只要能放下就行,但为了程序的整洁和可读性,建议还是要清晰、整齐地排列。

最常用的语句是赋值语句,赋值语句由":="表示,在下面的例子中要多次用到赋值语句。下面简要讲解一下其他语句的使用。

(1)条件判断语句 IF

IF 语句的语法表示是:

IF ＜ 条件 1 ＞ THEN ＜ 语句块 1 ＞［ELSE ＜ 语句块 2 ＞］ END_IF;

该语句的意思是如果"条件 1"为 TRUE,则执行语句块"语句块 1",否则执行 ELSE 后面的语句块"语句块 2"。其中 ELSE 部分是可选择的部分,即该部分按需要可有可无。IF 语句可以进行嵌套,另外在 ELSE 部分也可以进行判断的嵌套,即使用 ELSIF …… THEN …… ELSE 语句。

例 9 - 12 IF 语句使用举例。

```
IF FlowRate > 460.0 THEN
    IF FlameSize > 6.0 THEN
        Fuel := 4000.0;
    ELSE
        Fuel := 2000.0;
    END_IF;
ELSE
    Fuel := 1000.0;
END_IF;
```

例 9 - 13 IF 语句使用举例。

```
IF A>B THEN
    D:=1;
ELSIF A=B+2 THEN
    D:=2;
ELSIF A=B-2 THEN
    D:=4;
ELSE
    D:=3;
END_IF;
```

（2）多重选择语句 CASE

CASE 语句的语法表示是:

CASE ＜整数表示式＞ OF
    ＜整数选择值＞ :＜语句块 1＞
    ＜整数选择值＞ :＜语句块 2＞
    ……
    ELSE
    ＜语句块 3＞
END_CASE;

该语句的意思是当 CASE 后面的整数表示式的值符合下面整数选择值时,就执行相应的语句块,都不符合时,执行 ELSE 下面的表达式。整数选择值可以是一个数(例如:1:),也可以是一组数(例如:2,3,4:),也可以是一个范围内的数(例如:5..10:)。

例 9 - 14 CASE 语句使用举例。

```
CASE SpeedSetting OF
    1:          speed := 10.0;
    2:          speed := 20.0;
    3:          speed := 30.0; fan1 := ON;
    4,5:        speed := 50.0; fan2 := ON;
    5..10:      speed := 60.0; water := ON;
ELSE
        Speed := 0; SpeedFault := TRUE;
END_CASE;
```

在 1993 年修订过的 IEC 61131-3 中,也允许<整数选择值>部分可以是参数化的变量,不一定非得是整数了。

（3）迭代循环语句 FOR、WHILE 和 REPEAT

FOR 语句的语法表示是：

FOR <索引变量>:=<起始值> TO <结束值>[BY <增量值>]
　　DO <语句块>；
END_FOR；

使用 FOR 语句时,首先要对<索引变量>的起始值进行设定,当它的值在<起始值>和<结束值>之间时,就执行 DO 后面的<语句块>。使用[BY <增量值>]来定义每次<索引变量>的变化值,该增量值可以是正数,也可以是负数。如果省略 BY,则默认的增量值为 1。

WHILE 和 REPEAT 语句的作用都是在条件满足时重复执行某一段程序,它们唯一的不同点是 WHILE 先判断条件是否满足,而 REPEAT 是后判断条件是否满足。图 9-12 说明了 WHILE 和 REPEAT 语句的使用原理。

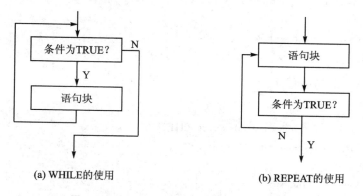

(a) WHILE的使用　　　　　　(b) REPEAT的使用

图 9-12　WHILE 和 REPEAT 语句的使用

WHILE 语句的语法表示是：

WHILE <条件表达式> DO
　　<语句块>
END_WHILE；

REPEAT 语句的语法表示是：

REPEAT

<语句块>

UNIL <条件表达式>

　　END_REPEAT；

当 WHILE 语句的条件表达式为 FALSE 时，跳出循环；当 REPEAT 语句的条件表达式为 TRUE 时，跳出循环。因为 PLC 执行程序是按照周期性循环扫描的原则进行的，所以在使用迭代循环语句时要千万注意，不要使你设计的循环段执行时间过长，更不能造成死循环。

　　例 9-15　迭代循环语句使用举例。在一个整数数组中搜寻出该数组中的最大值。

　　参数定义：

```
VAR IterationTest: ARRAY[1..6] OF INT :=[3,369,9,16,22,99];
    Index: INT:=1, IndexMax: INT:=6, MaxNum: INT:=0;
END_VAR;
......
```

使用 FOR 语句的程序：

```
FOR Index TO IndexMax DO
        IF IterationTest[Index] > MaxNum THEN
            MaxNum := IterationTest[Index];
        END_IF;
END_FOR;
```

使用 WHILE 语句的程序：

```
WHILE   Index <= IndexMax   DO
        IF IterationTest[Index] > MaxNum THEN
            MaxNum := IterationTest[Index];
        END_IF;
            Index := Index +1;
END_WHILE;
```

使用 REPEAT 语句的程序：

```
REPEAT
        IF IterationTest[Index] > MaxNum THEN
            MaxNum := IterationTest[Index];
        END_IF;
            Index := Index +1;
        UNTIL   Index > IndexMax
END_REPEAT;
```

　　(4) RETURN 语句和 EXIT 语句

　　RETURN 语句的主要作用是在一定条件下使程序脱离当前的 POU，用于脱离一个函数、功能块或程序，中止当前的 POU 的执行，即使在任务完成之前也可以提前脱离。下面是一个 FB(计数器 CTU)使用 RETURN 的例子。

　　例 9-16　RETURN 使用举例。

```
IF RESET THEN
    Q:=FALSE;
    CV:=0;
    RETURN;  (* Quits the function block *)
END_IF;
IF CU AND (CV < PV) THEN
    CV := CV+1;
END_IF;
Q := (CV >= PV);
```

EXIT 语句的作用是在一定条件下使程序跳出当前迭代语句的循环。在使用嵌套的情况下,内层的循环可以通过 EXIT 跳出,然后执行外层循环。EXIT 语句可以防止某些条件下的死循环,也可以作为某些条件下的逻辑设计语句。

例 9 - 17　EXIT 使用举例。

```
FAULT := FALSE;
FOR I := 1 TO 20 DO
    FOR  J := 0 TO 6 DO
        IF FaultList[I,J] =TRUE THEN
            FaultNo := I * 10 + J;
            Fault := TRUR; EXIT;
        END_IF;
    END_FOR;
    IF Fault THEN EXIT;
    END_IF;
END_FOR;
```

在该例中,数组 FaultList 被扫描,若其中有一个元素为 TRUE,则在记录下故障号后立即中止扫描。EXIT 语句用于跳出内外层的循环。

3.　函数和功能块的调用

在 ST 中使用函数和使用功能块的方法基本上一样,都非常简单,但两者之间存在着本质的区别。函数只有一个返回值,它的调用属于表达式的范畴;而 FB 的调用属于语句的范畴,因为 FB 可能有多个输出值,所以在一个表达式中不允许调用 FB。

调用函数和 FB 时都必须写清楚输入参数,该参数可以是具体的实际参数,也可以是形式参数。因为一个形式参数包括每个参数的名称和实际值,所以形式参数的顺序可以是任意的。如果不写参数名称,而直接用实际参数值表示输入参数,则要按照函数或功能块要求的输入参数的顺序排列。使用 FB 的输出结果时,可以写出 FB 的名称连同输出属性,另外在 1993 年的修订版中,也允许在调用时使用"=>"直接把输出值赋给所指定的输出变量,具体使用见下面的例子。

调用函数时,可直接使用其结果(结果只有一个);调用功能块后,使用其输出结果时,则要带上其输出参数名称才行。

例 9 - 18　调用函数和功能块举例。

调用函数举例:

```
Flow := sqrt(delta_p);
Value := real - to - int(x+0.5);
```

调用功能块举例：

```
( * CTU1 is an instance of a CTU function block * )
CTU1(A,R,10);      ( * 3 input parameters of CTU1 * )
Out := CTU1. Q;  ( * Q output * )
Count := CTU1.CV; ( * CV output * )
```

调用功能块的另外一种表示方法：

```
( * CTU1 is an instance of a CTU function block * )
CTU1(A,R,10, Q=>Out, CV => Count);      ( * 3 input and 2 output parameter of CTU1 * )
```

4. 举 例

ST 非常适合数值计算、循环、选择等复杂应用的场合。

例 9 - 19 ST 使用举例。本例通过一个功能块的设计来讲解 ST 的使用。

程序元素复用技术在未来 PLC 的应用系统中会越来越多的使用。即对一些典型的控制环节或对象进行编程后，该程序作为一个通用的程序元素，在任何 PLC 中都可以使用，真正使它们成为独立于制造商的成品，从而减少人力和物力的浪费。

本例中的液体容器控制系统在食品制造和制药过程中使用得非常多，图 9 - 13(a)所示为其工作过程示意图。经过过滤阀的液体可以注入到容器中，称重器可以对液体的重量进行检测，搅拌器的速度可调，它用来搅匀液体，排空阀把搅拌好的液体排放出去。

因为它是一个典型的小控制系统，所以可以把它的控制过程做成一个功能块，使其可以重复使用。该功能块通过称重器给出的"满重量"和"空重量"可以监测该容器是"满"还是"空"。另外功能块还有一个方式输入端，1 表示注入液体，2 表示保持，3 表示启动搅拌器，4 表示排空该容器。搅拌器在容器"满"时才工作。图 9 - 13(b)为功能块示意图。

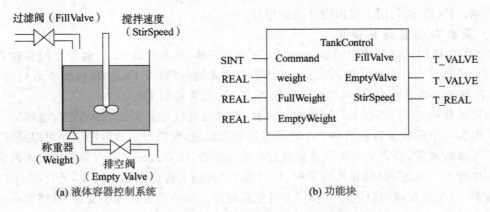

(a) 液体容器控制系统　　　　　　　　(b) 功能块

图 9 - 13 液体容器控制系统及其功能块设计

用 ST 编制的功能块程序如下：

```
( * Vessel State * )
TYPE T_STATE: (FULL, NOT_FULL, EMPTIED); END_TYPE
```

```
(* Valve State *)
TYPE T_VALVE: (OPEN, SHUT); END_TYPE

FUNCTION_BLOCK Tankcontrol

    VAR_INPUT                          (* Input parameters *)
        Command : SINT ;
        Weight : REAL ;
        FullWeight , EmptyWeight : REAL ;
    END_VAR

    VAR_OUTPUT                         (* Output parameters *)
        FillValve : T_VALVE :=SHUT ;
        EmptyValve : T_VALVE :=SHUT ;
        StirSpeed : REAL :=0. 0 ;
    END_VAR

    VAR                                (* Internal variables *)
        State : T_STATE := EMPTIED;
    END_VAR

    (* Function Block Body *)

    (* Check the vessel state *)
    IF Weight >= FullWeight THEN (* is it full? *)
        State := FULL;
    ELSIF Weight<=EmptyWeight THEN (* or empty? *)
        State :=EMPTIED;
    ELSE
        State :=NOT_FULL;
    END_IF;

    (* Process the command mode *)
    CASE Command OF
        1 :  EmptyValve  :=SHUT;          (* FILL Tank *)
             FillValve    := SEL (G:=State=Full , IN0:=OPEN, IN1 :=SHUT);
        2 :  Empty Valve  :=SHUT;         (* HOLD contents *)
             FillValve    :=SHUT;
        4 :  FillValve    :=SHUT;          (* EMPTy Tank *)
             EmptyValve:=OPEN;
    END_CASE;
        (* Control the stirrer speed *)
        StirSpeed :=SEL (G:=((Command=3) AND(State=FULL)), IN0 := 0. 0, IN1 :=100. 0);
END_FUNCTION_BLOCK
```

本例中,第一个 IF……ELSE 语句来判断容器的状态(空、满或两者之间);CASE 语句决定阀的状态;搅拌器的速度要么是 0,要么是 100.0。在实际中,该功能块可能和某任务相连,周期性地循环执行。另外需要说明的是,实际运行过程中,阀可能会发生阻塞,液位也可能产生波动,类似这些因素都会对系统控制造成影响,本例均未对此做更多考虑。

9.4.3　指令表 IL

1. 基本概念

(1) IL 和 ST、LD 的比较

在原来初学 PLC 时,指令表作为主要的编程语言之一,我们常把它和 LD 一起学习。IL 是一种低级语言,它有它的优点,那就是它更接近于机器语言,所以编译效率高,并且能够对某一字节的某一位进行控制,控制底层的元素比较灵活。但它也有难以避免的缺点,用 IL 编写的程序不直观,难以阅读,并且在进行大量计算和复杂的逻辑控制时编写程序较难,所以随着计算机技术的飞速发展,在存储区容量和计算速度都不再是大问题的今天,大家更愿意使用直观简单的高级语言 ST,但有些场合还免不了使用它来编写一些简单的程序。

IL 的语句格式如下:

标号　　:操作符/函数　操作数　　　　(* 注释 *)

标号:指的是跳转标号,它表示程序运行的位置,用于为跳转指令指明目的地。大部分情况下都可以省略标号和它后面的冒号。

操作符/函数:该部分为 IL 指令的操作符,如果使用的是函数调用,则该部分是函数的名字。

操作数:一条指令可以有一个、两个或多个操作数,也可以没有。调用函数时有可能是多个变量。多个操作数或变量之间要用逗号隔开。

注释部分:要用(* …… *)把注释部分括起来,它可以放在任何地方,但为了整齐和保证可读性,还是按常规放置较好。

下面给出两个例子,来体会 IL 和 ST、LD 之间的不同。

例 9 - 20　IL 和 ST 的编程比较。用 IL 编写一段程序,当 Speed 大于 1 000 时,进行计算,否则就不计算而跳转到后面。

```
          LD       Speed          (* Load Speed *)
          GT       1000           (* and test if >1000 *)
          JMPCN    SPEED_OK       (* Jump if not >1000 *)
          LD       Volts          (* Load Volts *)
          SUB      10             (* Load Volts *)
          ST       Volts          (* and store back in Volts *)
SPEED_OK: LD       TRUE
          ST       %QX1.5
```

用 ST 编写的完成同样功能的一段程序如下:

```
IF Speed >1000 THEN
        Volts := Volts - 10;
END_IF;
    %QX1.5:=TRUE;
```

由此可见 ST 在程序结构和具体使用方面都比 IL 清晰、简单。

例 9 - 21　LD 和 IL 的编程比较。一段 LD 程序如图 9 - 14 所示。

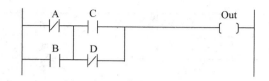

图 9 - 14　梯形图程序

这段程序的 IL 形式如下:

```
LDN     A
OR      B
AND (   C
ORN     D
)
ST      Out
```

从 LD 和 IL 的比较来看,LD 也比 IL 直观。

(2) 当前结果累加器

IL 编程语言中有一个当前结果(CR)累加器的概念,该累加器用于存储 IL 指令的计算结果,该结果可能是一个 TURE/FALSE 的布尔值,也有可能是一个不同长度的整数、实数,所以该累加器的长度是不固定的。它不像硬件累加器那样有固定的存储位,是一个能存储任意宽度数据的虚拟累加器。存储位的数量取决于当前正在处理的操作数的数据类型。在编程时可以利用 CR 的结果来进行判断和比较,以决定程序的执行流程。

2. IL 的操作符

IL 提供了 BOOL 运算和程序控制用的操作符,如表 9 - 10 所列。

表 9 - 10　IL 的操作符

操作符	数据类型 或操作数	解　释
LD、LDN	ANY	取操作、取反操作
AND、ANDN AND(、ANDN(	BOOL	与操作、与反操作 和 CR 的与操作、和 CR 的与反操作
OR、ORN OR(、ORN(	BOOL	或操作、或反操作 和 CR 的或操作、和 CR 的或反操作
XOR、XORN XOR(、XORN(	BOOL	异或操作、异或反操作 和 CR 的异或操作、和 CR 的异或反操作
ST、STN	ANY	输出、输出反
S	BOOL	置位
R	BOOL	复位

操作符	数据类型 或操作数	解　　释
ADD、ADD(	ANY	加
SUB、SUB(	ANY	减
MUL、MUL(	ANY	乘
DIV、DIV(	ANY	除
GT、GT(	ANY	大于
GE、GE(	ANY	大于等于
EQ、EQ(	ANY	等于
NE、NE(	ANY	不等于
LE、LE(	ANY	小于等于
LT、LT(	ANY	小于
JMP JMPC、JMPCN	LABLE	跳转 条件跳转、条件非跳转
CAL CALC、CALCN		调用程序或功能块 条件调用、条件非调用
RET RETC、RETCN		脱离当前 POU 返回调用 POU 条件返回、条件非返回
)		结束括号级
函数名		调用函数

注意：表 9 - 10 中的加减乘除运算的数据类型中不包括字符串类型。

3. 调用函数和功能块

在 IL 中调用函数和功能块的方法有三种，但常用的是前两种。调用函数和功能块的区别是调用功能块要使用 CALL 指令，而调用函数则直接写上函数的名字即可。

方法 1：这是一般的方法，调用时把函数或功能块中所有的参数直接写到函数或功能块名字后面的括号中即可。

例 9 - 22　调用函数和功能块举例 1。

调用功能块 LOOP1 的程序如下：

```
CAL      LOOP1(
    SP：=300.0
    PV：= (
    LD      %IW20
    ADD     10
    )
    )
```

调用函数 SHR 的程序如下：

```
SHR(
IN := %IW30
N := 10
)
```

方法 2：非常规方法，这种方法是使用 IL 中的指令，分条给函数或功能块中的输入参数赋值，最后把输出值再取出来放到指定的存储单元中。这种方法使用起来不太直观。

例 9 - 23　调用函数和功能块举例 2。

调用功能块 LOOP1 的程序如下：

```
LD          300.0
ST          LOOP1.SP
LD          %IW20
ADD         10
ST          LOOP1.PV
CAL         LOOP1
```

调用函数 SHR 的程序如下：

```
LD          %IW30
SHR(
N := 10
)
ST          %QW100
```

9.4.4　顺序功能图 SFC

1. 说　明

使用 SFC 使得编制复杂的顺序控制程序变得简单而清晰，它已成为一种不可替代的常用的 PLC 编程语言。

在最新的标准 GB/T 15969.3—2005/IEC 61131-3 中，已经把顺序功能图 SFC 作为一种公共的基本元素，而不再把它明确作为一种编程语言了，其目的是要把它定义为构成 PLC 程序和功能块内部组织的元素。但最好把它作为一种编程语言来学习。在本节也是把它作为一种编程语言来讲解的。

本书第 6 章已经对 SFC 的基础知识进行了详细讲解，功能图概念、构成规则、功能图类型等相同部分本章不再赘述。但在 IEC 61131-3 中对"分支流程"这一种类型的处理有不一样的地方。

对具有多流程的工作要进行流程选择或者说进行分支选择，即一个控制流可能转入多个可能的控制流中的某一个，但不允许多路分支同时执行，这种转换称为互斥（Mutually Exclusive）转换。在 IEC 61131-3 中，提供了三种分支的使用方法。第一种只选择一个从左到右的顺序来计算和判断转换条件，最先为 TRUE 的分支发生状态转换，如图 9 - 15(a)所示；第二种由用户定义转换执行的优先级，用户把表示优先级的数字写在分支的旁边，数字小优先级高，数字大优先级低,经过转换条件的计算和判断后,较高优先级的且转换条件为 TRUE 的分支发生状态转换,如图 9 - 15(b)所示;第三种是第 7 章中介绍的方法,它由用户决定到底进入哪一个分支,这些分支没有优先级的高低和顺序先后,但用户必须使用相互排斥的转换条件,保证每次只有一个分支可以发生状态转换,如图 9 - 15(c)所示。前两种在分支处有一个"＊"号。

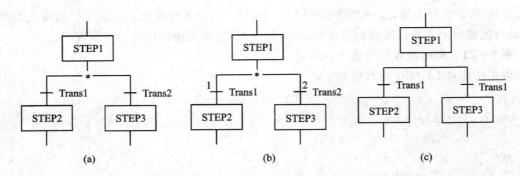

图 9 - 15　分支流程功能图举例

2. SFC 中各组成元素的特性

（1）步的属性

在 IEC 61131-3 中,增加了步的两个属性供大家使用:

① **步名称.x**　步的状态,即当该步处于激活状态时,它为 1。

② **步名称.t**　步的持续时间,即该步处于激活状态后经历的时间。

可以利用这两个属性标志方便地完成一些控制任务,图 9 - 16 所示的 S5 到 S6 的转换条件就是一例。在该例中,当 S5 被激活 12 s 后,即动作 A 工作 12 s 后,状态从 S5 转换到 S6,S5 关闭,S6 激活,动作 B 开始工作。

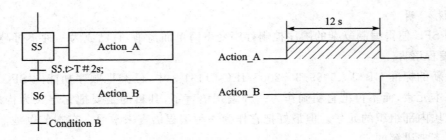

图 9 - 16　步的属性使用举例

（2）转换条件的表示

在 IEC 61131-3 中,转换条件的表示非常灵活,可以使用多种方式表达。

① 直接表示　常用的方法是直接使用一个变量来表示转换条件,除此之外,使用 ST 表达式也是常用的方法,转换条件也可以使用梯形图或 FBD 网络表示。图 9 - 17 所示为 LD、FBD 和 ST 表示转换条件的例子。

② 使用连接符表示　图 9 - 18 所示为使用连接符表示转换条件的例子。在这种方式下,只允许使用图形编程语言表示连接符逻辑。从图中也可以看出使用这种方法比较麻烦。

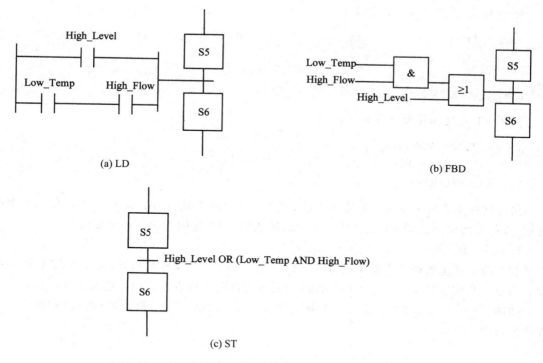

(a) LD

(b) FBD

(c) ST

图 9-17　转换条件的直接表示

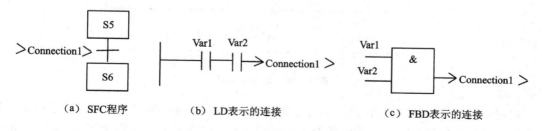

（a）SFC程序　　　（b）LD表示的连接　　　（c）FBD表示的连接

图 9-18　使用连接符表示转换条件举例

③ 使用转换名方法　这种方法是给转换条件定义一个名字，即标识符，然后可以使用 FBD、LD、IL 或 ST 编写该转换条件的逻辑。图 9-19(c)中定义一个转换的名字为 WyhT-ran1，则使用 LD 和 FBD 定义的转换条件如图 9-19(a)和图 9-19(b)所示。

(a) 使用转移名表示的SFC程序　　(b) 使用LD定义的转移条件　　(c) 使用FBD定义的转移条件

图 9-19　使用 LD 和 FBD 定义转换条件举例

使用 IL 定义的转换条件如下:

```
TRANSITION   WyhTran1
    LD       Var1
    AND      Var2
END_TRANSITION
```

使用 ST 定义的转换条件如下:

```
TRANSITION   WyhTran1
    :=       Var1 & Var2
END_TRANSITION
```

虽然转换条件的表示可以有多种方法,但在实际中使用最多的是直接表示,即使用单个的变量、步的时间属性或者 ST 表达式来表示转换条件,而其他的方法则很少使用。

(3) 动　作

和对应于状态的简单动作不同,IEC 61131-3 定义了许多动作的特性,这使得 SFC 的功能大大增强。利用所赋予动作的这些特性进行程序设计时就可以得心应手地编制程序了。

如图 9-20 所示,动作一般由动作限定符、动作名(可选)、指示器变量(可选)和动作描述等部分组成。

动作限定符	动作名	指示器变量
动作描述 (用LD、FBD、IL、ST或SFC编写的动作指令)		

图 9-20　动作的组成

限定符用来指明"步"被激活后,如何去完成相应的动作,这些限定符主要提供了对相关联指令执行时间的控制和特定变量的控制。比如限定符"N"表示当该"步"激活后,就执行相应的动作。

动作名用来定义一个动作,所以动作也是 POU 的一个组成部分。在该动作名下,可以编制程序来描述该动作的内容。

指示器变量用来指明该动作的状态,即如果该动作正在工作时,该布尔变量就为 TRUE。该部分可有可无,一般情况下不用。

对于一些简单的动作,也可以不要动作名,而直接把动作逻辑写在"动作内容"的框中。现在多数编程软件需要把"动作"单独写出来,而不能像图 9-20 那样直接把动作的内容写到动作的下面。

(4) 动作限定符

IEC 61131-3 提供的动作限定符如表 9-11 所列。所有和时间有关的限定符,在使用时,其后面要跟上一个时间值。另外 P1 和 P0 是 2003 年才发布的限定符。

由于限定符使用的重要性,在下面我们结合波形图详细介绍它们的含义和作用。

表 9 - 11　IEC 61131-3 中的 SFC 动作限定符

限定符	功能描述
空	不存储,作用同 N
N	不存储,当步处于激活状态时执行动作
S	置位一个激活的动作,即具有存储功能
R	一般和 S 配合使用,复位被置位的动作
L	执行时间被限制的动作,在时间到或步解除激活后,动作结束
D	步激活后,延迟一个设定时间才有效的动作
P	步激活后,产生一个上升沿脉冲。当步解除激活后,一般情况下还产生一个脉冲
P1	步激活后,只产生一个脉冲
P0	步解除激活后,只产生一个脉冲
SD	存储并且延迟执行动作
DS	延迟执行并且存储动作
SL	存储并且持续执行一个限制时间的动作

① 无限定符或限定符"N"的使用　如图 9 - 21 所示,无限定符或限定符为"N"时的结果都是一样的。在这种情况下,当步 S_n 激活时,动作 A_n 的输出为连续输出状态,当发生状态转换后,输出"动作"还要被执行最后一次,这是 IEC 61131-3 在制定标准时的一个缺陷。在一般情况下这个缺陷不会造成什么影响,但在有些情况下就要采取一些措施来弥补这个缺陷(下面还有详细介绍)。在下面介绍其他限定符的使用时,碰到类似的情况时,不再进行说明。状态转换后,旧的步 S_n 解除激活状态,相应的动作 A_n 输出也变为 0。

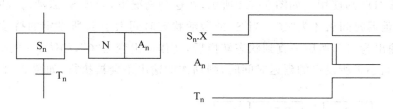

图 9 - 21　无限定符或限定符"N"的使用

② 限定符"S"和"R"的使用　如图 9 - 22 所示,在这种情况下,当步 S_n 激活时,动作 A_n 的输出就置位为 1,即使状态发生转换后,输出还继续保持"1"的状态,除非对该动作进行复位操作。当步 S_m 激活时,动作 A_n 的输出就复位为"0",要想使该动作再次变为"1"的状态,只有对该动作进行置位操作。动作的状态和相应"步"处于激活状态时间的长短无关。

③ 限定符"L"的使用　如图 9 - 23 所示,在这种情况下,当步 S_n 激活时,动作 A_n 的输出就为 1。当 S_n 的激活状态时间大于 L 所设定的持续时间时,不管转换是否发生,动作在持续时间到后都变为"0",如图 9 - 23(a)所示;当 S_n 的激活状态时间小于 L 所设定的持续时间时,则动作的输出为"1"的状态只能提前结束,如图 9 - 23(b)所示。

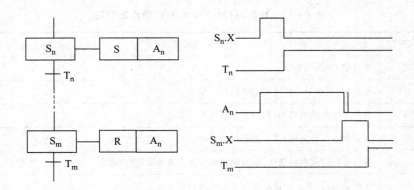

图 9-22　限定符"S"和"R"的使用

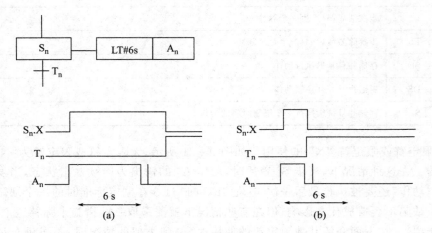

图 9-23　限定符"L"的使用

④ 限定符"D"的使用　如图 9-24 所示,在这种情况下,当步 S_n 激活时,动作 A_n 的输出要经过设定的延迟时间后才为"1"。当 S_n 的激活状态时间大于 L 所设定的持续时间时,在延迟时间到后,输出为"1",然后一直到状态转换后,动作输出变为"0",如图 9-24(a)所示;当 S_n 的激活状态时间小于所设定的延迟时间时,则动作的输出不会被执行,如图 9-24(b)所示。

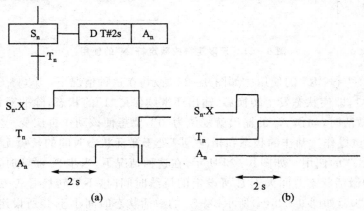

图 9-24　限定符"D"的使用

　　⑤ 限定符"P"的使用　　如图 9－25 所示,在这种情况下,当步 S_n 激活时,动作 A_n 的输出产生一个脉冲,脉冲宽度为一个扫描周期。但由于紧接着还要再产生一个"副作用"产物的脉冲,所以在使用 P 时要千万注意。现在在 IEC 61131-3 的新版本中提供了限定符 P1 来替代 P 的功能,但有些软件中还没有提供 P1 功能。

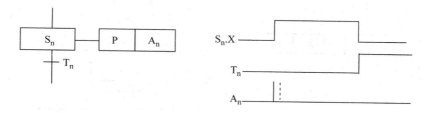

图 9－25　限定符"P"的使用

　　⑥ 限定符"P1"和"P0"的使用　　如图 9－26 所示,这是 2003 年新版本的 IEC 61131-3 中增加的功能。当步 S_n 激活时,限定符 P1 可以使动作 A_n 的输出产生一个脉冲,脉冲宽度为一个扫描周期;当步 S_n 解除激活时,限定符 P0 可以使动作 A_m 的输出产生一个脉冲,脉冲宽度为一个扫描周期。

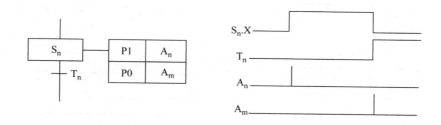

图 9－26　限定符"P1"和"P0"的使用

　　⑦ 限定符"SD"的使用　　如图 9－27 所示,在这种情况下,先行使置位功能,后行使延迟功能。当步 S_n 激活时,不管其处于激活状态的时间长短,动作 A_n 的输出都要在设定的延迟时间到后置位为"1",当对其进行复位后,动作 A_n 的输出才变为"0"。图 9－27(a)所示是 S_n 激活时间大于延迟时间的情况,图 9－27(b)所示是 S_n 激活时间小于延迟时间的情况。

　　⑧ 限定符"DS"的使用　　如图 9－28 所示,在这种情况下,先行使延迟功能,后行使置位功能。当步 S_n 激活时,如果其处于激活状态的时间大于所设定的延迟时间,则动作 A_n 的输出就置位为"1",一直到对其进行复位后,动作 A_n 的输出才变为"0",如图 9－28(a)所示;如果 S_n 的激活状态时间小于所设定的延迟时间时,则动作不会被执行,如图 9－28(b)所示。

　　⑨ 限定符"SL"的使用　　如图 9－29 所示,在这种情况下,先行使置位功能,后行使持续功能。当步 S_n 激活时,不管其处于激活状态的时间长短,则动作 A_n 的输出就置位为"1",而且为"1"的时间一直持续到设定的时间后,其输出才变为"0"。图 9－29(a)所示是 S_n 激活时间大于持续时间的情况,图 9－29(b)所示是 S_n 激活时间小于持续时间的情况。

　　(5)动作控制功能块

　　在 IEC 61131-3 中,定义了一个概念上的动作控制功能块"Q"来控制所有 SFC 动作限定

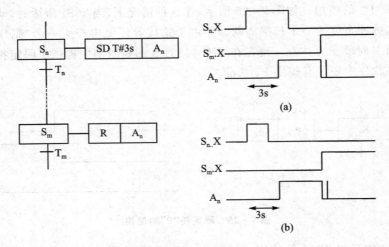

图 9 - 27　限定符"SD"的使用

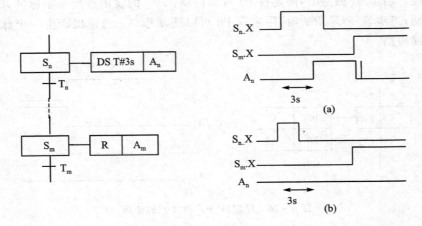

图 9 - 28　限定符"DS"的使用

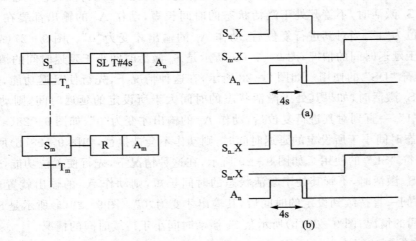

图 9 - 29　限定符"SL"的使用

符的输出行为特征。这个功能块实际上是不存在的,它只是用来描述动作的执行规范。其实 Q 就是动作执行与否的逻辑条件。IEC 61131-3 规定,当 Q 为 TRUE 时,与其有关的动作就执行,而且在 Q 由 TRUE 变为 FALSE 时,即状态发生转换时,该动作还要再执行一次。正是由于这个规定的后半部分,使得在使用 SFC 的某些动作限定符时会产生一些麻烦。这是 IEC 61131-3 的一个小疏漏。

如图 9 – 30(a)所示为一个"加一计数"的动作,该动作的本意是当步 S6 激活时,脉冲限定符 P 使计数器增加一个数,但由于在 S6 发生状态转换时,及 Q 由 TRUE 变为 FALSE 时,该动作还要再执行一次,所以最后的结果就会多加一个数。

针对这个情况,1993 年 IEC 61131-3 的修订版本提供了一个限定符(. Q)来间接解决这个问题,该限定符表示 Q 的逻辑状态。如图 9 – 30(b)所示,对上面的"加一计数",可以使用上升沿计数器功能块,其计数脉冲输入端使用动作 CounterUp 的上升沿就行了。这样在 Q 的下降沿,虽然还要再执行一次动作 CounterUp,但由于使用的是 Q 的上升沿计数,所以不会再多计一次数了。当然解决方法不只这一种,图 9 – 30(c)所示是另外的一个方案。在 2003 年增加的动作限定符 P0 和 P1 彻底解决了限定符 P 的问题,所以以后使用 P1 代替 P 就行了,这是最简单的方法,但要注意现在的一些编程软件中暂时还不支持 P1 和 P0。

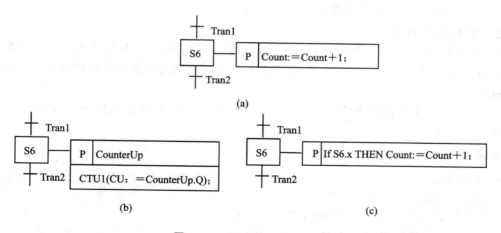

图 9 – 30 限定符 P 使用举例

3. SFC 的使用原则

SFC 既可以在"程序""功能块"等 POU 中使用,也可以在"动作"中使用它来编制程序,但不能在"函数"中使用 SFC。一般来说,SFC 的执行遵循以下规则:

① 在系统初始化后,SFC 的初始步都会激活,和其相应的动作也会执行。

② 对于处于激活状态的步,其相应的动作,以及和其相关的转换条件,在每个 PLC 循环周期中都会被执行和评测;当转换条件为 TRUE 时,后续步变为激活状态,当前步则解除激活。这种激活和解除激活可以认为是同时发生的。

③ 在某一个步由"激活"状态变为"解除激活"状态后,和其相关的动作还要再执行最后一次。

在使用 SFC 时,应尽可能给步、动作和转换条件起一个意义明确的名字;应尽量使 SFC 不要太大,应使其集中描述控制系统的主干,详细的控制细节可以放到动作中去完成;应尽量避免不同的并发顺序之间的相互作用和动作参数之间的交叉引用。总之,在开始使用 SFC 的过程中,总会遇到这样那样的问题,但同时也会积累不少经验。

9.4.5　SFC 程序设计举例

本节所选例题仍以"三台电机顺序启停"为例,这是本例在本书中第 4 次出现,通过反复学习,大家既可以对比 PLC 系统和传统继电器接触器系统的不同,更可以对比 IEC 61131-3 和传统 PLC 编程语言的不同。

1. 硬件系统简介

本例使用的 PLC 为 WAGO 的 750 - 833,这是一种可编程的现场总线耦合器,配有 PRO-FIBUS 总线接口,它和编程软件 CoDeSys 配合使用,可实现智能型从站的功能。系统的主要硬件设备如下:

① 智能型从站 PROFIBUS DP/V1 750 - 833　它既能完成 DP 耦合器的功能,又能完成基于 IEC 61131-3 编程的 PLC 的功能。

② I/O 模块 750 - 402　4 点数字量输入模块 DC24 V,带过滤器和光电隔离。

③ I/O 模块 750 - 504　4 点数字量输出模块 DC24 V,带短路保护和光电隔离。

④ 终端模块 750 - 600　系统规定的配套模块。

2. 控制程序设计

由于使用了 IEC 61131-3 中 SFC 编程语言里的步的时间元素,所以该程序的设计非常简单。在设计中用到了 SFC 的分支结构,因此该程序设计的关键是找出正确的转换条件和跳转的目标状态。

在"三台电机顺序启停"的例子中,有 2 个输入点:启动按钮和停止按钮;3 个输出点:3 个电动机的接触器。

变量定义:

```
VAR_GLOBAL
( * Input variables * )
    StartButton AT %IX0.0: BOOL;
    StopButton AT %IX0.1: BOOL;

    ( * Output variables * )
    Motor1 AT %QX0.0: BOOL;
    Motor2 AT %QX0.1: BOOL;
    Motor3 AT %QX0.2: BOOL;
END_VAR
```

控制系统程序如图 9 - 31 所示。

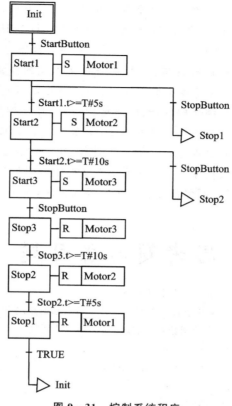

图 9-31 控制系统程序

本章小结

  本章讲解的 IEC 61131-3 是现在工业自动化领域中的标志性技术。IEC 61131 是一个关于 PLC 方面的国际标准,它旨在使 PLC 在硬件组成、软件设计等方面形成一个具有开放性,并且都认可的国际标准,以便实现 PLC 产品及其用户程序的互换性和可移植性。它解决了传统 PLC 控制系统中存在的诸多问题,这些问题包括:对制造商的依赖性、编程语言功能不强、程序结构化功能欠缺、地址设置不灵活、数据处理能力不够、控制程序执行路径的功能不强等。IEC 61131-3 是 IEC 61131 标准的第三部分,它定义 PLC 的软件结构、编程语言和程序执行方式,它综合了世界上广泛流行的编程语言,并且使其成为一种面向未来的 PLC 编程语言。

  IEC 61131-3 的突出特点有:良好的结构化编程环境、强大的数据类型检测功能、支持全面的程序执行控制功能、极强的复杂顺序控制功能、可以进行数据结构定义、编程语言的灵活选择、丰富的独立于制造商的软件产品。

  学习 IEC 61131-3 时,最重要的一个概念是程序组织单元 POU,它是用户程序中最小的、独立的软件单元。在模块化程序设计的环境下,它是全面理解新语言概念的基础。在 IEC 61131-3 中定义了三种类型的 POU,按其功能强弱的递增顺序依次为:函数(FUN)、功能块(FB)和程序(PROG)。

  IEC 61131-3 提供了 4 种 PLC 的标准编程语言,LD 和 FBD 是图形化的语言,ST 和 IL 是文本语言,另外,SFC虽然作为一种公共元素出现在了新的国际标准中,但它仍是一种最常用的编程语言。在以往学习PLC编程语言的过程中,大家对LD和IL比较熟悉了,而对FBD则接触较少(以后也不会使用很多),但现在要投入更多的时间和精力学习ST和SFC,其实这两种语言也是以后使用得最多的编程语言。ST是一种文本化的高级编程语言,在使用时非常灵活和方便。使用ST编写的程序具有很强的可读性,书写起来也很方便。它的显著特点是可以用一个表达式编写高度压缩化的程序,程序结构清晰,可以构成强大的控制命令流结构。功能图是一种描述顺序控制系统的图形表示方法,是专用于工业顺序控制程序设计的一种功能性说明语言。它能完整地描述控制系统的工作过程、功能和特性,是分析、设计电气控制系统控制程序的重要工具。过去也学习并使用过SFC,但IEC 61131-3中的SFC远比它们功能强大,它增加了步的属性和多种动作限定符供用户编程使用,而且它对动作和转换条件的编写也更为灵活和方便。

思考题与练习题

1. IEC 61131-3的显著特点有哪些?请简要解释。

2. IEC 61131-3提供了哪五种编程语言?它们各有什么特点和适用场合?

3. 简要解释IEC 61131-3标准中的函数和功能块之间的主要区别。

4. 判断下列变量表示的对错,并改正表示错误之处。

My_Var,MY　VAR,My___Var,_My_var,VAR,MyVar6

5. 说出下列直接变量的含义:

%IB2.0,%QW3,%MD66,%MX80

6. 一个PWM脉冲的波形图如图9-32所示。请使用IL、LD和ST编程语言,按照尽可能简单的方法编制程序实现该PWM的波形。

7. 用ST编写程序完成下面算式的计算:

① $y = a \cdot \cos(30 \cdot b - c)$

② $y = (1 + a) / (1 - a)$

8. 在一个基于IEC 61131-3编程的位置控制阀PLC控制系统中,需要编制一个POU来实现对阀移动偏差或滞后(Hysteresis)的监测功能。需要目标位置(Required_Position)和实时测量位置(Measured_Position)分别表示要求阀达到的位置和阀实际的位置。滞后的偏差值(Hysteresis)由上面两个信号相减的最大绝对值表示。如果新的偏差值大于旧的值,则用新的替代旧的,偏差值存储单元中始终保存最大的偏差值。请编制一个如图9-33所示的POU来实现该功能,以便被调用。另外,请问你是用FUN还是用FB来完成该POU的?

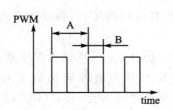

图9-32　PWM脉冲的波形图

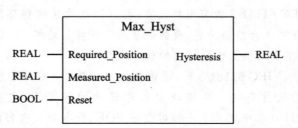

图9-33　监测阀移动滞后偏差的POU原型

9. 对照图 9-11,试编制"混合液体搅拌装置"控制系统的 SFC 程序(SFC 程序前面的参数定义部分和 LD 程序例子中的一样)。

10. 图 9-34 所示为一个自动控制系统的 SFC 程序。请回答下列问题:

① 在什么条件下步 S1 被激活?

② 在什么条件下步 S1 解除激活?

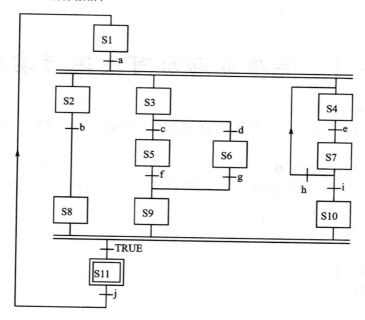

图 9-34　一个控制系统的 SFC 程序

③ 步 S2 和步 S9 有可能同时被激活吗?

④ 步 S4 和步 S10 有可能同时被激活吗?

⑤ 步 S5 和步 S6 有可能同时被激活吗?

⑥ 转换条件 e 的表达式如下:

S4. T>TIME♯1M10S;

请简述它的意思和它的执行结果。

⑦ 转换条件 b 的表达式如下:

S10. X;

请简述它的意思和它的执行结果。

⑧ 什么是互斥的转换? 在该 SFC 中哪里使用了这类转换?

11. 通过学习 9.4.4 小节,请体会和总结在 IEC 61131-3 中和传统 PLC 编程中使用 SFC 的不同。

附录 A 实验指导书

A-1 异步电动机可逆运行实验

1. 实验目的

了解传统电气控制系统,学习异步电动机控制电路的连接,掌握异步电动机可逆运行系统的设计。

2. 实验使用设备及器件

① 小容量(可根据具体情况选择,建议 0.55 kW 以下)异步电动机 1 台;

② 塑壳断路器 1 个;

③ 交流接触器 2 个;

④ 熔断器 2 个;

⑤ 热继电器 1 个;

⑥ 电子式时间继电器 1 个;

⑦ 按钮 2 个。

说明:以上器件的容量要根据所使用的电动机容量来选择。

3. 实验内容

① 电子式时间继电器的延时整定。

让线圈通电,观察此时各触点的工作情况。调节"时间设定"旋钮,使延时开、闭触点在线圈通电后 10 s 时动作。

② 异步电动机的正、反转控制。

要求:按启动按钮,电动机启动正转,10 s 后自行进入反转状态。按停止按钮,电动机停转。

首先按图 A-1,分别完成主电路、控制电路的接线。经仔细检查后,先合上控制电路电源,观察接触器、时间继电器工作是否正常,完好时可合上主电路电源。按启动按钮,进行电动机正、反转及停转实验。

4. 预习要求

阅读实验指导书,根据要求写出实验步骤。

5. 实验报告要求

① 指出电动机正、反转控制电路中哪些触点起"自锁"作用? 哪些触点起"联锁"作用?

② 写出电气控制电路中各个电器的动作顺序和工作过程。

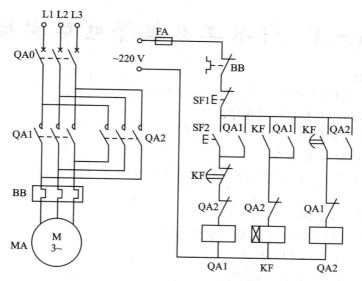

图 A - 1　电动机可逆运行控制电路

A - 2　SMART PLC 编程软件使用实验

1. 实验目的
① 熟悉 STEP 7 Micro/WIN SMART 编程软件；
② 上机编制简单的梯形图程序；
③ 初步掌握编程软件的使用方法和调试程序的方法。

2. 实验使用设备及器件
① 安装有 STEP 7 Micro/WIN SMART 编程软件的 PC 机 1 台；
② 编程电缆 1 根；
③ S7-200 SMART PLC 1 台。

3. 实验内容
① 熟悉编程软件的菜单、工具条、指令输入和程序调试；
② 参照第 4 章的典型电路程序设计的内容，编写一段简单程序（比如参考图 4 - 42 编写一段延时脉冲产生程序）；
③ 检查无误后，将程序写入 PLC，运行该程序，并观察运行结果。

4. 预习要求
① 在自己的计算机中安装 STEP 7 Micro/WIN SMART 编程软件，熟悉其主要功能；
② 阅读实验指导书，根据要求设计一段简单程序，并写出调试步骤。

5. 实验报告要求
整理出运行调试后的梯形图程序，写出该程序的调试步骤和观察结果。

A－3　标准工业报警电路实验

1. 实验目的
① 熟悉编程软件的使用和 S7-200 SMART PLC 的逻辑指令；
② 编制简单的 PLC 应用项目程序；
③ 熟悉调试程序的方法。

2. 实验使用设备及器件
① 安装有 STEP 7 Micro/WIN SMART 编程软件的 PC 机 1 台；
② 编程电缆 1 根；
③ S7-200 SMART PLC 1 台；
④ 按钮 2 个，用做消铃按钮和试灯、试铃按钮；
⑤ 钮子开关 3 个，用来模拟故障信号；
⑥ 指示灯 3 个，用来表示 3 个故障；
⑦ 蜂鸣器 1 个。

3. 实验内容
① 参考图 4－52，编写一段有 3 种故障信号的标准工业报警电路程序；
② 把程序写入 PLC；
③ 调试所编写的程序；
④ 模拟实际故障发生时的情景，并观察出现的现象。

4. 预习要求
阅读实验指导书，复习第 4 章中的相关内容，根据要求设计出梯形图程序，并写出调试步骤。

5. 实验报告要求
整理出运行调试后的标准工业报警电路梯形图程序，写出该程序的调试步骤，总结观察结果并分析之。

A－4　使用简单设计法编制电动机顺序启停控制程序实验

1. 实验目的
① 熟悉编程软件的使用和 S7-200 SMART PLC 的逻辑指令；
② 学习使用简单设计法编程；
③ 编制简单的 PLC 应用项目程序；
④ 熟悉调试程序的方法。

2. 实验使用设备及器件
① 安装有 STEP 7 Micro/WIN SMART 编程软件的 PC 机 1 台；
② 编程电缆 1 根；

③ S7-200 SMART PLC 1 台；

④ 按钮 2 个,用做启动按钮和停止按钮；

⑤ 指示灯 3 个,用来表示 3 个电动机。

3．实验内容

① 参考图 4－54,使用简单设计法编写 3 台电动机顺序启停的程序；

② 把程序写入 PLC；

③ 模拟实际电动机启停的顺序调试所编写的程序,并观察实验现象。

4．预习要求

阅读实验指导书,复习第 4 章中的相关内容,根据要求设计出梯形图程序,并写出调试步骤,总结观察结果并分析之。

A－5　抢答器程序设计实验

1．实验目的

① 进一步熟悉 S7-200 SMART PLC 的逻辑指令；

② 编制简单的 PLC 应用项目程序；

③ 进一步掌握编程软件的使用方法和调试程序的方法。

2．实验使用设备及器件

① 安装有 STEP 7 Micro/WIN SMART 编程软件的 PC 机 1 台；

② 编程电缆 1 根；

③ S7-200 SMART PLC 1 台；

④ 按钮 3 个；

⑤ 钮子开关 1 个；

⑥ 指示灯 3 个；

⑦ 小电磁铁 1 个(若没有,可使用中间继电器或指示灯象征性地代替)。

3．实验内容

(1) 简单抢答显示程序的调试

参加智力竞赛的 A、B、C 三人其桌上各有一只抢答按钮,分别为 SF1、SF2 和 SF3,用 3 盏灯 PG1、PG2 和 PG3 显示他们的抢答信号。当主持人接通抢答允许开关 SF0 后抢答开始,最先按下按钮的抢答者对应的灯亮；与此同时,应禁止另外两个抢答者的灯亮,指示灯在主持人断开开关 SF0 后熄灭。与各外部输入、输出元件对应的 PLC 输入、输出端子号如表 A－1 所列。

将程序写入 PLC,检查无误后运行该程序。调试程序时应该逐项检查以下要求是否满足：

① SF0 没有接通时,各按钮是否能使对应的灯亮；

② SF0 接通时,按某一个按钮是否能使对应的灯亮；

③ 某一盏灯亮后,另外两个抢答者的灯是否还能被点亮；

④ 断开开关 SF0,是否能使已亮的灯熄灭；

⑤ 如果某一项要求没有达到,应检查和修改程序,直到完全满足要求为止。

（2）复杂的抢答显示程序的设计

抢答者分为三组：儿童组2人（分开坐），他们分别控制按钮 SF11 和 SF12，其中任何一个被按下，灯 PG1 都亮；学生组一人，用按钮 SF2 控制灯 PG2；教授组2人（分开坐），当他们同时按下按钮 SF31 和 SF32 时灯 PG3 才亮。主持人按下复位按钮 SF4，亮的灯熄灭。主持人接通开关 SF0 后，在 10 s 内如果参赛者按下按钮，电磁开关接通，使彩球摇动；SF0 断开后停止摇动。与输入、输出对应的元器件地址如表 A－2 所列。

<table>
<tr><td colspan="4">表 A－1　输入、输出地址分配表</td></tr>
<tr><td>输入装置</td><td>端子号</td><td>输出装置</td><td>端子号</td></tr>
<tr><td>按钮 SF1</td><td>I0.0</td><td>灯 PG1</td><td>Q0.0</td></tr>
<tr><td>按钮 SF2</td><td>I0.1</td><td>灯 PG2</td><td>Q0.1</td></tr>
<tr><td>按钮 SF3</td><td>I0.2</td><td>灯 PG3</td><td>Q0.2</td></tr>
<tr><td>开关 SF0</td><td>I0.3</td><td>—</td><td>—</td></tr>
</table>

<table>
<tr><td colspan="4">表 A－2　输入、输出地址分配表</td></tr>
<tr><td>输入装置</td><td>元件号</td><td>输出装置</td><td>元件号</td></tr>
<tr><td>按钮 SF11</td><td>I0.0</td><td>灯 PG1</td><td>Q0.0</td></tr>
<tr><td>按钮 SF12</td><td>I0.1</td><td>灯 PG2</td><td>Q0.1</td></tr>
<tr><td>按钮 SF2</td><td>I0.2</td><td>灯 PG3</td><td>Q0.2</td></tr>
<tr><td>按钮 SF31</td><td>I0.3</td><td>电磁开关</td><td>Q0.3</td></tr>
<tr><td>按钮 SF32</td><td>I0.4</td><td>—</td><td>—</td></tr>
<tr><td>按钮 SF4</td><td>I0.5</td><td>—</td><td>—</td></tr>
<tr><td>开关 SF0</td><td>I0.6</td><td></td><td></td></tr>
</table>

4．预习要求

阅读实验指导书，根据要求设计出抢答程序的梯形图程序，并写出调试步骤。

5．实验报告要求

整理出运行调试后的抢答显示的梯形图程序，写出该程序的调试步骤和观察结果。

A－6　人行道按钮控制交通灯程序设计实验

1．实验目的

① 进一步熟悉 PLC 的指令系统，重点是功能图的编程、定时器和计数器的应用；

② 熟悉时序控制程序的设计和调试方法。

2．实验使用设备及器件

① 安装有 STEP 7 Micro/WIN SMART 编程软件的 PC 机 1 台；

② 编程电缆 1 根；

③ S7-200 SMART PLC 1 台；

④ 按钮 2 个。

3．实验内容

（1）只考虑横道线交通灯的控制程序

某人行横道设有红、绿两盏信号灯，一般是红灯亮，路边设有按钮 SF，行人横穿街道时需按一下按钮。4 s 后红灯灭，绿灯亮，过 5 s 后，绿灯闪烁 4 次（0.5 s 亮、0.5 s 灭），然后红灯又亮，时序如图 A－2 所示。

从按下按钮后到下一次红灯亮之前这一段时间内按钮不起作用。根据时序要求设计出红灯、绿灯的控制电路。将设计的程序写入 PLC，检查无误后运行程序。用 I0.0 对应的开关模拟按钮的操作，用 Q0.0 和 Q0.1 分别代替红灯和绿灯的变化情况，观察 Q0.0 和 Q0.1 的变化,发现问题后及时修改程序。

（2）实际的交通信号灯控制程序

交通信号灯示意图如图 A‑3 所示。按下按钮 SF1 或 SF2,交通灯将按图 A‑4 所示的顺序变化,在按下启动按钮至公路交通灯由红变绿这段时间内,再按按钮将不起作用。

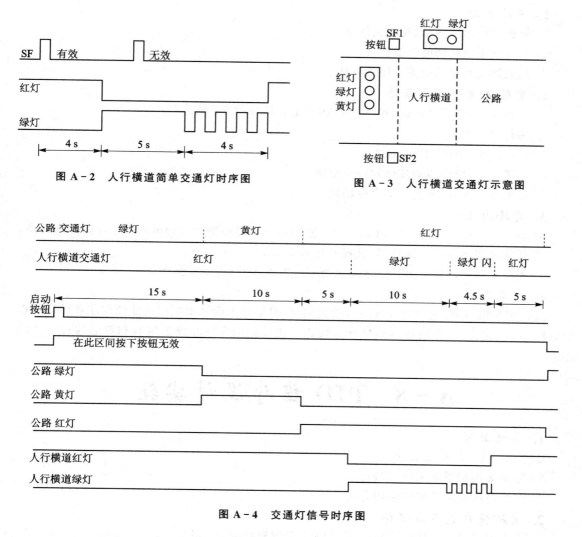

图 A‑2 人行横道简单交通灯时序图

图 A‑3 人行横道交通灯示意图

图 A‑4 交通灯信号时序图

4. 预习要求

阅读本实验的指导书,编写符合图 A‑2 和图 A‑4 要求的顺序功能图和梯形图程序。在梯形图上加上简单的注释。

5. 实验报告要求

整理出调试好的控制交通信号灯的顺序功能图和梯形图程序,并写出调试步骤和结果。

A-7　使用顺序功能图编制电动机顺序启停控制程序实验

1. 实验目的
① 熟悉顺序功能图,以及相关指令;
② 学习使用顺序功能图编程;
③ 熟悉调试顺序功能图程序的方法。

2. 实验使用设备及器件
① 安装有 STEP 7 Micro/WIN SMART 编程软件的 PC 机 1 台;
② 编程电缆 1 根;
③ S7-200 SMART PLC 1 台;
④ 按钮 2 个,用做启动按钮和停止按钮;
⑤ 指示灯 3 个,用来表示 3 个电动机。

3. 实验内容
① 参考图 6-16、图 6-17 和图 6-18,使用顺序功能图编写三台电动机顺序启停的程序;
② 把功能图转换成为梯形图,并将其写入 PLC;
③ 模拟实际电动机启停的顺序调试所编写的程序,并观察实验现象。

4. 预习要求
阅读实验指导书,复习第 6 章中的相关内容,根据要求设计出顺序功能图程序和梯形图程序,并写出调试步骤,总结观察结果并分析之。比较使用顺序功能图编程和普通编程方法的不同。

A-8　PID 程序设计实验

1. 实验目的
① 熟悉 PLC 的功能指令;
② 熟悉对模拟量的采样方法;
③ 熟悉对模拟量处理的常用方法。

2. 实验使用设备及器件
① 安装有 STEP 7 Micro/WIN SMART 编程软件的 PC 机 1 台;
② 编程电缆 1 根;
③ S7-200 SMART PLC(建议 SR40)1 台;
④ EM AE04(4 路 AI)模块 1 块;
⑤ 实验用盛水容器 1 个,大小适中;
⑥ 4~20 mA 信号液位传感器 1 个,可使用差压变送器,也可使用超声波物位计;
⑦ 调节阀 1 个,该阀通过 4~20 mA 电流调节其开度大小;
⑧ 小水泵 1 台。

说明:该实验项目需要事先做好实验模型,工作量较大。

3. 实验内容

用水泵通过一调节阀给一水池供水,水池中用一液位变送器测量水池水位(变送器输出 4~20 mA 电流信号,表示水池中水位的深度)。

① 对液位变送器(AIW0)的输出进行采样,要求采样周期为一个扫描周期,多次采样后求得平均值,折算为水池液位。设定一个水池水位,应用 PID 指令控制调节阀,保证水池水位保持在设定值。

② 对模拟量采样使用定时中断方法,设定采样周期为 100 ms,多次采样后求得平均值,折算为水池液位。

4. 预习要求

阅读本实验的指导书,编写符合实验内容(1)、(2)项要求的梯形图和语句表程序,并在梯形图上加上必要的注释。

5. 实验报告要求

整理出调试好的模拟量采集和模拟量输出控制的梯形图程序和语句表程序,并写出调试步骤和结果。

A－9　S7-200 SMART PLC 网络通信实验

1. 实验目的

① 熟悉 PLC 的开放式通信功能,以及相关指令;
② 熟悉调试 PLC 通信程序的方法。

2. 实验使用设备及器件

① 安装有 STEP 7 Micro/WIN 编程软件的 PC 机 1 台;
② 标准型 S7-200 SMART PLC 3 台;
③ 通信电缆 4 段(最好使用标准 PROFINET 电缆,若没有,则可使用普通网线);
④ 交换机 1 台。

3. 实验内容

1) 使用网线把 3 台 SMART PLC 连接到服务器上,并编好 IP 地址:1 号 PLC 的 IP 地址: 192.168.0.1,2 号 PLC 的 IP 地址:192.168.0.2,3 号 PLC 的 IP 地址:192.168.0.3。

2) 使用开放式通信指令 TCP、UDP 和 ISO-on-TCP 分别编写三台 PLC 之间的通信程序,这是 3 个不同的实验。

3) 程序要求:

① 1 号 PLC 为客户端,2 号 PLC 为服务器建立 TCP/IP 通信,将 1 号 PLC 中的 VB100~VB110 中的数据发送到 2 号 PLC 的 VB200~VB210 中(1 号 PLC 中的 VB100~VB110 数据初始化为 0~10)。

② 2 号 PLC 与 3 号 PLC 进行 UDP 通信,将 2 号 PLC 的 VB100~VB110 中的数据发送到 3 号 PLC 的 VB200~VB210 中(2 号 PLC 的 VB100~VB110 数据初始化为 10~20)。

③ 3 号 PLC 作为客户端,1 号 PLC 作为服务器建立 ISO_ON_TCP 通信,将 3 号 PLC 的 VB100~VB110 中的数据发送到 1 号 PLC 的 VB200~VB210 中(3 号 PLC 的 VB100~VB110 数据初始化为 20~30)。

4）分别编制 3 个 PLC 的通信程序，并将其分别写入各自的 PLC。

5）模拟调试所编写的程序，并观察实验现象。

4. 预习要求

阅读实验指导书，复习第 7 章中的相关内容，根据要求设计出梯形图程序，并写出调试步骤。

5. 实验报告要求

整理出调试好的全部梯形图程序，并写出调试步骤和结果，分析实验现象。

A - 10　HMI 简单应用实验

1. 实验目的

① 熟悉 WinCC flexible 组态软件的使用；

② 学习触摸屏的使用方法。

2. 实验使用设备及器件

① 安装有 STEP 7 Micro/WIN SMART 编程软件和 WinCC flexible 组态软件的 PC 机 1 台；

② 编程电缆 1 根；

③ PLC 和触摸屏的串行通信电缆 1 根；

④ S7-200 SMART PLC 1 台；

⑤ KTP600 触摸屏 1 台；

⑥ 钮子开关 2 个，用做增减计数的操作开关。

3. 实验内容

① 在断电情况下，使用串行通信电缆把 PC 机和触摸屏连接起来；

② 打开 WinCC flexible，在 PC 机上熟悉 WinCC flexible 的简单使用；

③ 编制一个最简单的能够显示 PLC 中一个存储单元内容的画面；

④ 设置好通信参数，使 PC 和触摸屏之间建立起通信联系；

⑤ 下载刚才编制好的组态画面到触摸屏中；

⑥ 编写一段 PLC 控制程序，使其某一存储单元能随着钮子开关的动作进行加减计数；

⑦ 把程序下载到 PLC 中；

⑧ 在断电情况下连接 PLC 和触摸屏；

⑨ 通电后，运行 PLC 程序，拨动钮子开关，观测触摸屏上该存储单元的变化情况。

说明：实验时间允许的情况下，可学习制作画面切换的组态实验。

4. 预习要求

阅读实验指导书，复习第 8 章中的相关内容，根据要求设计出梯形图程序，并写出调试步骤。有条件的同学，可在自己的电脑上安装 WinCC flexible 软件，提前学习其使用方法。

5. 实验报告要求

整理出调试好的控制程序、组态画面，并写出调试步骤和结果，分析实验现象。

A－11　IEC 61131-3 编程实验 1

预习要求:预习第 9 章,读懂图 4－56 和图 9－11 例题,提前熟悉 CoDeSys 编程系统软件的使用。

1. 实验目的

① 使用 IEC 61131-3 的 LD 和 ST 语言进行程序设计;

② 学习使用 CoDeSys 软件的使用。

2. 使用设备和装置

① 基于 IEC 61131-3 的 CoDeSys 编程系统软件;

② Beckhoff BC3100 可编程 PROFIBUS 总线耦合器,或 WAGO 750－833 可编程 PRO-FIBUS 总线耦合器,或和利时小型 PLC;

③ 不同信号类型、不同 I/O 点数的相应的 I/O 模块十数块;

④ PC 机;

⑤ 钮子开关数个;

⑥ 信号电线若干段;

⑦ 小螺丝刀若干把。

3. 实验内容

① 使用 Beckhoff BC3100 或 WAGO 750－833 或和利时小型 PLC 和相应的数个 I/O 模块组成一个可编程的 PLC 系统。

② 用通信电缆通过串口把 PC 机和 PLC 连接起来,正确设置通信参数,使两者之间通信正常。

③ 仔细阅读图 4－56 例题,使用 LD 语言编制其控制程序;把程序下载到 PLC 中,调试所设计的控制程序。详细记录实验过程,并对实验过程中出现的问题及其解决措施进行分析讨论。

④ 仔细阅读图 9－11 例题,使用 ST 语言编制其控制程序;把程序下载到 PLC 中,调试所设计的控制程序。详细记录实验过程,并对实验过程中出现的问题及其解决措施进行分析讨论。

4. 实验报告要求

① 通过对比 IEC 61131-3 和以往所学习的其他 PLC 编程语言,分析总结 IEC 61131-3 的特点和长处。

② 上交实验程序。

③ 上交实验过程的详细记录,以及对调试中所出现的问题及解决方法的书面分析讨论。

A－12　IEC 61131-3 编程实验 2

预习要求:预习第 9 章,读懂图 4－56 和图 9－11 例题,提前熟悉 CoDeSys 编程系统软件的使用。

1. 实验目的

① 使用 IEC 61131-3 的 SFC 进行程序设计；

② 学习使用 CoDeSys 软件的使用。

2. 使用设备和装置

① 基于 IEC 61131-3 的 CoDeSys 编程系统软件；

② Beckhoff BC3100 可编程 PROFIBUS 总线耦合器，或 WAGO 750－833 可编程 PRO-FIBUS 总线耦合器，或和利时小型 PLC；

③ 不同信号类型、不同 I/O 点数的相应的 I/O 模块数块；

④ PC 机；

⑤ 钮子开关数个；

⑥ 信号电线若干段；

⑦ 小螺丝刀若干把。

3. 实验内容

① 使用 Beckhoff BC3100 或 WAGO 750－833 或和利时小型 PLC 和相应的数个 I/O 模块组成一个可编程的 PLC 系统。

② 用通信电缆通过串口把 PC 机和 PLC 连接起来，正确设置通信参数，使两者之间通信正常。

③ 仔细阅读图 4-56 例题，使用 SFC 编制其控制程序；把程序下载到 PLC 中，调试所设计的控制程序。详细记录实验过程，并对实验过程中出现的问题及其解决措施进行分析讨论。

④ 仔细阅读图 9-11 例题，使用 SFC 编制其控制程序；把程序下载到 PLC 中，调试所设计的控制程序。详细记录实验过程，并对实验过程中出现的问题及其解决措施进行分析讨论。

4. 实验报告要求

① 通过对比 SFC 编程语言和其他编程语言，分析总结 SFC 的特点和长处。

② 上交实验程序。

③ 上交实验过程的详细记录，以及对调试中所出现的问题及解决方法的分析讨论。

附录 B　课程设计和毕业设计课题素材指导

本节提供 8 个例子,供任课教师在指导课程设计和毕业设计时使用,在具体设计过程中,可根据各自的实际情况对设计任务进行适当调整。

B-1　机械臂分拣装置控制系统设计

1. 选题背景及题目来源

实际模拟项目,具体可参考 6.4 节。

2. 训练目的

① 学习顺序功能图编程方法;

② 绘制电气原理图及接线图;

③ 选择电气元器件;

④ 设计模拟系统;

⑤ 制作简单的实验用具。

3. 使用设备及器件(建议)

① 小容量(可根据具体情况选择,建议 60 W 以下)单相异步电动机 2 台,带减速机构;

② S7-200 SMART PLC 1 个;

③ 接近开关 5 个;

④ 按钮 2 个;

⑤ 光电开关 1 个(检测大小球环节有困难,可使用检测位置高低代替,所以使用光电开关,挡住光为小球,不挡光为大球)。

4. 设计任务

① 设计硬件系统;

② 制作模拟道具;

③ 绘制电气原理图及接线图;

④ 设计软件系统;

⑤ 组成控制系统;

⑥ 进行系统调试,完成 6.4 节中控制系统所要求实现的控制功能;

⑦ 结论分析报告;

⑧ 撰写设计报告。

B-2 PLC高速脉冲计数系统设计

1. 选题背景及题目来源

实际模拟项目,具体可参考例5-31。

2. 训练目的

① 学习S7-200 SMART PLC功能指令和特殊继电器的使用;

② 绘制电气原理图及接线图;

③ 选择电气元器件;

④ 设计模拟系统;

⑤ 制作简单的实验用具。

3. 使用设备及器件(建议)

① 小容量(可根据具体情况选择,建议60 W以下)单相异步电动机1台,带减速机构;

② S7-200 SMART PLC 1个;

③ 增量式旋转编码器1个,分辨率为1 000;

④ 联轴器1个,用于连接编码器和电动机轴(可能需要自己制作或委托加工);

⑤ 按钮2个左右。

4. 设计任务

① 设计硬件系统;

② 制作模拟道具;

③ 绘制电气原理图及接线图;

④ 设计软件系统;

⑤ 组成控制系统;

⑥ 进行系统调试,完成例5-31中控制系统所要求实现的控制功能;

⑦ 结论分析报告;

⑧ 撰写设计报告。

B-3 使用网络读写指令设计通信控制系统

1. 选题背景及题目来源

实际模拟项目,具体可参考例7-1。

2. 训练目的

① 学习S7-200 SMART PLC的网络读写指令的使用及程序设计;

② 学习TD400C的使用;

③ 绘制电气原理图及接线图;

④ 设计模拟系统。

3. 使用设备及器件(建议)

① S7-200 SMART PLC 3个;

② TD400C文本显示单元1个;

③ 西门子标准 9 针连接器(接头)及连接电缆若干;

④ 编程软件和 WinCC flexible 组态软件。

4. 设计任务

① 设计硬件系统;

② 设计软件系统:包括所有主站和从站的程序,以及 TD400C 的组态;

③ 设计模拟调试方案,完成例 7-1 中通信系统所要求实现的控制功能;

④ 进行软件系统模拟调试;

⑤ 结论分析报告;

⑥ 撰写设计报告。

B-4　双恒压供水控制系统设计

1. 选题背景及题目来源

一直以来,生活供水都是由高楼水箱或水塔完成。这种供水方式造价高,占用面积大,自动化程度不高,控制系统落后,而且供水压力不稳定,从而使其供水质量降低;过去消防供水大部分也是采取这种方式,而且有些地方为了节省投资,在建造供水系统时就没有考虑消防供水,这也造成了很大的隐患。所以一种高性能、高可靠性的恒压供水控制系统是非常有效且实用的装置。该题目为实际应用项目,具体可参考 8.5 节。

2. 训练目的

① 学习 PLC 控制系统设计;

② 绘制电气原理图及接线图;

③ 选择电气元器件;

④ 学习 HMI 和变频器的使用。

3. 使用设备及器件(建议)

① CPUSR40 型 PLC 1 个,根据需要可增加相应的扩展模块;

② KTP600 触摸屏 1 个;

③ 小型变频器 1 台;

④ 小容量电动机若干台;

⑤ 用来模拟各种 I/O 信号动作的传感器、精密电位器、按钮、指示灯等器件若干;

⑥ 有条件的话可准备标准电流信号源或电压信号源 2 台;

⑦ 编程软件和 WinCC flexible 组态软件。

4. 设计任务

在 8.5 节的基础上,对本书的该例题进行较大幅度的改进:

① 所有输入数据的设定由触摸屏完成;

② 用触摸屏实时显示控制系统工作过程和所有相关数据;

③ 改进泵的循环控制环节控制程序的设计方法,使得对其进行简单的修改,即可方便地适合多台泵的循环切换程序使用;

④ 利用新型变频器的功能完成软启动控制;

⑤ 8.5 节中的手动控制环节改为基于 PLC 的手动控制。

主要任务如下：

① 设计硬件系统；

② 绘制电气原理图及接线图；

③ 设计软件系统；

④ 设计模拟调试方案，进行软件系统模拟调试，完成 8.5 节中所要求实现的控制功能；

⑤ 结论分析报告；

⑥ 撰写设计报告。

B-5　电热锅炉供热控制系统设计

1. 选题背景及题目来源

在环保意识越来越强的今天，电热锅炉已成为工业及民用供热、热水和洗浴等使用场合的首选设备，它具有无污染、热效率高、无燃料运输和储备便利等诸多优点。现在大多数电热锅炉控制系统的设计还不完善，所以非常需要一种高性能的电热锅炉控制系统来取代原来的控制系统。该题目为实际应用项目，具体可参考 8.6 节。

2. 训练目的

① 学习 PLC 控制系统设计；

② 绘制电气原理图及接线图；

③ 选择电气元器件；

④ 学习 HMI 和变频器的使用。

3. 使用设备及器件（建议）

① SR40 型 PLC 1 个，根据需要可增加相应的扩展模块；

② KTP600 触摸屏 1 个；

③ 用来模拟各种 I/O 信号动作的传感器、精密电位器、按钮、指示灯等器件若干；

④ 标准电流信号源或低压信号源若干台；

⑤ 编程软件和 WinCC Flexible 组态软件。

4. 设计任务

主要任务如下：

① 学习和设计硬件系统；

② 绘制电气原理图及接线图；

③ 设计全部的软件系统；

④ 设计模拟调试方案，进行软件系统模拟调试，完成 8.6 节中所要求实现的控制功能；

⑤ 结论分析报告；

⑥ 撰写设计报告。

B-6 SMART PLC 在小规模工业控制网络中的应用(1)

1. 选题背景及题目来源

工业通信网络系统在今天的控制系统中,使用得越来越多,而 PLC 作为它的一个核心控制装置起着不可替代的作用。本课题以一个典型的工业实际模型为例来进行实际设计,对类似题目的设计都有着很大的实际意义。该题目为实际应用项目,具体可参考例 7-3。

2. 训练目的

① 学习 PLC 通信系统设计;

② 学习中断的使用。

3. 使用设备及器件(建议)

① S7-200 SMART PLC 若干个;

② 带 RS-485 通信接口的智能仪表 2 个;

③ 用来模拟各种 I/O 信号动作的精密电位器、按钮、指示灯等器件若干;

④ PC 机 1 台。

4. 设计任务

主要任务如下:

① 设计硬件系统;

② 设计下位机软件系统;

③ 设计上位机软件系统(简单示意程序);

④ 设计调试方案,进行软件系统模拟调试,完成例 7-3 中所要求实现的功能;

⑤ 结论分析报告;

⑥ 撰写设计报告。

B-7 SMART PLC 在小规模工业控制网络中的应用(2)

1. 选题背景及题目来源

工业通信网络系统在今天的控制系统中,使用得越来越多,而 PLC 作为它的一个核心控制装置起着不可替代的作用。本课题以一个典型的工业实际模型为例来进行实际设计,对类似题目的设计都有着很大的实际意义。该题目为实际应用项目,具体可参考例 7-3。

2. 训练目的

基于 Modbus 协议库进行通信程序设计,实现其功能。

3. 使用设备及器件(建议)

① S7-200 SMART PLC 若干个;

② 带 RS-485 通信接口,支持 Modbus RTU 协议的智能仪表 2 个;

③ 用来模拟各种 I/O 信号动作的精密电位器、按钮、指示灯等器件若干;

④ PC 机 1 台。

4. 设计任务

主要任务如下:

① 设计硬件系统;

② 设计下位机软件系统;

③ 设计上位机软件系统(简单示意程序);

④ 设计调试方案,进行软件系统模拟调试,完成例 7 - 3 中所要求实现的功能;

⑤ 结论分析报告;

⑥ 撰写设计报告。

B - 8　SMART PLC 在小规模工业控制网络中的应用(3)

1. 选题背景及题目来源

SMART PLC 之间进行基于开放式协议的通信练习。

2. 训练目的

基于 TCP、UDP 和 ISO-on-TCP 协议库分别进行通信程序设计,实现数据的相互交换。

3. 使用设备及器件(建议)

① 标准型 S7-200 SMART PLC 若干个;

② 超 5 类以太网电缆若干段;

③ RJ-45 连接器若干个;

④ 交换机 1 台;

④ PC 机 1 台。

4. 设计任务

主要任务如下:

① 设计硬件系统;

② 设计下位机软件系统;

③ 设计上位机软件系统(简单示意程序);

④ 设计调试方案,进行软件系统模拟调试;

⑤ 深入分析和验证这 3 种协议在实际使用中的不同;

⑥ 结论分析报告;

⑦ 撰写设计报告。

C-1　标准型(SR/ST)PLC 的 CPU 规范

	ST/SR20	ST/SR30	ST/SR40	ST/SR60
电源				
输入电压	20.4~28.8 VDC/85~264 VAC(47~63 Hz)			
24 V DC 传感器电源容量	300 mA(短路保护)			
用户存储器				
用户程序	12 KB	18 KB	24 KB	30 KB
用户数据(V)	8 KB	12 KB	16 KB	20 KB
保持性	最大 10 KB(可组态)			
存储卡	microSDHC 卡(可选)			
CPU 性能				
本机输入/输出	12DI/8DO	18DI/12DO	24DI/16DO	36DI/24DO
数字 I/O 映像区	256 输入/256 输出			
模拟 I/O 映像区	56AI/56AQ			
位存储器(M)	256 位			
临时(局部)存储器(L)	主程序中 64 字节、每个子例程和中断例程中 64 字节,采用 LAD 或 FBD,进行编程时为 60 字节(STEP 7-Micro/WINSMART 保留 4 字节)			
顺序控制继电器(S)	256 位			
允许最大的扩展模块	最多 6 个			
信号板扩展	最多 1 个			
脉冲捕捉输入	12		14	
高速计数	6 个计数器 单相:4 个 200 kHz,2 个 30 kHz A/B 相:2 个 100 kHz,2 个 20 kHz			
脉冲输出(仅限 DC)	2 个 100 kHz		3 个 100 kHz	
循环中断	2 个,分辨率为 1 ms			
边沿中断	4 个上升沿和/或 4 个下降沿(使用可选信号 板时,各为 6 个)			
实时时钟精度	+/- 120 秒/月			

续表

	ST/SR20	ST/SR30	ST/SR40	ST/SR60
实时时钟保持时间	通常为7天,25 ℃ 时最少为6天(免维护超级电容)			
运算执行速度(每条指令)	布尔运算:150 ns;移动字:1.2 μs;实数数学运算:1.2 μs			
所支持的用户程序元素				
程序类型及数量	主程序:1 子例程:128(0～127)中断例程:128(0～127)			
嵌套深度	从主程序:8 个子例程级别从中断例程:4 个子例程级别			
累加器	4			
定时器	非保持性(TON、TOF):192;保持性(TONR)64			
计数器	256			
主机本体通信功能				
接口类型及数量	以太网:1;串行端口:1(RS-485);附加串行端口:1(可选 RS-232/485 信号板)			
HMI 设备	以太网:8 个连接串行端口:每个端口 4 个连接			
编程设备	以太网:1 个连接串行端口:1 个连接			
CPU(PUT/GET)	以太网:8 个客户端和 8 个服务器连接			
开放式用户通信	以太网:8 个主动和 8 个被动连接			
数据传输速率	以太网:10/100 Mb/s RS-485 系统协议:9 600、19 200 和 187 500 b/s RS-485 自由端口:1 200～115 200 b/s			
隔离(外部信号与 PLC 逻辑侧)	以太网:变压器隔离,1 500 V AC RS-485:无			
电缆类型	以太网:CAT5e 屏蔽电缆;RS-485:PROFIBUS 网络电缆			

C-2　标准型 PLC 的 CPU 存储器范围和特性总汇

描　述	范　围				存取格式			
	ST/SR20	ST/SR30	ST/SR40	ST/SR60	位	字节	字	双字
用户程序区	12 KB	18 KB	24 KB	30 KB				
用户数据区	8 KB	12 KB	16 KB	20 KB				
输入映像寄存器	I0.0～I31.7				Ix. y	IBx	IWx	IDx
输出映像寄存器	Q0.0～Q31.7				Qx. y	QBx	QWx	QDx
模拟输入(只读)	AIW～AIW110						AIWx	
模拟输出(只写)	AQW0～AQW110						AQWx	
变量存储器	VB0～VB8191	VB0～VB12287	VB0～VB16383	VB0～VB20479	Vx. y	VBx	VWx	VDx
局部存储器*	LB0～LB63				Lx. y	LBx	LWx	LDx

续表

描述	范围				存取格式			
	ST/SR20	ST/SR30	ST/SR40	ST/SR60	位	字节	字	双字
位存储器	M0.0～M31.7				Mx.y	MBx	MWx	MDx
特殊存储器 只读	总计：SM0.0～SM2047.7 只读：SM0.0～SM29.7，SM480.0～SM515.7，SM1000.0～SM1699.7				SMx.y	SMBx	SMWx	SMDx
定时器	256（T0～T255）							
保持接通延时	1 ms：T0，T64 10 ms：T1～T4，T65～T68 100 ms：T5～T31，T69～T95				Tx		Tx	
接通/断开延时	1 ms：T32，T96 10 ms：T33～T36，T97～T100 100 ms：T37～T63，T101～T255							
计数器	C0～C255				Cx		Cx	
高速计数器	HC0～HC5							HCx
顺控继电器	S0.0～S31.7				Sx.y	SBx	SWx	SDx
累加器	AC0～AC3					ACx	ACx	ACx
跳转/标号	0～255							
调用/子程序	0～127							
中断程序	0～127							
PID 回路	0～7							
通信端口	以太网编程端口、集成的 RS-485 端口（端口 0）、CM01 信号板（SB）RS-232/RS-485 端口（端口 1）							

注：* LB60 到 LB63 为 STEP-7 Micro/WINSMART 更高版本保留。

说明：若 S7-200 SMART PLC 的性能提高而使参数改变，作为教材，恕不能及时更正。请参考西门子的相关产品手册。

C-3　常用特殊继电器 SMB0 和 SMB1 的位信息

特殊存储器位			
SM0.0	该位始终为 ON，即常 ON	SM1.0	执行某些指令，结果为 0 时置位
SM0.1	首次扫描时为 ON，常用做初始化脉冲	SM1.1	执行某些指令，结果溢出或非法数值时置位
SM0.2	保持数据丢失时为 ON 一个扫描周期，可用做错误存储器位	SM1.2	执行运算指令，结果为负数时置位
SM0.3	开机进入 RUN 时为 ON 一个扫描周期，可在不断电的情况下代替 SM0.1 的功能	SM1.3	试图除以零时置位

SM0.4	时钟脉冲：30 s 闭合/30 s 断开	SM1.4	执行 ATT 指令,超出表范围时置位
SM0.5	时钟脉冲：0.5 s 闭合/0.5 s 断开	SM1.5	从空表中读数时置位
SM0.6	扫描时钟脉冲：闭合 1 个扫描周期/断开 1 个扫描周期	SM1.6	非 BCD 数转换为二进制数时置位
SM0.7	该位适用于具有实时时钟的 CPU 型号。如果实时时钟设备的时间在上电时复位或丢失,则 CPU 将该位设置为 TRUE 并持续一个扫描周期。程序可将该位用作错误存储器位或用来调用特殊启 动序列	SM1.7	ASCII 码到十六进制数转换出错时置位

参 考 文 献

[1] 方承远主编. 工厂电气控制技术. 北京:机械工业出版社,2000.

[2] 西门子公司. S7-200 SMART 系统手册 V2.3. 2017.07

[3] 王永华. 现场总线技术及应用教程(第2版). 北京:机械工业出版社,2012.3

[4] 王永华,郑安平. 基于 PLC 和智能仪表的下位机群与上位机通信的实现.《制造业自动化》,2002,9:9-10,13.

[5] 王永华,宋寅卯,王成群. 基于 S7-300 PLC 和触摸屏的吸液率测定装置.《仪表技术与传感器》,2006,10:40-41.

[6] 西门子公司编. MICROMASTER 440 用户手册.

[7] ANDY V. Presentations for Certification IEC 61131-3 Engineer Course. U. K. PROFI-BUS Competency Centre. Manchester Metropolitan University. 2003-10.

[8] Lewis R. W. : Programming Industrial Control System Using IEC 1131-3 (Revised edition), The Iustitute of Engineering and Techndogy, London, United Kingdom, 1998 ISBN 0-85296-950-3.